Mathematical Principles
of Natural Philosophy

Mathematical

自然哲学之数学原理

[英] 艾萨克·牛顿 / 著

章洞易 / 译

天津出版传媒集团

天津人民出版社

图书在版编目（CIP）数据

自然哲学之数学原理 / (英) 艾萨克·牛顿著；章洞易译. -- 天津：天津人民出版社, 2023.4

ISBN 978-7-201-18157-8

Ⅰ．①自… Ⅱ．①艾… ②章… Ⅲ．①牛顿力学 Ⅳ．①O3

中国国家版本馆CIP数据核字(2023)第032581号

自然哲学之数学原理
ZIRANZHEXUE ZHI SHUXUE YUANLI

[英]艾萨克·牛顿 著　章洞易 译

出　　版　天津人民出版社
出 版 人　刘　庆
地　　址　天津市和平区西康路35号康岳大厦
邮政编码　300051
邮购电话　（022）23332469
电子信箱　reader@tjrmcbs.com

责任编辑　玮丽斯
监　　制　黄　利　万　夏
特约编辑　路思维
营销支持　曹莉丽
装帧设计　**紫图装帧**

制版印刷　天津中印联印务有限公司
经　　销　新华书店
开　　本　710毫米×1000毫米　1/16
印　　张　33.5
字　　数　397.5千字
版次印次　2023年4月第1版　2023年4月第1次印刷
定　　价　89.90元

目 录
Contents
▼

第 2 编
物体运动（在阻滞介质中的）

第 3 编
宇宙体系（使用数学的论述）

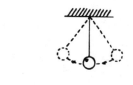

绪论

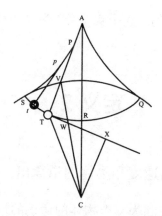

定义

定义 1

...

物质的量可根据物质的密度和体积算出。

想得到 4 倍物质的量的空气，需要将空气的密度和容纳的空间各提升 1 倍；想得到 6 倍物质的量的空气，容纳的空间则需要扩大 2 倍。任何可通过压缩或液化而凝固的物体，比如雪、微尘或粉末等，都可以用这样的计算方法。

或许有一种神奇的介质，能够畅行于物体各部分间的缝隙中，在这里我不对这种介质进行过多考虑。回归正题，我所说的物体或物质的量就是这个量，这个定义涵盖所有物质的质量。通过钟摆实验，可发现物质的量与其质量是成正比的，这个实验会在后文中详细介绍。

定义 2

...

运动的量可根据物体的速度和物体的量算出。

物体各部分运动的总和为整个物体的运动的量。当速度不变，物体的量提升 1 倍时，得到的运动的量是原先的 2 倍。如果运动的量为原先的 4 倍，那么速度则需要提升 2 倍。

定义 3

...

物质固有的力（vis insita）为抵抗作用力，可以使物体保持静止状态，或是保持物体作匀速向前运动的状态。

与物体的惯性相同，物质固有的力与物体的自身成一定的比例。每一种物质都存在惯性，所以改变物体静止或运动的状态有一定的困难。因此，物质固有的力，也可被称为"惯性力"。固有的力发挥作用有一个前提，就是物体需要有外力加持，并想要改变其自身的状态。

站在不同的角度看待固有的力，会发现它既是推动力，也是阻力。详细点说，当物体不屈服于外力作用，但外力又想改变物体的状态时，固有的力为推动力；当物体保持自身状态抵抗外力时，固有的力则为阻力。

一般情况下，推动力属于运动物体，而阻力属于静止物体。不过，无论是运动，还是静止，人们很难对此有一个明确的区分。因为很多时候，我们所认为的静止的物体，并不是真正处在静止状态之中。

定义 4

...

物体受外力作用的目的，在于改变物体保持静止或保持匀速向前运动的状态。

外力的来源多种多样，常见的外力有拍打、推拉等。外力只存在于作用中，它会随着作用的结束而消失。这是因为，惯性力会保持物体的新状态。

定义 5

· · ·

向心力是使物体指向中心点的作用力，可以由吸引、排斥或摩擦等任何一力产生。

重力属于向心力，促使物体倾向于地球中心；磁力也属于向心力，使物体倾向于磁场中心；还有牵引行星围绕着恒星运转的力，也属于向心力。

在投石器上系上石块，旋转投石器时，石块也会产生一种张紧的力。旋转得越快，张紧力就越大。旋转的同时会产生一种反抗张紧力的力，把石块不断拉向投石器，使石头不断在环形轨道运行，这种反抗的力也属于向心力。

所有沿着环形轨道运行的物体都会产生向心力，既企图离开轨道，又受到向心力牵引，因为向心力与企图离开的力相对抗，在轨道上保持运动的状态。一个被抛射的物体，因为有引力牵引才能落在地球上，而不是直线飞向天空；又因为阻力的作用，物体不能做匀速运动。同时，正是因为有引力的牵引，物体才倾向地球偏转，而偏转的强弱，取决于物体的运动速度和引力的大小。引力越小，物质的量越小，或运动的速度越快，物体偏离直线轨道的幅度越小，偏离地球越强，物体飞得越远。

假设在山顶发射铅弹，设定某一速度值，发射方向与地面平行，铅弹将沿着曲线运动，落在距离山顶 2 英里[①] 的地面。如果不计空气阻力，把发射速度加倍，那铅弹运动的量也会加倍，发射速度加到 10 倍，铅弹运动的量也会加到 10 倍。可以得出结论，只要增加铅弹运动的速度，就可以增加铅弹运动的量，减轻它运行轨道的弧度。或许只要运动速度够快，铅弹就可以飞行得足够远，落到经度 10°、30° 或 90° 的位置，甚至环

---

① 英里，约 1.61 千米。

绕地球一圈再落地，更甚者直接飞离地球，飞向外太空，保持无限运动的状态。根据这个原理，抛射物在向心力的作用下可以环绕地球沿着某个轨道进行运动。

月球环绕地球的运动是同样的道理。月球被引力或某种力牵扯，把这种力拉向地球，偏离原本惯性力所遵循的直线轨道。如果没有这种引力，月球就无法环绕地球做环形运动。而且这个力必须是适当的量，若是太小，月球就不能做曲线运动，若是太大，月球就会被拉向地球。总之，这个力无论是太大还是太小，月球都无法沿着原本的环形轨道运动。至于这个力的量、特定的位置、抛射的物体以及特性力的曲线路径，都需要数学家经过精密地计算才能得知。

可以说，任何一个向心力都有三种量，即绝对度量、加速度度量、运动度量。

定义 6
...

向心力的绝对度量，与物体通过中心向四周传递的力的效果成正比。

因此，一块磁石对另一块磁石所产生的磁力大小，取决于其尺寸和强度。

定义 7
...

向心力的加速度度量，与物体特定时间内所产生的速度成正比。

因此，同一块磁石，距离越近，向心力越大；距离越远，向心力越小。同一物体在山谷里的重力大，在山顶上的重力小。物体距离地球越远，重力就越小，距离地球越近，重力就越大。但是物体距离地面距离相等时，在不同地点产生的重力是相等的。因为如果不计空气阻力，不管物体的大小、轻重是多少，下落的加速度都相等，所以重力也相等。

定义 8

···

向心力的运动度量，与特定时间内所产生的运动成正比。

因此，物体越大，重量越大；相反，物体越小，重量越小。同一物体距离地球越近，重量就越大，距离地球越远，重量就越小。这种量就是向心力，是整个物体对中心的倾向，我称它为重力。重力的量值总是和阻止物质下落的力正好相等，因此人们才对它有所了解。

为了方便，我们可以把力的这三种量称为运动力、加速力和绝对力。运动力作用于物体的中心，加速力作用于物体的不同地方，绝对力作用于力所倾向的中心。也就是说，运动力作用于物体，由物体的各个部分组成的，整体向中心倾向的一种合成力。加速力作用于物体的不同地方，是一种由中心向四周扩散的，促使物体运动的力。绝对力作用于力的中心，是运动力向四周传播的前提和基础。如果没有绝对力，运动力就不可能向四周传播。绝对力可能源于处于磁力中心的磁石，也可能源于位于重力中心的地球，或其他不知名的某个中心物体。这个概念只限于数学表述，因为我现在所讲述的不涉及物体根源和力的物理学原因。

因为运动的量等于速度和物质的量的结合，运动力等于加速力和物质的量的结合。所以，加速力与运动力的关系，就如同速度和运动的关系。运动力的量，就是作用于物体的每个部分的加速力的总和。因此，在地球表面，所有物体的重力加速度或重力所产生的力是相同的，重力的运动力或重力也与物体相同。同样的道理，如果物体逐渐离开地球表面，重力的加速度减小，重力也减少，那么其重力减少的量则是重力加速度和重力的乘积。比如，重力加速度减少一半，物体质量就是原来的二分之一或三分之一，那么其重力就会是原来的四分之一或六分之一。

　　我这里谈到的吸引和排斥，与加速力和运动力是一样的，并未做任何区分。因为这些概念只是从数学上考虑，而不是从物理上研究的。因此，读者不要望文生义，把这里的概念和物理学上的概念相混淆，也不要以为我谈到的吸引就是物理学上引力，或者认为我说的某种运动以及运动的方式、原因就是真实的、物理上的概念。

附录

　　在这里我已经对那些鲜为人知的概念进行了定义，解释了它们的意义，以便读者了解和理解。对于时间、空间、处所、运动这些概念，我并未作具体解释，因为人们都了解它们。不过需要说明一点，一般人可能无法真正准确地感知和领悟这些概念，甚至可能会误解它们。为了消除人们的误解，我将这些量分为绝对的与相对的、真实的与表象的、数学的与普通的。

　　1.绝对的、数学的、真实的时间，它具有独特的特征，均匀地流逝，是延续不变的，与一切外在事物无关。而相对的、普通的、表象的时间，是可以被感知的，是对绝对时间的一种度量。通常，后者可以被用来代替真实的时间，比如一小时、一天、一月、一年等。

　　2.绝对的空间，自身是均匀的、持续的，永不运动，与一切外物无关。相对的空间，是对绝对空间的一种度量，或是绝对空间的移动尺度，表现为它自身与物体间的相对位置。相对空间一般不可移动，比如地表以下的空间、大气中的空间、天空中的空间等，都是体现自身与地球的相对关系。不管是在形状还是大小上，绝对空间和相对空间都是相同，但是在数值上却存在不同。

比如，假设地球运动时，大气中的空间是相对的，且相对于地球是不变的。但是对于绝对空间来说并非如此，它在这一刻是这一部分空间，在另一刻则变成另一部分空间。可以说，在地球运动时，它在绝对空间中是不断变化的。

3. 处所是空间的一部分，即物体占据的那部分空间，空间的性质决定了它是绝对的还是相对的。当然，这一部分空间不是物体所在的位置，也不是物体的外表面。因为相等的物体，处所是相等的，但其表面因为外形不同而不同。严格来说，位置不能度量，它只是处所的属性，并不是处所本身。

物体整体的运动的量等于各部分运动的量的总和。也就是说，物体的整体离开处所的距离等于各部分离开处所的距离的总和。因此，物体整体占据的空间等于各部分占据空间的总和。也就是说，处所是内在的属性，处于整个物体的内部而不是外表面。

4. 绝对运动，是物体由一个绝对处所运动到另一个绝对处所。相对运动，是物体由一个相对处所运动到另一个相对处所。举个例子，一艘航行的船只，里面的物体的相对处所是所占据的船只的那部分空间，或是在船舱内填充的那一部分空间。物体和船只是共同运动的。而相对于船只来说，物体持续停留在船只上，又是相对静止的。

但是，绝对静止是物体停留在一个始终不动的空间，这个空间持续存在，存在于这一空间的船、船舱、物体共同运动。所以，假设地球是真正静止的，物体相对于船只也是静止的，那么物体相对于地球作绝对运动，速度和船在地球上的真实速度相同。假设地球是运动的，那么物体也将作真实的绝对的运动，这运动一部分来自地球在不动空间的运动，一部分来自船只相对于地球的运动。假设物体也在船只上运动，那么它真实的绝对的运动一部分来自地球在不动空间的运动，一部分来自船只相对于地球的运动，还有一部分是自身相对于船只的运动。可以说，物体相对于地球的运动，是由这些相对运动决定的。

假设，船只所处的地球空间，以 10010 等分的速度真实地向东运动，船只则以 10 等分的速度向西航行，船上的水手以 1 等分的速度向东运动。那么，可以得出水手在不动空间中向东作真实的绝对的运动，速度为 10001 等分，在地球上向西做相对运动，速度为 9 等分。

在天文学中，绝对时间和相对时间通常通过表象的时间差来区分。因为自然日并不相等，科学家为了度量时间，以便用更精确的时间测量天体运动，因此纠正了这种不相等性。所有运动都是加速或减速的，等速运动或匀速运动是不存在的，也无法用精确时间来测定。无论事物的运动是快、慢还是停止，都是延续不变的存在，绝对时间的流逝也不可改变。因此，这种延续性应该和可被感知的、表象的时间区分开，而且可以根据天文学的时差进行推算。这种时差的存在非常有必要，并且可以在某种现象的时间测定中显示出来，如摆钟实验、测定木星卫星的食亏。

时间间隔的顺序是不可改变的，同样，空间部分的次序也不可改变。假设空间的一些部分被移出自身，那么它就不属于该空间了。因为时间和空间是且始终是它自己以及所有物质的处所。事物被置于时间中，才能表现其在时间的顺序；事物被置于空间中，才能凸显其在空间的位置。在本质上来说，时间和空间就是处所，所以事物的处所是不可能移动的。因此，这些处所是绝对的，离开这些绝对处所的运动是绝对的运动。

但是，这一部分绝对空间是我们看不见的，也无法用感官把其与其他部分空间区分开，所以我们用可以感知的空间来代替和测量它。为了简便起见，我们用事物离开某个我们认为的不动物体的位置和距离，来定义事物的处所，然后用物体从某一处所移动到另一处所的相对运动来定义事物的运动。

　　这样一来，相对处所和相对运动就可以替代绝地处所和绝对运动，以解决日常生活中各种问题。但是从哲学领域来讲，我们应该从感官抽象角度出发，思考事物自身的特性，把其与以感知测量的表象区分开。因为有事物处所、运动的参照和对比，所以真正静止的物体是不存在的。

　　但是，我们可以根据事物的自身属性、原因、效果把事物和事物的相对运动与绝对运动、相对静止与绝对静止区分开。静止的属性是真实的，即真正静止的物体相对于另一静止物体也是静止的。因此，或许在恒星世界或更遥远的地方，绝对静止的事物是存在的，但是在我们的世界内绝对静止的事物是不存在的。我们不能确定物体间、物体与遥远距离外的物体之间是否保持着恒久的位置不变。

　　运动的属性，即物体的部分一直维持在物体中的位置，并且参与物体整体的运动。物体在转动时，所有部分都有离开转动轴的倾向，而物体因为推动力向前运动时，整体推动力的量是所有部分的推动力的量的总和。所以，处于外围的物体运动，处于内部的物体也参与运动。

　　由此说明，物体真正的绝对的运动，不在于它本身是否发生移动，而在于它外部的物体是否运动。反过来说，所有被某一物体包含内在的物体，除了离开周围的物体的移动外，还参与真正的运动。即便它没有运动，也只是看起来静止而已，不是真正的静止。因为周围物体与包含在内的物体的关系，如同一个整体外表的部分和内在的部分的关系，就像果壳和果仁。假设果壳运动，则果仁作为整体的一部分也运动，而它相对于果壳来说是静止的，并且进行运动。

　　这里还有一个与上述运动有关的特性，即如果处所移动了，其中的物体也随之移动。当物体移出处所时，它也参与了所在处所的运动。所以，一切移出处所的运动，都只是整体运动和绝对运动的一部分。同时，物体的移动和所在所处的移动构成了这一整体的运动，直到物体移动到一个不可移动的处所，整体运动才结束。比如船只航行的例子就是如此。所以，除了静止场所外，整体运动和绝对运动不能被确定。这也是为什么我之前把静止处所与绝对运动、相对处所和相对运动联系起来。除了那些从无限到无限的事物外，没有完全静止的处所，那些无限运动的物质始终保持相对的、始终不变的、特定空间的静止，从而构成静止的空间。

真实运动和相对运动不同，是因为施加于物体上的力不同。没有施加在物体上的力，不会产生真实的运动，也不会使运动发生改变。而即使没有施加在物体上的力，相对运动也会产生和发生改变，只要对与其进行比较的物体施加一个力就可以了。因为与之相关的其他物体发生运动，促使它们之前存在的相对静止或运动的关系发生改变，那么在这个关系中这个物体便发生了相对的静止或运动。或者，某种力施加于运动的物体上，真实运动也会发生改变，但相对运动未必发生改变。因为在其他物体上施加相同的力，它们的相对位置可能保持不变，进而相对运动也保持不变。所以，当真实运动不变时，相对运动可能会改变；真实运动发生改变时，相对运动可能保持不变。因此，在这种情况下，真实运动绝对不会产生。

绝对运动和相对运动，可以依据脱离旋转轴的力来进行区分。纯粹的相对运动中是不存在这种力的，但是它却存在于真正的绝对运动之中，其大小取决于运动的量。假设把一个水桶挂在长绳的一端，不断旋转水桶，促使长绳不断被拧紧，之后再把水桶灌满水，让水桶和水保持静止。然后，对水桶和水施加一个反向旋转的力，这时长绳会逐渐松开，水桶会持续运动一段时间。

水桶未运动时，水面是静止的，但水桶运动起来时，这个旋转力会传递给水，促使水也随之旋转，逐渐脱离中心点，向水桶壁上升，形成一个漩涡。同时，水桶旋转越快，水上升得越高，最后和水桶一起旋转到最大值，水和水桶形成相对的静止状态。水的上升说明它有脱离旋转轴的倾向，这促使水的绝对运动和相对运动产生矛盾，不过这种矛盾是可以衡量的。

一开始，水没有真正随之旋转，相对运动达到最大值，没有脱离旋转轴的倾向，水面保持静止，也没有旋转和上升的现象。之后，相对运动逐渐减弱，水开始逐渐脱离旋转轴，出现旋转和上升的倾向。水的真正旋转持续加强，达到最大值时，水和水桶达到相对静止的状态。因此，水的这种倾向不是由水和其周围的物体决定的，这种移动也无法被定义为真正的旋转。

任何一个旋转物体只存在一个真正的旋转运动，也只和促使它脱离旋转轴的力有关，这是一个恰当而独特的结果。同一个物体内和外界物体存在着各种各样的关系，所以其相对运动也数不胜数。但是，除非它们参与了真正的唯一的真实运动，否则都是没有真实效果的。

因此，我们可以这样理解天体世界：我们的天空和行星围绕着恒星旋转，天空的一部分空间是静止的，行星和天空也是相对静止的。不过，它们存在着真实的运动。因为它们不断变换着位置，而真正静止的物体则绝不会变换位置。同时，它们所在的处所也在运动，是旋转运动的一部分，并且有努力脱离旋转轴的倾向。

所以，相对的量并非人们所认为的量的本身，而是一种可感知的量，可能是精确的，也可能是不精确的。这些相对的量，被人们用来替代那些本身的量。如果我们根据这些词的用途来为它定义，那么对于时间、空间、处所和运动的度量的解释就是正确的。可是如果度量的量代表本身，那么这些词的表述就不同寻常了，而是具有纯粹的数学意义。

原本这些词言简意赅，只是被一些人误解了。甚至，有些人混淆了真实的量和可感知的度量，玷污了数学和哲学真理的纯洁性。

我们要真正认识特定物体的真实运动，并区分真实的运动和表象的运动是一件并不少容易的事情。因为单凭我们的感官无法真正感知运动中静止空间的那一部分。不过，这也不是绝不可能，因为有一些理论可以给我们适当的指导：一是表象运动，它和真实运动存在着不同；二是力，力是产生真实运动的原因，也是真实运动导致的结果。

比如，把两个球拴在一根细绳上，使两球始终保持一定的距离，然后让它们围绕着共同的重心旋转。根据细绳的张力，可以得出两球有脱离旋转轴的倾向，还可以得出其旋转的量。如果在两球施加一个相同的力，增加或减少其旋转量，那么根据细绳张力的加强或减弱，便可以计算出运动增加或减少的量。同时，我们还可以发现把这个力施加在球的哪个位置，可以促使其运动量达到最大值。也就是说，知道旋转运动中后面的一面，以及相对应的一面，就可以知道球运动的方向。

所以，知道这种旋转运动的量和方向，即便处于一个巨大的真空中，没有任何可以感知的外界物体进行对比，也能知道物体的运动量。如果在这个巨大的真空中，有一些遥远的物体，像恒星一样相互间保持相对的位置不变，那么我们就无法判定是球在运动还是物体在运动。但是，若是我们观察绳子，发现绳子的张力和球运动的量相同，便可以得出结论：球在运动，而物体是静止的。最后，我们根据球在物体间的运动，可以判断出它们运动的方向。

至于如何根据原因、成效和表象差异来判定真实的运动，以及如何进行反向推理，根据真实的或表象的运动来判定它们的原因和成效，在之后的章节我会进行具体阐述和说明。而这也是我写本书的目的。

运动的公理或定律

定律 1
...

除非受到外力作用，每一个物体都将保持静止或匀速直线运动的状态，永远不会改变其原有状态。

物体被抛射出去后将一直维持其自身运动，只有在空气阻力或重力的牵引才会改变其运动状态。如果不计空气阻力，一个旋转的物体将不停地旋转，并且在向心力作用下不断偏离直线运动。一些体积足够大的物体，比如行星、彗星，在阻力较小的自由空间中，可以长时间保持其向前的圆周运动。

定律 2
...

物体受外力作用后，将沿着外力的直线方向发生变化，且变化和所受外力成正比。

如果施加于某物体的某种力产生运动，那么施加的力加倍，运动也加倍；施加的力是原来的 3 倍，运动也是原来的 3 倍，不论这力是一次性施加的还是逐次施加的。而且运动总是和力的方向相同，如果物体原本处于运动状态，那么应该加上或减去原本的运动，这取决于施加力的方向是否与原本运动的方向一致。如果施加力的方向是倾斜的，与原本的运动方向有一个夹角，那么会形成一个新的复合运动使得运动方向也发生倾斜。

定律 3

...

作用和反作用总是同时存在且相等，或者两个物体间的作用和反作用总是相等，并且方向相反。

任何一个物体压或拉另一个物体，同时也会受到另一个物体同等的压或拉。比如用手指压一块石头，手指也同样受到石头的压。再比如马拉一块系在绳索上的石头，则马也同样被拉向石头。因为被拉紧的绳索为了舒展自身会把石头拉向马，也把马拉向石头；绳索阻碍马前进的力和推动石头前进的作用是相等的。

如果一个物体撞击另一个物体并且促使其运动发生改变，那么该物体的运动也发生同等的改变，但两者的变化方向相反。如果不受到其他任何阻碍，这些作用产生的变化相等，但只是运动本身的变化，不是速度的变化。因为运动的变化是相等的，所以速度的变化与物体成反比，其变化发生在相反方向上。这个定律也适用于吸引力，下面我在附录中将详细分析说明。

推论 I

...

一个物体同时受两个力作用，其运动将沿着平行四边形对角线的

方向进行，所用时间和两个力分别沿着两个边运动的时间相等。（图0-1）

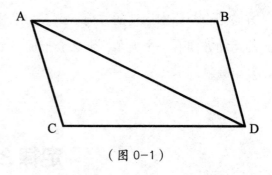

（图0-1）

如果一个物体在给定时间内在力 M 的作用下，以匀速运动从点 A 向点 B 地运动；如果在力 N 的作用下，以匀速运动从点 A 向点 C 运动。若是这个物体同时受到力 M 和力 N 的作用，那么它将以匀速运动沿着所作平行四边形 ABDC 的对角线 AD 运动。

因为力 N 沿着 AC 方向作用，且 AC 与 BD 平行，根据定律 2 得出这个力将不会改变物体所受的力 M 的速度，所以不管是否施加力 N，物体都将在相等的时间内到达 BD 的某一点。同理，物体将在相等时间内到达 CD 的某一点。因此物体必然运动到两条线的相交点，即 D 点。同时根据第 1 定律，物体将以匀速运动由点 A 运动到点 D。

推论 II

···

任何两个倾斜的力 AB、BD 可以合成一个直线力 AD；任何两个倾斜力 AC、CD 可以合成一个直线力 AD。相反，任何一个直线力也可以分解成两个倾斜力 AB、BD，或者 AC、CD。这种力的合成和分解已经在力学上得到充分的证实。（图0-2）

假设经过任意轮子的中心 O，作两个不同的半径 OM、ON，再用绳索 MA、NP 悬挂重物 A、P，那么重物 A、P 的重力与使轮子运动的作用力相等。经点 O 向 MA 作垂直线 OK，与 MA 相交于点 K，经点 O 向 NP 作垂直线 OL，与 NP 相交于点 L；再取 OK、OL 中较长的线段（OL 较长），以它为半径以点 O 为圆心做一个圆，与绳索 MA 相交于点 D；连接 OD，再作 OD 的平行线 AC，AC 的垂直线 DC。

因为绳索上的点 K、L、D 是否位于轮子上已经无关紧要，重物悬挂在点 K、L 或 D、L 的效果都一样。假设线段 AD 为重物 A 的重力，把它分解成力 AC 和 CD，且力 AC

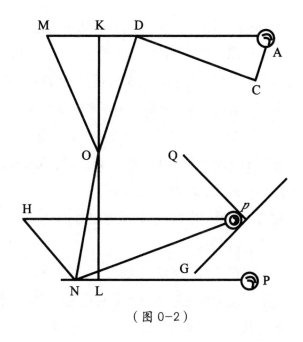

（图 0-2）

的方向与 OD 的方向相同，所以它不会对轮子起到任何作用。但是因为另一个力 DC 的方向与 OD 的方向垂直，所以它对于轮子的作用等同于半径 OL，因为 OD 与 OL 相等。也就是说，力 DC 的作用与重物 P 是相同的。如果 $P:A = DC:DA$，且三角形 ADC 和三角形 DOK 相似，那么，$DC:DA = OK:OD = OK:OL$。得出，$P:A = OK:OL$。所以半径 OK、OL 处于同一直线上，且作用效果相同，即两者处于一个平衡状态，这就是天平、杠杆、轮子的属性。如果该关系中任意一个力增大，那么作用于轮子的力也会增大。

但是如果重物 p 与 P 相等，却处于一个倾斜平面 pG 上，同时用绳索 pN 悬挂着。作直线 pH、NH 分别垂直于地平线和倾斜面 pG，如果用直线 pH 表示重物 p 所受的向下力，那么这个力可以分解为 pN 和 NH。

如果有一个垂直于绳索 pN 的倾斜面 pQ，与另一倾斜面 pG 相交，那么重物 p 同时受力在 pQ 和 pG 上，垂直压在平面 pQ 上的力为 pN，垂直压在平面 pG 上的力为 NH。假设把平面 pQ 撤掉，那么重物 p 将被绳索拉住，因为绳索取代了平面 pQ，所以绳索受到的张力与平面所受的压力

pN 相等。即张力之比 $pN:PN=$线段之比 $pN:pH$。

因此，如果重物 p 与 A 的比值，是由轮子中心到线段 pN 和 AM 的最小距离的反比与 pH 和 pN 的比值的乘积，那么重物 p 与 A 对于轮子转动具有相等的作用，且两者相互维持和遏制。这已经得到了很多人的证实。

因为重物 p 压在两个倾斜面上，所以可以把它看成被劈开的两个物体间的一个楔子，由此可以确定楔子和槌子的力。因为重物 p 压在平面 pQ 的力与线段 pH 的方向相同，所以不管是它的自身重力还是槌子的作用力，它推向平面 pQ 的压力比为 $pN:pH$，它推向另一个平面 pG 的压力比为 $pN:NH$。

同理，我们可以把螺旋的力进行分解，它就是由杠杆力推动的楔子。所以，这个推论适用范围非常广泛，其正确性和真实性已经得到了进一步论证。因为整个所有力学准则已经被学者们用不同的方式方法进行了验证，所以我们很容易推出各种机械力，比如轮子、滑轮、杠杆、绳子等构成的机械力，直接倾斜上升的重物的力，还有动物运动的骨骼的肌肉力。

推论Ⅲ

···

物体运动的量由同方向运动的和，或不同方向运动的差组成，不因物体之间的作用而改变。

根据定律 3，作用和反作用的量相等，方向却相反。而根据定律 2，它们在运动上的变化也相等，且方向相反。所以如果物体运动的方向是相同的，那么前面物体的运动量增加了多少，后面物体的运动量就减少多少，保持运动总量的前后相等。如果两个物体运动的方向是相反的，那么两者的运动减少量是相同的，和向相反方向运动的差值保持相等。

假设有两个球 A、B 做直线运动，A 是 B 的 3 倍，A 的运动速度为 2，B 的运动速度为 10，且两者做同向运动，可以得出，A 的运动量比 B 的运动量等于 6：10。假设 A 和 B 的运动量分为 6 和 10，那么总量为 16。因此当两物体相遇时，如果 A 得到的运动量分为 3、4、5，那么相应的是 B 就会减去 3、4、5。即碰撞后，A 的运动量为 9、10、11，而 B 的运动量为 7、6、5，两者的运动总量仍为 16。

如果 A 得到的运动量为 9、10、11、12，那么碰撞后得到的运动量则变为 15、16、17、18，相应的是 B 失去的量与 A 得到的一样多，所以运动量则减少到 1 或 0。B 的运动量变为 0 后，会处于静止状态，但是它不会持续静止。随着运动量的持续失去，B 会继续运动下去，并且会向回运动 1 或 2 个量。

两个物体的运动总量仍为 16，同向运动的和为 15+1、16+0，而相反运动的差则为 17-1、18-2，保持与碰撞前相同的总量。因为两物体相撞后和相撞前的速度的比值与相对应的运动的比值相等，所以若是相撞前后物体的运动量是已知的，某一物体相撞前的速度也已知，那么就可得出相撞后的速度。反之亦然。

以上面的例子为例，相撞前球 A 的运动为 6，相撞后球 A 的运动为 18，相撞前球 A 的运动速度为 2，那么便可得出相撞后的速度，即 6：18 = 2：6，得出其数值为 6。

但是，若物体不是球体，且不做直线运动，比如在倾斜面上发生碰撞，那么我们就必须先确定撞击点与物体相切的平面的位置，然后把物体的运动进行分解，才能计算出相撞后各自的运动量。我们需要把运动分解为垂直平面的与平行平面的两部分，因为物体相互作用在该平面的垂直方向上，所以相撞后平行于平面的运动量是不变的。

如果垂直运动的变化是反向的，且数量不变，那么相同方向的运动和相反方向的运动的差值会和之前相等。这类相撞有时会导致物体进行曲线运动，并且围绕其中心旋转。这里我不对这个问题进行论述，因为它发生的可能性非常多，其论述过程实在太过复杂和烦琐。

推论IV

...

两个或多个物体的公共重心始终保持其静止或运动的状态，不会因物体间的相互作用而改变原状态。就是说，除非受外力和阻力作用，所有相互作用的物体的公共重心或处于静止状态，或处于匀速直线运动状态。

如果两个点做匀速直线运动，按照某一给定比值对两者间距进行分割，那么分割点或处于静止状态，或处于匀速直线运动状态。这个问题我将在引理23和推论中进行证明，同理，点在相同平面运动或不同平面运动的情形都可以得到证明。

也就是说，如果任意多个物体做匀速直线运动，那么其中任意两个物体的公共重心或静止，或做匀速直线运动，因为两物体的公共重心的连线是按照给定比值进行分割的。同时，这两个物体的公共重心和第三个物体的重心也是或静止，或做匀速直线运动，其重心连线也是按照给定比值进行分割的。以此类推，这三个物体的公共重心和第四个物体的重心也是或静止，或做匀速直线运动，重心连线也是按照给定比值分割。这一原理可以推广到无数个物体。

因此，在多个物体组成的体系中，如果物体间不存在相互作用，也没有受到任何外力的作用，且每个物体都做匀速直线运动，那么它们的公共重心始终保持原状态不变，或静止，或做匀速直线运动。

另外，在两个物体相互作用的体系中，因为物体重心和公共重心的间距与物体本身成反比，所以不管物体距离重心是远还是近，其相对运动都是相等的。运动的变化是相等的且相反的，所以受物体间相互作用的影响，其公共重心仍保持静止或匀速直线运动的状态不变，不会加速，也不会减速。

　　然而，在多个物体组成的体系中，任意两个物体的相互作用不会改变其公共重心的状态，对于其他物体公共重心的影响更是微乎其微。不过，这两个物体的重心间距被所有物体的公共重心分割，并且与属于某个中心物体的总和成反比。因此，当两个物体的重心保持静止或运动状态时，所有物体的公共重心也保持原有状态。由此可以得出，整个物体体系的公共重心绝不会因为任意两个物体的相互作用而改变其原有状态。

　　在该体系中，所有物体间的相互作用或发生在两个物体间，或由若干两个物体间的相互作用组成，这些作用不会对物体的公共重心产生任何影响，也不会促使其改变原有的静止或运动状态。因为当物体间不存在相互作用时，其重心或静止或处于匀速直线运动状态。即便物体间存在相互作用，除非有外力施加于整个系统，促使这个系统改变其原有状态，否则其重心也将一直保持静止或匀速直线运动状态。这个定律同时适用于单一物体和多物体体系，因为不管是单一个体还是多物体体系，其运动问题都是通过重心的运动而计算的。

推论 V

...

在某给定空间内，不管该空间是静止还是做匀速直线运动（不含任何旋转的运动），**物体本身的运动和物体间的相对运动都是相同的。**

　　根据假设，在给定空间静止或不含任何旋转运动的匀速直线运动的情况下，物体同向运动的差与反向运动的和是相等的。根据定律 2，由这些差或和产生碰撞和排斥，以及物体间的相互作用，产生的效果相同。

因此在一种情形下物体间的相互运动在另一种情形下也会得以保持。比如根据船只运动的实验可以得出：不管船只静止还是做匀速直线运动，船上所有物体的运动都保持不变。

推论VI

...

不管物体间是哪种类型的相互运动，若是在平行方向上被施以相同的加速力，那么它们相互间的运动状态都不会改变，仍保持原有的相互运动。

根据物体运动的量得出，这些力的作用是相等的，且在互相平行的方向上移动，那么根据定律2，所有物体将以相同速度进行相同运动，因此物体间的位置和运动不会发生改变。

附录

我阐述的这些原理已经被广大数学家们接受，同时也得到了大量的实验证实。根据定律1、定律2和推论Ⅰ、推论Ⅱ，伽利略通过观察发现了物体下落的变化与所用时间的平方有关，物体被抛射后会做曲线运动。这些发现都已经被实验证明，但是前提是这些运动不受阻力影响，或阻力影响非常小。

当一个物体下落时，其重力作用是均衡的，并且在相等的时间内对物体施加相等的力，所以物体速度也相等。在整个时间内，所有作用力产生的速度与时间成正比。而在相应的时间内，物体运动的距离与时间的平方成正比，也就是说距离等于速度与时间的乘积。当一个物体被向

上抛射时，受平均重力影响其速度不断
减小，且与时间成正比。当物体到达最
高点时，速度降为0，所以物体到达的
高度等于速度与时间的乘积，或等于速
度的平方。如果物体是被向上或向下斜
抛，那么抛物运动就是原来运动和重力
运动组成的复合运动。（图0-3）

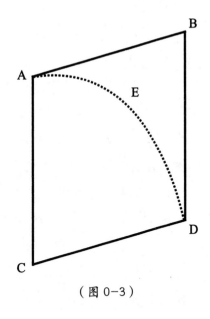

（图0-3）

　　假设物体 A 被抛射出去，在给定
时间内沿着 AB 作直线运动，在下落时
沿着 AC 做向下运动，在复合运动作用
下最后落在点 D，由此可以做出平行
四边形 ABDC。物体 A 经过的路径为抛物线 AED，且与直线 AB 相切于点
A，纵线 BD 等于 AB 的平方。根据相同的定理和推论，很多物体的运动
和相关事件都得到了证明，比如之前单摆振动所需时间的例子就已经从
日常单摆时钟的实例中得以证实。

　　同时，根据相同的定律和推论以及定律3，克里斯托弗·雷恩爵士、
瓦里斯博士和惠更斯等人分别确立了硬物相撞时所遵循的一系列法则，
并且几乎同时向皇家学会递交了研究报告。对于这些法则，这些科学家
几乎得出了完全一致的见解。瓦里斯博士发表研究报告的时间最早，之
后是雷恩爵士，最后是惠更斯。但是，雷恩爵士的研究报告是关于单摆实验的，并且他证明了这个实验的真理性。随后，马略特先生也开始研究这个问题，并对其进行了全面系统的阐述。不过，若想实

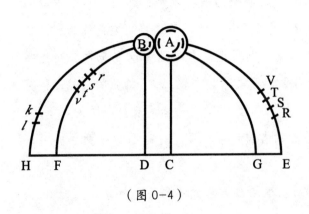

（图0-4）

验与理论保持完全一致，我们不得不考虑空气阻力、物体碰撞产生弹力等因素。（图 0-4）

假设把球 A、球 B 分别悬挂在细线 AC、BD 上，让 AC 和 BD 相等且平行，中心点分别为 C、D，且保持一定距离。以点 C 为中心作半径为 AC 的半圆 EAF，以 D 为中心作半径为 BD 的半圆 GBH。先移除球 B，让物体 A 在半圆 EAF 的任意一点 R 做运动，假设它摆动一次后回到点 V，那么在空气阻力作用下，RV 就是其产生的距离差。在弧线 RV 上取另一弧线 ST，使得 ST 处于 RV 中间位置，且 $ST:RV=1:4$，$RS=TV$，$RS:ST=3:2$，那么可以得出，ST 就等于物体从点 S 下落到 A 点的阻力。

把球 B 复位，假设球 A 从 S 点下落，那么它在点 A 的速度（排除误差的可能性）与不计阻力的情况下从 T 点下落到此位置的速度相等。由此可知，其速度就等于弧线 TA 的弦。如果物体做钟摆运动，那么它在最低点的速度与下落时经过的弧线的弦成正比，这一定理几乎已经被所有几何学家熟知。所以两者撞击后，球 A 到达点 s，球 B 到达点 k，此时再把球 B 移除，取任意一个点 v。如果球 A 从点 v 出发，摆动一次后回到点 r，同时 $st:rv=1:4$，那么可以得出，st 处于 rv 的中间位置，$rs=tv$，同时，tA 就是球 A 在撞击后到达 A 点的速度。如果不计空气阻力，则球 A 正好上升到点 t。同理，我们可以估算出球 B 在不计空气阻力下可以上升到点 l，以此来修正球 B 实际中所到达的位置点 k。

如此一来，实验的所需条件已经全部准备就绪，如同在真空中做实验一样。然后，球 A 和弧线 TA 的弦已知，我们可以得出它们的乘积，并且得出球 A 撞击前在点 A 的运动，同时根据它与弧线 tA 的乘积，得出撞击后的运动。同理，我们也可以计算出球 B 与弧线 BL 的弦的乘积，估算出球 B 在撞击后的运动。以此类推，如果两个物体同时从不同的点下落，我们可以计算出它们碰撞前后的各自运动，同时，通过比较两者的运动还可以得出碰撞后的效果。

我们可以做这样一个实验：取一些相等或不相等的物体，摆长 10 英尺，让它们在一个 8、12 或 16 英尺^①的大空间内相互碰撞，经过不断试验，我发现物体正面撞击时会给对方带来同样的变化。即便有误差，误差也不超过 3 英寸。假设物体 A 撞击静止的物体 B，撞击前运动量为 9，撞击后物体 A 的运动量失去 7，之后继续以 2 个运动量向前运动，那么物体 B 会得到它的 7 个运动量而运动。

假设两个物体因为反向运动而碰撞，撞击前物体 A 的运动量为 12，物体 B 的运动量为 6，撞击后物体 A、B 分别向后运动 2 个、8 个的运动量，那么它们分别都失去 14 个运动量，即 12+2 和 6+8。因为物体 A 减少 12 个运动量，它就会静止不动，所以会继续减去 2 个运动量，然后以 2 个运动量做反向运动。同理，物体 B 减去 6 个运动量，它就会静止，继续减去 8 个运动量，那么它就会以 8 个运动量做反向运动。

如果物体 A、B 的运动方向相同，物体 A、B 的运动量分别为 14、5，前者比后者更快一些，即物体 A 去追 B。发生碰撞后，物体 A 剩下 5 个运动量，然后继续向前运动，而物体 B 则从物体 A 得到 9 个运动量，之后以 14 个运动量继续向前运动。这也适用于其他情形。物体发生碰撞后，它们的运动量是同向运动的和或反向运动的差，这是永远都不会改变的。实际上，实验时想要做到万分精确是非常难的，所以可能会产生 1 到 2 英寸的误差，这也是可以理解的。想要让两只钟摆精确地运动，使它们在最低点 AB 发生碰撞，或在碰撞后精确地到达点 s、k 也是非常难的。另外，因为钟摆自身的密度不同，或种种原因造成的钟摆结构上的不规则等，这些因素都可能导致误差的产生。

或许有人持有反对意见，认为这个实验成功必须依赖特定的条件，即物体必须足够坚硬，或有弹性，但是这种物体并不存在于自然界中。关于这一点，我必须解释一下，我们所讲述的实验并没有条件限制，并非只能取绝对坚硬的物体。也就是说，这个实验的成功与否不取决于物

———————————

① 英尺，约 0.30 米。

体的硬度。

如果把这个规律运用在质地较软的物体上，只要把反弹力考虑进来，按照反弹力的运动来减少相应的量就可以了。按照雷恩和惠更斯的理论，绝对硬的物体在碰撞前后的速度是相同的，这一点已经在高弹性物体的实验中得到了肯定的证实。而对于低弹性的物体，因为反弹力的减少，碰撞后的速度比碰撞前的速度低。在我看来，这个反弹力是可以确定的，因为它可以让物体以一个相对速度反弹，并且这个速度与物体相撞时的速度有一个固定的比值。

我用压得紧实坚固的毛线球做过一个试验：首先，让毛线球下落，测出它的反弹度，然后计算出反弹力的量，根据它就可以估算出毛线球在碰撞时反弹的距离。在之后的其他实验中，我证实了这一计算结果的准确性。碰撞时，毛线球反弹的速度与碰撞前的速度的比值大约是 $5:9$，钢球的反弹速度与碰撞前的速度几乎相同，软木球的反弹速度慢一些，而玻璃球的反弹速度与碰撞前的速度比大约为 $15:16$。由此可见，定律 3 涉及的碰撞和反弹的问题，已经得到了广泛证实。

对于引力这个问题，我也使用类似方法进行了证明。假设任意两个物体 A、B 相遇，有另一物体起到阻碍作用，当两物体相互吸引时，物体 A 受到物体 B 的吸引力比物体 B 受到物体 A 的吸引力大，那么障碍物受到物体 A 的压力就大于受到物体 B 的压力，如此一来就无法保持平衡。压力大的物体 A 会把两物体和障碍物的整体推向物体 B；在没有空气阻力空间内，这一物体系统将持续做无限的加速运动。然而这一情形并不合

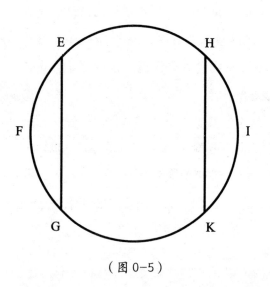

（图 0-5）

理，与定律 1 相矛盾。根据定律 1，这个物质系统将保持原有的静止或匀速直线运动状态，所以两物体对障碍物的压力应该是相等的，且相互间的吸引力也相等。我曾用磁石和铁做过类似的实验：把磁石和铁分别放进合适的容器中，然后让它们漂浮在平静水面，且保证彼此不相互排斥。之后，通过相等的吸引力来抵消对方的压力，使其保持一个平衡的状态。（图 0-5）

地球的各个部分间存在着引力的，假设任意平面 *EG* 将地球分割为 *EGF*、*EGI* 两部分，那么两部分相互间的重力是相等的。如果让另一个平面 *HK*（平行于 *EG*）再将 *EGI* 分割为 *EGKH* 和 *HKI* 两部分，且使得 *HKI* 与 *EGF* 相等。我们可以看出，中间部分 *EGKH* 始终保持静止状态，不会向 *EGF* 的方向运动，也不会向 *HKI* 的方向运动，因为其自身的重力正好合适。但是，*HKI* 这一部分会以全部重力把 *EGKH* 部分压向 *EGF*，所以 *EGI* 的力等于 *HKI* 和 *EGKH* 两部分之和。同时，这个力等于 *HKI* 的重力，且偏向 *EGF*，就是说 *EGI* 的力和 *EGF* 的重力是相等的，由此可以得出 *EGI* 和 *EGF* 两部分相互间的重力是相等的，这也是我之前要证明的。如果两者的重力不相等，那么地球漂浮在没有任何阻力的太空中，必定会远离它原来的位置，给比它重的所有物体让位，最终消失在无限的太空中。

物体碰撞和反弹时的作用是相等的，其速度与惯性力成反比，因此使用机械仪器时，施加的力是平衡的，并且相互间保持反向的压力。其速度取决于力的大小，且与力成反比。

同时，摆动天平悬挂的重物产生的力也是相等的，使用天平时，重力总是与天平上下速度成反比。也就是说，如果重物的上升或下降是直线运动，那么产生的力相等，这个力与悬挂重物的点与中心轴的距离成反比。如果有障碍物或倾斜面，重物的上升或下降是斜线运动，那么产生的力也相等，且与上升或下降的垂直高度成反比，这取决于物体垂直向下的重力方向。

这个原理同样适用于滑轮或滑轮组，不论重物是直线上升还是斜线上升，用手拉直绳子的力都与其重力成正比，就好像重物垂直上升的速度与用手拉绳子的速度成正比一样。

在轮子组成钟表和其他类似的机械中，如果使轮子转动加速和减速的反方向的力，与它们推动轮子的速度成反比，那么它们也能保持平衡。

螺丝钉挤压物体的力与用手拧动手柄的力成正比，其比值等于转动的把手的旋转速度与受到压力前进的螺丝钉的速度的比值。

用楔子把木头劈成两部分，其挤压或劈开木头的力与槌子施加在楔子上的力成正比，其比值与楔子在槌子敲击下前进的速度与木头在楔子挤压下向两边直线方向裂开的速度的比值相等。这个理论在所有机械的运作中都可以得到一致的解释。

机械的作用和效能主要有以下两个方面：通过减小物体的运动速度使得力增大，或通过增大力来使得物体的运动速度减小。因此我们可以运用各种机械解决以下问题：用给定的力移动给定的重物，或用给定的力克服给定的阻力。

如果机器作用于物体的速度与其作用力成反比，那么作用力就可以把阻力抵消。如果其速度足够大，足以克服一切阻力（来自物体相互滑动时的摩擦，或被分开的物体的凝聚，或被举起的物体的重力），那么剩余的力就会产生加速度。我并不是在这里讨论力学，而是通过这些实例来证明定律3适用的广泛性、可靠性和准确性。如果可以用物体所受的力和速度的乘积来估计其作用，或运用类似方法来估计障碍物对于物体的反作用，即通过它某些部分的速度、加速度或由摩擦、凝聚、重力产生的阻力的乘积来估计，那么我们会发现在所有机械的运动中，作用力始终等于反作用力。虽然作用力要通过中间媒介来传递，但是它最终作用在障碍物上，并且总是与反作用力方向相反。

第

1

编

物体的运动

第 1 章
通过量的初值与终值的
比值证明下述命题

引理 1
...

在任何有限时间内，量和量的比值都会趋于相等，其差值会持续减小。若是这个差值小于给定值，那么量和量的比值将最终相等。

　　如果有人对此持有反对意见，可以假设量和量的比值不相等，并且用 D 表示两者的最终差值，由此可以得出，量和量的比值不能以比差值 D 小的量趋于相等，而这与命题相矛盾。

引理 2
...

直线 Aa、AE 和曲线 acE 组成任意图形 $AacE$，其中包括多个平行四边形 $AKbB$，$BLcC$，$CMdD$ 等等，且底边 AB、BC、CD 等相等，其边 Bb、Cc、Dd 等与边 Aa 平行。再作平行四边形 $aKbl$、$bLcm$、$cMdn$ 等，假设平行四边形的底边不断减小，且平行四边形的数量不断增加且趋于无穷，那么曲线 *acE* 的内切图形 *AKbLcMdD*、外切图形 *AalbmcndoE* 和曲线 *AabcdE* 将趋于相等，其最终比值也将趋于等量比。（图 A 1-1）

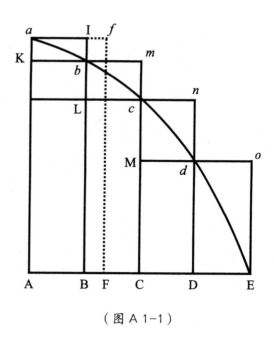

（图 A 1-1）

因为内切图形和外切图形的差值是平行四边形 *KaIb*、*Lbmc*、*Mcnd*、*DdoD* 等的和。就是说，因为它们的底边相等，我们可以以任意平行四边形的底边为宽，以高的和 *Aa* 为高，做出平行四边形 *ABIa*。因为 *AB* 是无限减小的，所以这个平行四边形将比任意给定的空间小。根据引理 1，内切图形和外切图形最终趋于相等，且与曲线图形相等。

引理 3

...

即便平行四边形的底边 *AB*、*BC*、*CD* 等都不相等，但只要它们将无限减小，那么其最终比值也是等量比。（图 A 1-2）

做一个平行四边形，底边 *AF* 是最大上限，那么，它的值将比内切图形与外切图形的差值要大。但是因为其底边 *AF* 是无限减小的，所以这个平行四边形将比给定的任意平行四边形都小。

推论 I．那些不断减小的平行四边形的总和最终将与曲线图形完全相同。

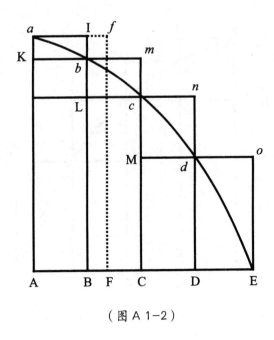

（图 A 1-2）

推论Ⅱ.那些不断减小的弧线 ab、bc、cd 等的弦组成的直线图形最终将与曲线图形完全相同。

推论Ⅲ.如果那些外切直线图形的切线弧长都相等，那么外切图形也与曲线图形完全相同。

推论Ⅳ.外周为 acE 的最终图形是直线图形的曲线极限，而不是直线图形。

引理 4

...

在图形 AacE 和 PprT 中分别有两组内切的平行四边形，且每组所含平行四边形的数量相等，其底边趋于无限减小，同时，两者内切平行四边形的最终比值是相等的，那么图形 AacE 和 PprT 的比值也相等。（图 A 1-3、1-4）

因为两个图形中的平行四边形是相互对应的，所以，前一个图形中的所有平行四边形的总和与后一个图形中的所有平行四边形的总和的比值，与两个图形的比值相等。因为根据引理 3，前一个图形和平行四边形的总和的比值等于后一个图形和平行四边形的总和的比值。

推论.假设任意两个量被分割为若干相等的部分，当它们的份数不断增大且自身的值不断减小（趋于无穷）时，且每个部分都有一个给定的相同比值，第一个对应第一个，第二个对应第二个，以此类推，那么所

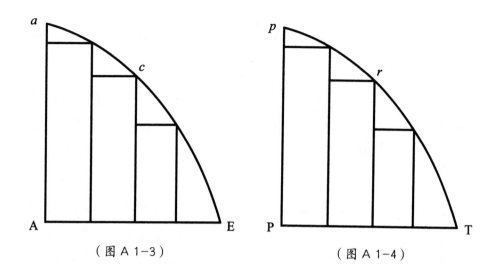

（图 A 1-3）　　　　　　　　（图 A 1-4）

有部分加起来的整量的比值也相等。因为在引理 4 的图形中，如果将每个平行四边形的比值看作部分的比值，那么这些部分的和必定等于平行四边形的和。假设平行四边形的数量不断增大，本身无穷地减小，那么这些无穷量的总和就等于其中一个图形中平行四边形与另一个图形中对应的平行四边形的最终比值。也就是说，这些无穷量的总和等于两个量中任意相对应的单个部分的最终比值。

引理 5

· · ·

在相似图形中，所有对应的边（不论是直线还是曲线）成正比，并且其面积的比值等于对应边的比值的平方。

引理 6
···

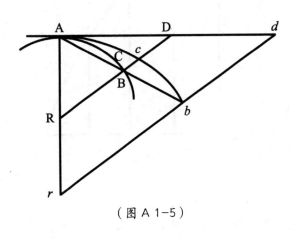

任意弧线 ACB 是给定的，直线 AB 是对应的弦，取任意点 A 作直线 AD 与弧线 ACB 相切，切点为 A，且向两边无限延长。假设点 A、B 不断靠近且趋于重合，那么其弦与切线组成的角 BAD 将不断变小，

（图 A 1-5）

最终会完全消失。（图 A 1-5）

　　假设角 BAD 不会消失，弧线 ACB 和切线 AD 将构成一个角，那么弧线在 A 点就会不断偏离原本的位置，而这与命题相矛盾。

引理 7
···

同样假设：弧线、弦和切线的最终比值是相互相等的。

　　当点 B 不断靠近点 A 时，假设直线 AB、AD 不断延长，在足够远处分别取点 b、点 d，然后作直线 bd 与 BD 平行，且让弧线 Acb 始终与弧线 ACB 相似。再假设点 A 和 B 点重合，那么根据引理 6，角 dAb 会消失，直线 Ab、Ad 将和弧线 Acb 重合且相等。所以，直线 AB、AD 和弧线 ACB 的最终比值是等量比。

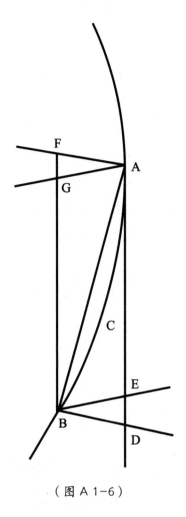

（图 A 1-6）

推论 I . 假设过 B 作直线 BF，使它与切线 AD 平行，过点 A 作任意直线 AF，使它与任意直线相交于 F，那么直线 BF 与趋于消失的弧线 ACB 的最终比值是等量比。因为在平行四边形 AFBD 中，线段 BF 与线段 AD 的最终比值始终是等量比。（图 A 1-6）

推论 II . 假设过点 B、A 分别作直线 BE、BD 和 AF、AG，使其分别与切线 AD 及其平行线 BF 相交，那么所有线段 AD、AE、BF、BG 与弧线 AB、弦 AB 的最终比值都是等量比。

推论III . 在所有与最终比值相关的推论中，这些线段都是任意的，且可以相互替换。

引理 8

假设直线 AR、BR 与弧线 ACB 组成图形 RACB，与弦 AB、切线 AD 组成三角形 RAB、三角形 RAD，点 A、B 不断靠近并趋于重合，那么这些趋于消失的图形最终相似，且最终比值是等

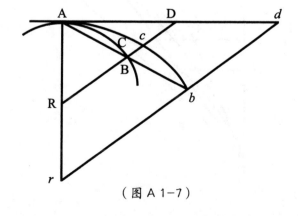

（图 A 1-7）

量比。（图 A1-7）

当点 B 不断趋于靠近点 A，假设直线 AB、AD、AR 延长到远处某点 b、d 和 r，并且作直线 rbd 与直线 RD 平行，使得弧线 Acb 始终与弧线 ACB 相类似。然后，再假设点 A、B 重合，那么角 bAd 将会不断减少直到消失，即三角形 rAb、$rAcb$、rAd 将会相似且相等，也就是说重合。由此得出，与这三个三角形始终相似且成等量比的三角形 RAB、$RACB$、RAD 最终也相似且相等。

推论. 在所有与最终比值相关的推论中，这些三角形都是任意的，且可以相互替换。

引理 9

...

（图 A1-8）

假设直线 AE、弧线 ABC 给定，两者以给定角相交于点 A，且直线 AE 为弧线 ABC 的切线。同时，取两条平行直线 BD、CE，分别与弧线 ABC 相交于点 B、C，点 B、C 不断向点 A 靠近且趋于重合，那么三角形 ABD 和 ACE 面积的比值等于其对应边的比值的平方。（图 A1-8）

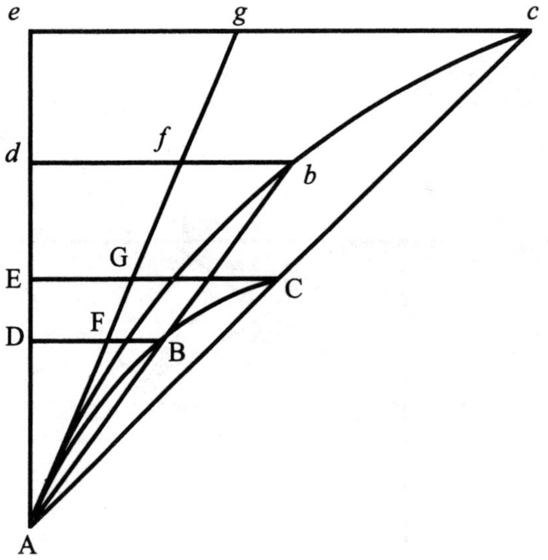

　　当点 B、C 向点 A 不断靠近时，假设直线 AD 不断向远处延长，然后取任意两点 d、e，那么线段 Ad 与 AD 成正比、Ac 与 AE 成正比。另作直线 bd、ec 与直线 BD、EC 平行，并分别与直线 AB、AC 相交于点 b、c。弧线 Abc 和弧线 ABC 相似。再作经过 A 点作直线 Ag 与两条弧线相切，且与直线 DB、EC、db、ec 分别相交于点 F、G、f、g。假设直线 Ae 长度是固定值，让点 B、C 不断与点 A 重合，那么角 cAg 将消失，弧线面积 Abd 将与直线面积 Afd 重合，弧线面积 Ace 将与直线面积 Age 重合。根据引理 5，三角形 Adf 和 Aeg 面积的比值等于对应边 Ad、Ae 的比值的平方，同时三角形 ABD 和 ACE 面积始终与三角形 Adf 和 Aeg 面积成正比，且边 AD、AE 也始终与边 Ad、Ae 成正比，因此可以得出，三角形 ABD 与 ACE 面积的最终比值等于对应边 AD 和 AE 的比值的平方。

引理 10

· · ·

物体受任意一个指定力的作用，不管这个力是已知不变的，还是持续增大或持续减小的，物体在初始阶段的运动距离始终与时间的平方成正比。

　　假设用直线 AD、AE 表示时间，直线 DB、EC 表示该时间段物体运动的距离，那么运动所产生的距离就可以用三角形 ABD、ACE 的面积来表示。根据引理 9，初始阶段的运动距离与时间 AD、AE 的平方成正比。

　　推论 I. 在成比例的时间内，物体在相似图形的相似部分运动，其产生的距离误差与所用时间的平方成正比。而这些误差是由作用于物体的力引起的，可以根据物体在这些相似图形中的运动求出。若是这些力不存在，那么误差也不会存在，物体将在这个时间内到达既定位置。

　　推论 II. 同理，物体在相似图形的相似部分运动，受到成比例的力的作用，那么产生的误差与这个力与时间的平方的乘积成正比。

推论Ⅲ.同理，这个引理可以解释物体在受不同力作用时产生的距离的相关问题，即物体产生的距离与运动初始阶段的力和时间的乘积成正比。

推论Ⅳ.这个力与运动初始阶段的距离成正比，与时间的平方成反比。

推论Ⅴ.所用时间的平方与距离成正比，与力成反比。

附录

假设我们对不同未知量进行比较，其中一个量都可以被认为与另一个量成正比或反比。这意味着一个量增大或减少时，另一个量也以相同比例增大或减少，或是后者与前者的倒数以相同比例增大或减少。假设任意一个量被认为与其他任意两个或更多的量成正比或反比，那么第一个量则与其他量的复合数以相同比例增大或减少，或是后者与前者的倒数的复合数以相同的比例增大或减少。

举个例子，假设 A 与 B、C 成正比，与 D 成反比，那么 A 与 $B \times C \times \frac{1}{D}$ 以相同比例增大或减少。也就是说，A 与 $\frac{BC}{D}$ 的比值是固定值。

引理 11
· · ·

假设经过接触点的所有弧线的曲率是有限的，那么弧线内趋于消失的接触角的弦最终与相邻弧线的弦的平方成正比。（图 A 1-9）

情形 1. 弧线 AB 的切线是 AD，作直线 BD 与切线 AD 垂直相交于 D 点，那么 BD 为接触角的弦，直线 AB 是弧线 AB 的对应弦。另经过点 B

作直线 BG 与弦 AB 垂直，作直线 AG 与切线 AD 垂直，二者相交于点 G。让点 D、B 和 G 分别靠近点 d、b 和 g，假设直线 BG 和 AG 最终在点 J 相交，且点 D、B 将与点 A 重合，得出，线段 GJ 的长度可能比任意给定距离小。根据圆的属性，$AB^2 = AG \times BD$，$Ab^2 = Ag \times bd$，所以，AB^2 与 Ab^2 的比值是 AG 和 Ag 的比值与 BD 和 bd 比值的乘积。不过，因为 GJ 比任意给定长度小，AG 和 Ag 的比值与等量比的差值也可能比任意给定值小，所以，AB^2 与 Ab^2 的比值与 AG 和 Ag 比值的差值

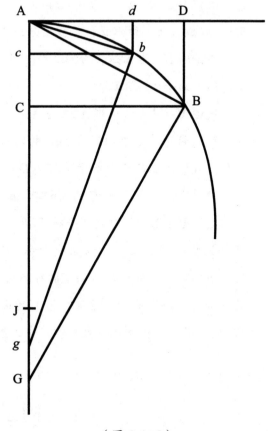

（图 A 1-9）

也比任意给定值都小。根据引理 1 得出：$AB^2 : Ab^2 = BD : bd$。

　　情形 2. 假设直线 BD 与 AD 组成任意指定值的角，那么 BD 与 bd 的最终比值也和之前的比值相等，所以 AB^2 与 Ab^2 的比值也和 BD 与 bd 的比值相等。

　　情形 3. 假设角 D 为任意角，直线 BD 经过任意给定点，或为任意直线，那么角 D 和角 d 将不断趋于相等，且比给定的任意差值小。根据引理 1，角 D、d 最终将趋于相等，因此，直线线段 BD 与 bd 的比值与之前的比值相等。

　　推论 I. 假设切线 AD、Ad、弧线 AB、Ab 及其对应正弦 BC、bc 最终和弦 AB、Ab 相等，那么 AB^2 和 Ab^2 最终也将与弦 BD、bd 成正比。

推论Ⅱ.AB^2 和 Ab^2 最终与其正弦 BC、bc 成正比,又因为正弦和弦 BD、bd 成正比,所以正弦将被平分,并趋于向给定点重合。

推论Ⅲ.这些正弦和物体运动时间(物体以给定速度沿着弧线运动所需时间)的平方成正比。

推论Ⅳ.因为三角形 ADB 与 Adb 面积的比值等于边 AD 和 Ad 的立方的比值,同时等于边 $DB^{\frac{3}{2}}$ 和 $DB^{\frac{3}{2}}$ 的比值。由此可以得出,三角形 ADB 的面积与 Adb 面积的比值等于($AD \times DB$):($Ad \times db$),$AD^2:Ad^2=DB:db$;进一步得出,三角形 ABC 的面积与 Abc 面积的比值等于 $BC^3:bc^3$。

推论Ⅴ.因为直线 DB 平行于 db,且与直线 AD、Ad 的平方成正比,根据抛物线的属性,所以弧线面积 ADB 和 Adb 分别是直角三角形 ADB 和 Adb 面积的三分之二,剩下的弓形面积 AB、Ab 则是对应的直角三角形的三分之一。因此,这些弧线图形的面积和弓形图形的面积恰好与切线 AD、Ad 的平方成正比,且与相对应的弧或弦 AB、Ab 的立方成正比。

附录

不过,我们讨论的所有问题都有一个假设的前提,即切角不会无限大于或小于圆形和切线组成的任意切角。也就是说,通过点 A 的弧线的曲率不会无限大或无限小,且 AJ 的长度是一个限定值。我们可以设定直线 DB 与 AD 的立方成正比,如此,切线 AD 和弧线 AB 之间就不可能存在过点 A 的其他弧线,所以这个切角会无限小于弧线的切角。同样,假设直线 DB 与 AD^4、AD^5、AD^6 或 AD^7 等成正比,那么得到一系列趋于无限的切角,且后者无限小于前者。而假设直线 DB 与 AD^2、$AD^{\frac{3}{2}}$、$AD^{\frac{4}{3}}$、$AD^{\frac{5}{4}}$、$AD^{\frac{6}{5}}$ 或 $AD^{\frac{7}{6}}$ 等成正比,得到另外一系列趋于无限的切角,那么第一个切角和弧线的切角相等,第二个切角将变得无限大,且后者无限大于前者。从这些切角中任取两个,则两者中间还可以插入另一系列的任意切角，那么它们会以两种方式趋于无限，即后者永远都比前者无限大或无限小。

举个例子，取任意两项 AD^2 和 AD^3，在两者中间插入另一个系列，即 $AD^{\frac{13}{6}}$、$AD^{\frac{11}{5}}$、$AD^{\frac{9}{4}}$ $AD^{\frac{7}{3}}$ $AD^{\frac{5}{2}}$ $AD^{\frac{3}{3}}$ $AD^{\frac{11}{4}}$、$AD^{\frac{14}{5}}$、$AD^{\frac{17}{6}}$ 等。同样，在这个系列中任意两项中间也可以插入新的系列的任意项，其任意两者的差别都有无限的可能性。就如同我们的自然界充满无限可能一样。

以上假设，我们都从弧线和其组成的图形规律中得以证实，并且已经很好地应用到立体曲面和立体容积的运算中。运用这些引理，我们可以规避古代几何学家使用的烦琐且晦涩的解题方法。在证明的过程中，我们可以使用不可分法进行简便计算，但是这个方法不够精确、严谨和几何化。所以，在之后的命题中我将使用最初的量和最终的量的和，以及新生的初量和趋于消失的量的比值来证明。即用这些量的和与比值的极限作为前提，尽可能简化地证明这些量的极限值。现在它们已经用不可分法得到充实证明，所以我可以准确地运用。因此，之后我提到的微小部分的量，或用短弧线代替直线，大家不要认为我在说不可分量，实际上我是指那些趋于消失的可分量；也不要以为我在说那些可知部分的总和与比值，实际上我是指那些和与比值的极限；同时，我在证明中所说的力，也只是引理中所提到的力。

或许有人会提出反对意见，认为根本不存在趋于消失的量的最终比值，因为在量消失前，其比值不是最终的，而当量消失后，其比值也将不复存在。但是，根据同样的道理，我们可以做出以下假设：物体到达某给定位置后不再运动，则速度消失。在物体到达这一位置前，这个速度并非最终速度，当它到达后，速度变为 0。那么答案很简单，这个最终速度是物体以这个速度运动，是它到达目的地那一瞬间的速度，而不是它到达目的地停止前的速度，也不是停止后的速度。换一种说法，这个速度是物体到达目的地并停止运动时的速度。

同样的道理，趋于消失的量的最终比值是这个量消失瞬间的比值，而不是它消失前或消失后的比值。因此，新生的初量的最初比值（不管是增大还是减小），都可以被认为是其开始时的比值，同时，开始时的和与最后的和也可以被认为是其刚开始时与刚结束时的和。

最终速度就是运动在最后时刻、不能超越的极限。也就是说，所有初量和最终量以及其比值都有一个极限，这些极限是可以确定且真实存在的，所以我们可以利用几何学来计算它。同时，我们要求解和证明其他任何类的几何问题时，都必须依赖严谨的几何学。

或许还有人持有反对意见，认为若是趋于消失的量的最终比值是可以确定的，那么其最终量也可以确定。即所有量都将包括不可分量，然而，这与欧几里得的著作《几何原本》中证明的不可比较量的论点互相矛盾。所以说，这一论点是建立在一个错误命题之上的。

当量趋于消失时，其比值并不是最终量的比值，而是这个量无限地减少且聚集到一个极限，且这个无限减小的量的比值始终以小于某一任意给定值的量向这个极限靠近。它永远不会超过这个极限，也不会到达这个极限。在无限大的量中，这一点表现得更明显。

如果两个量的差是给定值，且无限增大，那么这些量的最终比值也是给定值，是一个等量比。但是我们不能认为其最终量或最大量是固定值。因此，我在下文中提到最小的、趋于消失的量或最终量，大家不要认为它们是确定的量，而是那些无限减小的量。

第 2 章
向心力的确定

命题 1 定理 1

...

物体围绕某一固定点做圆周运动，且运动区域处于一个不动的平面上，那么运动区域与所用时间成正比。（图 A 2-1）

　　假设时间被分为相等的若干份，物体在第一时间段做惯性运动，经过的路径为直线 AB。在第二时间段，如果没有任何阻力，根据定理 1，它将沿直线 Bc 运动到点 c，且 Bc 与 AB 相等。得出，以点 S 为中心，以 AS、BS、cS 为半径所构成的三角形 ASB 和 BSc 的面积相等。但是当物体到达点 B 时，若是受到向心力作用，那么它将偏离直线 Bc，从而沿直线 BC 运动。同时，作直线 Cc 与 BS 平行，且与直线 BC 相交于点 C，在第二时间段，物体将运动

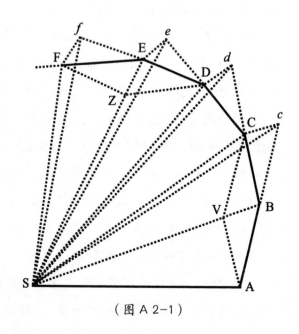

（图 A 2-1）

到点 C。根据定理 1，物体运动所构成的三角形 ABC 将与 ASB 处于同一平面。连接 SC，因为直线 SB 与 Cc 平行，三角形 SBC 和 SBc 的面积相等，所以，三角形 SBC 面积和 ASB 也相等。

以此类推，在向心力作用下，物体向点 C、D、E 等运动，那么在相应时间段内其运动路径为直线 CD、DE、EF 等，且所有图形都处于同一平面。同时，可以得出三角形 SCD 和 SDE、SEF 的面积都与 SBC 相等。因此，在相等时间内，相等的图形都处于同一平面，根据命题 1，这些图形的面积和，比如图形 SADS、SAFS 都分别与所用时间成正比。现在假设图形数量不断增加，宽度无限减小，那么根据引理 3 的推论Ⅳ，其最终边 ADF 将成为一条弧线，同时在向心力作用下，物体会不断偏离相应的切线。因此得出，物体运动时任意时间段走过的路径所构成的图形 SADS 的面积都与其所用时间成正比。

推论Ⅰ. 不计空气阻力，假设物体被某一固定不动的中心吸引，那么其速度与从中心到切线的垂线的长度成反比。物体在点 A、B、C、D、E 的速度等于全等三角形的底边 AB、BC、CD、DE、EF，而这些底边分别与其经中心点的垂线长度成反比。

推论Ⅱ. 不计空气阻力，假设物体在相等时间内先后经过弧弦 AB、BC，作平行四边形 ABCV。那么，当弧线趋于无穷小时，平行四边形的对角线 BV 将无限向两边延长，且必定经过中心点 S。

推论Ⅲ. 不计空气阻力，假设物体在相等时间内先后经过弧弦 AB、BC、DE 和 EF，分别作平行四边形 ABCV 和 DEFZ，那么当弧线趋于无穷小时，力在点 B 和 E 的比值等于对角线 BV 和 EZ 的最终比值。根据本定理的推论Ⅰ，物体沿着弧弦 BC、EF 运动，就是分别沿着 Bc、BV 和 Ff、EZ 运动的和。同时，BV = Cc，EZ = Ff，且它们在点 B、E 受向心力作用，因此它们和向心力成正比。

推论Ⅳ. 不计空气阻力，假设物体偏离直线而做曲线运动，那么这个力与相等时间内所经过的弧线的矢（即弧弦的半径）成正比。当弧线趋于无限小时，矢在向心力的作用下会把对应的弦平分为两部分。因为矢的长度等于对角线的一半。

推论Ⅴ.这个力与吸引力的比，与上述提到的矢与垂直于地面的抛物线的矢的比值相等。且这个物体在相等时间内所经过的路径等于这些抛物线的轨迹。

推论Ⅵ.根据上述推论，当物体在平面上运动，不管中心的向心力静止还是处于匀速直线运动状态，上述结论都成立。

命题 2 定理 2

· · ·

物体在同一平面做任意曲线运动，通过半径被某一点吸引，不管这个点静止还是做匀速直线运动，其半径所构成的面积都与所用时间成正比，且该物体受这个点的向心力作用。（图 A 2-2）

情形 1.根据定律 1，物体做曲线运动时，不管任何时候都受到施加在自身的力的影响，从而偏离直线运动。而在相等时间内，这个力将让物体经过最小的且相等的三角形 SAB、SBC 和 SCD 等。根据欧几里得《几何原本》第一卷中命题 40 和定律 2，这个力受固定不动的点 S 吸引，在点 B，其方向和直线 cC 平行，由

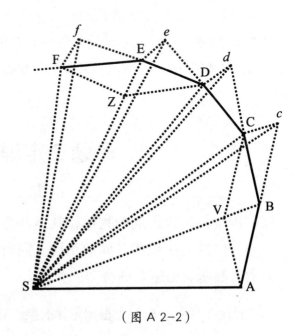

（图 A 2-2）

点 B 指向点 S；在点 C，方向与直线 dD 平行，由点 C 指向点 S。以此类推。所以，这个力始终都指向点 S，且作用在经过点 S 的直线上。

情形 2. 根据定律中的推论 V，不管物体所在曲线平面静止还是与物体一起运动，其结论都一样。因为物体所在的图形和中心点 S 始终都处于匀速直线运动状态。

推论 I. 在无阻力的空间或介质中，假设面积和时间不成正比，那么这个力就不会指向半径经过的点。假设物体作加速运动，那么这个力的方向会和物体运动的方向成锐角，反之，则与物体运动的方向成钝角。

推论 II. 在有阻力的空间或介质中，假设物体作加速运动，那么这个力会偏离物体运动的方向，而不会指向固定不变的点 S。

附录

物体所受向心力可能由多个力复合而成，在这种情况下，这个命题中指向点 S 的力就是所有力的合力。但是如果某个力的方向和物体经过的表面相垂直，那么它会使物体偏离原来的平面。但是，这个力经过的平面面积是不变的，所以我们可以对它忽略不计。

命题 3 定理 3

· · ·

任何围绕某半径运动的物体，其运动方向指向另一个物体的运动中心，经过的面积和时间成正比，同时该物体也受到另一物体向心力与其所有加速力的合力的作用。

假设有两物体 L、T，根据定律的推论 VI，如果两物体在平行方向受一个新力作用，且这个力与物体 T 受的力相等，但方向相反，那么物体 L 仍围绕物体 T 运动，且经过的面积与之前相等。但是物体 T 受到的力被相等且相反的力抵消，所以根据定律 1，物体 T 保持静止或匀速直线运动状态。同时，物体 L 受到的力是两个力的差值，它继续围绕物体 T 运动，经过的面积与时间成正比。因此，根据定理 2，剩余的力也是指向物体 T。

推论 I. 假设物体 L 受物体 T 的吸引并以固定半径运动，它经过的面积与时间成正比，那么，根据推论 II，物体 L 受到的力不论是单一的力还是几个力的合力，减去物体 T 受的全部加速力，剩余的力都会把物体 L 推向物体 T，即物体 T 将作为物体 L 作环绕运动的中心点。

推论 II. 假设物体 L 经过的面积与时间的比值接近正比，那么剩余的力也指向物体 T。

推论 III. 假设剩余的力接近指向物体 T，那么物体 L 经过的面积和时间的比值也接近正比。

推论 IV. 假设物体 L 围绕半径运动且被物体 T 吸引，但其经过面积与时间的比值是不相等的，且物体 T 处于静止或匀速直线运动状态，那么指向物体 T 的向心力或消失，或受到其他力的干扰，或与其他力复合。因为其他力更强大，所以这些力的方向发生改变，指向另一个静止或运动的中心。当物体 T 的向心力被另一个力取代，那么作用于它身上的新力会促使它作任意运动。但是，我们可以得到相同的结论，即物体 L 受的向心力是减去物体 T 受的力的剩余力。

附录

如果物体运动时经过的面积相等，意味着物体围绕某一个中心运动，且受向心力吸引。向心力使得物体不断偏离直线运动，且保持在一个运动轨道上。那么，在之后的讨论中，我们就可以把物体围绕中心运动且经过相同面积作为证明这些运动是在自由空间运动的标志。

命题 4 定理 4

···

若干物体围绕不同的圆周做匀速运动，其向心力指向圆周的中心，那么向心力分别与相等时间内经过的弧长的平方除以圆周半径的值成正比。

根据命题 1 的推论 II 和命题 2，这些力指向圆周的中心，其比值等于在极短且相等时间内经过的弧线的矢（即弧长的平方除以圆周的直径）的比值。而这些弧线的比值和任意相等时间内物体经过的弧线的比值相等，圆周直径的比值和半径的比值相等。因此，向心力与相等时间内经过的任意弧长的平方除以圆周半径的值成正比。

推论 I. 因为弧长和运动速度成正比，所以向心力与速度的平方成正比，且与半径成正比。

推论 II. 因为物体运动的周期与半径成正比，与速度成反比，所以向心力与半径成正比，与周期的平方成反比。

推论 III. 如果物体运动的周期相等，那么速度与半径成正比，向心力也与半径成正比。反之亦然。

推论 IV. 如果物体运动的周期和速度都与半径的平方根成正比，那么向心力相等。反之亦然。

推论 V. 如果物体运动的周期和半径成正比，那么速度相等，且向心力与半径成反比。反之亦然。

推论 VI. 如果物体运动的周期与半径的 $\frac{2}{3}$ 次方成正比，那么速度、向心力与半径的平方根成反比。反之亦然。

推论Ⅶ . 以此类推。如果物体运动的周期与半径的任意 N 次方成正比，那么速度和半径的（N-1）次方成反比，向心力和半径的（2N-1）次方成反比。反之亦然。

推论Ⅷ . 物体运动时经过任意相似图形的相似部分，且这些图形都处于相似位置，有各自的中心，那么想要证明任何时间、速度、力都满足以上结论，只要运用之前的实例就可以了。这种计算并不难，只要用相等面积代替相等运动、用物体到中心的距离代替半径就可以了。

推论Ⅸ . 同理，物体在已知向心力作用下作圆周匀速运动，那么在任意时间内，它经过的弧长等于圆周直径与其在相同时间内受相同力作用下的所经距离的等比中项（即 $A : B = B : C$ 则 B 为 A、C 的等比中项）。

附录

在天体运动中，克里斯托弗·雷恩爵士、胡克博士和哈雷博士等人都分别发现了推论Ⅵ的理论，所以，之后我将对向心力随着物体到中心距离变化而变化的问题进行系统详细的论述。

同时，根据命题 3 和推论，我们知道向心力和任意已知力的比值。假设一个物体受重力作用，且以地球为中心做圆周运动，那么重力就是该物体的向心力。根据推论Ⅸ，物体下落时环绕圆周运动一周的时间，以及在任意时间内经过的弧长都是已知的。惠更斯先生在其著作《论摆钟》中，就对重力和做圆周运动的物体所受向心力进行了比较和分析。

因此，我们可以运用以下方法来证明命题 3：在任意圆周内做任意的内切多边形，假设物体以给定速度沿多边形运动，在多边形的顶角受到圆周的影响而反弹，那么每次反弹时作用于圆周的力和运动速度成正比。也就是说，在给定时间内，这些力的总和与速度和反弹次数的乘积成正比。假设多边形是给定的，那么它与给定时间内经过的路径成正比，同时随着路径与圆周半径的比值而增大或减少。即多边形与物体所经路径的平方除以圆周半径成正比。所以当多边形的边长无限减小时，它将趋于和圆周重合。此时，它和给定时间内经过的弧长除以圆周半径成正比，即物体施加在圆周上的力。因为反作用力和作用力相等，所以圆周不断把物体推向中心。

命题 5 问题 1

· · ·

物体受一个指向公共中心的力作用，同时以给定速度画出一个给定图形，求出这个公共中心。（图 A 2-3）

经过点 T、V 作直线 PT、TQV、VR，它们与已知图形相切于点 P、Q、R。经过切线上的点 P、Q、R 作直线 PA、QB、RC 分别与其切线垂直，同时其长度与物体在各点的速度成反比，然后通过各垂线向外延展。那么，PA 与 QB 的比值等于物体在点 Q、P 的速度的比值，而 QB 与 RC 的比值等于物体在点 R、Q 的速度的比值。通过垂线的顶点 A、B、C 作直线 AD、DBE、EC，使其分别与这些垂线垂直，且相交于点 D、E；再作直线 TD、VE，延长并相交于点 S，则点 S 就是所求公共中心。

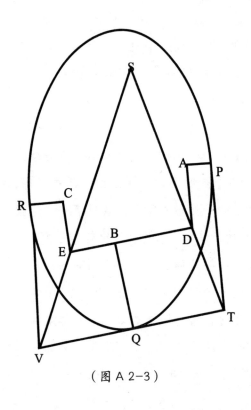

（图 A 2-3）

根据命题1的推论Ⅰ，垂线由中心下落到切线 PT、QT 上，且与物体在点 P 和 Q 的速度成反比，所以与垂线 AP、BQ 成正比，即与经过点 D 与切线垂直的线段成正比。由此可以得出，点 S、D、T 处于同一条直线上，点 S、E、V 也处于同一条直线上。即公共中心点 S 就是直线 TD、VE 的延长线的相交处。

命题 6 定理 5

· · ·

不计空气阻力，物体围绕一个静止的中心做环绕运动，在最短时间内经过一个任意短的弧线，假设该弧线的矢平分经过力的中心的弦，那么弧线中间的向心力与矢成正比，与所用时间的平方成反比。

（图 A 2-4）

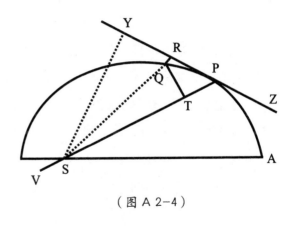

（图 A 2-4）

根据命题1的推论Ⅳ，在给定时间内弧线的矢和向心力成正比，同时弧长会随着时间的增加以固定值而增大，根据引理11的推论Ⅱ、推论Ⅲ，矢也相应地增大。因此，矢与力、时间的平方成正比。如果两边同时除以时间的平方，那么力与矢成正比，和时间的平方成反比。

同时，运用引理10的推论Ⅳ也可以证明这个定理。

推论Ⅰ.假设物体 P 围绕中心点 S 运动，路径为曲线 APQ。直线 ZPR 与该曲线相切，切点为点 P。取曲线任意点 Q，作直线 QR 与 SP 平行，且与切线 ZPR 相交于点 R。再作直线 QT 与 SP 垂直，假设点 P 和点

Q 重合，那么向心力将与 SP 的平方和 QT 的平方的乘积除以 QR 成反比。因为点 P 是弧线 APQ 的中间点，QR 等于弧线 QP 两倍的矢，同时，三角形 SQP 的两倍或 SP 和 QT 的乘积与经过两倍弧长的所用时间成正比，所以时间等于两倍弧长。

推论Ⅱ. 假设垂线 SY 从力的中心延伸，与切线 PR 的垂线相交，那么向心力和 $\dfrac{SY^2 \times QP^2}{QR}$ 成反比。这是因为在矩形中 SY 和 QP 的乘积等于 SP 和 QT 的乘积。

推论Ⅲ. 假设物体做圆周运动，或与一个同心圆相切或相交，那么轨道在相切或相交处有极小接触角度的圆，且点 P 的曲率和曲率半径与它是相等的。同时，经过力的中心作弦 PV，那么向心力和 SY 的平方与 PV 的乘积成反比。这是因为 PV 等于 QP 的平方除以 QR 的值。

推论Ⅳ. 与推论Ⅲ做相同假设，那么向心力与速度的平方成正比，和弦成反比。根据命题 1 的推论Ⅰ，得出速度与垂线 SY 成反比。

推论Ⅴ. 假设任意曲线图形 APQ 给定，向心力指向的中心点 S 也给定，那么可以推出向心力定律，即物体 P 不断偏离直线运动，且运动轨迹与图形相同。通过计算可知，$\dfrac{SY^2 \times QP^2}{QR}$ 或 $SY^2 \times PV$ 与向心力成反比。

下面我们将证明向心力定律。

命题 7 问题 2

· · ·

假设物体做圆周运动，求指向任意给定点的向心力定律。（图 A 2-5）

方法 1. 假设圆周 $VQPA$ 已知，点 S 是力指向的给定中心点。物体 P 沿着 $VQPA$ 做圆周运动，点 Q 是该物体的目的地。直线 PRZ 是其切线，点 P 是切点；过点 S 作弦 PV 和圆周的直径 VA，连接 AP；再作直线 QT 与 SP 垂直，两者相交于点 T；延长 QT，与切线 PR 相交于点 Z；再通

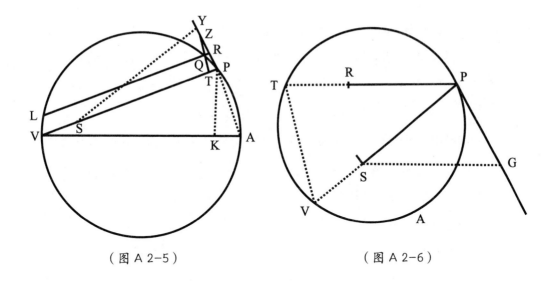

（图 A 2-5）　　　　　　　　（图 A 2-6）

过点 Q 作直线 LR 与 SP 平行，且分别与圆周、切线 PZ 相交于点 L、R。因为三角形 ZQR、ZTP、VPA 相似，RP^2 和 QT^2 的比值与 AV^2 和 PV^2 的比值相等，且 PR^2 等于 RL 和 QR 的乘积，因此，QT^2 等于 RL 和 QR 和 PV^2 再除以 AV^2。如果两边都乘以 SP^2 除以 QR 的值，当点 P 和点 Q 重合时，RL 等于 PV，那么可以得出：$\dfrac{SP^2 \times PV^3}{AV^2} = \dfrac{SP^2 \times QT^2}{QR}$。

因此，根据命题 6 的推论 I 和推论 V，向心力和 $\dfrac{SP^2 \times PV^3}{AV^2}$ 成反比，因为 $AV2$ 是已知的，所以向心力和 $SP^2 \times PV^2$（物体运动距离或下落高度的平方及弦 PV 的三次方的乘积）成反比。

方法 2.（图 A 2-6）过中心点 S 作直线 SY，与切线 PR 垂直，因为三角形 SYP 和 VPA 相似，所以 $AV : PV = SP : SY$。进而得出，$SY = \dfrac{SP \times PV}{AV}$，$\dfrac{SP^2 \times PV^3}{AV^2} = SY^2 \times PV$。根据命题 6 的推论 III 和推论 V，向心力与 $\dfrac{SP^2 \times PV^3}{AV^2}$ 成反比，而 AV 是已知的，所以向心力和 $SP^2 \times PV^3$ 成反比。

推论 I. 假设向心力持续指向给定的中心点 S，假设点 S 处于圆周上，且与点 V 重合，那么向心力将与 SP^5 成正比。

推论 II. 物体 P 沿圆周 $APTV$ 运动，且受指向中心点 S 的向心力作用，同时物体 P 沿着同一圆周以相同周期围绕任意力的中心点 R 运动，且受到点 R 的向心力作用，前者与后者的比值等于 $RP^2 \times SP$ 和直线 SG^3

的比值。通过中心点 S 作线段 SG，与经过中心点 R 的直线 RP 平行，且 SG 与圆周的切线 PG 相交于点 G。根据本命题，三角形 PSG、TPV 相似，所以前一个力和后一个力的比值等于 $\frac{RP^2 \times PT^3}{SP^2 \times PV^3}$，同时等于 $SP \times RP^2$ 与 $\frac{RP^3 \times PV^3}{PT^3}$ 比值，或等于 $SP \times RP^2$ 与 SG^3 的比值。

推论Ⅲ. 物体 P 作任意圆周运动，且受中心点 S 的力作用，同时物体 P 沿着同一圆周以相同周期围绕任意力的中心点 R 运动，且受到点 R 的力作用，其比值等于 $SP \times RP^2$ 与直线 SG^3 的比值。SG 经过中心点 S，和过中心点 R 的直线 PR 平行，且和圆周的切线 PG 相交于点 G。因为物体在任意点 P 所受的力与它在相同曲率的圆周上所受的力相等。

命题 8 问题 3

...

物体沿半圆 PQA 运动，假设点 S 趋于无限远，以至于可以把指向该点的直线 PS、RS 看成是相互平行的，求指向中心点 S 的向心力定律。（图 A 2-7）

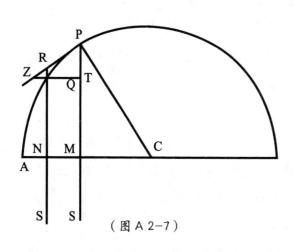

（图 A 2-7）

点 C 是半圆的中心点，过点 C 作圆的半径 CA，与直线 PS、RS 分别相交于点 M、N，然后连接 CP。因为三角形 CPM、PZT、RZQ 相似，得出，$CP^2 : PM^2 = PR^2 : QT^2$，根据圆的属性，$PR^2 = QR \times (RN+QN)$，当点 P 和 Q 重合时，$PR^2 = QR \times 2PM$，因此得出，$CP^2 : PM^2 = \frac{QR \times 2PM}{QT^2}$，且 $\frac{QT^2}{QR} = \frac{2MP^3}{CP^2}$，$\frac{QT^2 \times SP^2}{QR} = \frac{SP^2 \times 2PM^3}{CP^2}$。根据命题 6 的推论 I 和推论 V，向心力

和 $\dfrac{SP^2 \times 2PM^3}{CP^2}$ 成反比，即假设给定的 $2SP^2$ 与 CP^2 的比值是固定值，所以向心力和 PM^3 成反比。

同时，根据命题 7 也可以得出相同的结论。

附录

同理，当物体作椭圆、曲线或抛物线运动，这个定理也同样适用。即物体所受的向心力也和它从轨道到无限远的中心点的距离的三次方成反比。

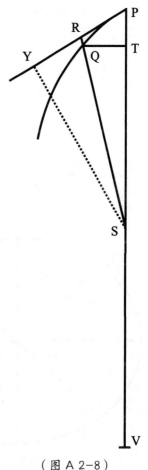

命题 9 问题 4

· · ·

假设物体沿着螺旋线 PQS 运动，且以给定角与所有半径如 SP、SQ 等相交，求指向该螺旋线中心点的向心力定律。（图 A 2-8）

　　方法 1. 假设任意小的角 PSQ 已知，相交角也已知，所以图形 $SPRQT$ 也已知。因此，QT 和 QR 的比值也是已知的，得出 $\dfrac{QT^2}{QR}$ 与 QT 成正比，即 QT 与 SP 成正比。但是如果角 PSQ 增大或减小，那么根据引理 11，与角 QPR 对应的直线 QR 也会随之增大或减小，即与 PR 或 QT^2 的变化成正比。因此，$\dfrac{QT^2}{QR}$ 的比值保持不变，与 SP 成正比，得出 $\dfrac{QR^2 \times SP^2}{QP}$ 与 SP^3 成正比。因此，根据命题 6 的推论 I 和推论 V，向心力与

（图 A 2-8）

物体到中心点的距离 SP^3 成反比。

方法 2. 经过中心点 S 作直线 SY，且与切线 PR 垂直并相交于点 Y，再作与螺旋线同心圆的弦 PV，与螺旋线相交于点 P，且弦 PV 与 SP 的比值是给定值，因此得出，SP^3 与 $SY^2 \times PV$ 成正比。根据命题 6 的推论 III 和推论 V，得出与向心力 SP^3 成反比。

引理 12

...

作给定椭圆或双曲线的任意共 VI IV 轭直径，那么所有以它为边的平行四边形都是相等的。

这个引理在之前关于圆锥曲线的内容中已经证明。

命题 10 问题 5

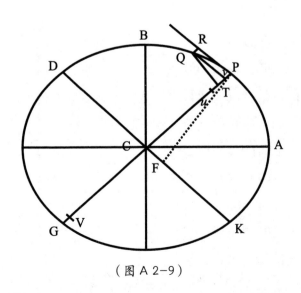

（图 A 2-9）

假设物体作椭圆运动，求指向该椭圆中心点的向心力定律。（图 A 2-9）

方法 1. 假设 CA、CB 是椭圆的半轴，GP、DK 是椭圆的共轭直径，直线 PF 垂直于 GP、QT 垂直于 DK，且 Qv 是点 Q 到直径 GP 的距离。作平行四边

形 $QvPR$，根据椭圆的属性，$\dfrac{Pv \times vG}{QV^2}$ 和 $\dfrac{PC^2}{CD^2}$ 是相等的。因为三角形 QvT、PCF 相似，得出 $\dfrac{Qv^2}{QT^2} = \dfrac{PC^2}{PF^2}$，又根据矩形的属性，$\dfrac{PvG}{QT^2} = \dfrac{PC^2}{CD^2} \times \dfrac{PC^2}{PF^2}$，因此得出，$vG$ 与 $\dfrac{QT^2}{Pv}$ 的比值等于 PC^2 与 $\dfrac{CD^2 \times DF^2}{PC^2}$ 的比值。因为 $QR = Pv$，根据引理 12，$BC \times CA = CD \times PF$，当点 P 和 Q 重合时，$2PC = vG$，又因为外项的乘积等于内项的乘积，所以得出，$\dfrac{QT^2 \times PC^2}{QR} = \dfrac{2BC^2 \times CA^2}{PC}$，因此根据命题 6 的推论 V，向心力与 $\dfrac{2BC^2 \times CA^2}{PC}$ 成反比。因为 $2BC^2 \times CA^2$ 的值给定，所以向心力和 PC 的倒数成反比，即与 PC 成正比。

方法 2. 直线 PG 经过椭圆中心点 C，且 GP、DK 是椭圆共轭直径，在直线 PG 取另一点 u，且 $Tu = Tv$，再取 uv，使得 $\dfrac{uV}{vG} = \dfrac{DC^2}{PC^2}$。根据椭圆的属性，$\dfrac{QV^2}{Pv \times vG}$ 和 $\dfrac{DC^2}{PC^2}$ 相等，因此得出，$Qv^2 = Pv \times uV$，两边同时加上 $Pu \times Pv$，那么 PQ^2 将与 $PV \times Pv$ 相等。因此与圆锥曲线相切于点 P 并过点 Q 的圆周，同时也经过点 V。假设点 P 和 Q 重合，那么 $\dfrac{uV}{vG} = \dfrac{DC^2}{PC^2} = \dfrac{PV}{PG}$，或 $\dfrac{uV}{vG} = \dfrac{PV}{2PC}$，就是说，$PV = \dfrac{2DC^2}{PC}$。因此根据命题 6 的推论 III，向心力与 $\dfrac{2DC^2 \times DF^2}{PC}$ 成反比，因为 $2CD^2 \times PF^2$ 是给定值，所以向心力与 PC 的倒数成反比，即 PC 成正比。

推论 I. 向心力与物体到椭圆中心点的距离成正比，反之，当向心力和这个距离成正比时，物体围绕椭圆中心点做椭圆运动，或围绕与椭圆相似的圆周做曲线运动。

推论 II. 物体围绕若干椭圆运动，若是椭圆有一个公共中心，那么其运动周期相等，因为根据命题 4 的推论 III 和推论 VII，它们在相似图形中的运动时间相等。然而若干椭圆有共同的长轴，运动时间的比值与椭圆面积的比值成反比，也和相等时间经过的面积成反比。就是说，运动时间和短轴成正比，和它在长轴最高点的运动速度成反比。同时，前者的比值和后者的比值相等。

附录

假设椭圆的中心点移到无穷远，物体则沿着抛物线运动，那么根据伽利略定理，向心力是一个常数，且指向无穷远的中心点。假设圆锥的抛物曲线因为截面的角度改变，则物体做双曲线运动，向心力变为离心力。与圆周和椭圆的方法类似，假设向心力指向横坐标中任意图形的中心点，且随着纵距而增大或减小，或是任意改变纵距和横距的角度，如果运动周期不变，那么向心力也随着其到中心点距离的比值而增大或减小。同理，在任意种类的图形中，如果纵坐标以给定值任意增大或减小，或是横坐标和纵坐标的角度改变，而运动周期不变，那么横坐标上任意指向中心点的力随着其到中心点距离的比值的变化而变化。

第3章
物体在偏心的
圆锥曲线上的运动

命题 11 问题 6
...

假设物体作椭圆运动，求指向椭圆中一个焦点的向心力定律。
（图 A 3-1）

方法 1. 假设点 S 为椭圆的一个焦点，作直线 SP 与椭圆直径 DK 相交于点 E，且与纵距 Qv 相交于点 x，作平行四边形 QxPR，那么线段 EP 等于椭圆长半轴 AC。因为过另一焦点 H 作直线 HI 平行于 EC，且 CS = CH，得出 ES = EI，且 EP 等于 PS 与 PI 和的一半。因为 HI 与 PR 平行，角 IPR 和 HPZ 相等，因此得出，EP 等于 PS 与 PH 和的一半，同时 PS 与 PH 的和等于长轴，即与 2AC 相等。

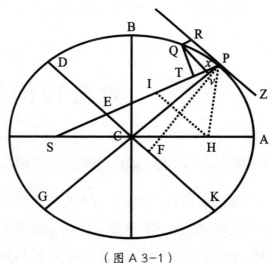

（图 A 3-1）

作 QT 和直线 SP 垂直，同时假设 L 是椭圆的通径 $\frac{2BC^2}{AC}$，那么可以得出，$\frac{L \times QR}{L \times Pv} = \frac{QR}{Pv} = PE$，或者 $\frac{L \times Pv}{Gv \times Pv} = \frac{L}{Gv}$，进而得出，$\frac{Gv \times Pv}{Qv^2} = \frac{PC^2}{CD^2}$。由引理 7 的推论 Ⅱ，当点 P 与 Q 重合时，$Qv^2 = Qx^2$，且 $\frac{Qx^2}{QT^2} = \frac{Qv^2}{QT^2} = \frac{EP^2}{PF^2} = \frac{CA^2}{PF^2} = \frac{CD^2}{CB^2}$。

把所有比值进行简化，并设定 $AC \times L = 2CB2$，可以得出，$\frac{L \times QR}{QT^2} = \frac{AC \times L \times PC^2 \times CD^2}{PC \times Gv \times CD^2 \times CB^2} = \frac{2PC}{Gv}$。当点 P 和 Q 重合时，$2PC = Gv$，因此 $\frac{2PC}{Gv} = 1$，所以 $L \times QR = QT^2$。假设等式两边同乘以 $\frac{SP^2}{QR}$，那么 $L \times SP^2 = \frac{SP^2 \times QT^2}{QR}$。根据命题 6 的推论 Ⅰ 和推论 Ⅴ，向心力和 $L \times SP^2$ 成反比，就是说，它与物体到椭圆焦点的距离 SP^2 成反比。

方法 2. 假设物体 P 作椭圆运动，且受椭圆中心的力的作用，根据命题 10 的推论 Ⅰ，这个力和物体到椭圆中心点 C 的距离 CP 成正比。作线段 CE 和椭圆的切线 PR 平行，且 CE 和经过椭圆任意点 S 的直线 PS 相交于 E 点，且物体 P 同时受点 S 的力作用，那么根据命题 7 的推论 Ⅲ，可以得出这个力和 $\frac{PE^2}{SP^2}$ 成正比。再假设点 S 是椭圆的焦点，且 PE 是常数，那么向心力与 SP 的平方成反比。

证明问题 5 时，我们延展到抛物线和双曲线，同理这个问题也可以做同样的延展。不过为了解决具体问题，且因为这个问题具有广泛的重要性和应用性，所以我将用特殊的方法来证明。

命题 12 问题 7

...

假设物体作双曲线运动，求指向该图形焦点的向心力定律。（图 A3-2）

方法 1. 假设直线 CA、CB 为双曲线的半轴，直线 PG、KD 为共轭直径，PF 与直径 KD 垂直，且 Qv 是直径 GP 的纵距。作直线 SP 分别与 DK、Qv 相交于点 E、x，作平行四边形 $QRPx$，得出，EP 等于半轴 AC。

取双曲线的另一焦点 H，过它作直线 HI 与 EC 平行。又因为 $CS = CH$，因此得出 $ES = EI$，且 EP 等于 PS 和 PI 差值的一半。因为 HI 与 PR 平行，且角 IPR 和 HPZ 相等，所以 PS 和 PH 的差值等于长轴，即 $PS-PH = 2AC$。

另作线段 QT 和直线 SP 垂直，同时假设 L 是双曲线的通径 $\dfrac{2BC^2}{AC}$，可以得出，$\dfrac{L \times QR}{L \times Pv} = \dfrac{QR}{Pv} = \dfrac{Px}{Pv} = \dfrac{PE}{PC} = \dfrac{AC}{PC}$。因为三角形 Pxv

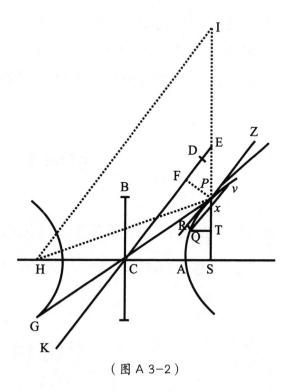

（图 A 3-2）

和 PEC 相似，进而得出，$\dfrac{L \times Pv}{Gv \times Pv} = \dfrac{L}{Gv}$ 根据圆锥曲线的属性，$\dfrac{Gv \times Pv}{Qv^2} = \dfrac{PC^2}{CD^2}$。另外根据引理 7 的推论 Ⅱ，当点 P 与 Q 重合时，$Qv^2 = Qx^2$，因此得出，$\dfrac{Qx^2 (Pv^2)}{QT^2} = \dfrac{EP^2}{PE^2} = \dfrac{CA^2}{PE^2}$，根据引理 12 也等于 $\dfrac{CD^2}{CB^2}$。

把所有比值进行简化，并设定 $AC \times L = 2CB^2$，可以得出，$\dfrac{L \times QR}{QT^2} = \dfrac{AC \times L \times PC^2 \times CD^2}{PC \times Gv \times C \cdot D^2 \times CB^2} = \dfrac{2PC}{Gv}$。当点 P 和 Q 重合时，$2PC = Gv$，因此 $\dfrac{2PC}{Gv} = 1$，所以 $L \times QR = QT^2$。假设等式两边同乘以 $\dfrac{SP^2}{QR}$，那么 $L \times SP^2 = \dfrac{SP^2 \times QT^2}{QR}$。所以根据命题 6 的推论 Ⅰ 和推论 Ⅴ，向心力与 $L \times SP^2$ 成反比，就是说，它与物体到双曲线焦点的距离 SP 的平方成反比。

方法 2. 假设物体 P 作双曲线运动，且受中心点 C 的力的作用，根据命题 10 中的推论 Ⅰ，这个力和物体到双曲线中心点 C 的距离 CP 成正比。作线段 CE 和双曲线的切线 PR 平行，且 CE 和经过双曲线任意一点 S 的直线 PS 相交于 E 点，且物体 P 同时受点 S 的力作用，那么根据命题 7 中的推论Ⅲ，可以得出这个力和 $\frac{PE^2}{SP^2}$ 成正比。再假设点 S 是双曲线的焦点，且 PE 是常数，那么这个力和 SP^2 成反比。

同理，当物体所受的向心力变为离心力时，它将沿着共轭双曲线运动。

引理 13

···

抛物线任意顶点的通径都等于该顶点到图形焦点的 4 倍距离。

这个问题已经在圆锥曲线的内容中得到证明。

引理 14

···

经过抛物线焦点且与切线垂直的线段，是焦点到切点的距离与顶点到焦点的距离的比例中项。（图 A 3-3）

假设抛物线焦点为 S，顶点为 A，切点为 P，直线 PO 是主直径的纵距，它与切线 PM 相交于点 M，过焦点的线段 SN 与切线 PM 垂直，是焦点到切点的距离。连接 AN，因为 $MS = SP$，$MN = NP$，$MA = AO$，且直线 AN 与 OP 平行，所以三角形 SAN 的角 AO 是直角，同时它和三角形 SNM、SNP 相似，且三角形 SNM 和 SNP 是相等的。因此可以得出，$PS : SN = SN : SA$。

推论Ⅰ．$PS^2 : SN^2 = SN : SA$

推论Ⅱ．SA 是给定值，因此 SN^2 与 PS 成正比。

推论Ⅲ．直线 PM 为抛物线任意切线，若是与经过焦点且与切线的垂线 SN 相交，那么这个交点必定在过顶点的切线 AN 上。

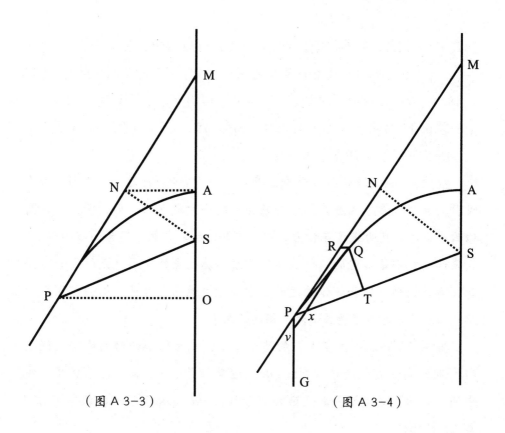

（图 A 3-3）　　　　　　（图 A 3-4）

命题 13 问题 8

• • •

假设物体做抛物线运动，求指向该图形焦点的向心力定律。
（图 A 3-4）

运用引理 14 的图，假设物体 P 做抛物线运动，点 Q 是它的运动目的地。作直线 QR 与 SP 平行，QT 与 SP 垂直，再作直线 Qv 与切线 PM 平行，且与 PG、SP 分别相交于点 v、x。因为三角形 Pxv、SPM 相似，且后者的边 SP 和 SM 相等，所以前者的边 Px 或 QR 也等于 Pv。不过，因为图形为圆锥曲线，根据引理 13，纵距 Qv 的平方等于通径与直径的某小段所组成的矩形面积，即 $Qv^2 = 4PS \times Pv$（或 QR）。根据引理 7 的推论 II，当点 P 和 Q 重合时，$Qx = Qv$，因此得出 $Qx^2 = 4PS \times QR$。又因为三角形

QxT、SPN 相似，根据引理 14 的推论 I，可以得出，$\frac{Qx^2}{QT^2} = \frac{PS^2}{SN^2} = \frac{PS}{SA} = \frac{4PS \times QR}{4SA \times QR}$。根据欧几里得著作《几何原本》中第五卷的命题 9 得出，$QT^2 = 4SA \times QR$，当两边同时乘以 $\frac{SP^2}{QA}$，可以得出 $\frac{SP^2 \times QT^2}{QR} = SP^2 \times 4SA$，根据命题 6 推论 I 和推论 V，向心力和 $SP^2 \times 4SA$ 成反比。因为 $4SA$ 是给定值，所以向心力与 SP 的平方成反比。

推论 I. 任意物体 P 以任意速度沿着任意直线 PR 运动，受到向心力吸引，且向心力与从点 P 到中心的距离的平方成反比，那么物体沿着圆锥曲线运动，且曲线焦点和力的中心重合。反之亦然，因为曲线的焦点、切点和切线都是给定的，所以圆锥曲线和其切点的曲率也是给定的，同时曲率是由向心力和物体的运动速度决定。然而，即便向心力相同、速度相同，物体也不可能画出两条相切的图形。

推论 II. 假设物体在点 P 的速度给定，在无限小的时间内经过线段 PR，同时向心力促使它在直线 QR 上运动，那么，物体则沿着圆锥曲线中的一种曲线做运动，其主通径等于线段 PR、QR 无限小的状态下 QT^2 与 QR 的比值。

在这两个推论中，我把圆周归类于椭圆，并且排除了物体沿着直线运动到中心的这种可能性。

命题 14 定理 6

...

假设若干物体围绕一个公共中心运动，向心力与其到中心的距离的平方成反比，那么其轨道的主通径与同一时间内物体到中心的半径所经过的面积的平方成正比。（图 A3-5）

根据命题 13 的推论 II，当点 P 和 Q 重合时，主通径 L 与 QT^2 和 QR 的比值相等。但是线段 QR 在给定时间内与向心力成正比，又由假设条件可知，它又与 SP^2 成反比，因此可以得出，$\dfrac{QT^2}{QR}$ 与 $QT^2 \times SP^2$ 成正比，就是说主通径 L 与物体到中心的半径所经过的面积（即 $QT \times SP$）的平方成正比。

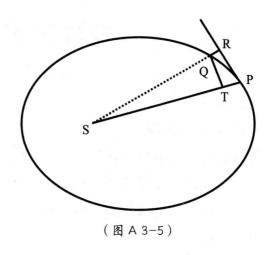

（图 A 3-5）

推论．椭圆的面积与长轴所组成的矩形成正比，同时与通径的平方根与周期的乘积成正比。因为椭圆的面积与给定时间内物体所经过的面积（即 $QT \times SP$）和周期的乘积成正比。

命题 15 定理 7

• • •

假设条件与上述命题相同，那么椭圆的运动周期与长轴的二分之三次方成正比。

短轴是长轴和通径的比例中项，所以长轴和短轴的乘积等于通径的平方根和长轴的二分之三次方的乘积。根据命题 14 的推论，长轴和短轴的乘积与通径的平方根和周期的乘积成正比，当两边同时除以通径的平方根，那么可以得出，周期与长轴的二分之三次方成正比。

推论．椭圆的运动周期和以长轴为直径的圆周的运动直径一样。

命题 16 定理 8

···

假设条件与上述命题相同，一条直线和椭圆相切，作线段经过公共焦点且与切线垂直，那么运动速度与所作线段成反比，与主通径的平方根成正比。（图 A 3-6）

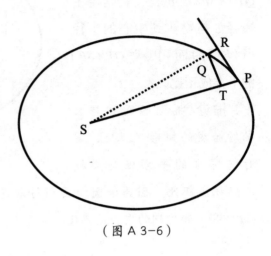

（图 A 3-6）

经过焦点 S 作直线 SY，与切线 PR 垂直，则物体 P 的运动速度与 $\frac{SY^2}{L}$ 的平方根成反比。

因为速度与给定时间内经过的无穷小的弧长 PQ 成正比，那么根据引理 7，速度也与切线 PR 成正比，且已知 $PR:QT=SP:SY$，因此得出速度与 $\frac{SP \times QT}{SY}$、$SP \times QT$ 成正比，与 SY 成反比。根据命题 14，$SP \times QT$ 是给定时间内物体经过的面积，因此速度与主通径的平方根成正比。

推论 I . 主通径与切线的垂线的平方和速度的平方的乘积成正比。

推论 II . 物体到公共焦点的最大距离或最小距离时的速度和距离成反比，与主通径的平方根成正比，因为垂线就是距离。

推论 III . 物体到公共焦点的最大距离或最小距离的速度与距离中心相等的半径的圆周运动的速度的比值，等于主通径的平方根和该距离的 2 倍的平方根的比值。

推论 IV . 物体作椭圆运动，到公共焦点的平均距离的速度，与以相同距离做圆周运动的速度是相等的。根据命题 4 的推论 VI，速度与距离的平方根成反比。因为此时焦点到切线的垂线就是短半轴，也是距离和主通径的比例中项。同时，短半轴的倒数与主通径比值的平方根的乘积，等于距离倒数的平方根。

推论Ⅴ. 不管是同一图形还是不同图形，如果主通径是相等的，那么物体的运动速度就与焦点到切线的垂线成反比。

推论Ⅵ. 物体作抛物线运动，速度与它到焦点的距离的平方根成反比，这个比值在椭圆中较大，在双曲线中较小。因为根据引理 14 的推论Ⅱ，过焦点且与切线垂直的线段与距离的平方根成正比。所以，该线段在椭圆中的变化比较大，在双曲线中的变化比较小。

推论Ⅶ. 物体作抛物线运动，它到焦点任意距离的速度，与其以相同距离为半径做圆周运动的速度的比值是 $\sqrt{2}:1$。这个比值在椭圆中会减小，在双曲线中会增大。根据本命题的推论Ⅱ，其速度不论在抛物线顶点还是在任意距离，比值都相等。因此，若是物体作抛物线运动，那么其任意速度都等于以相同距离的一半为半径做圆周运动的速度。同样，它在椭圆中较小，在双曲线中较大。

推论Ⅷ. 物体作圆锥曲线运动，根据推论Ⅴ，其速度与以主通径的一半为半径做圆周运动的速度的比值，等于距离与焦点到切线的垂线的比值。

推论Ⅸ. 根据命题 4 的推论Ⅵ，两个物体若是都做圆周运动，那么其速度的比值，与它们距离的比值的平方根成反比。同理，物体若是做圆锥曲线运动，那么速度与以相同距离为半径做圆周运动的速度的比值，等于公共距离和圆锥曲线主通径的一半的比例中项与公共焦点到切线的垂线的比值。

命题 17 问题 9

•••

假设物体的向心力与它到中心距离的平方成反比，且力的绝对值已知，速度已知，求物体从给定位置沿着给定直线运动时经过的

路径。（图 A 3-7）

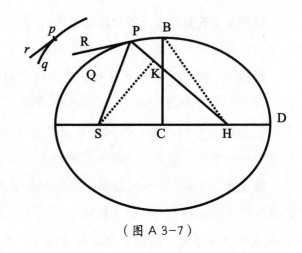

假设物体 P 受点 S 的向心力吸引，围绕任意给定弧线 Pq 运动。物体 P 在点 P 的速度是已知的，且以这个速度沿直线 PR 运动，因为受向心力吸引它将偏离直线做曲线运动，即进入圆锥曲线

（图 A 3-7）

PQ，如此，直线 PR 与曲线 PQ 相切，切点为点 P。同理，假设直线 Pr 和曲线 Pq 相切，切点为点 P，如果过点 S 的垂线在切线 Pr 上，那么根据命题 16 的推论 I，圆锥曲线的主通径与主通径的比值，等于垂线的平方的比值乘以速度的平方的比值。且这个值是给定值。

现在假设主通径为 L，圆锥曲线焦点 S 给定，假设角 RPH、RPS 互为补角（即两个角的和为 180°），可以得知另一焦点所在直线 PH 的位置。作直线 SK 和 PH 垂直以及共轭半轴 BC，可以得出，$SP^2-2PH \times PK+PH^2=SH^2=4CH^2=4BH^2-4BC^2=(SP+PH)^2-L \times (SP+PH) = Sp^2+2PS \times PH+PH^2-L \times (SP+PH)$，两边同时加上 $2PH \times PK-SP^2-PH^2+L \times (SP+PH)$，进一步得出，$L \times (SP+PH)=2PS \times PH+2PK \times PH$，$\frac{SP \times PJ}{PH}=\frac{2(SP \times KP)}{L}$。

现在 PH 的长度和位置都已知，那么点在 P 的速度使得通径 L 比 2（SP+KP）小时，那么 PH 与直线 SP 位于切线 PR 的同侧，即图形为椭圆。假设焦点 S、H 已知，那么主轴 SP+PH 也是已知值。但是如果物体 P 的速度增大，通径 L 与 2（SP+KP）相等，那么直线 PH 的长度也将无限增大，图形变为抛物线，且轴 SH 平行于直线 PK，其位置是可以确定的。物体 P 的速度继续增大，使得直线 PH 处于切线的另一侧，且两焦点到切线的距离相等，那么图形变为双曲线，主轴等于 *SP-PH* 的值，且这个差值可以确定。

在这些情况中，如果物体所围绕的圆锥曲线是确定的，那么根据命题 11、12、13，向心力与物体到力的中心距离的平方成反比，我们可以确定它以给定速度从给定位置 *P* 沿着给定直线 *PR* 运动的路径，即曲线 *PQ*。

推论 I.圆锥曲线的顶点 *D*、通径 *L* 和焦点 *S* 是已知的，那么我们可以通过假设 *DH* 与 *DS* 的比值等于通径与通径和 4*DS* 的差值的比值来求出另一个焦点 *H* 的位置。

因为在本推论中，$\frac{SP \times PH}{PH} = \frac{2(SP \times KP)}{L}$ 可以变成 $\frac{DS \times DH}{DH} = \frac{4DS}{L}$，且 $\frac{DS}{DH} = \frac{4DS\text{-}L}{L}$。

推论 II.如果物体在曲线顶点的速度是已知的，那么可以确定其运动路径。根据命题 16 的推论 III，假设通径与距离 *DS* 的两倍的比值，等于速度与物体以距离 *DS* 为半径做圆周运动的速度比值的平方，那么可以得出 *DH* 与 *DS* 的比值等于通径与通径和 4*DS* 差值的比值。

推论 III.假设物体作任意圆锥曲线运动，且在任意推动力作用下偏离原路径，那么我们可以确定其新路径。因为把新旧运动进行复合，就可以得出在推动力作用下物体偏离指定点后的运动。

推论 IV.假设物体连续受某外力作用，可以得出在力的影响下其运动的变化，同理可以得出它在运动序列中的影响，估算出它在各个点持续产生的变化，从而推测出物体运动的近似路径。

附录

假设物体 *P* 沿着以点 *C* 为中心的任意圆锥做曲线运动，且受指向任意点 *R* 的向心力吸引，其运动符合向心力定律。作直线 *CG* 与半径 *RP* 平行，且与切线 PG 相交于点 G，那么根据命题 10 的推论 I 和附录以及命题 7 的推论 III，物体 P 所受的力等于 $\frac{CG^2}{RP^2}$。（图 A 3-8）

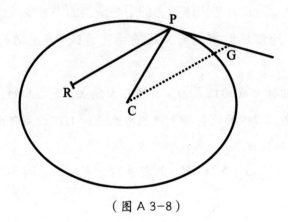

（图 A 3-8）

第4章
通过已知焦点求椭圆、
抛物线和双曲线的轨道

引理 15
···

假设过椭圆或双曲线的两个焦点 S、H, 分别作直线 SV、HV 相交于点 V, 直线 HV 是图形焦点所在的主轴。直线 SV 和通过点 T 的直线 TR 垂直, 且 ST = VT, 那么直线 TR 将和该圆锥曲线相切。反之亦然, 如果直线 TR 和圆锥曲线相切, 那么直线 HV 一定是椭圆或双曲线的主轴。(图 A 4-1)

　假设直线 TR 与直线 HV 垂直相交于点 R, 连接点 S 和 R, 因为 ST = VT, 所以 SR = VR, 角 TRS 和 TRV 也相等。因此得出, 点 R 一定在圆锥曲线上, 且直线 TR 和该圆锥曲线在点 R 相切。反之亦然。

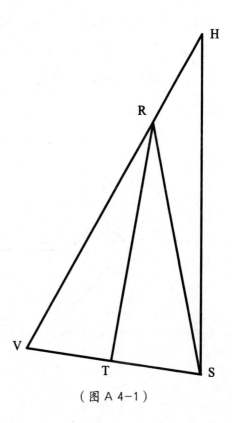

(图 A 4-1)

命题 18 问题 10

...

根据已知焦点和主轴做出椭圆或双曲线，让它过给定点且与给定直线相切。（图 A 4-2）

假设点 S 为公共焦点，AB 为任意曲线的主轴，点 P 为该曲线应该经过的点，直线 TR 与该曲线相切。围绕点 P 作圆周 HG，如果曲线是椭圆，则半径为 AB-SP；如果是双曲线，则半径为 AB+SP。另外作线段 ST，与切线 TR 垂直，延长 ST 使得 VT = ST。再以点 V 为圆心、AB 为半径作圆周 FH。同理，不管两个点 P、p 给定，还是两条切线 TR、tr 给定，或是一个点 P 和一条切线 TR 给定，都可以做出两个圆周。

假设点 H 是两个圆周的交点，根据焦点 S、H 和已知的主轴做出圆锥曲线，那么问题就解决了。因为椭圆的 PH+SP、双曲线的 PH-SP 都等于主轴，所以该曲线经过点 P，且与直线 TR 相切。同理，该曲线经过两点 P、p，或与直线 TR、tr 相切。

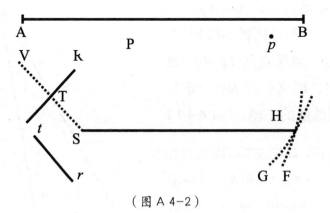

（图 A 4-2）

命题 19 问题 11

•••

根据一个已知焦点作抛物线，使其经过给定点且与给定位直线相切。

（图 A 4-3 ）

　　假设焦点 S 和任意点 P 都是给定的，切线 TR 也是给定的。以点 P 为中心，作半径为 PS 的圆周 FG。经过焦点 S 作线段 ST 与切线 TR 垂直，延长 ST 到点 V，使得 $VT = ST$。同理，如果点 p 是给定的，可以做出另一个圆周 fg；如果切线 tr

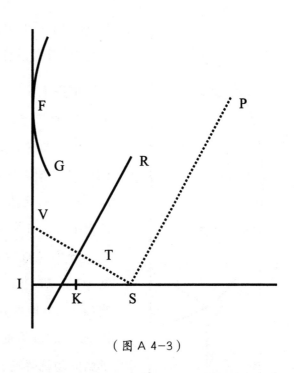

（图 A 4-3 ）

是给定的，那么根据切线 tr 可以得出点 v 的位置。假设点 P 和切线 TR 是给定的，过点 V 作直线 IF 与圆周 FG 相切，如果点 P、p 是给定的，那么直线 IF 和圆周 FG、fg 都相切；如果切线 TR、tr 是给定的，那么直线 IF 和点 V、v 都相交。

　　再作线段 SI 和直线 FI 垂直，取点 K 使得 $KI = KS$，如果以 K 为顶点、SK 为主轴做出抛物线，那么问题就解决了。因为 $KI = KS$，$SP = FP$，抛物线过点 P，根据引理 14 的推论Ⅲ，$ST = TV$，且角 STR 是直角，因此抛物线和直线 TR 相切。

命题 20 问题 12

...

根据一个已知焦点做出圆锥曲线，使其经过给定的点且和给定直线相切。

情形 1. 焦点 S 是已知的，求经过点 B、C 的曲线 ABC。（图 A 4-4）

因为曲线类型已知，其主轴和焦点距离的比值也已知，且直线 KB 与 BS 的比值、直线 LC 与 CS 的比值和这个比值都相等。以点 B、C 为中心、直线 BK、CL 为半径分别做出两个圆，分别与直线 KL 在点 K、L 相切，再作直线 SG 和 KL 垂直的延长线相交于点 G；再在直线 SG 上取两点 A、a，使得 $\frac{GA}{AS} = \frac{Ga}{aS} = \frac{KB}{BS}$。因此，以 Aa 为轴，经过顶点 A、a 作圆锥曲线，那么问题就解决了。如果点 H 是图形的另一个焦点，且 $\frac{GA}{AS} = \frac{Ga}{aS}$，得出 $\frac{GA-Ga}{AS-aS} = \frac{GA}{AS}$，或 $\frac{Aa}{SH} = \frac{GA}{AS}$，因此主轴与焦点距离的比值是固定值，所得图形就是所求图形的类型。同时，因为 $\frac{KB}{BS} = \frac{LC}{CS}$，因此该图形为经过点 B、C 的圆锥曲线。

情形 2. 焦点 S 是已知的，求与直线 TR、tr 相切的曲线。（图 A 4-5）

经过焦点 S 作线段 ST、St 分别与直线 TR、tr 垂直，延长 ST、St 到点 V、v，且 $TV = ST$，$tv = St$，$OV = vO$，作直线 OH 垂直 Vv，并与直线 VS 的延长线相交于点。另外在直线 VS 线上取两点 K、k，VK 与 KS 的比值、VK 与 KS 比值都等于主轴与焦点距离的比值。以线段 Kk 为直径作圆周，和直线 OH 相交于点 H，再以点 S、H 为焦点、VH 为主轴做出曲线，那么问题就解决了。

（图 A 4-4）

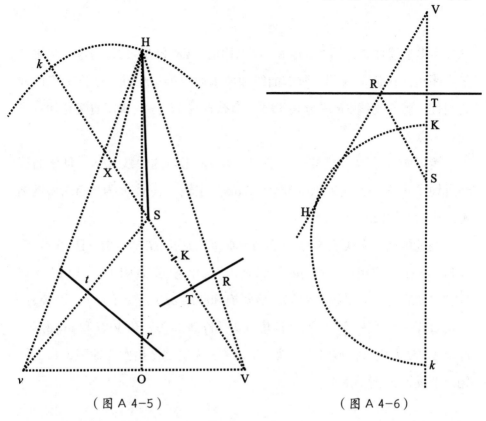

（图 A 4-5）　　　　（图 A 4-6）

因为点 X 平分线段 Kk，连接 HX、HS、HV、Hv，又因为 $\dfrac{VK}{KS} = \dfrac{Vk}{kS}$，因此，

$\dfrac{VK+Vk}{KS+kS} = \dfrac{VK-Vk}{KS-kS}$，$\dfrac{2VX}{2KX} = \dfrac{2KX}{2SX}$，可以得出 $\dfrac{VX}{HX} = \dfrac{HX}{SX}$，且三角形 VXH、HXS

相似，进而得出 $\dfrac{VH}{SH} = \dfrac{VX}{HX} = \dfrac{VK}{KS}$，因此，$VH$ 与 SH 的比值等于所求曲线主轴与焦点距离的比值。即，两条曲线的类型相同，都是圆锥曲线。同时，因为 VH、vH 和主轴相等，且 VS、vS 分别与直线 TR、tr 垂直且被平分，根据引理 15，这些直线与所作曲线相切。

情形 3. 焦点 S 是已知的，求与给定点 R、直线 TR 相切的曲线。（图 A 4-6）

经过焦点 S 作线段 ST 与直线 TR 垂直，延长 ST 到点 V，且 $TV = ST$。连接 VR，使它和直线 VS 延长线相交，另外在直线 VS 线上取两点 K、k，VK 与 KS 的比值、VK 与 KS 比值等于主轴和焦点距离的比值。以线段 Kk 为直径做出圆周，和直线 VR 的延长线相交于点 H，再以点 S、H 为焦点、VH 为主轴做出曲线，那么问题就解决了。

根据上述证明，因为 VH 和 SH 的比值、VK 和 SK 的比值等于主轴和焦点距离的比值，因此，所作曲线和所求曲线类型相同。根据圆锥曲线的属性，若是直线 TR 平分角 VRS，那么直线 TR 一定和该曲线相切，且切点为点 R。

情形 4. 焦点 S 是已知的，求与直线 TR 相切的曲线 APB，且该曲线经过切线外任意已知点 P，同时和以 ab 为主轴、点 s、h 为焦点所做的圆锥曲线 apb 相似。（图 A 4-7）

经过焦点 S 作线段 ST 与直线 TR 垂直，延长 ST 到点 V，且 TV = ST。作角 hsq 和 VSP 相等，角 shq 和 SVP 相等。再以点 q 为中心，以 ab 乘以 SP 和 VS 的比值为半径作圆周，该圆周和曲线 apb 相交于点 p。连接 sp，做出直线 SH，使得 $\frac{SH}{sh} = \frac{SP}{sp}$，且角 PSH 和 psh 相等，角 VSH 和 psq 相等。以点 S、H 为焦点，AB（与距离 VH 相等）为主轴做出圆锥曲线，那么问题就解决了。（图 A 4-8）

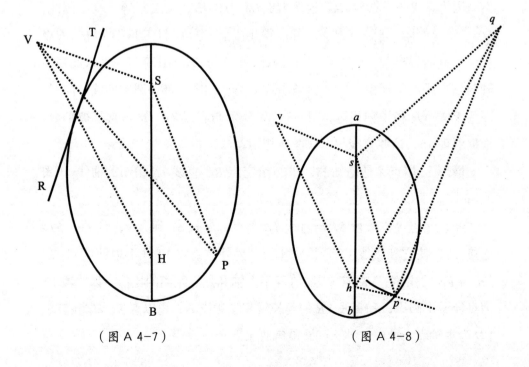

（图 A 4-7）　　　　　　（图 A 4-8）

因为如果作直线 sv，让 $\frac{sv}{sp} = \frac{sh}{sq}$，角 vsp 和 hsq 相等，角 vsh 和 psq 相等，且三角形 svh、spq 相似，可以得出 $\frac{vh}{pq} = \frac{sh}{sq}$。

因为三角形 VSP 和 hsq 相似，三角形 VSH 和 vsh 相似，所以 vh = ab，$\frac{VH}{SH} = \frac{vh}{sh}$，可以得出，所作曲线的主轴与焦点距离比值等于 ab 与 sh 的比值，所作图形和圆锥曲线 apb 相似。又因为三角形 PSH 和 psh 是相似的，且主轴等于距离 VH，直线 TR 垂直且平分直线 VS，所以该图形经过点 P，且与直线 TR 相切。

引理 16

· · ·

由三个给定点作三条直线相交于第四个任意点，使其差值或为给定值，或为零。（图 A 4-9）

情形 1. 点 A、B、C 已知，点 Z 是第四个任意点。因为直线 AZ 与 BZ 的差值是给定值，所以经过点 Z 的图形一定是以点 A、B 为焦点、以 AZ-BZ 的值为主轴的双曲线。假设主轴为直线 MN，取点 P 使得 $\frac{PM}{MA} = \frac{MN}{AB}$。再作直线 PR 与 AB 垂直，作直

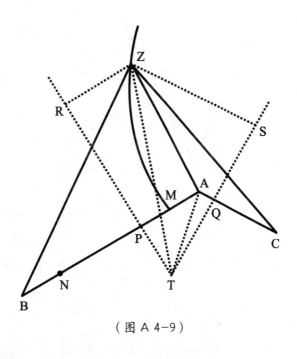

（图 A 4-9）

线 ZR 与 PR 垂直，那么根据双曲线的属性，$\frac{ZR}{AZ} = \frac{MN}{AB}$。同理，经过点 Z 的图形也是双曲线，焦点是点 A、C，主轴是 AZ-CZ 的值。再作直线 QS

与 AC 垂直，如果取双曲线上任意点 Z，经过它作直线 ZS 垂直 QS，那么得出，$\frac{ZS}{AZ} = \frac{AZ\text{-}CZ}{AC}$。因为 ZR 与 AZ 的比值、ZS 与 AZ 的比值已知，所以 ZR 与 ZS 的比值也可以确定。如果作直线 PR 和 QS 的延长线相交于点 T，那么做出 TZ 和 TA 就可以确定图形 TRZS 的类型，以及点 Z 所在直线 TZ 的位置。又因为直线 TA 和角 ATZ 已知，AZ 与 ZS 的比值、TZ 与 ZS 的比值也已知，那么它们相互间的比值可以确定。因此以点 Z 为顶点的角 ATZ 也可以确定。

情形 2. 假设三条直线中的任意两条相等，比如 AZ = BZ，作直线 TZ 过直线 AB 的中点，那么按照上述方法就可以得出三角形 ATZ。

情形 3. 如果三条直线的长度都相等，那么点 Z 是经过点 A、B、C 所作圆周的中心。

另外，这一引理在维也特修订的阿波罗尼奥斯所著的《切触》中也得到证明。

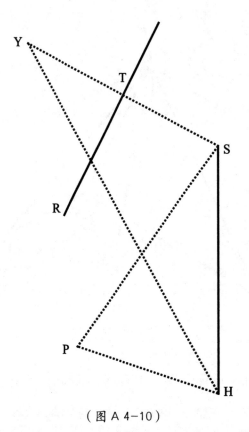

（图 A 4-10）

命题 21 问题 13

...

根据一个给定焦点作一条曲线，使其过给定点且与给定直线相切。（图 A 4-10）

假设焦点 S、任意点 P、切线 TR 都已知，求另一个焦点 H 的位置。作直线 ST 与切线 TR 垂直，延长 ST 到点 Y，使得 TY = ST，那么直线 YH 等于主轴。再

连接 *SP*、*HP*，*SP* 则等于 *HP* 与主轴的差值。同理，假设更多的切线 *TR* 已知，或是更多的点 *P* 已知，那么就可以确定点 *Y* 到焦点的直线 *YH*，或者点 *P* 到焦点的直线 *PH* 是和主轴相等，还是和主轴与直线 *SP* 的差值相等。进而得出，*YH* 与 *PH* 是相等，还是等于给定的差值。根据引理 16，焦点 *H* 的位置就可以确定了。同时，焦点、主轴是已知的，主轴长度或等于 *YH*，或等于 *PH+SP*（轨道为椭圆时），或等于 *PH-SP*（轨道为双曲线时），那么曲线就可以确定了。

附录

当我说轨道是双曲线时，指的是其中一支，而不包括另一支。因为物体做连续运动时，不可能脱离双曲线的一支跳入另一支。

假设三个点都是已知的，那么解决方法就更简单了。点 *B*、*C*、*D* 是指定点，连接 *BC*、*CD*，并延长到点 *E*、*F*，使得 $\frac{EB}{BC} = \frac{SB}{SC}$，$\frac{FC}{FD} = \frac{SC}{SD}$。在直线 *EF* 上取点 *G*、*H*，经过两点分别作直线 *SG*、*BH* 垂直 *EF*。让 *GS* 不断延长，趋于无限，然后取点 *A*、*a*，使得 $\frac{GA}{AS} = \frac{Ga}{aS} = \frac{HB}{BS}$，可以得出，点 *A* 为曲线的顶点，*Aa* 为主轴。当 *GA* 大于 *AS* 时，轨道为椭圆，当 *GA* 等于 *AS* 时，轨道为抛物线，

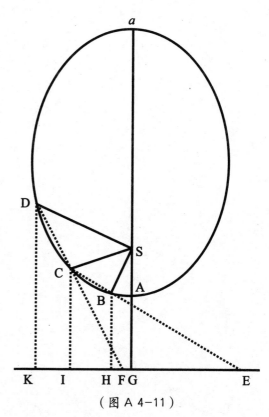

（图 A 4-11）

而当 GA 小于 AS 时，轨道为双曲线。

如果轨道是椭圆，点 A、a 位于直线 GF 同侧，如果轨道是抛物线，则点 a 位于无限远处，如果轨道是双曲线，则点 a、A 位于直线 GF 两侧。作线段 CI、DK 垂直 GF，得出 $\dfrac{IC}{HB}=\dfrac{EC}{EB}=\dfrac{SC}{SB}$，经过整理置换得出，$\dfrac{IC}{SC}=\dfrac{HB}{SB}=\dfrac{GA}{AS}=\dfrac{KD}{SD}$。因此，点 B、C、D 都在以点 S 为焦点的圆锥曲线上，同时焦点 S 到各点的直线与对应的点到直线 GF 的垂线的比值都是指定值。（图 A 4-11）

几何学家德拉希尔在著作《圆锥曲线》中第八卷的命题 25 也证明了这一问题，且证明方法几乎和我们相同。

第 5 章
由未知焦点示曲线轨道

引理 17
⋯

已知圆锥曲线上任意一点 P，在圆锥曲线上取四点作给定角度的任意四边形 $ABDC$，从 P 点出发，向四边形的四条边 AB、CD、AC、DB 所在直线分别作 PQ、PR、PS、PT 四条直线，则 $PQ \times PR$ 与 $PS \times PT$ 的比值是给定数值。

　　情形 1. 假设从 P 两条对边的直线与另外两条对边的其中一条是平行关系，例如 PR、RQ 平行于 AC，PS、PT 平行于 AB，设两条对边也平行，比如 AC 平行于 BD（图 A 5-1）。如果一条圆锥曲线的直径穿过平行边线段的中点，即平分两条平行对边的线段 AC 和 BD，那么这条直径也平分 RQ。设 RQ 的中点为 O，则 PO 是直径上的纵标线。将 PO 延长，与圆锥曲线相交于点 K，$PO = OK$，则

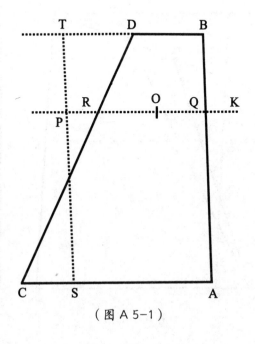

（图 A 5-1）

OK 是直径另一侧的纵标线。

因为 A、B、P、K 都是圆锥曲线上的点，所以 PK 以指定角度和 AB 相交。由《圆锥曲线》卷三中的相关命题可得，$PQ \times QK$ 比 $AQ \times QB$ 的值为指定值。因为 $PO = OK$，且 $RO = OQ$，所以 $PO\text{-}RO = OK\text{-}OQ$，即 $QK = PR$，所以 $PQ \times QK = PQ \times PR$。由此可得，$PQ \times PR$ 与 $AQ \times QB$ 的比值为指定值，而 $PS = AQ$ 且 $PT = QB$，可得 $PQ = PR$ 与 $PS \times PT$ 的比值为指定值。

情形 2. 假设对边 AC 和 BD 不平行（图 A 5-2），作与边 AC 平行的直线，该直线与直线 ST 相交于点 t，与圆锥曲线相交与点 d。连接点 d 和点 C，直线 Cd 和直线 PQ 相交于点 r，从 D 点出发，作平行于边 AC 的直线，与 Cd 相交于点 M，与 AB 相交于点 N。由 $\triangle BTt$ 相似于 $\triangle DBN$，可得 $\dfrac{Bt}{Tt} = \dfrac{DN}{NB}$，又 $Bt = PQ$，得 $\dfrac{PQ}{Tt} = \dfrac{DN}{DB}$，$\dfrac{Rr}{AQ} = \dfrac{DM}{AN} = \dfrac{Rt}{PS}$。进而可得出 $\dfrac{PQ \times Rr}{Tt \times PS} = \dfrac{DN \times DM}{DB \times AN}$。根据情形 1，已知 $\dfrac{PQ \times Rr}{Tt \times PS} = \dfrac{PQ \times Pr}{PS \times Pt}$。又由分比性质可得，$\dfrac{PQ \times Rr}{Tt \times PS} = \dfrac{PQ \times PR}{PS \times PT}$。

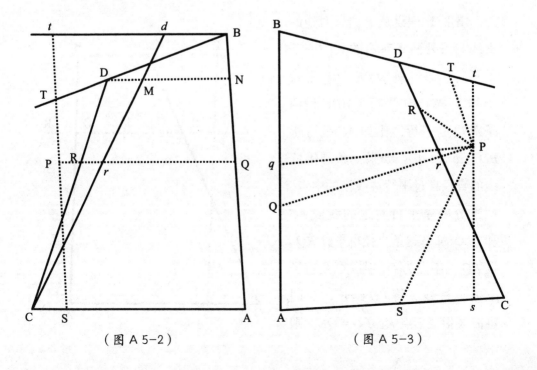

（图 A 5-2）　　　　　　　（图 A 5-3）

　　情形 3. 假设 PQ、PR、PS、PT 四条直线任意相交于 P 点，且与四边形的两边 AC、AB 不平行。从 P 点出发作边 AC 的平行线 Pq，且与 CD 相交于 r。过 P 点作边 AB 的平行线，该直线与四边形的对边 AC 和 BD 分别相交于 s 点和 t 点，即得 Ps、Pt 平行于 AB。$\triangle PQq$、$\triangle PRr$、$\triangle PSs$ 和 $\triangle PTt$ 的角均为给定角，则 $\dfrac{PQ}{Pq}$、$\dfrac{PR}{Pr}$、$\dfrac{PS}{Ps}$、$\dfrac{PT}{Pt}$ 也为给定值，所以复合比值 $\dfrac{PQ \times PR}{Pq \times Pr}$、$\dfrac{PS \times PT}{Ps \times Pt}$ 也是给定值。而 $\dfrac{Pq \times Pr}{Ps \times Pt}$ 是已知数，所以 $\dfrac{PQ \times PR}{PS \times PT}$ 也是已知数。（图 A 5-3）

引理 18

· · ·

在圆锥曲线上取四点作给定角度的任意四边形 $ABDC$，从四边形外的 P 点出发，向四边形的四条边 AB、CD、AC、DB 所在直线分别作 PQ、PR、PS、PT 四条直线。如果 $PQ \times PR$ 与 $PS \times PT$ 的比值是固定的，那么点 P 就在四边形所在的圆锥曲线上。（图 A 5-4）

　　设 P 为任意点的集合，如果得出其中一点 p 在圆锥曲线上，就可以得出，点 P 在圆锥曲线上。下面采取反证法，先否定这一论述，连接 A、P 两点，得直线 AP。假设直线 AP 与

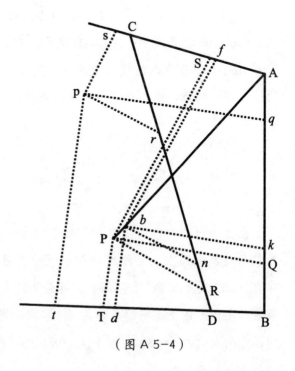

（图 A 5-4）

圆锥曲线相交于点 P 以外的任意一点 b。从点 p 出发，以给定角度向四边形 $ABDC$ 的四条边 AB、CD、AC、DB 作四条直线 pq、pr、ps 和 pt。从点 b 出发，同样得出四条直线 bk、bn、bf 和 bd。由引理 17 可得，$\dfrac{bk \times bn}{bf \times bd}$ $= \dfrac{pq \times pr}{ps \times pt}$。根据假设的条件，又可以得出 $\dfrac{bk \times bn}{bf \times bd} = \dfrac{pq \times pr}{ps \times pt} = \dfrac{PQ \times PR}{PS \times PT}$。

由四边形 $Dnbd$ 与四边形 $PQAS$ 是相似关系，可得 $\dfrac{bk}{bf} = \dfrac{PQ}{PT}$。又将等式 $\dfrac{bk \times bn}{bf \times bd} = \dfrac{pq \times pr}{ps \times pt}$ 中的全面一项去除，可得出 $\dfrac{bn}{bd} = \dfrac{PR}{PT}$。所以，等角四边形 $Dnbd$ 相似于四边形 $DRPT$，二者的对角线 Db 和 DP 是重合的。所以，点 b 位于直线 AP 与 DP 的交点上，即与点 P 重合。

综上可得，无论点 P 在那个位置，最终都会落在圆锥曲线上。

推论. 从一点 P 出发，向三条指定直线 AB、CD、AC 作三条直线，三条直线分别与三条指定直线 AB、CD、AC 相交于 Q、R、S 点。分别对应六条直线，同时每条直线与其他直线以指定角度相交，$\dfrac{PQ \times PR}{PS^2}$ 为指定值。所以，点 P 位于圆锥曲线上，且直线 AB、CD 与该圆锥曲线相切于点 A 和点 C，反过来也是如此。因为如果将直线 BD 向直线 AC 无限靠近，使二者重合，而三条直线 AB、CD、AC 的位置并未改变；如果将直线 PT 无限靠近直线 PS，使二者重合，那么 $PS \times PT = PS^2$；除此之外，直线 AB、CD 与圆锥曲线相交于 A、B、C、D 四点，在这四点完全重合的情况下，圆锥曲线与直线 AB、CD 就是相切的关系，并非相交。

附录

在上述引理中，所提到的圆锥曲线是一个广义的概念，因为圆锥曲线包括过圆锥顶点的直线截线和平行于圆锥底面的圆周截线。如果点 P 在直线 AD 或直线 BC 上，那么圆锥曲线就变成两条直线，点 P 在其中一条直线上，而四个点中的另外两个点在另一条直线上。如果四边形 $ABCD$ 的两个对角之和为 $180°$，则 PQ、PR、PS、PT 四条直线分别垂直于四边

形 *ABCD* 的四条边，或者各自相交的角度一致，且 $PQ \times PR = PS \times PT$，在这种情况下，圆锥曲线就是圆周。还有一种情况下，圆锥曲线是圆周，那就是：从 *P* 点出发，以任意角度作 *PQ*、*PR*、*PS*、*PT* 四条直线，且 $\dfrac{PQ \times PR}{PS \times PT} = \dfrac{PS \times PT \times sinS \times sinT}{PQ \times PR \times sinQ \times sinR}$。

在所有情形中，点 *P* 的轨迹是三种圆锥曲线图形之一。除了上述四边形 *ABCD*，还可以用其对边可以像对角线一样交叉的另一种四边形。而如果 *A*、*B*、*C*、*D* 四点中的任意一点或两点向无限远处移动，这说明四边形 *ABCD* 的四条边收敛于这一点，一对对边直线或两对对边直线相互平行，其余的点则在圆锥曲线上，沿着抛物线的轨迹和相同的方向，向无穷远处延伸。

引理 19

···

从 *P* 点出发，以已知角度，向四条直线 *AB*、*CD*、*AC*、*BD* 分别作直线 *PQ*、*PR*、*PS*、*PT*，则 $\dfrac{PQ \times PR}{PS \times PT}$ 为指定值。（图 A 5-5）

假设以上乘积中的一个在到直线 *AB*、*CD* 的任意两条直线 *PQ* 和 *PR* 中。四条直线 *AB*、*AC*、*CD*、*BD* 分别相交于点 *A*、*B*、*C*、*D*，形成四边形 *ABCD*。*A*、*B*、*C*、*D* 四点中，任意选择一点 *A*，连接 *AP*，直线 *AP* 与直

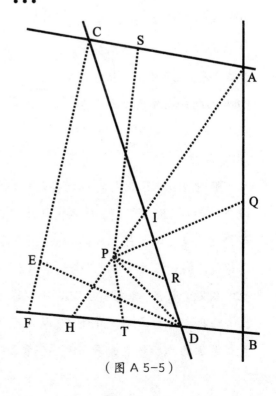

（图 A 5-5）

线 BD 相交于 H 点，与直线 CD 相交于点 I。图形中的角度大小均为指定值，所以 $\frac{PQ}{PA}$、$\frac{PA}{PS}$、$\frac{PQ}{PS}$ 的比值也为指定值。因为 $\frac{PQ \times PR}{PS \times PT}$ 也为指定值，则 $\frac{PQ \times PR}{PS \times PT}$ 除以 $\frac{PQ}{PS}$，所得 $\frac{PR}{PT}$ 也为指定值。以 $\frac{PR}{PT}$ 与给定值 $\frac{PI}{PR}$、$\frac{PT}{PH}$ 相乘，则 $\frac{PT}{PH}$ 的值就是确定的，P 点的位置也能确定。

推论 I. 同样情况下，也可以在点 P 的轨迹上取任意一点 D，在点 D 处作切线。当点 P 与点 D 重合时，点 D 在直线 AH 上，弦 PD 就成了切线。在这种情况下，线段 IP 越来越小，直至消失，从上面的推论过程中，可以得出 $\frac{IP}{PH}$ 的最终值。过 C 点作直线 AD 的平行线 CF，点 F 为其与直线 BD 的交点。从点 D 以相同的最终比值作直线 DE，直线 DE 与直线 CF 交于点 E，因为直线 CF 平行于无限变小、逐渐消失的直线 HI，且直线 CF 和直线 HI 与轨迹分别相交于点 E 和点 P，所以直线 DE 为切线。（图 A 5-6）

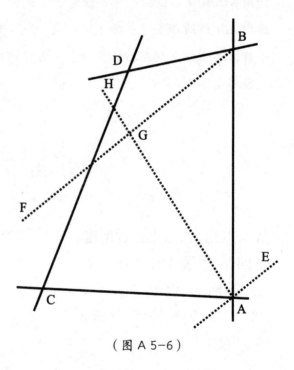

（图 A 5-6）

推论 II. 所有点 P 的轨迹都是可以求出来的。对于四边形 $ABCD$ 的四个顶点 A、B、C、D，从其中任意一点，作与点 P 的轨迹相切的直线，如经过点 A，作点 P 轨迹的切线 AE。再过其他任意一点，作切线 AE 的平行线，例如经过点 B，做与切线 AE 平行的直线 BF，直线 BF 与点 P 的轨迹相交于点 F。根据引理 19，可以求出点 F。假设点 G 为线段 BF 的中点，连接点 A 和点 G，直线 AG 就是直径所在的直线。则 BG 和 FG 就是直径两侧的纵标线。如果直线 AG 和所有点 P 的轨迹相交于点 H，那么

AH 就成了直径或横向的通径，则 $\dfrac{通径}{AH}=\dfrac{BG^2}{AG\times GH}$。而如果直线 AG 和所有点 P 的轨迹不相交，直线 AH 无限延长，那么所有点 P 的轨迹为抛物线，直线 AG 所对应的通径等于 $\dfrac{BG^2}{AG}$。如果直线 AG 和所有点 P 的轨迹相交于某点，当点 A 和点 H 位于点 G 的同一侧，所有点 P 的轨迹为双曲线；当点 A 和点 H 位于点 G 两侧时，所有点 P 的轨迹为椭圆；如果角 AGB 的大小为 $90°$，且 $BG^2=AG\times GH$，所有点 P 的轨迹为圆周。（图 A 5-7）

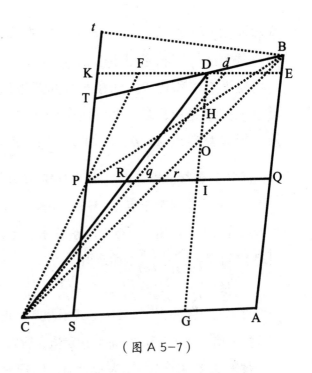

（图 A 5-7）

从欧几里得时期开始人们喜欢讨论的经典四线问题，在推论中得到了解答。在那之后，古希腊数学家阿波罗尼奥斯又对这个问题进行了拓展，就某种意义来说，这也是古人的需求。但是，事实上，这些问题无须分析和演算，几何作图就可以解答。

引理 20

···

若在任意平行四边形 $ASPQ$ 中，有两个相对的顶点，如点 A 和点 P，在任意圆锥曲线上，角 SAQ 的两条边 AQ、AS 均向外延伸，与圆锥曲线相交于点 B 和点 C；通过点 B 和点 C 作直线，两条直线均与圆锥曲线相交于点 D，得直线 BD 和直线 CD。直线 BD 和直线 CD 与平行四边形 $ASPQ$ 另外的两条边 PS、PQ 所在的直线相交于点 T 和点 R。则在圆锥曲线划出部分，$\frac{PR}{PT}$ 的值为固定值。反过来推也是可以的，即如果圆锥曲线划出部分相互比值是固定值，则点 D 在点 A、B、C 和点 P 所在的圆锥曲线上。（图 A 5-7）

情形 1. 连接 CP 和 BP，由点 D 作 AB 的平行线 DG，DG 与 BP 相交于点 H，与 PQ 相交于点 I，与 AC 相交于点 G。再由点 D 作 AC 的平行线 DE，DE 与 CP 相交于点 F，与 SP 相交于点 K，与 AB 相交于点 E。由引理 17 可得，$\frac{DE \times DF}{DG \times DH}$ 为给定值。

由 $\frac{PQ}{DE} = \frac{PQ}{IQ} = \frac{PB}{HB} = \frac{PT}{DH}$，可得 $\frac{PQ}{PT} = \frac{DE}{DH}$，同理可得，$\frac{PR}{DF} = \frac{RC}{DC} = \frac{PS}{DG} = \frac{IG}{DG}$，所以，$\frac{PR}{PS} = \frac{DF}{DG}$。将两等式子相乘，得出 $\frac{PQ \times PR}{PS \times PT} = \frac{DE \times DF}{DG \times DH}$，且比值为指定值。而 PQ 和 PS 都为指定值，所以 $\frac{PR}{PT}$ 也为指定值。

情形 2. 如果已知 $\frac{PR}{PT}$ 为指定值，同理逆推可得，$\frac{DE \times DF}{DG \times DH}$ 也为指定值。由引理 18 可得，点 D 在 A、B、C、P 所在的圆锥曲线上。

推论 I . 连接 BC，直线 BC 与 PQ 相交于点 r，过点 B 作圆锥曲线的切线 Bt，与直线 PT 相交于点 t。假设点 D 和点 B 相互重合，则弦 BD 会消失，BT 就成了切线，且 CD 与 CB 重合，BT 与 Bt 重合。

推论 II . 反过来，在 Bt 是切线的前提下，直线 BD 和直线 CD 相交于圆锥曲线上任意一点 D，则 $\frac{PR}{PT} = \frac{Pt}{Pr}$，所以，$BD$ 和 CD 一定在圆锥曲线上任意一点 D 处相交。

推论 III . 如果两条圆锥曲线相交，最多有四个交点。但是如果两条圆锥曲线有四个以上的交点，那么两条圆锥曲线会经过 A、B、C、P、O 五个点。如果这两条圆锥曲线与直线 BD 相交于点 D 和点 d，并且直线 Cd 与直线 PQ 相交于点 q，则可得 $\frac{PR}{PT} = \frac{Pq}{PT}$，所以 $PR = Pq$，然而这个结论与命题是相矛盾的。

引理 21

…

已知指定点 B 点和 C 点，以点 B 和点 C 为极点，作两条不确定但能移动的直线，使其相交于点 M。经过点 M 作给定位置的直线 MN，再作另外两条不确定的直线 BD 和 CD，使其相交于点 D。直线 BD 和 CD 与直线 BM 和 CM，在指定点 B 点和 C 点构成指定角 $\angle MBD$ 和 $\angle MCD$，则指定点 B、C 两点在过点 D 所做出的圆锥曲线上。反过来讲，如果过点 D 所做出的圆锥曲线经过定点 B、C、A，$\angle MBD$ 等于指定角 $\angle ABC$，那么点 M 的轨迹是一条指定位置的直线。（图 A 5-8）

点 N 为指定点，直线 MN 上的点 M 为可动点，当点 M 落在点 N 上时，使可动点 D 落在指定点 P 上，连接 CN、BN、CP 和 BP，从点 P

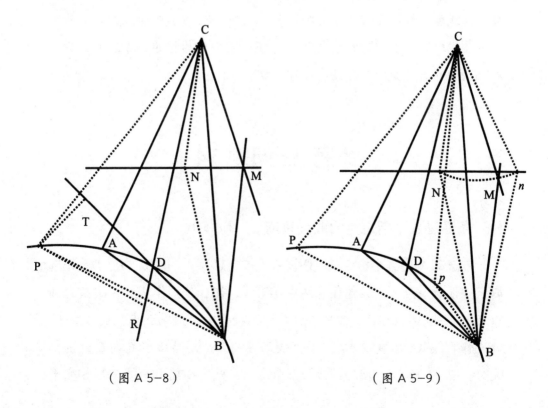

（图 A 5-8）　　　　　　　　（图 A 5-9）

出发，向直线 BD 作直线 PT，向直线 CD 作直线 PR，使得∠BPT=指定角∠BNM，∠CPR=指定角∠CNM。由给定的条件，∠MBD=∠NBP，∠MCD=∠NCP 除了公共角∠NBD 和∠NCD，∠NBM=∠PBT=∠NCM=∠PCR，由此可得，△NBM∽△PBT，△NCM∽△PCR。所以，$\frac{PT}{NM}=\frac{PB}{NB}$，$\frac{PR}{NM}=\frac{PC}{NC}$。因为点 B、C、N、P 为指定点，所以 $\frac{PT}{PR}$、$\frac{PT}{NM}$ 和 $\frac{PR}{PT}$ 都为指定值。根据引理 20，可动直线 BT 和直线 CR 相交于点 D，且点 D 在一条圆锥曲线上，那么，点 B、C、P 点就在这条圆锥曲线上。（图 A 5-9）

反之，如果经过定点 B、C、A 的圆锥曲线，经过可动点 D，且满足∠DBM=给定角∠ABC，∠DCM=给定角∠ACB。在圆锥曲线上取两个任意不动点 P 和 p，当点 D 相继落到点 P 和点 p 时，可动点 M 也相继落在不动点 N 和 n 上，则可动点 M 的轨迹就是一条经过点 N 和 n 的直线 Nn。

如果点 M 的运动轨迹为任意曲线，那么圆锥曲线会经过点 D，且 B、C、A、P、p 五个点在这条圆锥曲线上。所以，当点 M 一直落在曲线上时，圆锥曲线也会经过点 D，也会经过 B、C、A、P、p 五个点。如此，两条圆锥曲线都经过了相同的五个点，这与引理 20 的推论Ⅲ是矛盾的，所以点 M 落在曲线上这一部分的可能性为 0。

命题 22 问题 14

···

作一条通过五个指定点的曲线轨道。（图 A 5-10）

方法 1. 确定五个指定点，假设五个指定点为 A、B、C、P、D。先选取其中任意一点，向其他任意两点作直线，比如分别作从点 A 到点 B 和点 C 的直线 AB、AAC，点 B 和点 C 即为极点。经过第四点，比如点 P，分别作直线 AB 和直线 AC 的平行线 TPS 和 PRO。从极点 B 和 C 分别作无穷直线 BT 和 CR，使之经过第五点 D，直线 BDT 和直线 TPS 相交于

点 T，直线 CRD 和直线 PRO 相交于点 R。经过点 B，作直线 AC 的平行线 Bt，连接 TR，过 t 点，作直线 TR 的平行线 tr，可得 $\dfrac{Pt}{Pr} = \dfrac{PT}{PR}$。连接 Cr，其延长线与 Bt 相交于点 d，则点 d 就在通过五个指定点的曲线轨道上。原因是，根据引理 20，经过点 A、B、C、P 的圆锥曲线，也经过点 d，当线段 Rr 和 Tt 逐渐消失时，点 D 与点 d 重合。所以，圆锥曲线经过 A、B、C、P、D 五个指定点。

方法 2. 在以上五个给定点中，选择任意三个点，并将它们相连接。比如依照次序连接点 A、B、C。以点 B 和点 C 为极点，旋转指定角 $\angle ABC$ 和 $\angle ACB$，使得两角的一边 BA、CA 先经过点 D，在经过点 P。在这两种情况下，边 BL 和 CL 分别相交于点 M 和点 N，再连接 MN，作无限直线，让可动角 $\angle ABC$ 和 $\angle ACB$ 分别绕着它们的极点旋转，假设边 BL

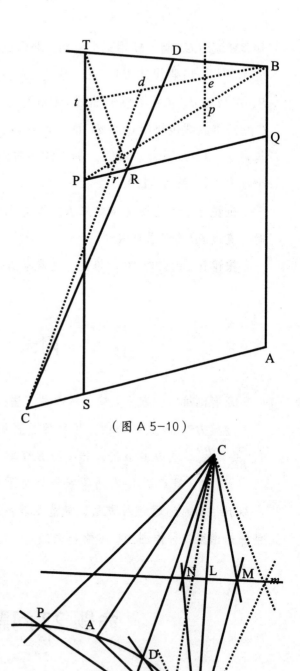

（图 A 5-10）

（图 A 5-11）

和 *BM* 或边 *CL* 与 *CM* 相交于点 *m*，那么点 *m* 会一直落在不确定的无限直线 *MN* 上，再假设边 *BA* 与 *BD* 或边 *CA* 与 *CD* 相交于点 *d*，可以画出过 *P*、*A*、*D*、*d*、*B* 五个点的曲线 *PADdB*。由引理 21 可得，经过点 *B* 和点 *C* 的圆锥曲线也将经过点 *d*。而当点 *m* 与点 *L*、*M*、*N* 重合时，点 *d* 也会与点 *P*、*A*、*D* 重合。所以，画出的圆锥曲线会经过 *A*、*B*、*C*、*P*、*D* 五个指定点。（图 A 5-11）

推论 I . 经过任意指定点 *B*，作与轨道的切线。当点 *d* 与点 *B* 重合时，直线 *Bd* 为所求切线。

推论 II . 由引理 19 的推论，也能求出轨道的中心、直径和通径。

附录

还有比第一种方法更简洁的一种方法：

连接 *BP*，有必要的话，可以延长直线 *BP*，在其延长线上取一点 *p*，使 $\frac{Bp}{BP} = \frac{PR}{PT}$。再从点 *p* 出发作直线 *SPT* 的平行线 *pe*，且使得 *pe = pr*。作直线 *Be* 和直线 *Cr*，使得两条直线相交于点 *d*。因为 $\frac{Pt}{Pr} = \frac{PR}{PT} = \frac{pB}{PB} = \frac{Pe}{Pt}$，所以 *pe = pr*。通过这种方法，就能很容易地找出轨道上的点，除非圆锥曲线是由第二种作图法机械做出来的。

命题 23 问题 15

· · ·

通过四个定点，作与给定直线相切的圆锥曲线轨道。（图 A 5-12）

情形 1. 假设指定切线为 *HB*，直线 *HB* 与圆锥曲线相切于点 *B*，其他三个指定点就是点 *C*、点 *D* 和 *P*。连接 *BC*，过点 *P* 分别作直线 *HB*、直线 BC 的平行线 PS、PQ，由此，作平行四边形 BSPQ。连接 BD，与直线 BS 相交于点 T，连接 CD，直线 CD 与直线 PQ 相交于点 R。最后，作直线 TR 的任意平行线 tr，使得 $\frac{Pr}{Pt} = \frac{PR}{PT}$。由引理 20 可得，连接 Cr 和 Bt，两条直线的交点 d 将一直落在所求曲线轨道上。

其他方法： 以点 B 为极点，作指定角 ∠CBH，使其绕点 B 旋转。向两边延长半径 DC，并使其极点 C 旋转。设 ∠CBH 的一边 BC，与半径 DC 相交于点 M 和点 N，另一条边 BH，与半径 DC 相交于点 P 和点 D。连接 MN，并向两边无限延长直线 MN，使其始终与半径 DC 或半径 PC、边 BC 相交，而根据边 BH 与半径的交点，可以推导出曲线的轨迹。（图 A 5-13）

在下图中，点 A 和点 B 重合，直线 CA 重合于直线 CB，则直线 AB 最终会演变成切线 BH，前面的做法与此方法是相同的，边 BH 与半径的交点的轨迹就是一条圆锥曲线，且点 C、点 D 和 P 在圆锥曲线上，切线

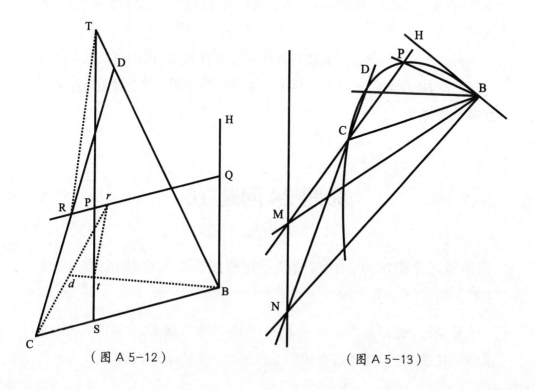

（图 A 5-12）　　　　　　　（图 A 5-13）

BH 与圆锥曲线相切于点 B。

情形 2. 假设切线 HI 不经过给定的四个点 B、C、D、P，将这四个点两两连接，比如连接 BD 和 CP，设直线 BD 与直线 CP 相交于点 G，且分别于切线相交于点 H 和点 I，在切线 HI 上作点 A，使得 $\dfrac{HA}{IA} = \dfrac{\sqrt{GG \times GP} \times \sqrt{BH \times HD}}{\sqrt{GD \times DB} \times \sqrt{PI \times IC}}$，如果满足这些条件，点 A 就是切线 HI 与圆锥曲线的相切之处。因为如果直线 HX 平行于直线 PI，并与轨道相交，交点为任意

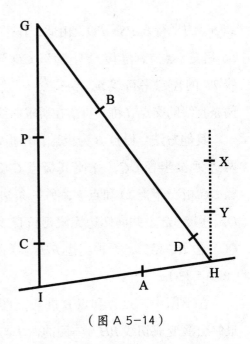

（图 A 5-14）

点 X 与点 Y，由圆锥曲线的性质可得，$\dfrac{HA^2}{IA^2} = \dfrac{XH \times HY}{BH \times HD}$ 或者 $\dfrac{HA^2}{IA^2} = \dfrac{GG \times GP}{DG \times GB} \times \dfrac{BH \times HD}{PI \times IC}$。由此，求出切点 A 后，可以通过情形 1 画出圆锥曲线。（图 A 5-14）

但需要注意的是，点 A 既有可能位于点 H 和点 I 的中间，也有可能位于线段 HI 的外面，所以，如果以这两种可能作图，将会做出两种不同的圆锥曲线。

命题 24 问题 16

···

做出过三个指定点，并与两条指定直线相切的曲线轨道。（图 A 5-15）

假设三个指定点为点 B、C、D，直线 HI 和直线 KL 为指定切线。连接其中任意两点，比如连接 BD，直线 BD 分别和两条切线相交，交点分

别为点 *H*、点 *K*。连接 *CD*，
直线 *CD* 也分别和两条切线
相交于点 *I* 和点 *L*。在直线
HK 上取点 *R*，在直线 *IL* 上
取点 *S*，使得 $\frac{HR}{KR} = \frac{\sqrt{BH \times HD}}{\sqrt{BK \times KD}}$，
$\frac{IS}{LS} = \frac{\sqrt{CI \times ID}}{\sqrt{CL \times LD}}$。点 *R* 既有可
能位于点 *H* 和点 *K* 的中间，
也有可能位于线段 *HK* 的外
面。同样地，*R* 既有可能位于
点 *I* 和点 *L* 的中间，也有可
能位于线段 *IL* 的外面。连接
RS，直线 *RS* 分别与两条切线
相交于点 *A* 和点 *P*，则点 *A*

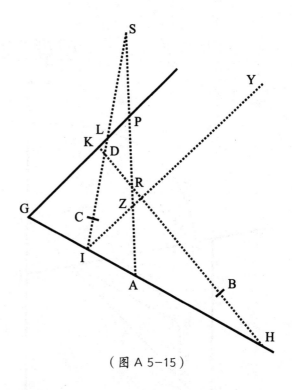

（图 A 5-15）

和点 *P* 成了切点。假设切点 *A* 和 *P* 在切线上的位置是任意的，过两条切
线 *HI* 和 *KL* 上 *H*、*I*、*K*、*L* 四点中的任意一点，作与另一条切线的平行
线，比如过切线 *HI* 上的点 *I*，作切线 *KL* 的平行线 *IY*，直线 *IY* 与圆锥曲
线相交于 *X*、*Y* 两点，在直线 *IY* 取一点 *Z*，使得 $IZ = \sqrt{IX \times IY}$，即使 *IZ* 为
IX 和 *IY* 的比例中项，那么，根据圆锥曲线的性质，$\frac{IX \times IY}{LP^2} = \frac{IZ^2}{LP^2} \frac{CI \times ID}{CL \times LD} =$
$\frac{SI^2}{SL^2}$，所以 $\frac{IZ}{IA} = \frac{GP}{GA}$。由此可得，*P*、*Z*、*A* 三点在同一条直线上，点 *S*、*P*、
A 也在同一条直线上。同理可得，点 *R*、*P*、*A* 也在同一条直线上。进而
可以得出，切点 *A* 和切点 *P* 在直线 *RS* 上。求出这些点后，再加上上个问
题的条件，就可以做出与指定直线 *HI* 和 *KL* 相切的曲线轨道了。

　　在本命题的作图方法和上一个命题情形 2 的作图方法是一致的，直
线 *XY* 是否与曲线轨道相交于点 *X* 和点 *Y*，并不是确定做出的图形需要的
条件。但是，既然有了证明直线与曲线轨道相交时的作图法，就会有证
明直线与曲线轨道不相交的作图法。只是为了内容简洁，这里不再做进
一步的证明。

引理 22

...

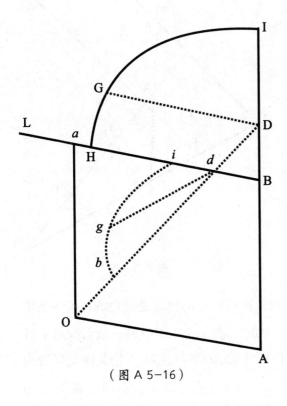

（图 A 5-16）

将图形转变为相同类型的另一图形。（图 A 5-16）

假设被转变的任意图形为 HGI，任意作两条平行线 AO 和 BL，且两条平行线分别与给定的任意直线 AB 相交于点 A 和点 B。取图形 HGI 上任意一点 G，作直线 AO 和 BL 的平行线 GD，直线 GD 与直线 AB 相交于点 D。在直线 AO 取任意定点 O，连接 DO，且直线 DO 与直线 BL 相交于点 d，从点 d 出发，作任意直线 dg，使之与直线 BL 构成指定角，且使得 $\frac{dg}{Od}=\frac{DG}{OD}$。基于此，点 g 在新图形 hgi 上，并且与点 G 相对应。通过同样的方法，图形 HGI 上的多个点都可以一一对应新图形上的点。如果点 G 因受连续作用而经过图形 HGI 上的所有点，那么相对应地，新图形上点 g 也会受到连续作用而经过新图形上所有点，两者画出的图形也就没有差异。为了区别开来，以直线 GD 为原始纵标线，直线 dg 为新纵标线，以直线 AD 为原始横标线，直线 ad 为新横标线，以 O 为极点，OD 为分割半径，OA 为原纵标线上的半径，Oa 是新纵标线上的半径。

如果点 G 在指定直线上，那么点 g 也在指定直线上。同理，如果点 G 在圆锥曲线上，那么点 g 也在圆锥曲线上，而且本来圆周也是圆锥曲线一种。除此之外，如果点 G 在三次解析曲线上，那么点 g 也在三次解析曲线上，就算是更高级的解析曲线，情况也是如此。点 G 所在曲线的解析次数总与点 g 所在曲线的解析次数相等。因为 $\dfrac{ad}{OA}=\dfrac{od}{OD}=\dfrac{dg}{DG}=\dfrac{AB}{AD}$，所以 $AD=\dfrac{OA\times AB}{ad}$，$DG=\dfrac{OA\times dg}{ad}$。如果点 G 在直线上，那么在任意表示横标线 AD 和纵标线 GD 的等式方程中，未知量 AD 和 GD 都是一次的。如果将 AD 替代为 $\dfrac{OA\times AB}{ad}$，将 GD 替代为 $\dfrac{OA\times dg}{ad}$，在如此所得的表示新横标线 ad 和新纵标线 dg 关系的方程中，ad 和 dg 也是一次的。因此 ad 和 dg 就只表示一条直线。同样地，如果原方程中的 AD 和 GD 是二次的，那么新方程中的 ad 和 dg 也会是二次的，这种情况，在上升到三次乃至更高次数时，也是一样的。总之，未知量 ad 和 dg 在新方程中的次数总是等于 AD 和 GD 在原方程中的次数，所以点 G 所在的曲线解析级数等于点 g 所在的曲线解析级数上。

还有，如果有任意直线与原图形相切，且直线与原图形曲线以相同的方式进行了转变，那么转变后的直线与新图形曲线相切，反之亦然。而且，如果原图形曲线上任意两点不断相互靠近并重合，那么在新图形曲线上对应的两点也会不断靠近直至重合。因此，在旧新两个图形中，如果某些点构成的直线在旧图形中变为曲线的切线，那么在新图形中，对应的新的直线亦是变为曲线的切线。其实，这些问题本应该用更加几何的方法来证明，但是为了达到简洁的效果，在这里省略了这一部分证明过程。

对于一条直线来说，只要转变原图形中直线的交点，就可以将一条直线转变为另一条直线，转变后的新图形直线，可以通过这些转变的交点作出来。但是对于曲线图形来说，就必须要转变确定的曲线上的点、切线或者其他直线。此引理可以用来解决更难更复杂的问题，因为较复杂的图形可以通过本引理转变成较简单的图形。如果不平行的直线可以汇集到一点，将通过该点的任意直线代替原纵坐标半径，将那些汇集于一点的不平行的所有任意直线转变为平行线，唯有如此，直线的交点才会转到无限远处，这些转变后的平行线会靠近于那个无限远的交点。在新图形中解决了旧图形的问题过后，用逆运算的方法，将新图形转变为原图形，在原图形中想要的解就可以求出来。

对于立体几何问题，此引理也是可用的。对于两条圆锥曲线相交的问题，这也是通常需要解决的问题，其中任意一个圆锥曲线都有被转变的可能，如果圆锥曲线是双曲线或抛物线，那么它就能转变为椭圆，而椭圆就能转变成圆。另外，在平面作图的问题中，直线也可以转变为另一条直线，圆锥曲线可以转变为圆周。

命题 25 问题 17

...

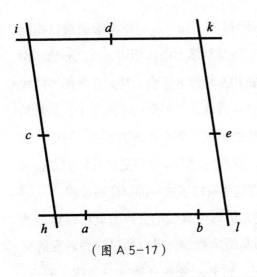

（图 A 5-17）

做出与三条给定直线相切，并通过两个定点的曲线轨道。（图 A 5-17）

连接两个定点，作一条直线，此直线与任意一条切线相交于一点，另外两条切线相交，将这两个交点连接，作一条直线，并将原纵坐标半径代替为这条直线，根据上一个引理，原图形可以转变为新图形，在新图形中，原来两条相交的切线变为两条相互平行的直线，原来通过两个给定点的直线和与它相交的那条切线，也变为平行线。假设新图形中，相互平行的两条切线为 hi 和 kl，第三条切线为 ik，与第三条切线平行的通过给定点直线为 hl，两个给定点分别为点 a 和点 b，则在新图形中，圆锥曲线也会经过点 a 和点 b。因为 hi//kl 且 ik//hl，所以可以做出的四边形 hikl 为平行四边形。假设圆锥曲线分别与直线 hi、ik、kl 相交于点 c、d、e，根据圆锥曲线的性质，可得 $\frac{hc^2}{ah \times hb} = \frac{ic^2}{id^2} = \frac{ke^2}{kd^2} = \frac{el^2}{al \times bl}$，所以 $\frac{hc}{\sqrt{ah \times hb}} = \frac{ic}{id} = \frac{ke}{kd} = \frac{el}{\sqrt{al \times bl}}$，进而得出 $\frac{hc}{\sqrt{ah \times hb}} = \frac{ic}{id} = \frac{ke}{kd} = \frac{el}{\sqrt{al \times bl}} = \frac{hc + ic + ke + el}{\sqrt{ah \times hb} + id + kd + \sqrt{al \times bl}}$，又 $hc + ic = hi$，$ke + el = kl$，$id + kd = ik$，所以 $\frac{hc}{\sqrt{ah \times hb}} = \frac{ic}{id} = \frac{ke}{kd} = \frac{el}{\sqrt{al \times bl}} = \frac{hc + ic + ke + el}{\sqrt{ah \times hb} + id + kd + \sqrt{al \times bl}} = \frac{hi + kl}{\sqrt{ah \times hb} + ik + \sqrt{al \times bl}}$，最终可得出 $\frac{hc}{\sqrt{ah \times hb}} = \frac{ic}{id} = \frac{ke}{kd} = \frac{hi + kl}{ik + \sqrt{ah \times hb} + \sqrt{al \times bl}}$。因此，点 c、点 d 和点 e 就成了圆锥曲线分别与边 hi、ik、kl 相切的切点。根据引理 22，新图形曲线中的转变可以一一对应到原图形中，则根据问题 14，可以做出与三条给定直线相切，并通过两个定点的曲线轨道。

需要注意的是，点 a 和点 b 可能会落在边 hl 上，即落在点 h 和点 l 的中间，也有可能会落在边 hl 两侧的延长线上，所以点 c、点 d 和点 e 也是可能落在边 hi、ik、kl 上，也有可能落在边 hi、ik、kl 之外。然而，如果点 a 和点 b 中的任意一点落在边 hi 上，而另一点也不在边 hl 上，则命题无解。

命题 26 问题 18

···

作经过一个给定点，并与四条指定直线相切的曲线轨道。（图 A 5-18）

连接任意两条切线的交点和另外两条切线的交点，并用此直线代替原纵坐标半径，根据引理 22，可将原图形转变为新图形，使原图形在纵坐标线上相交的两对切

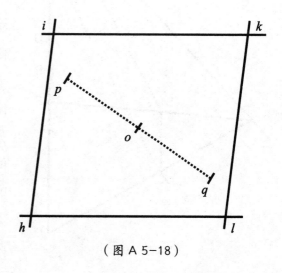

（图 A 5-18）

线变为两对平行线，设新图形中两对平行线分别为 $hi//lk$ 和 $ik//hl$，则两对平行线构成平行四边形 $hikl$，设新图形中与原图形中指定点对应的点为 p，新图形的中心为 o。从点 p 出发，经过点 o 做线段 pq，使得 $op = oq$，则点 q 也在新图形中的曲线轨道上。根据引理 22 的逆运算，将点 q 转变到原图形中，即得到所求曲线轨道上的一个点，再加上已知的给定点，又根据问题 17，所求的曲线轨道可以通过连接这两个点画出来。

引理 23

...

已知两条指定直线 AC 和 BD，其中点 A 和点 B 为端点，且两条直线的比值 $\frac{AC}{BD}$ 是指定值，但是点 C 和点 D 的位置并不确定，连接点 C 和点 D，作直线 CD。如果直线 CD 有一点 K，使得 $\frac{CK}{KD}$ 为指定值，那么点 K 就在指定直线上。（图 A 5-19）

假设直线 AC 和直线 BD 相交于点 E，在 BE 上取一点 G，使得 $\frac{BG}{AE} = \frac{BG}{AC}$，则点 G 就是一个指定点。在 BD 上取一点 F，使得 $DF = EG$。则由图可得，$\frac{EC}{GD} = \frac{AC}{BD}$ 或者 $\frac{EC}{EF} = \frac{AC}{BD}$，且此比值是定值，进而也指定了 $\triangle EFC$ 的类别。在 CF 上取点 L，CD 上取一点 K，使得 $\frac{CL}{CF} = \frac{CK}{CD}$，且此比值是确定的，则 $\triangle EFL$ 的类

（图 A 5-19）

别也可确定。连接 KL，由前面的 $\frac{CL}{CF} = \frac{CK}{CD}$ 可得，$\triangle CLK \backsim \triangle CFD$。由于 FD 是指定直线，$\frac{LK}{FD}$ 的值是确定的，可得 LK 也是定值。在 ED 上取一点 H，使得 $EH = LK$。又由 $\frac{CL}{CF} = \frac{CK}{CD}$，得 $LK /\!/ FD$，即得 $LK /\!/ ED$，所以四边形 $ELKH$ 为平行四边形。所以，点 K 落在平行四边形 $ELKH$ 的边 HK 上，而直线 HK 是指定直线。

推论. 因为图形 $EFLC$ 已确定为什么类型，所以，直线 EF、直线 EL、直线 EC（也就是直线 GD、直线 HK、直线 EC）两两之间的比值就可以确定。

引理 24

· · ·

三条直线是同一条圆锥曲线的切线，其中两条切线的位置确定，且这两条切线互为平行线，那么，与这两条切线平行的圆锥曲线半径，等于这两条切线的切点到与第三条切线相交的交点之间线段的比例中项。（图 A 5-20）

设直线 AF 平行于直线 GB，且这两条直线分别与圆锥曲线 ADB 相切于点 A 和点 B，而与圆锥曲线相切

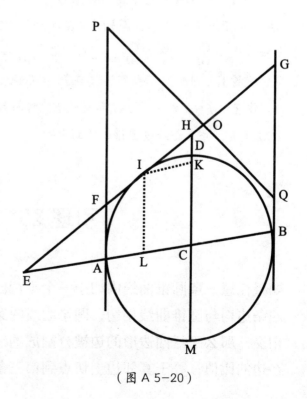

（图 A 5-20）

的第三条切线是 *EF*，且切点为点 *I*。第三条切线 *EF* 与直线 *AF*、直线 *GB* 分别相交于点 *F* 和点 *G*。如图所示，*CD* 为圆锥曲线的半径，并与切线 *AF*、*GB* 平行，如此，*AF*、*CD*、*GB* 形成连比，即 $\frac{AF}{CD} = \frac{CD}{GB}$，也就是说，*CD* 为 *AF* 和 *GB* 的比例中项。

　　AB 和 *DM* 为圆锥曲线的共轭直径，且两直径相交于点 *C*，如果直线 *AB* 和直线 *DM* 分别与第三条切线 *EF* 分别交于点 *E* 和点 *H*。以点 *I* 和点 *C* 为两个相对的顶点，作平行四边形 *IKCL*。由圆锥曲线的性质可得：$\frac{EC}{EA} = \frac{CA}{CL}$，分比可得：$\frac{EC-CA}{CA-CL} = \frac{EC}{EA} = \frac{CA}{CL}$，合比可得：$\frac{EA}{EA+AL} = \frac{EC}{EA+AB}$，即 $\frac{EA}{EL} = \frac{EC}{EB}$。因为△*EAF*、△*ELI*、△*ECH* 和△*EBG* 两两相似，所以 $\frac{AF}{LI} = \frac{CH}{BG}$。又根据圆锥曲线的性质，$\frac{LI}{CD} = \frac{CD}{CH}$，以上两个比例等式并比可得，$\frac{AF}{CD} = \frac{CD}{GB}$。

　　推论 I．有圆锥曲线的两条切线 *FG*、*PQ*，如果切线 *FG* 分别与两条平行切线 *AF*、*GB* 相交于点 *F* 和点 *G*，切线 *PQ* 分别与两条平行切线 *AF*、*GB* 相交于点 *P* 和点 *Q*，而切线 *FG* 和切线 *PQ* 相交于点 *O*，那么根据该引理，$\frac{AF}{CD} = \frac{CD}{GB}$，$\frac{BQ}{CD} = \frac{CD}{AP}$，进而可得，$\frac{AF}{AP} = \frac{BQ}{BG}$，则 $\frac{AF}{BQ} = \frac{FP}{GQ} = \frac{FO}{OG}$。

　　推论 II．同样地，分别连接点 *P* 和点 *G*，作直线 *PG*，连接点 *F* 和点 *Q*，作直线 *FQ*。则直线 *PG* 和直线 *FQ* 将与经过切点 *A* 和切点 *B* 的直线 *ACB* 相交，并且会经过圆锥曲线的中心。

引理 25

···

　　如果任意一条圆锥曲线内切于一个平行四边形，即平行四边形的四条边均与圆锥曲线相切，圆锥曲线的第五条切线与平行四边形相交，那么平行四边形的边被分割成的线段中的任意一段与它所在边的比值，等于其邻边上切点到第三条边所分割的部分与另一

条线段的比值。（图 A 5-21）

如图所示，圆锥曲线内切于平行四边形 *MLKI*，与四条边 *ML*、*IK*、*KL*、*MI* 分别相切于点 *A*、*B*、*C*、*D*。圆锥曲线的第五条切线 *FQ*，分别与四条边 *ML*、*IK*、*KL*、*MI* 相交于点 *F*、*Q*、*H*、*E*，取相邻的两条边 *ML*、*IK* 上的两条线段 *ME* 和 *KQ*，或者相邻两边 *KL*、*ML* 上的两条线段 *KH* 和 *MF*，根据引理 24 的推论 I，$\frac{ME}{EI} = \frac{AM}{BQ}$，或者 $\frac{ME}{EI} = \frac{BK}{BQ}$，通

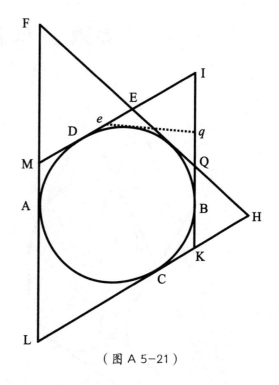

（图 A 5-21）

过合比可得，$\frac{ME}{MI} = \frac{BK}{KQ}$。同样的道理，$\frac{KH}{KL} = \frac{BK}{AF}$，或者 $\frac{KH}{KL} = \frac{AM}{AF}$，通过分比可得，$\frac{KH}{KL} = \frac{AM}{MF}$。

推论 I .如果一条指定的圆锥曲线内切于一个已经确定的平行四边形 *IKLM*，那么 *KQ×ME* 和 *KH×MF* 是确定的。因为 △*KQH* ∽ △*MFE*，所以 *KQ×ME* 与 *KH×MF* 的数值确定且相等。

推论 II .如果圆锥曲线的第六条切线 *eq* 分别与切线 *KI* 和切线 *MI* 分别相交于点 *q* 和点 *e*，*KQ×ME = Kq×Me*，$\frac{KQ}{Me} = \frac{Kq}{ME}$，由分比可得，$\frac{KQ}{Me} = \frac{Qq}{Ee}$。

推论 III .同理，如果将线段 *Eq* 和 *eQ* 各自等分为相等的两段，然后连接两条线段的中点，作一条直线，则圆锥曲线的中心就在该直线上。因为 $\frac{KQ}{Me} = \frac{Qq}{Ee}$，由引理 23 可得，该直线也通过 *MK* 的中点，且 *MK* 的中点就是圆锥曲线的中心。

命题 27 问题 19

...

（图 A 5-22）

做出与五条指定直线相切的曲线轨道。（图 A 5-22）

假设指定的五条切线为直线 *ABG*、*BCF*、*GCD*、*FDE*、*EA*，取其中任意四条直线，就能构成四边形，如 *ABFE*。如果取四边形 *ABFE* 对角线 *AF* 和 *BE* 的中点，即点 *M* 和点 *N*，那么由引理 25 的推论 Ⅲ 可得，连接点 *M* 和点 *N* 所做的直线 *MN*，则直线 *MN* 会经过圆锥曲线的中心。同样地，取另外四条切线构成四边形，如 *BGFD*，其对角线 *BD*、*GF* 的中点分别为点 *P* 和点 *Q*，那么连接

点 *P* 和点 *Q* 所做的直线 *PQ* 也会经过圆锥曲线的中心。由此可得，两条中点连线的交点即是圆锥曲线的中心。假设圆锥曲线的中心为点 *O*，作与切线 *BC* 平行直线 *KL*，点 *O* 在直线 *BC* 和直线 *KL* 的中间，则直线 *KL* 也是圆锥曲线的切线。而直线 *KL* 与其他两条直线 *GCD* 和 *FDE* 的交点分别为点 *L* 和点 *K*，直线 *CL* 和直线 *FK* 互不平行，切线 *CF* 与切线 *KL* 相互平行，直线 *CL* 分别与切线 *CF*、切线 *KL* 相交于点 *C* 和点 *L*，直线 *FK* 分别与切线 *CF*、切线 *KL* 相交于点 *F* 和点 *K*。连接点 *C* 和点 *K* 作直线 *CK*，连接点 *F* 和点 *L* 作直线 *FL*，直线 *CK* 与直线 *FL* 相交于点 *R*，由引

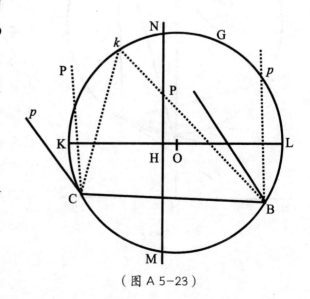

理 24 的推论 II 可得，直线 OR 经过平行切线 CF 和 KL 的切点，用同样的方法可以求出其他切点。再根据问题 14，就能做出曲线轨道。

附录

　　命题 27 也包括了指定曲线轨道中心或渐近线的情况。在指定点、切线和中心的情况下，则在中心另一侧相同距离处一样多的点和切线也是指定的，如此，可以将渐近线看作切线，渐近线在无限远处的极点即为切点。反过来，如果将任意一条切线的切点移动向无限远处，则这条切线就会变成一条渐近线，则前面问题中所做的图形就会演变成指定渐近线的情况下所做的图形。（图 A 5-23）

　　当圆锥曲线已经做出后，按照同样的方法，还可以确定圆锥曲线的轴和焦点。根据引理 21 的图形，即可分别做出曲线轨道可移动角 ∠PBN 和 ∠PCN 的边 BP 和边 CP，BP//CP，并且围绕极点 B 和极点 C 旋转，同时在图形中保持其所在位置。∠PBN 和 ∠PCN 的另外一条边 CN 和 BN，分别与曲线轨道相交于点 K 和点 k。以点 O 为圆心，作圆周 BKGC。直线 CN 和 BN 相交，过点 O，作直线 OH 垂直于直线 MN，且直线 OH 与圆周相交于点 K 和点 L。当边 CN 和 BN 的交点 K 距离直线 MN 最近的时候，边 BP 和边 CP 将与长轴平行，并垂直于短

（图 A 5-23）

轴。相反，假如这些边的交点 L 在距离直线 MN 最远处，就会出现相反的情况。所以，如果已经指定曲线轨道的中心和轴，就能轻松找到曲线轨道的焦点。

因为 $\frac{KH}{LH}$ 与两轴平方的比值相等，经过指定的四个点画出已知类型的曲线轨道就很容易。如果指定点中的点 B 和点 C 是极点，那么由第三个极点就能引出动角 $\angle PCK$ 和 $\angle PBK$，在以上条件指定的情况下，就可以做出圆周 $BGKC$。因为曲线轨道的类型已经确定，所以 OH 本身和 $\frac{OH}{OK}$ 的比值也是指定的。以点 O 为圆心，OH 为半径，做出另一个圆周，边 CK 和边 BK 相交于点 K，经过点 K 作该圆周的切线，当原图形中的边 BP 和边 CP 经过第四个指定点时，可得过点 K 的圆周切线的平行线 MN，通过直线 MN，即可做出圆锥曲线。同时，还可以在指定圆锥曲线中做出内接四边形。

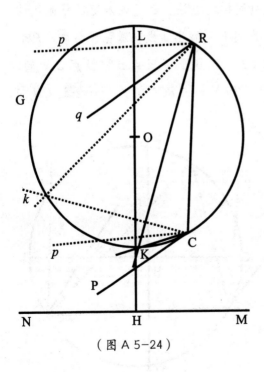

（图 A 5-24）

当然，通过指定点和指定切线，圆锥曲线还可以通过其他引理来做出。（图 A 5-24）该圆锥曲线将会是以下类型：经过任意指定点的一条直线，将与圆锥曲线相交于两点，取两个交点构成线段的中点，则该中点位于另一个圆锥曲线上，该圆锥曲线与原图形的类型是相同的，且该圆锥曲线的轴平行于原图形的轴。接下来，这个问题只能到此为止，下文将讨论有更具实用性的问题。

引理 26

...

在三角形的大小和类型是指定的情况下，其中的三个角分别与指定位置且不平行的三条直线相对应，且使每个角对应一条直线。（图 A 5-25）

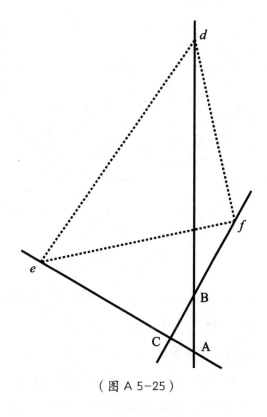

（图 A 5-25）

先做出指定位置的三条直线 *AB*、*AC* 和 *BC*，再按如下要求做出△*DEF*，顶点 *D* 在直线 *AB* 上，顶点 *E* 在直线 *AC* 上，顶点 *F* 在直线 *BC* 上。经过点 *D* 和点 *E* 作圆弧 *DRE*，经过点 *D* 和点 *F* 作圆弧 *DGF*，经过点 *E* 和点 *F* 作圆弧 *EMF*，使圆弧所对应的角分别与∠*BAC*、∠*ABC*、∠*ACB* 相等。△*DEF* 的三条边 *DE*、*DF* 和 *EF* 分别内接于这三条弧线，同时，使得字母 *DRED* 和 *BACB* 的旋转顺序相同、*DGFD* 和 *ABCA* 的旋转顺序相同、*EMFE* 和 *ACBA* 相同。将这些圆弧补充为完整的圆周，且前两个圆周的交点为点 *G*。设这两个圆周的圆心分别为点 *P* 和点 *Q*，分别连接 *GP* 和 *PQ*，在以点 *P* 为圆心的圆周上取一点 *a*，使得 $\frac{Ga}{AB} = \frac{GP}{PQ}$。然后以点 *G* 为圆心、*Ga* 为半径作圆周，并与第一个圆 *DGE* 相交于点 *a*。连接点 *a* 和点 *D* 作直线 *aD*，直线 *aD* 与第二个圆 *DFG* 相交于点 *b*。再连接点 *a* 和点 *E*，作直线 *aE*，直线 *aE* 与第三个圆 *EMF* 相交于点 *c*。于是，与图形 *abcDEF* 相似且相等的图形 *ABCdef* 就能作出来。

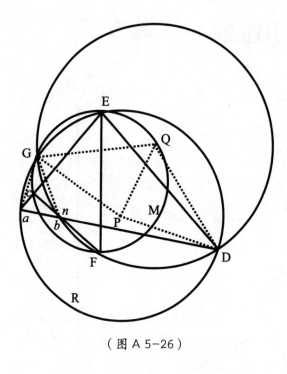

（图 A 5-26）

证明过程如下：连接点 F 和点 c，作直线 Fc，直线 Fc 和直线 aD 相交于点 n。分别连接 aG、bG、QG、QD、PD，如图所示，$\angle EaD = \angle CAB$，$\angle acF = \angle ACB$，所以 $\triangle anc$ 即等于 $\triangle ABC$，所以 $\angle anc = \angle ABC$，或者 $\angle FnD = \angle ABC$，又有 $\angle FbD = \angle ABC$，可得点 n 与点 b 重合。此外，因为 $PG = PD$，且 $QG = QD$，所以 $\angle GPQ = \angle DPQ$，即直线 PQ 为圆心角 GPD 的角平分线，现有圆心角 GPD 的 $\frac{1}{2}$ 角 $\angle GPQ$ 等于 $\angle GbD$ 的补角 $\angle Gba$。综上可得，$\triangle GPQ \backsim \triangle Gab$。进而得出，$\frac{Ga}{ab} = \frac{GP}{PQ}$，又有 $\frac{Ga}{AB} = \frac{GP}{PQ}$。（图 A 5-26）因为 $AB = ab$，所以 $\triangle abc$ 相似且相等于 $\triangle ABC$。所以，$\triangle abc$ 的边 ab、ac、bc 所在直线分别经过 $\triangle DEF$ 的顶点 D、E、F。如此，与图形 $abcDEF$ 相似且相等的图形 $ABCdef$ 就可以做出来了。

推论. 可以做出满足如下条件的直线：使其位于三条指定位置直线之间的部分为给定长度。假设 $\triangle DEF$ 的顶点 D 无限远离边 EF，即边 DE 和边 DF 无限靠近，直到两者渐变成一条直线，则原来的三角形变成了两条直线，则指定部分的 DE 在指定直线 AB 和 AC 之间，而指定部分 DF 在指定直线 AB 和 BC 之间。如果在本情形中也用到以上的作图法，问题就能解开。

命题 28 问题 20

⋯

作一条给定位置和大小的圆锥曲线，并使得圆锥曲线的给定部分在给定位置的三条直线之间。（图 A 5-27）

假设有一与曲线 DEF 相似且相等的曲线轨道，该曲线轨道被三条指定直线 AB、AC 和 BC 分割为 DE 和 EF 两部分，且这两部分相似且等于曲线上指定的部分。

分别连接点 D、点 E 和点 F，作直线 DE、直线 EF 和直线 DF，由引理 26 可得，指定位置的直线通过 △DEF 的顶点 D、E、F，做出 △DEF 外接的曲线轨道，该曲线轨道相似且相等于曲线 DEF。

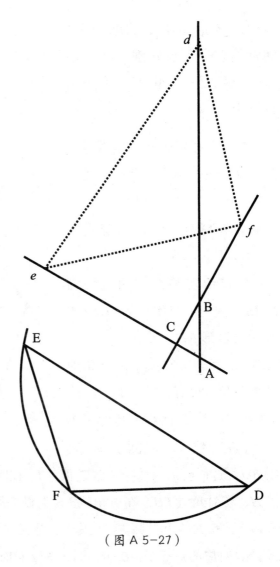

（图 A 5-27）

引理 27

...

做出一个给定类型的四边形，使它的四个顶点分别与四条边既不互相平行，也不交于一点直线上。（图 A 5-28）

有四条指定位置的直线 *AC*、*AD*、*BD*、*CE*，如图所示，直线 *AC* 分别与直线 *AD* 相交于点 *A*，与直线 *BD* 相交于点 *B*，与直线 *CE* 相交于点 *C*。

假设给定类型的四边形为 *FGHI*，做一个与四边形 *FGHI* 相似的四边形 *fghi*，使得 ∠*f*=∠*F*，直线 *AC* 经过顶点 *f*。对于其他三个顶角，也有 ∠*g*=∠*G*、∠*h*= ∠*H*、∠*i*=∠*I*，且对于其他三个顶点，有直线 *AD* 经过顶点 *g*，直线

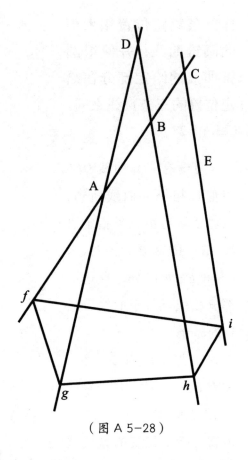

（图 A 5-28）

BD 经过顶点 *h*，直线 *CE* 经过顶点 *I*。在四边形 *FGHI* 中，连接点 *F* 和点 *H*，作对角线 *FH*，在对角线 *FH* 上做圆弧 *FTH*，在边 *FG* 和边 *FI* 上分别作圆弧 *FSG* 和圆弧 *FVI*。其中，圆弧 *FTH* 对应的角等于∠*CBD*，圆弧 *FSG* 对应的角等于∠*BAD*，圆弧 *FVI* 对应的角等于∠*ACE*。同时，使字母 *FSGF* 的转动顺序等于字母 *BADB*，字母 *FTHF* 的转动顺序等于字母 *CBDC*，字母 *FVIF* 的转动顺序等于字母 *ACEA*，接着将以上这些圆弧补充为完整的圆。假设点 *P* 和点 *Q* 分别为圆 *FSG* 和圆 *FTH* 的圆心，连接点 *P* 和点 *Q* 作直线 *PQ*，在直线 *PQ* 上取一点 *R*，使得 *QR* : *PQ*=

BC∶*AB*，且点 *P*、点 *Q*、点 *R* 的转动顺序与点 *A*、点 *B*、点 *C* 的转动顺序一致。以点 *R* 为圆心，*RF* 为半径作第四个圆 *FNc*，圆 *FNc* 与圆 *FVI* 相交于点 *c*，连接点 *F* 和点 *c*，作直线 *Fc*，直线 *Fc* 分别与圆 *FSG*、圆 *FTH* 相交于点 *a* 和点 *b*。连接直线 *aG*、直线 *bH*、直线 *cI*，使得图形 *ABCfghi* 相似于图形 *abcFGHI*，则所求图形就是四边形 *fghi*。

圆 *FSG* 和圆 *FTH* 相交于点 *K*，分别连接 *PK*、*QK*、*RK*、*aK*、*bK*、*cK*，将线段 *QP* 延长至点 *L*。圆周角 *FaK*、*FbK*、*FcK* 分别是圆心角 *FPK*、*FQK*、*FRK* 的 $\frac{1}{2}$，则它们分别与圆心角 *FPK* 的半角 *LPK*、圆心角 *FQK* 的半角 *LQK*、圆心角 *FRK* 的半角 *LRK* 相等。所以图形 *PQRK* 相似于图形 *abcK*。所以有 $\frac{ab}{bc}=\frac{PQ}{QR}=\frac{AB}{BC}$。如图所示，∠*fAg* =∠*FaG*，∠*fBh* =∠*FbH*，∠*fCi* =∠*FcI*，因此，图形 *ABCfghi* 与图形 *abcFGHI* 相似，而做出的四边形 *fghi* 相似于给定类型四边形 *FGHI*，直线 *AC*、*AD*、*BD* 和 *CE* 分别经过四边形 *fghi* 的四个顶点。

推论. 作一条直线，使其按照指定的顺序与四条指定位置的直线相交，且每被两条直线截取的各部分线段之间的比值是固定的。如果增大角 *FGH* 和 *GHI*，则三条直线 *FG*、*GH*、*HI* 就会变为一条直线。如上所述，可以做一条直线 *fghi*，按照顺序，分别与给定位置的四条直线 *AB*、*AD*、*BD*、*CE* 相交，直线 *fghi* 被四条直线分成 *fg*、*gh* 和 *hi* 三部分。其中，*fg* 在直线 *AB* 和 *AD* 之间，*gh* 在直线 *AD* 和 *BD* 之间，*hi* 在直线 *BD* 和

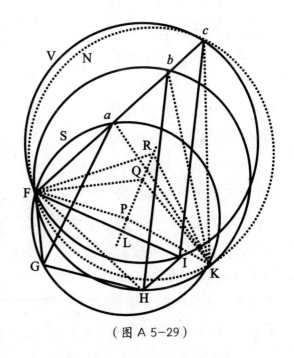

（图 A 5–29）

CE 之间，且 fg、gh、hi 相互之间的比值与直线 FG、GH、HI 相同顺序的比值相等。其实，要解答这个问题，还有更简洁的方法。（图 A 5-29）

延长 AB 至点 K，延长 BD 至点 L，使得 $\frac{BK}{AB}=\frac{HI}{GH}$，$\frac{DL}{BD}=\frac{GI}{FG}$。连接点 K 和点 L，作直线 KL，与直线 CE 相交于点 i，延长 iL 至点 M，使得 $\frac{LM}{iL}=\frac{GH}{HI}$。过点 M，作直线 LB 的平行线 MQ，直线 MQ 与直线 AD 相交于点 g，连接点 g 和点 i 作直线 gi，直线 gi 分别与直线 AB、BD 相交于点 f 和点 h。由此，问题就得到了解答。

证明：假设直线 Mg 与直线 AB 相交于点 Q，直线 AD 与直线 KL 相交于点 S，过点 A 作直线 BD 的平行线 AP，直线 AP 与直线 iL 的交点为点 P，则 $\frac{gm}{Lh}\left(\frac{gi}{hi}、\frac{Mi}{Li}、\frac{GI}{HI}、\frac{AK}{BK}\right)=\frac{AP}{BL}$。在 DL 上取一点 R，使得 $\frac{gM}{Lh}=\frac{AP}{BL}=\frac{DL}{RL}$。因为 $\frac{gS}{gM}=\frac{AS}{AP}=\frac{DS}{DL}$，所以 $\frac{gS}{Lh}=\frac{AS}{BL}=\frac{DS}{RL}$，则 $\frac{BL-RL}{Lh-BL}=\frac{AS-DS}{gS-AS}$，即 $\frac{BR}{Bh}=\frac{AD}{Ag}=\frac{BD}{gQ}$，$\frac{BR}{BD}=\frac{Bh}{gQ}=\frac{fh}{fg}$。如图所示，点 D 和点 R 将直线 BL 分割成三部分，而点 G 和点 H 则分割了直线 FI，且有 $\frac{BR}{BD}=\frac{FH}{FG}$，$\frac{fh}{fg}=\frac{FH}{FG}$。类似地，$\frac{gi}{hi}=\frac{Mi}{Li}=\frac{GI}{HI}$。这说明，直线 FI 和直线 fi 被点 g 和点 h、点 G 和点 H 分割的情况是相似的。（图 A 5-30）

如图所示，直线 LK 与直线 CE 相交于点 i，延长 iE 至点 V，使得 $\frac{EV}{Ei}=\frac{FH}{HI}$，再过点 V，作直线 BD 的平行线 vf。以点 i 为圆心，IH 为半径，作一圆周，该圆周与直线 BD 相交于点 X，

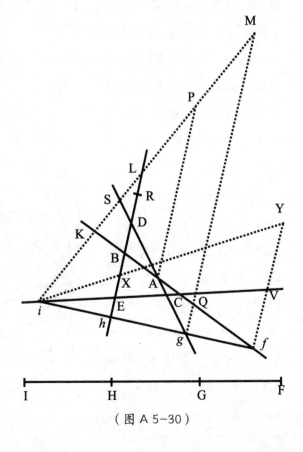

（图 A 5-30）

再延长 *iX* 至点 *Y*，使得 *iY* = *IF*。最后，连接点 *Y* 和点 *f*，作直线 *Yf*，则直线 *Yf* 与直线 *BD* 平行。由此来看，这种作图法就是上一种作图法的完全复制。

然而，在历史上，克里斯托弗·雷恩爵士和瓦里斯博士早在很早的时间就解答这个问题了。

命题 29 问题 21

• • •

做一个给定类型的圆锥曲线，使该曲线按照指定顺序、类型和比例被给定位置的四条直线切割。（图 A 5-31）

假设所做的圆锥曲线 *fghi* 与圆锥曲线 *FGHI* 相似，已知给定位置的四条直线为 *AB*、*AD*、*BD*、*CE*，圆锥曲线在直线 *AB* 和直线 *AD* 之间、直线 *AD* 和直线 *BD* 之间、直线 *BD* 和直线 *CE* 之间的部分分别与圆锥曲线 *FGHI* 的 *FG*、*GH*、*HI* 部分相似且成比例。连接点 *F* 和点 *G*，作直线 *FG*，用同样的方法，分别做出直线 *GH*、*HI*、*FI*。以引理 27 为依据，可以做出与四边形 *FGHI* 存在相似关系的四边形 *fghi*，且四边形 *fghi* 的四个顶点 *f*、*g*、*h*、*i* 按照顺序分别在直线 *AB*、*AD*、*BD*、*CE* 上，则绕四边形 *fghi* 作一条外接圆锥曲线，则所作圆锥曲线与圆锥曲线 *FGHI* 相似。

附录

以下方法可以用于解答此问题。（图 A 5-32）

作直线 *FG*、*GH*、*HI*、*FI*，延长 *FG* 至点 *V*，连接 *FH*、*IG*，且使得 ∠*LAK* = ∠*FGH*，∠*DAL* = ∠*VFH*，直线 *AK* 与直线 *BD* 相交于点 *K*，直线

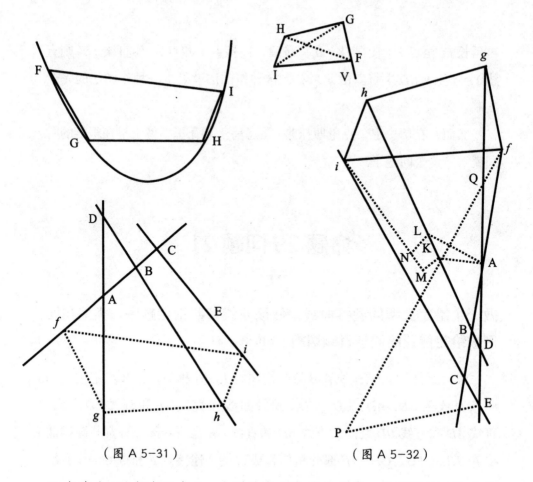

（图 A 5-31）　　　　　　　（图 A 5-32）

AL 与直线 *BD* 相交于点 *L*，分别从点 *K* 和点 *L* 出发，作直线 *KM* 和直线 *LN*，同时满足∠*AKM*=∠*GHI*，且 $\dfrac{KM}{AK}=\dfrac{HI}{GH}$。

　　作一条直线，使其与直线 *CE* 交于点 *i*，且分别与直线 *KM* 和直线 *LN* 交于点 *M* 和点 *N*，同时满足 $\dfrac{PE}{Ei}=\dfrac{FG}{GI}$，又有∠*iEP*=∠*IGF*。过点 *P* 作直线 *Pf*，直线 *Pf* 与直线 *DE* 相交于点 *Q*，与直线 *AB* 相交于点 *f*，连接点 *i* 和点 *f*，作直线 *f*。同时使字母 *PEip* 和 *PEQP* 的旋转顺序与字母 *FGHIF* 相同。以直线 *fi* 为一边，按与字母 *FGHIF* 相同的旋转顺序作四边形 *fghi*，则四边形 *fghi* 和四边形 *FGHI* 似，围绕四边形 *fghi* 作它的外接曲线，则解答了这个问题。

　　到这里，以及前面所述的问题以及解答方法都是关于轨道的，接下来，要探究的问题是物体在轨道上的运动。

第6章
怎样求已知轨道上物体的运动

命题 30 问题 22
...

求在任意指定时刻，运动物体在抛物线轨道上所处的位置。（图 A 6-1）

　　假设抛物线的焦点为点 S，顶点为点 A，取 AS 的中点点 G，过点 G，作垂直于 AS 的线段 GH，且 GH = 3M。以点 H 为圆心、HS 为半径作一个圆，这个圆与抛物线相交于点 P。设被直线 PS 分割

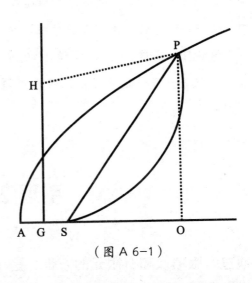

（图 A 6-1）

的抛物线部分的面积 APS 等于 4AS × M，APS 既可以表示物体在离开顶点后、以半径 PS 所划过的面积，也可以表示为物体在到达点 P 之前划过的部分。且这块截取部分的面积大小与时间成正比。过点 P 作横轴的垂线 PO，连接点 P 和点 H，作直线 PH。如图所示，有以下等式成立：

$AG^2+GH^2=HP^2$，而 $HP^2=(AO\text{-}AG)^2+(PO\text{-}GH)^2=AO^2+PO^2-$ $2AO\times AG\text{-}2PO\times GH+AG^2+GH^2$，所以，$AG^2+GH^2=AO^2+PO^2\text{-}2AO\times AG\text{-}$ $2PO\times GH+AG^2+GH^2$，由此可得，$2GH\times PO=AO^2+PO^2\text{-}2AO\times AG=AO^2+$ $\dfrac{3}{4}PO^2$，因为 $AO^2=\dfrac{AO\times PO^2}{4AS}$，以上等式可变为：$2GH\times PO=\dfrac{AO\times PO^2}{4AS}+\dfrac{3}{4}$ PO^2。等式两边都除以 $3PO$，再乘以 $2AS$，可得，$\dfrac{3}{4}GH\times AS=\dfrac{AO\times PO}{6}+$ $\dfrac{PO\times AS}{2}=\dfrac{AO\times 3AS}{6}\times PO=APO$ 面积 $\text{-}SPO$ 面积 $=APS$ 面积。由于 $GH=$ $3M$，所以 $\dfrac{3}{4}GH\times AS=4AS\times M$，进而得出，$APS$ 面积 $=4AS\times M$。

推论Ⅰ.物体经过弧 AP 所需的时间与物体从顶点 A 到过焦点 S 的主轴垂直线之间的一段弧所需的时间之比，等于 GH 与 AS 之间的比值。

推论Ⅱ.假设圆周 ASP 连续经过运动物体 P，设物体在点 H 处的运动速度为 V_H，在顶点 A 处的运动速度为 V_A，则 $\dfrac{V_H}{V_A}=\dfrac{3}{8}$。则在相同时间内，线段 GH 与从点 A 到点 P 所经过的直线路径之比为 $\dfrac{3}{8}$。

推论Ⅲ.连接 AP，过线段 AP 的中点作它的垂线，垂线与直线 GH 相交于点 H，通过这种方法，可以求得物体经过任意指定弧 AP 所需的时间。

引理 28

...

通过有限项次和有限元的方程，是不可能求出被任意直线切割的椭圆形面积的。

如果在椭圆内任意指定一点，并作一条以该点为极点的直线，直线绕极点做连续匀速的圆周运动；在直线上，从极点出发，有一个可动点不断向极点外的方向移动，且移动速度为该直线在椭圆内部分线段长度的平方。从整个运动过程来看，该可动点的运动轨迹为无限旋转的螺旋线，该螺旋线的转数无极限。如果通过有限项次和有限元的方程，能求出直线所切割的椭圆形面积，那么用该方程，也能求出可动点与极点之间的距离，并且该距离与直线所切割的椭圆形面积成正比。不仅如此，可动点的运动轨迹螺旋线也能用有限方程求出，而且通过有限方程还能求出指定直线与螺旋线的交点。

然而，如果两条线的交点能通过方程求出，那么一定是方程有几元或者说几个根，两条线就有多少个交点，而且交点的个数也对应方程的次数。比如，两个圆周相交，有两个交点，这两个交点就可以通过二次方程求出来；两条圆锥曲线相交，有四个交点，则四个交点可以通过四次方程求出来；一条圆锥曲线与三次曲线的交点最多能有六个，那么这六个交点可以通过六次方程求出来；两条三次曲线相交的交点最多能有九个，一定得是通过九次方程才能求出所有交点。所以，无论如何，有限次方程的解一定会包括所有交点。否则，所有立体问题都能简化为平面问题，而所有维数高于立体的问题，都能简化为立体问题。但是，在这里研究的曲线方程的幂次无法降低，因为对于一条曲线来说，方程的幂次表明曲线的走向，如果方程的幂次降低了，曲线就会失去本身的完整性，变为两条或多条曲线的组合，而这些曲线之间的交点可以由不同的计算分别求出。

同理，直线与圆锥曲线相交的两个交点可以由二次方程求出，直线与三次曲线相交的三个交点可以通过三次方程求出，直线与四次曲线相交的四个交点可以通过四次方程求出，以此类推，可以推广到无限。

在所有定律和所有条件都相同的情况下，螺旋曲线只是简单曲线，无法简化成多条曲线的组合，所以一条无限延伸的直线与螺旋线会有无数个交点，这就需要无限次数和无限根数的方程来表示。

过极点作直线的垂线，垂线和直线均绕极点旋转，那么直线与螺旋线的交点会相互转变，也就是说，在第一次旋转之后，第一个交点或者最近的交点会变为第二个；在第二次旋转之后，第二个交点会变成第三个……以此类推。而当螺旋线的交点发生改变时，方程不会变化，因为方程能决定直线与螺旋线相交交点的位置。所以，在每次转动之后，这些量会恢复初始数值，方程也会恢复为初始形式，而且一个方程的所有根要能包括所有交点。所以，靠有限方程，是不可能求出直线与螺旋线的交点的。也进一步说明，通过有限方程，被任意直线切割的椭圆形面积也是不可能求出来的。

同理可得，如果螺旋线的可动点与极点之间的距离与直线切割椭圆在椭圆形内的线段长度成正比，那么此线段长度也不能用有限方程表示。这里提到的椭圆形并不切于向外无限延伸的共轭图形。

推论．通过给定时间内的有限方程，或几何有理曲线，都不可能求出以焦点到运动物体的半径所做的椭圆形面积。这里有个前提，就是提到的曲线都是几何有理曲线，因为上述的点都可以用以长度为未知量的方程求出来，也就是说，长度的复合比值是确定的。与几何有理曲线相对的是几何无理曲线，比如螺旋线、割圆曲线、摆线等。几何无理曲线的长度计算有的是整数之间的比，有的不是（欧几里得《几何原本》卷十），计算方式为有理方程或无理方程。在之后的内容中，将用几何无理曲线分割法来分割椭圆形面积，分割面积与给定时间成正比。

命题 31 问题 23

···

找出运动物体在指定时间、指定椭圆轨道上运动时所处的位置。
（图 A 6-2）

做一个椭圆 APS，点 A 为椭圆的主要顶点，点 S 为椭圆的焦点，椭圆的中心为点 O，所求的物体位置为点 P。延长 OA 到点 G，使得 $\frac{OG}{OA} = \frac{OA}{OS}$。过点 G 作直线 GH 垂直于 OA 所在的长轴，以点 O 为圆心、OG 为半径作圆 GEF。假设圆周 GEF 沿着底边 GH，绕它的轴向前滚动，由点

A 做出摆线 ALI。GK 与圆周 GEF 的周长 $GEFG$ 之间的比值，等于物体从点 A 滚动出弧 AP 所需的时间与绕椭圆旋转一周所需的时间之比。过点 K 作直线 KL 垂直于 GH，直线 KL 与摆线 ALI 相交于点 L，过点 L 作直线 KG 的平行线 LP，直线 LP 与椭圆相交于点 P，而点 P 就是所求物体的位置。

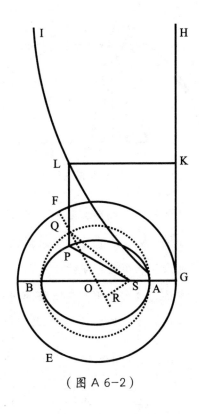

（图 A 6-2）

证明：以点 O 为圆心、OA 为半径，作半圆 AQB，直线 LP 与半圆 AQB 相交于点 Q，连接 SQ、OQ。延长 OQ，使其与圆 GEF 相交于点 F，从点 S 出发作 SR 垂直于 OQ。面积 APS 与面积 AQS 成正比，而面积 AQS 等于扇形 OQA 的面积 S_{OQA} 减去 $\triangle\,OQS$ 的面积 S_{OQS}，而 $S_{OQA}-S_{OQS} = \frac{1}{2}OQ \times AQ - \frac{1}{2}OQ \times SR = \frac{1}{2}OQ\,(AQ\text{-}SR)$，因为 $OQ = OA$，是指定值，所以，面积 APS 与 $AQ\text{-}SR$ 成正比。又因为 $\frac{SR}{\text{弧}\,AQ} = \frac{OS}{OA} = \frac{OA}{OG} = \frac{AQ}{GF}$，所以 $\frac{SR}{\text{弧}\,AQ} = \frac{OA}{GF} = \frac{AQ\text{-}SR}{GF\text{-}\,\text{弧}\,AQ}$，可得，面积 APS 与 $GF\text{-}$ 弧 AQ 成正比。

附录

近似求解法是做出曲线最好的方法（图 A 6-3）。首先，半径对应角大小为 57.2978°，取一定角 B，使得 $\frac{\angle B}{\text{半长对应角}} = \frac{SH}{AB}$，如图所示，$SH$ 为椭圆焦距，AB 为椭圆直径。然后，确定一个长度 L，使得 $\frac{\angle B}{\text{半长对应角}} = \frac{SH}{AB} = \frac{L}{\text{半径}}$。接下来，将用下面的分析方法来解决问题：

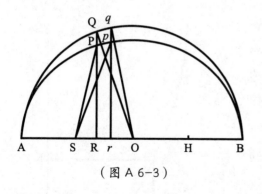

（图 A 6-3）

首先，假设场所 P 接近物体的真实场所 P，以椭圆的主轴为横轴，过点 P，作纵标线 PR，由椭圆直径的比例 $\frac{SH}{AB}$，可以求出纵标线在同样以 AB 为直径的外切圆 AQB 内的部分 RQ。以点 A 为圆心、AO 为半径作圆，与椭圆相交于点 P，如此，纵标线就是 $\angle AOQ$ 的正弦。假设这里要求的角为 $\angle N$，如果 $\angle N$ 只是通过近似求解法求得，那么它的大小只要能与真实值靠近就可以了。假设 $\angle N$ 的大小与时间长短成正比，它与四个直角的比，等于物体从点 A 经过弧 AP 所需的时间与绕椭圆旋转一周所需的时间之比。再取一角 $\angle D$，使得 $\frac{\angle D}{\angle B} = \frac{\angle AOQ \text{ 的正弦}}{\text{半径}}$；另取一角 $\angle E$，使得 $\frac{\angle E}{\angle N-\angle AOQ+\angle D}$ $= \frac{L}{L-\angle AOQ \text{ 的余弦}}$；再取一角 $\angle F$，使得 $\frac{\angle F}{\angle B} = \frac{(\angle AOQ+\angle E) \text{ 的正弦}}{\text{半径}}$；取一角 $\angle G$，$\frac{\angle G}{\angle N-\angle AOQ-\angle E+\angle F} = \frac{L}{L-(\angle AOQ+\angle E) \text{ 的余弦}}$；再取一角 $\angle H$，使得 $\frac{\angle H}{\angle B} = \frac{(\angle AOQ+\angle E+\angle G)}{\text{半径}}$；再取角 $\angle I$，$\frac{\angle I}{\angle N-\angle AOQ-\angle E-\angle F+\angle H}$ $= \frac{L}{L-(\angle AOQ+\angle E+\angle G) \text{ 的余弦}}$，由此可以推广到无极限。最后，取角 $\angle AOq$，使得 $\angle AOq = \angle AOQ+\angle E+\angle G+\angle I+\cdots$ $\angle AOq$ 的正弦为 qr，余弦为 Or，纵坐标为 pr，则有 $\frac{pr}{qr} = \frac{\text{椭圆短轴}}{\text{椭圆长轴}}$，这样可以求出物体的准确场所 p。

当 $\angle N-\angle AOQ+\angle D < 0$ 时，$\angle E$ 前面的加号应变为减号，减号要改为加号。同理，当 $\angle N-\angle AOQ-\angle E+\angle F < 0$，$\angle N-\angle AOQ-\angle E-\angle G+\angle H < 0$ 时，$\angle G$ 和 $\angle I$ 前面的加号和减号都要做相应互换。但是，无穷级数 $\angle AOQ+\angle E+\angle G+\angle H+\angle I+\cdots$，它的收敛速度很快，一般都不用计算到第二项 $\angle E$。根据这个定理，面积 APS 等于弧 AQ 减去过焦点 S、与半径 OQ 垂直的直线。（图 A 6-4）

用类似的方法也能解决双曲线中的相似问题。如图所示，点 O 为双曲线的中心，点 A 为其顶点，点 S 为其焦点，直线 OK 为其渐近线。假

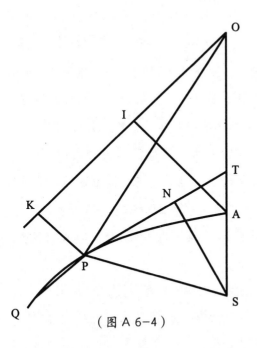

（图 A 6-4）

设双曲线被直线分割的面积是已知量，所要求的角为∠A，∠A的大小与时间成正比，直线SP的位置与分割面积APS接近。连接OP，经过点A作一条渐近线的平行线AI，直线AI与另一条渐近线相交于点I，经过点P作一条渐近线的平行线PK，直线PK与另一条渐近线相交于点K。由对数表可得，可以确定图形AIKP的面积，并且可以确定面积OPA = 面积AIKP，面积OPA = 面积OPS- 面积APS。$PQ = \dfrac{|2(\text{面积}A-\text{面积}APS)|}{SN}$，其中SN为过焦点S与切线TP相互垂直的直线。如果面积A- 面积APS < 0，那么弦PQ内接于点A与点P之间，相反地，则PQ延伸向点P的相反一侧，表示物体更准确的场所就是点Q。如果连续重复计算，得出的精度会更高。（图 A6-5）

通过上述计算方法，可以得出解决这类问题的一种普通分析方法。而特殊的计算方法则更适用于天文学。

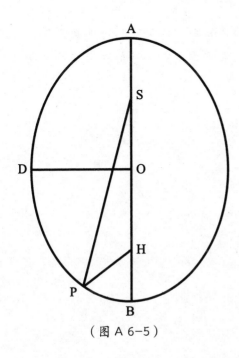

（图 A 6-5）

如图所示，OA、OB 和 OD 都是椭圆的半轴，椭圆的直径为 L，$OA = OB = \frac{1}{2}L$，$D = OD - \frac{1}{2}L$。取一角 $\angle Y$，使得 $\dfrac{\angle Y \text{的正弦}}{\text{半径}} = \dfrac{D \times (OA + OD)}{L^2}$。再取一角 $\angle Z$，使得 $\dfrac{\angle Z \text{的正弦}}{\text{半径}} = \dfrac{2SH \times D}{3AO^2}$。$\angle Y$ 和 $\angle Z$ 确定后，就能确定物体的场所。再取 $\angle T$，使其大小与物体划出弧 BP 所需的时间成正比，相当于平均运动。取 $\angle V$，$\angle V$ 为平均运动的第一均差，$\angle Y$ 为最大均差角，使得 $\dfrac{\angle V}{\angle Y} = \dfrac{2 \angle T \text{的正弦}}{\text{半径}}$。$\angle Z$ 为第二大均差角，再取第二均差角 $\angle X$，使得 $\dfrac{\angle X}{\angle Z} = \dfrac{(\angle T \text{的正弦})^3}{\text{半径}^3}$。取 $\angle BHP$ 为平均运动角，如果 $\angle T$ 为锐角，使得 $\angle BHP = \angle T + \angle V + \angle X$；如果 $\angle T$ 为钝角，使得 $\angle BHP = \angle T + \angle X - \angle V$；如果直线 HP 与椭圆相交于点 P，连接 SP，则直线 SP 所分割的面积 BSP 与时间成正比。

用这种方法用起来非常方便，因为 $\angle V$ 和 $\angle X$ 都很小，通常情况下，只需要求到 $\angle V$ 和 $\angle X$ 第一数字的前两位就可以。类似地，行星运动的问题也可以用这种方法来解答。因为即使是火星在轨道上的运动，它的误差通常也不会大于一秒。所以，在确定平均运动角 $\angle BHP$ 之后，通过这种方法还可以求出真实运动角 $\angle BSP$ 和距离 SP。

在这里，探究的问题都是基于物体在曲线上的运动，即使在现实生活中，运动物体沿直线上下的问题也是存在的，下面的内容将继续研究这类运动的有关问题。

第 7 章
物体在直线上的上升或下降

命题 32　问题 24
· · ·

设向心力与中心距场所之间距离的平方成反比，求出在给定时间内，物体沿直线下落所经过的距离。

情形 1. 如果物体并非垂直下落的情况，那么根据前面命题 13 的推论 I，物体的运动轨迹将为圆锥曲线，该圆锥曲线的焦点在力中心上。（图 A 7-1）如图所示，设该圆锥曲线是 *ARPB*，点 *S* 为其焦点。如

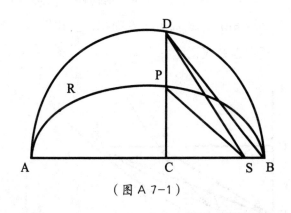

（图 A 7-1）

果物体的运动轨迹为椭圆，以长轴 *AB* 为直径作半圆 *ADB*，直线 *DPC* 垂直于主轴，并与椭圆相交于点 *P*，与半圆相交于点 *D*，连接 *PS* 和 *DS*，面积 *ASD* 与面积 *ASP* 成正比，也与时间成正比。如果椭圆的宽度无限减小，运动轨迹 *APB* 就会无限接近于轴 *AB*，直至与之重合，焦点 *S* 也会无限接近顶点 *B*，直至与点 *B* 重合。物体就会沿直线 *AC* 往下落，面积 *ABD* 与时间成正比。因此可得，如果面积 *ABD* 与时间成正比，直线 *DC* 与直

线 *AB* 垂直，那么，在给定时间内，物体从场所 *A* 垂直下落落下的距离就能求出来。

情形 2. 如图所示，（图 A 7-2）图形 *RPB* 为双曲线，其主轴为直线 *AB*，同样以直线 *AB* 为主轴，作直角双曲线 *BED*，因为 $\frac{面积\ CSP}{面积\ CSD}$、$\frac{面积\ CBfD}{面积\ CBED}$、$\frac{面积\ SPfB}{面积\ SDEB}$ 均为给定值，面积 *SPfB* 和运动物体 *P* 经过弧 *PfB* 所需的时间成正比，可以得出，面积 *SPfB* 也和时间成正比。在横轴保持不变、减小双曲线 *RPB* 所需的时间的情况下，弧 *PB* 将会和直线 *CB* 相重合，焦点 *S* 将会和顶点 *B* 重合，直线 *SD* 将会与直线 *BD* 重合。图形 *BDEB* 与物体 *C* 沿着弧 *CB* 垂直下落需要的时间成正比。

情形 3. 相同的原理，如图所示，（图 A 7-3）如果图中的 *RPB* 是一条抛物线，其顶点为点 *B*，同样以点 *B* 为顶点，作另一条抛物线 *BED*。这时候，运动物体 *P* 沿抛物线 *RPB* 的边界运动，逐渐减小抛物线 *RPB* 的通径，直至其通径变为零，则物体 *P* 的运动轨迹就会重合于直线 *CB*，而抛物线 *BED* 的截面 *BDEB* 面积，会和物体 *P* 下落至中心点 *S* 或物体 *C* 下落至中心 *B* 成正比。

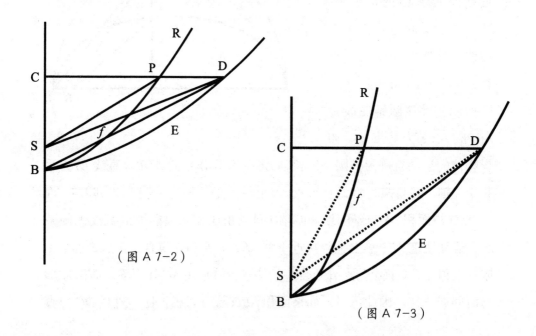

（图 A 7-2）

（图 A 7-3）

命题 33　定理 9

⋯

由前面的假设可得，下落物体在任意一处点 C 的速度，与物体绕以点，B 为中心、BC 为半径的圆周运动速度之比，等于物体到圆周或直角双曲线上较远顶点 A 的距离与图形主半径 $\frac{1}{2} AB$ 之比的平方根。（图 A 7-4）

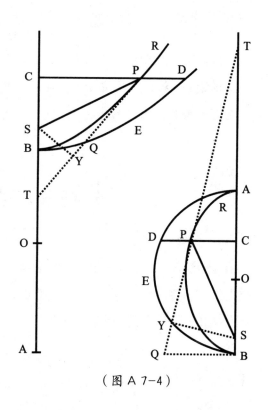

（图 A 7-4）

　　如图所示，图形 $ADEB$ 与图形 RPB 的公共直径为 AB，公共中心为点 O。在图形 RPB 上，过点 P 作其切线 PT，直线 PT 与公共直径 AB 相交于点 T。过图形 RPB 的焦点 S，作直线 SY 垂直于直线 PT。设图形 RPB 的通径为 L。由命题 16 的推论 Ⅸ 可得，物体沿着以点 S 为中心的曲线 RPB 运动，设物体在曲线 RPB 上任意一处 P 的速度为 V_P，物体沿着同样以点 S 为中心、SP 为半径圆周运动的速度为 V，使其满足 $\frac{V_P}{V} = \sqrt{\dfrac{\frac{1}{2} L \times SP}{SY^2}}$。

另外，由圆锥曲线的性质可得，$\dfrac{AC \times CB}{CP^2} = \dfrac{2AO}{L}$，所以 $L = \dfrac{CP^2 \times 2AO}{AC \times CB}$。$V_P$ 和 V 之间的关系为 $\dfrac{V_P}{V} = \sqrt{\dfrac{CP^2 \times AO \times SP}{AC \times CB \times SY^2}}$，此外，由圆锥曲线的性质可得，$\dfrac{CO}{BO} = \dfrac{BO}{TO}$，经由分比和合比，可得，$\dfrac{CO}{BO} = \dfrac{BO}{TO} = \dfrac{CB}{BT}$。又有 $\dfrac{AC}{AO} = \dfrac{CP}{BQ} = \dfrac{TC}{BT}$，所以 $\dfrac{CP^2 \times AO \times SP}{AC \times CB} = \dfrac{BQ^2 \times AC \times SP}{AO \times BC}$。假设图形 RPB 的宽 CP 无限减小，直至点 P 和点 C 重合，点 S 与点 B 重合，直线 SP 与直线 BC 重合，直线 SY

与直线 BQ 重合。设物体沿直线 CB 垂直下落的速度为 V_{CB}，物体绕以点 B 为圆心、BC 为半径的圆运动时的速度为 V_B，则有 $\dfrac{V_{CB}}{V_B} = \sqrt{\dfrac{BQ^2 \times AC \times SP}{AO \times CB \times SY^d}}$。

而 $\dfrac{BQ^2 \times AC \times SP}{AO \times BC \times SP^2} \div \dfrac{SP}{BC} \div \dfrac{BQ^2}{SY^2} = \dfrac{AC}{AO} = \dfrac{AC}{\frac{1}{2}AB}$，所以 $\dfrac{V_{CB}}{V_B} = \sqrt{\dfrac{AC}{AO}} = \sqrt{\dfrac{AC}{\frac{1}{2}AB}}$。

推论 I. 当点 B 重合于点 S 时，有 $\dfrac{TC}{TS} = \dfrac{AC}{AO}$。

推论 II. 物体以给定距离的半径绕中心做圆周旋转，如果物体运动的方向变为垂直向上，物体将上升到距离中心二倍半径的高度。

命题 34 定理 10

···

如果图形 BED 是抛物线，那么物体做下落运动在任意场所 C 的速度，与物体围绕以点 B 为圆心、$\frac{1}{2} BC$ 为半径的圆周做匀速圆周运动的速度相等。（图 A 7-5）

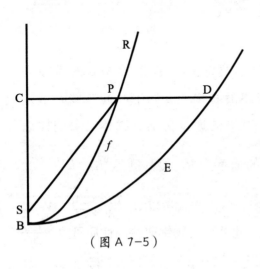

（图 A 7-5）

由于命题 16 的推论Ⅶ，物体沿着抛物线 RPB 运动，抛物线 RPB 的中心为点 S，物体在任意场所 P 的速度，与物体围绕以点 S 为圆心、$\frac{1}{2} SP$ 为半径的圆周做匀速圆周运动的速度相等。假设抛物线的宽 CP 无限减小，抛物线的弧 PfB 重合于直线 CB，中心 S 重合于顶点 B，直线 SP 与直线 BC 重合，命题成立。

命题 35 定理 11

• • •

在假设相同的条件下，以半径 SD 画出图形 DES 的面积，半径 SD 的长度不确定，与相同时间内，物体围绕以点 S 为圆心、图形 DES 的通径的 $\frac{1}{2}$ 为半径的圆周做匀速圆周运动所划出的面积相等。

假设在极短时间内，物体 C 下落到一条无限小的直线 Cc 上，在这段时间，物体 K 围绕以点 S 为圆心的圆周 OKk 做匀速运动，划出一条圆弧 Kk。从直线 Cc 作两条垂线 CD、cd，直线 CD 与图形 DES 相交于点 D，直线 cd 与图形 DES 相交于点 d。连接 SD、Sd、SK、Sk、Dd，直线 Dd 与直线 AS 相交于点 T，过点 S，作直线 SY 垂直于 Dd。

情形 1.（图 A 7-6）如果图形 DES 是圆形或直角双曲线，其横向直径 AS 的中点为点 O，$SO = \frac{1}{2}AS$。因为 $\frac{TC}{TD} = \frac{Cc}{Dd}$，$\frac{TD}{TS} = \frac{CD}{SY}$，所以 $\frac{TC}{TD} =$

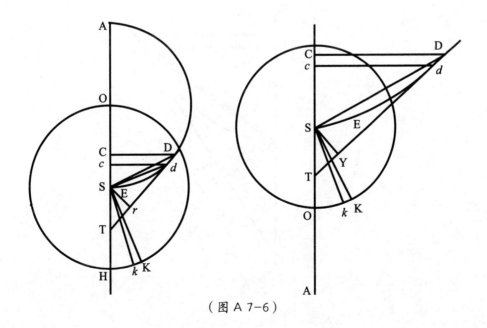

（图 A 7-6）

$\dfrac{CD \times Cc}{SY \times Dd}$。由命题 33 的推论 I 可得，$\dfrac{TC}{TS} = \dfrac{AC}{AO}$。如果点 D 与点 d 重合，取直线的最终比值，$\dfrac{AC}{AO\ \text{或}\ SK} = \dfrac{CD \times Cc}{SY \times Dd}$。设下落物体在点 C 的速度为 V_c，物体围绕以点 S 为圆心、SC 为半径的圆周运动的速度为 V_s，再由命题 33，则 $\dfrac{V_c}{V_s} = \dfrac{AC}{\sqrt{AO\ \text{或}\ SK}}$。设下落物体的速度为 V，物体沿圆周 OKk 运动的速度为 $VOKk$，由命题 4 的推论 VI 可得，$\dfrac{V}{VO_{OKk}} = \sqrt{\dfrac{SK}{SC}}$，所以，$\dfrac{V}{VO_{OKk}}$ $= \dfrac{Cc}{\text{弧}\ Kk} = \dfrac{AC}{\sqrt{SC}} = \dfrac{AC}{CD}$。所以，$CD \times Cc = AC \times Kk$，$\dfrac{AC}{SK} = \dfrac{AC \times Kk}{SY \times Dd}$，又有 $SK \times Kk = SY \times Dd$，$\dfrac{1}{2}SK \times Kk = \dfrac{1}{2}SY \times Dd$，可得面积 $KSk =$ 面积 SDd。在每一段时间间隙中，都会产生两个相等的面积 KSk 和面积 SDd，如果这两个面积无限减小，并且数目无限增多，则它们产生的整体面积相等。

情形 2. 由情形 1 可得，如果图形 DES 为抛物线，（图 A7-7）则 $\dfrac{CD \times Cc}{SY \times Dd} =$ $\dfrac{TC}{TS} = \dfrac{1}{2}$，可得 $CD \times Cc = 2SY \times Dd$。设下落物体在点 C 的速度为 V_c，物体绕以点 S 为圆心、$\dfrac{1}{2}SC$ 为半径的圆做匀速圆周运动的速度为 V_{sc}，则由命题 34 可得，$\dfrac{Vc}{Vsc} = \dfrac{Cc}{K_k} = \dfrac{SK}{\frac{1}{2}SC}$，所以，$2SK \times K_k = CD \times Cc = 2SY \times D_d$。进而得出，面积 $KS_k =$ 面积 SDd。

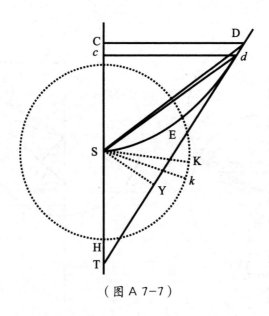

（图 A 7-7）

命题 36 问题 25

• • •

求物体从指定场所落下所需要的时间。（图 A 7-8）

以直线 *AS* 作半圆 *ADS*，再以点 *S* 为圆心作相同的半圆 *OKH*。假设物体在任意位置 *C*，过点 *C*，作垂直于 *AS* 的纵坐标线 *CD*，连接点 *S* 和点 *D*，作直线 *SD*，使得扇形 *OSK* 的面积与图形 *ASD* 的面积相等。如图所示，由命题 35 可得，物体下落时会经过线段 *AC*，而在相同的时间段内，另一个沿半圆 *OKH* 做匀速运动的物体划过弧 *OK*。

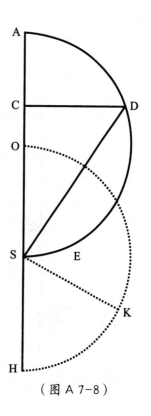

（图 A 7-8）

命题 37 问题 26

• • •

求从指定位置向上或向下抛出物体，上升或下落所需要的时间。
（图 A 7-9、图 A 7-10、图 A 7-11）

假设从指定位置 *G*，物体以任意速度 *V* 沿直线 *GS* 下落，设速度 *V* 与物体围绕以点 *S* 为圆心、指定距离的线段 *GS* 为半径，做匀速圆周运动的速度之比为 $\sqrt{\dfrac{GA}{\frac{1}{2}AS}}$，此比值的平方就是 $\dfrac{GA}{\frac{1}{2}AS}$。如果 $\dfrac{GA}{\frac{1}{2}AS} = \dfrac{2}{1}$，那么点 *A* 为无限远处的点，根据命题 34，可以做出以点 *S* 为顶点，*SG* 为轴的抛物线。如果 $\dfrac{GA}{\frac{1}{2}AS} < \dfrac{2}{1}$，那么根据命题 33，可以做出以 *SA* 为直径的圆周。如果 $\dfrac{GA}{\frac{1}{2}AS} > \dfrac{2}{1}$，则根据命题 33，可以根据直径 *SA* 做出直角双曲线。然后，作以点 *S* 为圆心、$\dfrac{1}{2}$ *SA* 为半径的圆 *HkK*。再在物体开始上升或下落的位置

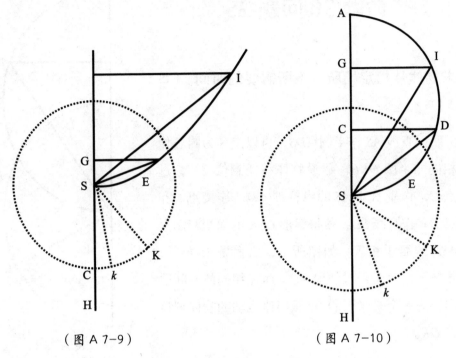

（图 A 7-9）　　　　　　（图 A 7-10）

点 G，作通径 SA 的垂线 GI，直
线 GI 与圆锥曲线相交于点 I。在
任意位置点 C，作通径 SA 的垂线
CD，直线 CD 与圆锥曲线相交于
点 D。分别连接 SI 和 SD，使得
面积 HSK =面积 SEIS，面积 HSk
=面积 SEDS。又由命题 35 可得，
物体 G 运动的距离为 GC，在相
同的时间内，物体 K 划过弧 Kk。

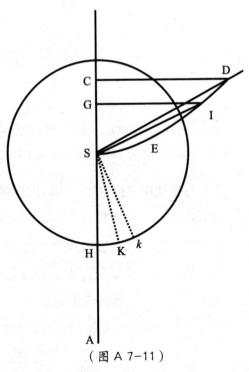

（图 A 7-11）

命题 38 定理 12

...

如果物体做圆周运动时所受的
向心力，与从中心到场所的距
离或高度成正比，那么物体下
落的时间、速度和下落所经过
的路程，分别与弧、弧的正弦
和正矢成正比。（图 A 7-12）

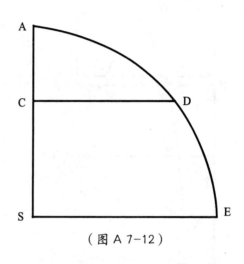

（图 A 7-12）

物体从任意位置点 A 处下落，
运动轨迹沿着直线 AS。作以点 S
为圆心、AS 为半径的四分之一圆
周 AES，在扇形 AES 取一任意弧
AD，其正弦为 CD。在与弧 AD 成正比的时间内，物体从 A 处下落，经过
AC，在位置点 C 处产生的速度与弧 AD 的正弦 CD 成正比。

命题 10 可以用来证明这一点，与用命题 11 来证明命题 32 的道理是
一样的。

推论Ⅰ.物体由位置 A，经过 AS，落到位置 S 的时间，等于另一物
体绕四分之一圆周 AES 旋转所需要的时间。

推论Ⅱ.物体由任意场所下落到中心位置所需的时间相等，因为，由
命题 4 的推论Ⅲ可得，所有旋转物体的周期都是相等的。

命题 39 问题 27

...

假设向心力为任意类型，曲线图形为指定面积，求出物体沿直线

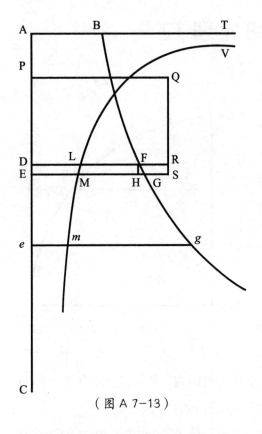

（图 A 7-13）

上升或下降通过不同点时的速度，以及物体到任何一点所需的时间，反过来，如果物体的速度和运动的时间是确定的，可以求出物体所在的位置。（图 A 7-13）

物体 E 沿直线 $ADEC$ 下落，下落起点为任意一点 A。过点 E 作直线 $ADEC$ 的垂线 EG，使得 EG 与点 E 指向中心的向心力成正比。作点 G 的运动轨迹曲线为 BFG。如果在运动的开始，设垂线 EG 与垂线 AB 重合，那么物体在点 E 的速度 V_E 相当于一条线段，且该线段长度的平方与曲线围成的面积 $ABGE$ 相等。

在直线 AE 上取一点 M，使得线段 EM 和与 V_E 相等的一条线段成反比。假设有一条曲线 VLM，直线 AB 为其渐近线，那么物体从点 A 下落到点 E 所用的时间与曲线围成的面积 $ABTVME$ 成正比。

在直线 AE 上取一点 D，线段 DE 为指定长度，假设物体在点 D 的位置时，直线 EMG 与直线 DLF 重合，如果物体下落经过的线段的平方与面积 $ABGE$ 相等，而物体下落经过的线段与物体下落的速度成正比，那么面积 $ABGE$ 与物体下落的速度成正比。设物体在点 D 和点 E 的速度分别为 V 和 $V+1$，则面积 $ABFD$ 与 V^2 成正比，面积 $ABGE$ 与 $(V+1)^2$ 成正比，即 $\dfrac{\text{面积 } ABFD}{V^2} = \dfrac{\text{面积 } ABGE}{(V+1)^2}$，$\dfrac{\text{面积 } ABFD}{V^2} = \dfrac{\text{面积 } ABFD}{V^2+2VI+I^2}$，分比可得，$\dfrac{\text{面积 } ABFD}{V^2} = \dfrac{\text{面积 } ABGE}{V^2+2VI+I^2} = \dfrac{\text{面积 } ABGE - \text{面积 } ABFD}{2VI+I^2} = \dfrac{\text{面积 } DFGE}{2VI+I^2}$，即面积

$DFGE$ 与 $2VI + I^2$ 成正比，所以，$\dfrac{DFGE}{DE}$ 与 $\dfrac{2VI + I^2}{DE}$ 成正比。如果用这些量的最初值，那么线段 DF 的大小与比值 $\dfrac{2VI}{DE}$ 成正比，也可以说是，线段 DF 的大小与 $\dfrac{VI}{DE}$ 成正比。但是物体下落所经过的线段 DE 与该线段成正比，而与物体在点 D 的速度 V 成反比，向心力将与物体从点 D 到点 E 速度的增量 I 成正比，与时间成反比。假设这些量为最初比值，向心力将和比值 $\dfrac{VI}{DE}$ 成正比，即与线段 DF 的大小成正比。所以，与线段 DF 或 EG 成正比的向心力，会使物体下落的速度与一条直线线段相等，则该线段的平方与曲线围成的面积 $ABGE$ 相等。

除此以外，因为线段 DE 为指定的极小长度，其长度与速度成反比。所以，它和面积 $ABFD$ 也成反比，也与平方等于面积 $ABFD$ 的直线成反比。根据直线 DL，初始曲线围成的面积 $DLME$ 与相同直线成反比，与时间成正比，则时间的总和将与曲线围城面积的总和成正比。再根据引理 4 的推论，经过线段 AE 的时间与整个曲线围成的面积 $ATVME$ 成正比。

推论 I .（图 A 7-14）设物体的下落起点为点 P，物体在任意均匀已知向心力的作用下，由点 P 下落到点 D，物体在点 D 的速度，等于在任意力作用下的另一物体下落到相同位置的速度。在直线 AE 的垂线 DF 上取一点 R，使得 $\dfrac{DR}{DE}$ 的比值，等于物体受到的均匀向心力与任意力的比值。以 DP 和 DR 为相邻两边，做矩形 $PDRQ$，切割面积 $ABFD$，且有面积 $PDRQ =$ 面积 $ABFD$。同时，以点 A 为另一个物体的下落起点。以 DR 和 DE 为相邻两边，作出矩形 $DRSE$，则 $\dfrac{面积\ ABFD}{面积\ DFGE} = \dfrac{V^2}{2VI} = \dfrac{\frac{1}{2}V}{I}$，即等于二分之一总速度与物体速度增量之比。还有，$\dfrac{面积\ PDRQ}{面积\ DRSE} = \dfrac{\frac{1}{2}V}{I}$。因为物体速度的增量 I 与物体所受力成正比，所以物体速度的增量 I 与纵标线 DF、DR 成正比，与面积 $DFGE$、面积 $DRSE$ 成正比。因为这些速度都是相等的，区域面积也相等，所以，$\dfrac{面积\ ABFD}{面积\ PQRD}$ 与二分之一总速度，即 $\dfrac{1}{2}V$ 成正比。

推论 II . 在任意位置 D，以指定速度将任意物体向上或向下抛出，根据向心力定律，可以用以下方法求出物体在任意位置 e 的速度：过点 e

作出纵标线 eg，并使物体在点 e 的速度 V_e 和物体在点 D 的速度 V_D 等于一条直线，且该直线的平方与矩形 $PDRQ$ 的面积相等。如果点 e 在点 D 下面，则该直线的平方等于矩形 $PDRQ$ 的面积和面积 $DFge$ 之和；如果点 e 在点 D 上面，那么该直线的平方等于矩形 $PDRQ$ 的面积和面积 $DFge$ 之差。

推论Ⅲ. 过点 e 做出纵标线 em，使得直线 em 与 $\sqrt{\text{面积 } PQRD \pm \text{面积 } DFge}$ 成反比。设物体经过直线 De

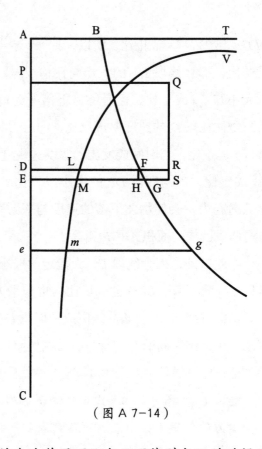

（图 A 7-14）

所用时间为 T_{De}，另一物体在均匀力作用下从点 P 下落到点 D 的时间为 T_{PD}，$\dfrac{T_{De}}{T_{PD}} = \dfrac{\text{面积 } DLme}{2PD \times DL}$。设受均匀力作用的物体经过直线 PD 所需的时间为 T_{PD}，相同物体经过直线 PE 所需的时间为 T_{PE}，$\dfrac{T_{De}}{T_{PD}} = \sqrt{\dfrac{PD}{PE}} = \dfrac{PD}{PD + \frac{1}{2}DE} = \dfrac{2PD}{2PD \times DE}$。由分比可得，$T_{PD}$ 与物体经过极小线段 DE 所用的时间 T_{DE} 的关系为 $\dfrac{T_{De}}{T_{PD}} = \dfrac{2PD}{DE} = \dfrac{2PD \times DL}{\text{面积 } DLme}$。两个物体经过极小线段 DE 用的时间 T_{DE} 与做不匀速运动的物体经过直线 De 所用的时间 T_{De} 之间的关系为 $\dfrac{T_{De}}{T_{PD}} = \dfrac{\text{面积 } DLME}{\text{面积 } DLme}$。而在前面提到的时间中，第一个时间与最后一个时间的最后比值为 $\dfrac{T_{PD}}{T_{De}} = \dfrac{2PD \times DL}{\text{面积 } DLme}$。

第 *8* 章
如何确定物体在任意类型
向心力作用下的运动轨道

命题 40 定理 13

···

某一物体在任意向心力的作用下，以任意方式运动，同时，另一个物体沿直线上升或下落，那么，当这两个物体位于相同高度时，速度相等，并且在任何相等的高度上，两个物体的速度都相等。（图 A 8-1）

设物体从点 A 下落，经过点 D 和点 E，到达中心点 C，而另一物体从点 V 出发，沿曲线 VIKR 运动。以点 C 为圆心、任意半径作同心圆 DI 和 EK，直线 AC 与曲线 VIKR 相交于点 I 和点 K，与圆周 DI、EK 相交于点 D 和点 E。连接 CI 和 KE，且直线 CI 与直线 KE 相交于点 N，连接 IK，作直线 NT 垂直于直线 IK。线段 DE 和线段 IN 为圆 DI 和圆 EK 之间的间距，假设线段 DE 和线段 IN 无限小，设物体在点 D 的速度为 V_D，在点 I 的速度为 V_I，假设 $V_D = V_I$，因为 CD = CI，所以物体在点 D 和点 I 所受的向心力相等，且分别可用相等的线段 DE 和 IN 表示。根据运动定律的推论 II，力 IN 可以被分解为 NT 和 IT 两部分，其中，力 NT 的作用方向沿着直线 NT，并与物体的运动路径 ITK 垂直。在路径 ITK 上，力

NT 不会影响或改变物体的速度，但会改变物体运动的路径，使得物体脱离直线路径，且不断偏离轨道切线，其运动轨道变为曲线 ITKR。而力 IT 则会改变物体运动的方向，而且使物体的运动速度不断增大，在极短的时间内，物体的加速度随着时间变大，即力 IT 所产生的物体加速度与时间成正比。所以，在相等的时间内，物体在点 D 的加速度与线段 DE 成正比；物体在点 I 的加速度与线段 IT 成正比。而如果时间不相等，则物体在点 D 的加速度和线段 DE 与时间的乘积成正比；物体在点 I 的加速度和线段 IT 与时间的乘积成正比。设物体在点 D 的速度为 V_D，在点 E 的速度为 V_E，在点 I 的速度为 V_I，在点 K 的速度为 V_k，物体经过线段 DE 的加速度为 a_{DE}，经过线段 IK 的加速度为 a_{IK}，因为 $V_D = V_I$，且物体经过线段 DE、IK 的时间与线段 DE、

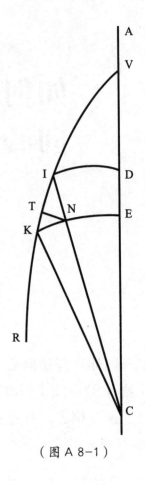

（图 A 8-1）

IK 的长度成正比，所以，$\dfrac{a_{DE}}{a_{IK}} = \dfrac{DEI \times IT \times DEIIT}{DE^2 \times IT}$。又有 $IT \times IK = IN^2 = DE^2$，所以有 $a_{DE} = a_{IK}$，$V_E = V_k$。同理可知，在同样的条件下，只要两个物体经过的距离相等，两个物体的速度也总是相等。

同理，如果两个物体与中心的距离相等，且速度相等，当它们在上升了相等的距离时，那么两个物体减速的速度也相等。

推论 I . 一个物体，无论是悬挂在绳上摆动，还是在光滑平面上做曲线运动，另一个物体沿直线作上升或下降运动，在某一相同的高度，只要两个物体的速度相等，那么在其他任意相同的高度，它们的速度都相等。因为当物体被悬挂在绳上摆动，或者在光滑平面上做曲线运动，物体所受横向力 NT 只会使物体偏离直线轨道，而不会使物体加速或减速。

推论Ⅱ．如果物体从中心做上升减速运动，设其能向上升到的最大距离为 P。对于悬挂在绳上摆动，或在光滑平面上做曲线运动的物体，P 代表它在曲线轨道上任意一点，以该点速度，向上最终能上升的距离。设从中心到物体运动轨道的任意一点的距离为 A，使得 A^{n-1} 始终与向心力的大小成正比，其中指数 $n-1$ 的 n 为任意数，设物体在点 A 的速度为 V_A，则 V_A 与 $\sqrt{P^n-A^n}$ 成正比，且此二者之间的比值为固定常数，依据命题39，这是物体沿直线上升或下落的速度。

命题 41 问题 28

···

设物体所受的向心力类型和曲线面积为指定的，求出物体运动的轨道和运动时间。（图 A 8-2）

　　如图所示，中心为点 C，任意向心力都指向中心 C，求出曲线轨道 $VIKk$。已知一个以点 C 为圆心、任意线段 CV 为半径的圆 VR，再以点 C 为圆心分别做出同心圆 ID、KE。圆 ID 和圆 KE 与运动曲线轨道分别相交于点 I、点 K，与直线 CV 分别相交于点 D、点 E。连接 CI，直线 CI 与圆 VR 相交于点 X，与圆 KE 相交于点 N。连

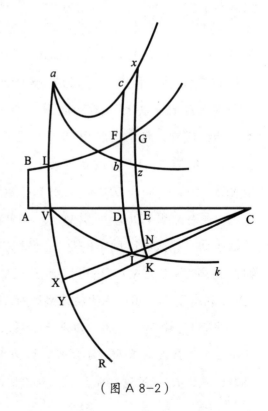

（图 A 8-2）

接 CK，直线 CK 与圆 VR 相交于点 Y。如果点 I 无限靠近点 K，物体从点 V 开始运动，并经过点 I 和点 K，运动到点 k。设另一个物体从点 A 下落，使得它在点 D 的速度 V_D 等于第一个物体在点 I 的速度 V_I。由命题 39 可得，在极短的时间内，物体经过线段 IK，则线段 IK 与速度大小成正比，也和平方等于面积 $ABFD$ 的线段成正比。所以，可以确定与时间成正比的 $\triangle ICK$。当指定任意量 Q 后，高度 $IC = A$ 时，线段 KN 与高度 IC 成反比，与 $\frac{Q}{A}$ 成正比。如果 $\frac{Q}{A}$ 用 Z 表示，且在某种情况下，Q 可使 $\frac{\sqrt{ABDF}}{Z} = \frac{IK}{KN}$，即 $\frac{ABFD}{Z^2} = \frac{IK^2}{KN^2}$，由分比可得，$\frac{ABFD-Z^2}{Z^2} = \frac{IN^2}{KN^2}$，所以，$\frac{\sqrt{ABFD-Z^2}}{Z} = \frac{\sqrt{ABFD-Z^2}}{\frac{Q}{A}} = \frac{IN}{KN}$，进而得出，$A \times KN = \frac{Q \times KN}{\sqrt{ABFD-Z^2}}$。又因为 $\frac{YX \times XC}{A \times KN} = \frac{CX^2}{A^2}$，所以，$YX \times XC = \frac{Q \times IN \times CX^2}{A^2 \sqrt{ABFD-Z^2}}$。

在直线 CA 的垂线 DF 上取点 b 和点 c，连接 Cc，则 $Db = \frac{Q}{2\sqrt{ABFD-Z^2}}$，$Cc = \frac{Q \times CX^2}{2AA\sqrt{ABFD-Z^2}}$。分别将点 b 和点 c 作为曲线 ab、曲线 ac 的焦点，过点 V，作直线 CA 的垂线 Va，直线 Va 和直线 CD 切割两条曲线为面积 $CDba$、面积 $VDca$。过点 E 作直线 CA 的纵标线 EG，在直线 EG 上取点 z 和点 x。因为 $Db \times IN = DbzE = \frac{1}{2} A \times KN =$ 面积 $\triangle ICK$，$DC \times IN = DcxE = \frac{1}{2} YX \times XC =$ 面积 $\triangle XCY$。因为面积 $DbzE =$ 面积 ICK 的条件始终成立，其中，面积 $DbzE$、面积 ICK 分别为 $VDba$、VIC 的新生极小量。同样地，$VDca$ 的新生极小量 $DcxE$ 也始终等于 VCX 的新生极小量 XCY。所以，面积 $VDba =$ 面积 VIC 始终成立，且面积 $VDba$ 与时间成正比，还有面积 $VDba =$ 面积 VCX。如果在任意指定时间内，物体从点 V 开始运动，那么可以确定的是，面积 $VDba$ 与时间成正比，也可以确定物体的高度 CD 或 CI，还可以确定 $VDca$、扇形 VCX 和 $\angle VCI$。而通过 $\angle VCI$ 和高度 CI，可以求出物体最后所在的位置。

推论 I . 曲线轨道的回归点是不难求出的，所谓曲线轨道的回归点，就是物体的最大高度和最小高度。因为当 $IK = NK$ 时，即当面积 $ABFD = Z^2$ 时，直线 IC 经过这些回归点，且为轨道 VIK 的垂线。

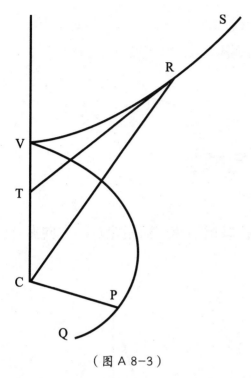

（图 A 8-3）

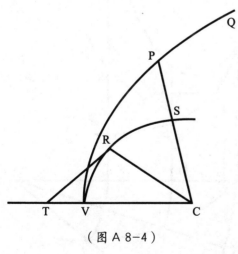

（图 A 8-4）

推论 II. 如果物体的高度时指定的，即 CI 为确定的量，直线 CI 与曲线轨道在任意位置的夹角 $\angle KIN$ 很容易就能求出来，且使得

$$\frac{\angle KIN \text{ 的正弦}}{\text{半径}} = \frac{KN}{IK} = \frac{Z}{\sqrt{\text{面积 } ABFD}}。$$

推论 III. 过中心点 C 和顶点 V，作一条圆锥曲线 VRS。在曲线 VRS 取任意一点 R，从点 R 处作曲线 VRS 的切线 RT，连接点 C 和点 V，作直线 CV，切线 RT 与直线 CV 相交于点 T。连接 CR，作与线段 CT 等长的线段 CP，使得 $\angle VCP$ 与扇形 VCR 的面积成正比。如果物体所受向心力与物体到中心间距的三次方成反比，在点 V 沿直线 CV 的垂直方向、以一定速度抛出一个物体，那么物体将始终沿曲线轨道 VPQ 运动。如果圆锥曲线 VRS 为双曲线，那么物体将会下落到中心点 C 处。如果圆锥曲线 VRS 为椭圆，物体就会无限上升，直到上升到无限远处。反过来讲，如果物体以一定速度离开点 V，那么根据它是落向中心还是倾斜上升至无限远处，就可以判断圆锥曲线 VRS 是双曲线还是椭圆。此外，也可以通过按指定比值增大或减小 $\angle VCP$ 的方法来确定曲线轨道的类型。如果物体所受的力为离心力，而非向心力，那么物体将会偏离曲线轨道 VPQ。而根据 $\angle VCP$ 的大小与椭

圆扇形 *VCR* 成正比，*CP = CT*，就可以求出物体的运动轨道。通过确定的曲线围成的图形面积就可以求出上面这些数值，这是较为简洁的计算方法。（图 A 8-3、图 A 8-4）

命题 42 问题 29

···

通过向心力定律求出在指定位置，以指定速度沿指定直线方向抛出的物体的运动。（图 A 8-5）

假设该命题的条件与前面三个命题的条件相同，在点 *I*，沿线段 *IK* 的方向抛出物体，同时，在均匀向心力 *F* 的作用下，另一个物体从点 *P* 向点 *D* 运动，已知两个物体有相等的运动速度。设第一个物体在点 *I* 所受的力为 *F*1，且设 $\frac{F_{向}}{F_1} = \frac{DR}{DF}$。使物体点 *k* 运动，同时，以中心点 *C* 为圆心、*Ck* 为半径作圆周 *ke*，该圆形与直线 *PD* 相交于点 *e*。分别在曲线 *BFg*、*abv*、*acw* 上面做出纵标线 *eg*、*ev*、*ew*。根据指定的矩形 *PDRQ* 和向心力定律，再根据命题 27 和推论 I 的做

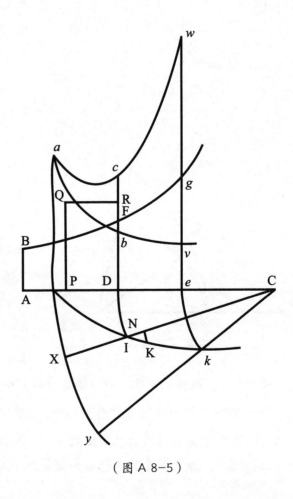

（图 A 8-5）

图，就可以求出曲线 *BFg*。另外，$\frac{IK}{KN}$ 的比值可以通过已知角 $\angle CIK$。同样地，如命题 28 的图所示，量 *Q*、曲线 *abv* 和曲线 *acw* 可以确定。所以，在任意时间 *Dbve* 结束时，物体的高度 *Ce* 或 *Ck*、扇形 *XCy* 的面积以及与之相等的 *Dcwe* 的面积、$\angle ICk$ 都可以求出来。然后，物体所在的场所 *k* 也能求出来。

　　在上面的命题中，假设物体所受向心力会随物体与中心间距的规律性变化而变化，然而，在距离以中心为运动起点的位置，物体所受的向心力一直相等。

　　到现在为止，以上讨论的物体都是在不动的轨道上运动的，下面将会补充一些物体沿可动轨道运动，且轨道围绕力发热中心转动问题的相关内容。

第9章
物体沿运动轨道进行运动
和回归点的运动

命题 43 问题 30

...

一个物体沿着围绕力中心旋转的轨道运动，另一个物体在静止的轨道上做相同的运动。（图 A 9-1）

在给定位置的轨道 VPK 上，物体 P 从点 V 旋转至点 K。点 C 为中心点，从中心点 C 出发，作线段 Cp，使得 Cp = CP，∠VCp 与 ∠VCP 成正比。在相同的时间内，直线 Cp 划过的区域面积与直线 CP 划过的区域面积之比，与二者通过区域的速度之比相等，也等于 $\frac{\angle VCp}{\angle VCP}$，所以，$\frac{\angle VCp}{\angle VCP}$ 是指定的数值，并且与物体的运动时间成正比。因为点 p 的运动，直线 Cp 在固定平面上划过的区域面积与时间

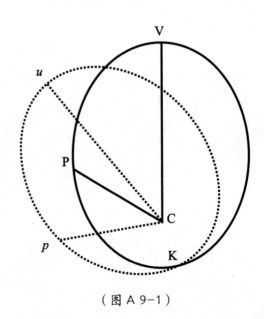

（图 A 9-1）

成正比，而物体和点 p 一起沿曲线做旋转运动，所以，物体受到一定向心力的作用。根据前面的证明，在固定平面上，点 p 的运动轨道曲线可以由点 p 做出。如果 $\angle VCu = \angle PCp$，$Cu = CV$，那么图形 uCP 全等于图形 VCP，可得物体的位置总是在点 p 上。将图形 uCP 旋转起来，做圆周运动，则图形 uCP 绕着弧 up 做旋转运动所需的时间，等于物体 P 在给定位置轨道 VPK 上划出与弧 up 相似的弧 VP 的时间。由命题 6 的推论 V 可得，再找到物体沿曲线轨道做旋转运动所受的向心力，问题就可以得到解答。

命题 44 定理 14

• • •

两个物体做相同的运动，但是运动轨道却不同，一个物体是在静止轨道上运动，另一个物体是在旋转的相同轨道上运动，两个物体所受的向心力之差与物体相同的高度的三次方成反比。（图 A 9-2）

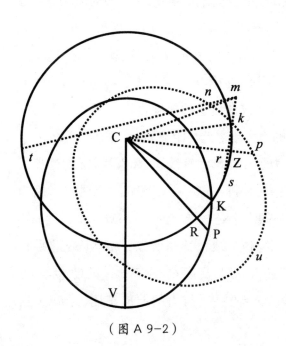

（图 A 9-2）

设静止轨道的 VP、PK 部分，分别全等于旋转轨道的 up、pk 部分。假设点 P 到点 K 的距离为极小值，从点 k 出发，作直线 kr，使得 $kr \perp Cp$，在直线 kr 上取一点 m，使得 $\dfrac{mr}{kr} = \dfrac{\angle VCp}{\angle VCP}$。因为 $CP = Cp$、$CK = Ck$ 始终成立，所以直线 CP 和直线 Cp

144

的增量或减量也始终相等。由运动定律的推论Ⅱ可得，物体在点 P 和点 p 的运动可以分解为两种运动。一个物体做指向中心的运动和沿直线 CP、直线 Cp 运动；另一个物体做相同的指向中心的运动和沿直线 CP、直线 Cp 的垂线的横向运动。在点 P 的物体的横向运动与在点 p 的物体的横向运动之比，与物体在直线 CP 和直线 Cp 的角运动之比相等，同时也等于 $\frac{\angle VCp}{\angle VCP}$。这就是说，在相同的时间间隔内，在点 P 的物体以以上两种运动方式运动到点 K，而在点 p 的物体朝中心做相同运动，由点 p 运动到点 C。在时间间隔过去之后，物体 p 会停在直线 mkr 上的某一位置，直线 Cp 的垂线，经过点 k，物体 p 横向运动使它移动的距离等于 Cp。且物体 p 横向运动使它移动的距离与另一物体 P 到直线 CP 的距离之比，等于物体 p 的横向运动比物体 P 的横向运动。因为物体 P 到直线 CP 的距离等于 kr，而 $\frac{mr}{kr}=\frac{\angle VCp}{\angle VCP}$，也等于物体 p 的横向运动与物体 P 的横向运动之比。所以，当运动时间结束的时候，物体 p 停在位置 m。之所以会出现这种情形，是因为当两个物体分别沿直线 CP 和直线 Cp 运动时，它们两个在各自的方向上所受的力是相等的。但是在 $\frac{\angle pCn}{\angle pCk}=\frac{\angle VCp}{\angle VCP}$ 的情况下，设 $nC=kC$，在运动时间结束时，物体 p 将会停在位置 n。如果 $\angle nCp>kCp$，物体 p 所受的力比物体 P 的力大。如果轨道 upk 向前运动或向后退，其速度比直线 CP 速度的两倍大，那么，物体 P 所受的力比物体 p 所受的力大。反之，如果轨道 upk 向前运动或向后退的速度很小，那么物体 P 所受的力就很小，且物体 P 所受的力大小之差与距离 mn 成正比。

以点 C 为圆心、Cn 或 Ck 为半径作圆，直线 mr 和直线 mn 的延长线与圆分别相交于点 s 和点 t，且 $mn\times mt=mk\times ms$，则 $mn=\frac{mk\times ms}{mt}$。因为在指定时间内，$\triangle pCk$ 与 $\triangle pCn$ 的大小是被指定的，$mk+kr=mr$，则 mk、kr、mr 与高度 Cp 成反比，ms 也与 Cp 成反比，所以，mk 和 ms 的乘积 $mk\times ms$ 与 Cp^2 成反比。此外，还有 mt 与高度 Cp 成正比，则 $\frac{mt}{2}$ 也与 Cp 成正比。综上所述，初始线段 $mn=\frac{mk\times ms}{mt}$ 与力的差成正比，与 Cp^3 成反比。

推论Ⅰ. 设物体在位置 P 所受的力为 F_P，物体在位置 P 所受的力为 F_P，在位置 K 所受的力为 F_K，在位置 k 所受的力为 F_k，设固定轨道上的物体 P 从位置 P 旋转运动到位置 K 所受的力为 F_{PK}，在相同的时间内，F_{PK} 可以使做圆周运动的一个物体从位置 R 运动到位置 K。则 $\frac{F_P-F_p}{F_{PK}}=$

$\frac{F_K-F_k}{F_{PK}}=\dfrac{mn}{弧RK天矢}$，即 $\frac{F_P-F_p}{F_{PK}}=\frac{F_K-F_k}{F_{PK}}=\dfrac{\frac{mk\times ms}{mt}}{\frac{rk^2}{2Ck}}=\dfrac{mk\times ms}{rk^2}$。从另一个角度，取

指定量 F 和 G，使得 $\frac{F}{G}=\frac{\angle VCP}{\angle VCp}$，则 $\frac{F_P-F_p}{F_{PK}}=\frac{F_K-F_k}{F_{PK}}=\frac{G^2-F^2}{F^2}$。做一个以点 C 为圆心、任意距离 CP 或 Cp 为半径的扇形，使得扇形面积等于区域 VPC 的面积，此扇形面积是指在任意时间内，在固定轨道上运动的物体 P 围绕中心旋转运动所划过的圆弧所对应的扇形面积。在固定轨道上运动的物体 P 所受的向心力与在可动轨道上运动的物体 p 所受的向心力之差，与在相同时间内做圆周运动、画出扇形的另一物体所受到的向心力之比，也等于 $\frac{G^2-F^2}{F^2}$。因为此扇形的面积与区域 pCk 的面积之比等于两物体划过各自区域所需的时间之比。

推论Ⅱ. 假如轨道 VPK 为椭圆，其焦点为点 C，最高拱点为点 V，进一步假设椭圆 VPK 全等于椭圆 upk，且有 $Cp=CP$ 总是成立，那么，取指定量 F 和 G，使得 $\frac{F}{G}=\frac{\angle VCP}{\angle VCp}$，设定高度 CP 或 Cp 为 A，椭圆 VPK 的通径为 $2R$，那么沿可动椭圆轨道做旋转运动的物体所受到的力与 $\frac{F^2}{A^2}=\frac{RG^2-RF^2}{A^3}$ 成正比，反之情况亦然。

如果沿固定椭圆轨道运动的物体所受的力表示为 $\frac{F^2}{A^2}$，那么，物体在位置 V 所受到的力 F_V 为 $\frac{F}{CV^2}$。假设使物体以 CV 为半径做圆周运动的力为 F_{CV}，则 $\frac{F_{CV}}{F_V}=\frac{R}{CV}=\frac{RF^2}{CV^3}$。如果 $\frac{G^2-F^2}{F^2}=\frac{RG^2-RF^2}{CV^3}$，由本命题的推论Ⅰ可得，该力为物体 P 在点 V 沿固定椭圆轨道 VPK 运动受到的力与物体 p 沿可动椭圆轨道 upk 运动所受的力之差。再根据本命题，此两力之差在任意高度 A 上的大小，与其在高度 CV 上的比值，等于 $\frac{1}{A^3}$ 与 $\frac{1}{CV^3}$ 之比，且在每个高度 A 上，此两力之差都等于 $\frac{RG^2-RF^2}{A^3}$。而物体 P 在点 V 沿固定椭圆轨道 VPK 运动受到的力为 $\frac{F^2}{A^2}$，物体 p 沿可动椭圆轨道 upk 运动所受的力即

为 $\frac{F^2}{A^2} + \frac{RG^2 - RF^2}{A^3}$。

推论Ⅲ．假如轨道 VPK 为椭圆，其中心为点 C，点 C 同时也是力的中心。假设可动椭圆轨道 upk 与椭圆 VPK 全等，点 C 也是可动椭圆轨道 upk 的中心。设椭圆的通径为 $2R$，长轴横向通径为 $2T$，且 $\frac{\angle VCP}{\angle VCp} = \frac{F}{G}$，所以在相等时间内，物体沿固定椭圆轨道运动所受到的力为 $\frac{F^2 A}{T^3}$，物体沿可动椭圆轨道运动所受到的力为 $\frac{F^2 A}{T^3} + \frac{RG^2 - RF^2}{A^3}$。

推论Ⅳ．设物体运动的高度 CV 最大值为 T，在点 V，曲线轨道 VPK 的曲率半径为 R，沿任意固定曲线轨道 VPK 运动的物体在点 V 所受到的力为 $\frac{VF^2}{T^2}$。如果物体在点 P 受到力为 X，高度 CV 为 A，且 $\frac{\angle VCP}{\angle VCp} = \frac{F}{G}$。而在相同时间内，沿相同可动曲线轨道 upk 运动的物体，所受到的向心力为 $X + \frac{VRG^2 - VRF^2}{A^3}$。

推论Ⅴ．指定物体在曲线轨道上运动，且此曲线轨道也是指定的，如果围绕力中心角的以指定比值增大或减小，那么，根据已知条件，可以求出，在另一个向心力的作用下，物体做旋转运动的固定曲线轨道。

推论Ⅵ．作指定的直线 CV 的垂线 VP，直线 VP 的长度不确定。从点 C 出发，向直线 VP 作线段 CP，同时作相等的线段 Cp，$\frac{\angle VCP}{\angle VCp}$ 是指定值，则物体沿曲线轨道 Vpk 运动所受力的大小与高度 Cp 的三次方成反比。当无其他作用力，只有惰性力的时候，物体 P 沿直线 VP 做匀速运动，如果在此条件上，加上方向指向中心点 C、大小与高度 CP 或 Cp 三次方成反比的力，物体 P 就会偏离直线 VP，进入曲线轨道 Vpk，并沿其运动。因为曲线轨道 Vpk 相同于命题41推论Ⅲ所求出的曲线轨道 VPK，所以，物体会在力的作用下，围绕曲线轨道倾斜上升。（图 A 9-3）

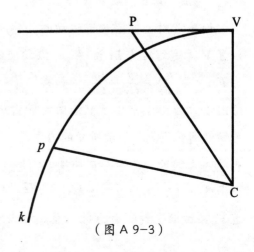

（图 A 9-3）

命题 45 问题 31

···

求出轨道与圆轨道相差甚小的回归点的运动。

用代数的方法可以解决这个问题。根据命题 44 中推论 Ⅱ 或推论 Ⅲ 的证明，可以把物体在固定平面上沿可动椭圆所画出的轨道设为接近上述所说回归点运动轨道的图形，可以再进一步求出物体在固定平面上所画轨道的回归点。使得所画出图形完全相同的条件是，物体所受的向心力在相同高度上成比例。

设最高回归点为点 V，最大高度 CV 为 T，其他任意高度 CP 或 Cp 为 A，高度 $CV\text{-}CP = X$。根据命题 44 的推论 Ⅱ，物体在焦点为点 C 的椭圆轨道上运动所受到的力为 $\frac{F^2}{A^2} + \frac{RG^2\text{-}RF^2}{A^3}$，即 $\frac{AF^2\text{-}RG^2\text{-}RF^2}{A^3}$。以 $T\text{-}X$ 代替分子分式中的 A，则上式变为 $\frac{RG^2\text{-}RF^2+TF^2\text{-}XF^2}{A^3}$。通过相似的方法，其他任何向心力都可以用这种分母为 A^3 的分式来表示，且通过合并同类项的方式，可以使分子变得差别很小。以下的例子可以证明此方法。

例 1 假设向心力是均匀的，并且其大小与 $\frac{A^3}{A^3}$ 成正比，如果用 $T\text{-}X$ 代替分子中的 A，则上式变为 $\frac{T^3\text{-}3XT^2+3TX^2\text{-}X^3}{A^3}$ 成正比，合并分子中的同类项，将已知项和未知项分别相比，可得 $\frac{RG^2\text{-}RF^2+TF^2}{T^3} = \frac{-XF^2}{-3XT^2+3TX^2\text{-}X^3}$ $= \frac{-F^2}{-3T^2+3TX\text{-}X^2}$。假设曲线轨道是非常类似于圆周轨道的图形，如果假设曲线轨道与圆周相重合，那么 $R = X$，X 为无限小接近于 0，则上式变为 $\frac{G^2}{T^2} = \frac{-F^2}{-3T^2}$，进而可得出 $\frac{G^2}{F^2} = \frac{1}{3}$，所以 $\frac{\angle VCP}{\angle VCp} = \frac{F}{G} = \sqrt{3}$。当物体在固定平面的固定椭圆中，从上回归点下落，落到下回归点的过程中，会画出一个 $180°$ 的 $\angle VCP$，同时，物体在固定平面的可动椭圆轨道上，从上回归点下落，落到下回归点，画出 $\frac{180°}{\sqrt{3}}$ 的 $\angle VCp$。通过比较发现，在均匀向心力的作用下，物体所画出的曲线轨道非常相似于物体在固定平面上沿旋转椭圆运动所画出的轨道，然而，这并非一般现象，这种相似只有在所画出的这些轨道与圆周非常相似的情况下才能成立。所以，在均匀向心力的作用下，物体沿非常相似于圆周轨道的曲线轨道运动，从上回归点下落，落到下回归点的过程中，会画出一个$\frac{180°}{\sqrt{3}}$的角，约为$103°55'23''$，接着再以相同的速度从下回归点返回上回归点，并且会一直循环下去。

例2 假设向心力的大小与物体高度 A 的任意次幂 A^{n-3} 或 $\frac{A^n}{A^3}$ 成正比，$n-3$ 为任意幂指数，可以表示整数或分数，可以表示有理数或无理数，也可以表示任意正数或负数。通过收敛级数的方式，分子 A^n 或 $(T-X)^n$ 可以化成不定级数，即如下式子：$T^n - nXT^{n-1} + \frac{n^2-n}{2}XXT^{n-1} + \cdots$。将此式与分子式 $RG^2 - RF^2 + TF^2 - XF^2$ 进行比较后，可得 $\frac{RG^2 - RF^2 + TF^2}{T^n} = \frac{-F^2}{-nT^{n-1} + \frac{n^2-n}{2}XT^{n-2}} = \cdots$ 当曲线轨道近似于圆周轨道时，其最后的比值为 $\frac{RG^2}{T^n} = \frac{F^2}{-nT^{n-1}}$ 或者 $\frac{G^2}{T^{n-1}} = \frac{F^2}{-nT^{n-1}}$。进而可得，$\frac{G^2}{F^2} = \frac{T^{n-1}}{nT^{n-1}} = \frac{1}{n}$，即 $\frac{G}{F} = \frac{\angle VCp}{\angle VCP} = \frac{1}{\sqrt{n}}$。物体沿椭圆轨道从上回归点下落到下回归点所划过的角，即 $\angle VCP$，其大小为 $180°$。所以，物体在任意与 A^{n-3} 成比例的向心力作用下，沿近似于圆周轨道的曲线轨道从上回归点下落到下回归点所划过的角，即 $\angle VCp$，其大小为 $\frac{180°}{\sqrt{n}}$。且当物体经过下回归点，上升到上回归点，又画出 $\angle VCp$，再由上回归点下落，下落到下回归点，画出 $\angle VCp$，这个过程会如此往复循环下去，直至无穷。

如果物体所受的向心力与其到中心的距离成正比，即向心力与 A 或 $\frac{A^4}{A^3}$ 成正比，于是就有 $n=4$，$\sqrt{n}=2$。所以，物体从上回归点和下回归点之间运动所划过的角度为 $\frac{180°}{2}$，即近似于圆周轨道的椭圆轨道上回归点和下回归点之间角度的大小为 $90°$。这也就是说，在另一个物体做四分之一圆周运动的时间内，物体就能完成上下回归点之间的运动，并且循环至无穷。命题10也可以用来证明此类问题。因为物体在向心力的作用下，沿固定的椭圆轨道做旋转运动，物体运动的中心也就是向心力的中心。如果物体所受的向心力与物体到中心的距离成反比，即与 $\frac{1}{A}$ 或 $\frac{A^2}{A^3}$，$n=2$，则上下回归点之间的角度大小为 $\frac{180°}{\sqrt{2}}$（约为 $127°16'45''$），而在此向心力作用下的物体，将会沿椭圆轨道，在上下回归点之间做重复画出这个角度的旋转运动。

如果物体所受向心力与 $\sqrt[4]{A^{11}}$ 成反比，那么此向心力与 $\dfrac{1}{\sqrt[4]{A^{11}}}$，即 $\dfrac{1}{A^{\frac{11}{4}}}$ 成正比，则 $n=\dfrac{1}{4}$，$\dfrac{180°}{\sqrt{n}}=\dfrac{180°}{\frac{1}{4}}=360°$。所以，在另一个沿圆周运动的物体旋转一周的时间内，物体完成从上回归点下落至下回归点的运动，接下来再在另一个沿圆周运动的物体旋转一周的时间内，物体从下回归点回到上回归点，如此循环往复，直至无穷。

例 3　设 m 和 n 为高度的任意幂指数，b 和 c 为两个任意指定的数。如果向心力与 $\dfrac{bA^m+cA^n}{A^3}$ 成正比，将分式分子中的 A 用 $(T\text{-}X)$ 代替，则上述分式变为 $\dfrac{b(T\text{-}X)^m+c(T\text{-}X)^n}{A^3}$，通过收敛级数法，分式变为

$$\dfrac{bT^m+cT^n-mbXT^{m-1}-ncXT^{n-1}+\frac{m^2-m}{2}bX^2T^{m-2}+\frac{n^2-n}{2}cX^2T^{n-2}+\cdots}{A^3}。$$

比较分子的项可得，$\dfrac{RG^2-RF^2+TF^2}{bT^m+cT^n}=\dfrac{-F^2}{-mbT^{m-1}-ncT^{n-1}+\frac{m^2-m}{2}bXT^{m-2}+\frac{n^2-n}{2}cXT^{n-2}+\cdots}$。取轨道变成圆之后的最终比值，可得以下比例等式：$\dfrac{G^2}{bT^{m-1}+cT^{n-1}}=\dfrac{F^2}{mbT^{m-1}+ncT^{n-1}}$，$\dfrac{G^2}{F^2}=\dfrac{bT^{m-1}+cT^{n-1}}{mbT^{m-1}+ncT^{n-1}}$。如果在算术上，最大高度 CV 或 T 为单位 1，则 $\dfrac{G^2}{F^2}=\dfrac{bT^{m-1}+cT^{n-1}}{mbT^{m-1}+ncT^{n-1}}$ 将变为 $\dfrac{G^2}{F^2}=\dfrac{b+c}{mb+nc}$，进而可得，$\dfrac{G}{F}=\dfrac{\angle VCp}{\angle VCP}=\sqrt{\dfrac{b+c}{mb+nc}}$。因为在轨道为固定椭圆时，上下回归点之间的角度 $\angle VCP=180°$，因此在另一轨道上，同样介于上下回归点之间角度 $\angle VCp=180°\times\sqrt{\dfrac{b+c}{mb+nc}}$。同理之下，如果物体所受到的向心力与 $\dfrac{bA^m-cA^n}{A^3}$ 成正比，则 $\angle VCp=180°\times\sqrt{\dfrac{b-c}{mb-nc}}$。通过这种方法，更复杂困难的问题也能得到解答。因为向心力总与分母为 A^3 的分式成正比或反比，而该分式总可以分解为收敛级数，然后，在假设运算的过程中，分子分式的指定部分与未定部分之比，等于此分子分式中 $RG^2-RF^2+TF^2-XF^2$ 的指定部分与未定部分之比，约去多余的量，设 T 为算术单位 1，则可得 $\dfrac{G}{F}$，即 $\dfrac{\angle VCp}{\angle VCP}$ 的比值。

推论 I．如果物体所受向心力与物体高度的任意次幂成正比，那么通过物体在回归点之间的运动就可以求出该次幂数。反过来，通过同样的方法，如果物体在椭圆轨道上下回归点之间运动所画出的角与 180° 之比为 $\dfrac{m}{n}$，假设高度为 A，由例 2 显然可得，物体所受的向心力与 $A^{\frac{n^2}{m^2}-3}$ 成正比，同样显然可以得出的是，当物体远离中心运动时，向心力的减小量

不能大于 A^3 的减小量。因为如果当物体远离中心运动时，向心力的减小量大于 A^3 的减小量，物体在离开上回归点之后做旋转运动，将不能降落至下回归点或下降到最小高度，反而会发生命题41 推论Ⅲ所证明的那种情形：物体会下降到中心。而且在此向心力作用下，物体在离开下回归点之后向上运动小段距离，但不能回到上回归点，而是做无限上升的运动，就像命题45 推论Ⅳ所证明的那样。所以，当物体远离中心运动，向心力减小量大于 A^3 减小量的时候，物体在离开回归点后，会做下降到中心或无限上升的运动，这取决于开始物体是做下降运动还是上升运动。也就是说，当物体远离中心运动，向心力减小量小于 A^3 减小量，或者向心力减小量以高度的任意比例增大，物体在做下降运动时，不会直接下降到中心，而是会在某个时刻到达下回归点。反过来讲，如果物体在上下回归点之间做不间断的下降、上升运动，而不会到达中心，那么当物体远离中心运动时，向心力的减小量一定小于 A^3 的减小量。而且，物体在上下回归点之间往返的运动频率越快，向心力与 A^3 之间的比值越大。

以上回归点为起点，观察物体进出上回归点的运动，发现物体在做旋转运动的第8次、4次、2次或 $\frac{3}{2}$ 次离开上回归点或回到上回归点，即 $\frac{m}{n}$ 分别为8、4、2、$\frac{3}{2}$。在此前提下，$\frac{n^2}{m^2}$-3 分别等于 $\frac{1}{64}$-3、$\frac{1}{16}$-3、$\frac{1}{4}$-3、$\frac{4}{9}$-3。物体在不同时刻所受向心力就分别与 $A^{\frac{1}{64}-3}$、$A^{\frac{1}{16}-3}$、$A^{\frac{1}{4}-3}$、$A^{\frac{4}{9}-3}$ 成正比，也就是分别与 $A^{3-\frac{1}{64}}$、$A^{3-\frac{1}{16}}$、$A^{3-\frac{1}{4}}$、$A^{3-\frac{4}{9}}$ 成反比。如果物体在做圆周运动的物体旋转一周的时间内同样旋转一周，回到同一回归点，则 $\frac{m}{n}=1$，$A^{\frac{n^2}{m^2}-3}=A^{-2}$，当物体远离中心运动时，向心力的减小量与 A^{-2} 或 $\frac{1}{A^2}$ 成正比，此结果更说明了前面的证明结果。如果物体在做圆周运动的物体分别旋转 $\frac{3}{4}$、$\frac{2}{3}$、$\frac{1}{3}$、$\frac{1}{4}$ 周的时间内分别旋转一周，回到同一回归点，则 $\frac{m}{n}$ 分别为 $\frac{3}{4}$、$\frac{2}{3}$、$\frac{1}{3}$、$\frac{1}{4}$，$A^{\frac{n^2}{m^2}-3}$ 分别为 $A^{\frac{16}{9}-3}$、$A^{\frac{9}{4}-3}$、A^{9-3}、A^{16-3}，物体在不同情况下所受向心力分别与 $A^{\frac{16}{9}-3}$、$A^{\frac{9}{4}-3}$、A^6、A^{13} 成正比。下面以上回归点为起点，物体旋转运动一周回到上回归点，并旋转运动另外的 3°，这样物体每运行一周，上回归点便向前移 3°，$\frac{m}{n}=\frac{363°}{360°}$，$A^{\frac{n^2}{m^2}-3}=A^{\frac{25923}{14641}}$，所以物体所受向心

力与 $A^{\frac{25923}{14641}}$ 或者近似地与 $A^{2\frac{4}{243}}$ 成反比，向心力按照略大于 A^2 的比例减小，比起接近 A^3 的 $59\frac{3}{4}$，向心力更接近 A^2。

推论 II. 因此，如果一个物体，在与高的平方成反比的向心力作用下，在一个焦点是力的中心的椭圆上运行，且这个向心力被加上或者减去外部的其他任意一个力；能得知（由例 3）那个外部的力引起的拱点的运动，且反之亦然。如果力由它物体在椭圆上运行，如 $\frac{1}{AA}$ 且被减去的外部力如同 cA，因此剩余的力如同 $\frac{A-cA^4}{A^3}$，于是 b 等于 1，m 等于 1，且 n 等于 4，因此回归点之间的旋转角则等于 $180° \times \sqrt{\frac{1-c}{1-4c}}$。我们假设那个外力使物体绕椭圆运动的力小 357.45 倍，即 c 为 $\frac{100}{35745}$，A 或 T 等于 1，$180° \times \sqrt{\frac{1-c}{1-4c}} = 180° \times \sqrt{\frac{35645}{35345}}$ 或 $180.7623°$，即 $180° \, 45' \, 44''$。那么，该物体离开上回归点后，将以 $180° \, 45' \, 44''$ 的角度运动达到下回归点，物体不断重复做角运动，最后回到上回归点，在每一周的旋转中，上回归点都将向前移动 $1° \, 31' \, 28''$。而月球回归点的运动比该运动快一倍。

至此，我对物体再平面中心轨道运动的讨论全部结束。后面要讨论的是，物体在偏心平面上的运动。因为，以前那些讨论重物运动的作者认为，此类物体的上升或下落不仅只是沿垂线路径运动，还可以再任意给定的所有倾斜平面上运动。根据相同原因，我们要讨论的是，在任意力作用下物体在偏心平面上指向中心的运动。假设此类平面是绝对平滑和光洁的，这样才不会对物体的运动产生阻碍。此外，在这些证明中，物体在平面上滚动或滑动，因而这些平面也就成了物体的切面，对于这样的情形，我将用平面平行于物体的情形替代，这样的话，物体的中心将在该平面上移动，并画出轨道。在后面我会用同样的方法对物体在曲面表面上的运动进行讨论。

第10章
物体在给定表面上的运动
物体的摆动运动

命题 46 问题 32
...

设任意种类的向心力，力的中心以及物体在其上运动的平面均为已知，而且曲线图形的面积可以求出；求一物体以给定速度沿位于上述平面上的给定直线方向，脱离一给定处所的运动。（图 A 10-1）

设力的中心为 S，则该中心到给定平面的最近距离

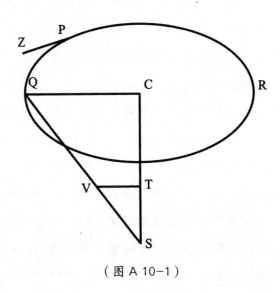

（图 A 10-1）

为 SC，由处所 P 出发沿直径 PZ 方向运动的物体为 P，沿着曲线运动的同一物体为 Q，要在给定平面上求出的曲线本身 PQR。将 CQ、QS 连接，假设在 QS 上取 SV 正比于把物体吸引向中心 S 的力，作 CQ 的平行线 VT 并与 SC 相交于 T；则力 SV 可以分解为二（由运动定律推论Ⅱ得出），力

ST 和力 *TV*；其中 *ST* 沿垂直于平面的直线方向吸引物体，它在该平面上的运动完全不改变；而平面本身的位置相重合于另一个力 *TV* 的作用，把物体吸引向平面上已知点 *C*；因此它使得在平面上运动物体犹如被除去的力 *ST* 一样，在自由空间中受力 *TV* 的单独作用的物体关于中心 *C* 运动。而已知使物体 *Q* 的向心力 *TV* 在自由空间中环绕运动于点 *C*，即可求出（由命题 42 得出）物体画出的曲线 *PQR*；物体在位置 *Q* 的任何时刻，以及物体在该处所的速度 *Q*。反之也成立。

命题 47 定理 15

• • •

设向心力正比于物体到中心的距离，则所有沿任意平面运动的物体都画出椭圆，而且在相同时间里完成环绕；而沿直线运动的物体，则往返交替，在相同时间里完成各自的往复周期。

　　设前述命题的任何条件下都成立，使物体 *Q* 在任意平面 *PQR* 上运行，力 *SV* 将其吸引向中心 *S*，与距离 *SQ* 成正比关系；因为 *SV* 与 *SQ*、*TV* 与 *CQ* 成正比，物体在轨道平面上被吸引向已知点 *C* 的力 *TV* 与距离 *CQ* 成正比关系。所以，在平面 *PQR* 上出现的诸物体吸引向点 *C* 的力，按一定的距离比例，与相同物体被各自吸引向中心 *S* 的力相等；所以，在任意平面 *PQR* 上的诸物体将关于点 *C* 沿相同图形在相同时间里运动，如同在自由空间中它们绕中心 *S* 运动一样；所以（由命题 10 推论 Ⅱ 和命题 38 推论可得），在相同时间里或在该平面上它们都能画出关于中心 *C* 的椭圆，或在平面上通过直线的中心 *C* 作往返运动；在任何情况下完成时间周期都是相同的。

附 注

　　物体的上升或下降在弯曲表面上运动与我们刚才讨论的运动有密切联系。假设作若干曲线于任意平面上，并使之沿任何给定的、通过力的中心的轴旋转，画出若干曲面，则该物体做此类运动且其中心一直在这些表面上。如果通过斜向上升和下降的这些物体来回摆动，则通过转动轴的各个平面上有它们的运动在进行，那么也在因转动而形成曲面的各个曲线上进行。所以，对于这种现象，只需要考虑各个曲线中的运动就可以了。

命题 48 定理 16

···

如果一只轮子直立于一只球的外表面，并绕其轴沿球上大圆滚动，则轮子边缘任意一点自其与球接触时起所掠过的曲线路径（该曲线路径可称为摆线或外摆线）的长度，与自该接触时刻起所通过的球的弧的一半的正矢的二倍的比，等于球与轮直径之和比球的半径。

命题 49 定理 17

···

如果轮子直立于球的内表面，并绕其轴沿球上大圆滚动，则轮子边缘上任意一点自其与球接触后所掠过的曲线路径的长度，与接触后整个时间里通过的球的弧的一半的正矢的二倍的比值，等于

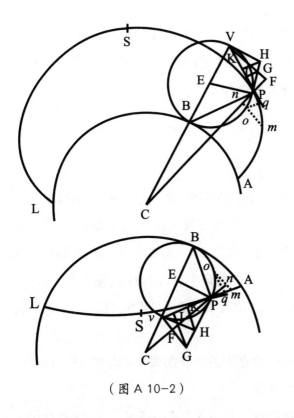

球与轮直径的差比球的半径。（图 A 10-2）

令球为 ABL，其中心是 C，立于球上的轮子是 BPV，轮子中心是 E，接触点是 B，轮边缘上任意一点是 P。设该轮由 A 经过 B 向 L 在沿大圆 ABL 滚动，滚动方式一直使弧 AB、PB 相等，同时轮边缘上画出给定点 P 的曲线路径 AP。令自轮子在 A 与球接触后画出的所有曲线路径为 AP，则该曲线路径的长度 AP 比弧 ½PB 的正矢的二倍与 2CE 比 CB 相等。因为令直线 CE（一定条件时延长）与轮相交于 V，使 CP，BP，EP，VP 相连接；将 CP 延长，并作其垂线 VF。令 PH 与 VH 相交于 H，与轮相切于 P 和 V，并使 PH 在 G 分割 VF，作 VP 的垂线 GI、HK。以中心 C 作任意半径圆 nom，与直线 CP、轮子边缘 BB、曲线路径 AP 分别相交于 n、O、m；以 Vo 为半径，V 为中心作圆与 VP 的延长线交于 qo

因为在滚动中一直围绕接触 B 转动，则直线 BP 与轮上点 P 所画出的曲线 AP 互相垂直，所以直线 VP 相切于此曲线交于 P。逐渐递增或递减圆 nom 的半径，使得它最后等于距离 CP；因为接近于零的图形 Pnomg 相似于图形 PFGVI，接近于零的短线段 Pm、Pn、Po、Pq 的最终比值，即曲线 AP，直线 CP，圆弧 BP 和直线 VP 暂时增量的比值，将分别等于直线 PV、PF、PG、PI 的增量。但由于 VF 与 CF 互相垂直，VH 与 CV

（图 A 10-2）

互相垂直，所以角 HVG 等于角 VCF；角 VHG（因为四边形 HVEP 在 V 与 P 的角是直角）与角 CEP 相等，三角形 VHG 相似于三角形 CEP，可推出

EP : CE = HG : HV 或 HP = KI : PK，

由加法或减法，

CB : CE = PI : PK，

以及 CB : 2CE = PI : PV = Pq : Pmo

所以直线 VP 的增量，即直线 BV-VP 的增量，比曲线 AP 的增量，与给定比值 CB 比 2CE 相等，（引理 4 推论可得）由这些增量产生的长度 BV–VP 与 AP 比值也相同。但如果半径为 BV，角 BVP 或 ½BEP 的余弦为 VP，而 BV–VP 是同一个角的正矢，则在该半径为 ½BV 的轮子上，BV-VP 与弧 ½BP 的正矢的二倍。所以，AP 比弧 ½BP 的正矢的二倍与 2CE 比 CB 相等。

为方便辨别，我们把前一个命题中的球外摆线称为曲线 AP，而后一命题中的球内摆线称为另一个曲线。

推论Ⅰ. 如果 ASL 为整条摆线，且二等分点在 S 处，则 PS 部分的长度比长度 PV（当半径为 EB 时，角 VBP 正弦的二倍是它）与 2CE 比 CB 相等，所以比值是给定的。

推论Ⅱ. 摆线 AS 半径的长度与轮子 BV 直径的比与 2CE 比 CB 相等。

命题 50 问题 33

· · ·

使摆动物体沿给定摆线摆动。（图 A 10-3）

作 QRS 为以 C 为中心的球 QVS 内的摆线，并在 R 处作二等分，与球表面相交于两边的极点 Q 和 S。在 O 点作 CR 等分弧 QS，并将其延长至 A，使得 CA 比 AO 于 CO 比 CR 相等。在中心 C 处作 CA 为半径的外

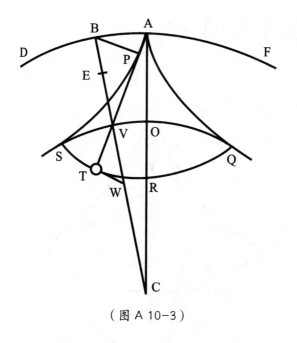

（图 A 10-3）

圆 *DAF*，并在此圆内以 *A0* 为半径的轮画两个半摆线 *AQ*、*AS* 与内圆相切于 *Q* 和 *S*，与外圆相交于 *A*。由点 *A* 置一长度与直线 *AR* 相等的细线，将物体 *T* 系于其上并使其摆动于 *AQ*、*AS* 两个半摆线之间：每当摆离开垂线 *AR* 时，细线 *AP* 的上部重合于它所摆向的半摆线 *APS*，在该曲线上就好像紧贴的固体那样，而同一根细线上始终保持直线状态的，是未接触半摆线的其余部分 *PT*。则给定摆线 *QRS* 上的重物 *T* 的摆动是一定的。

因为，令细线 *PT* 与摆线 *QRS*，圆 *QOS* 相交于分别相交于 *T*、*V*，连接 *CV*；作极点 *P* 和 *T* 向细线的直线部分的垂线 *BP*、*TW*，与直线 *CV* 相交于 *B* 和 *W*。可知，由相似图形 *AS*、*SR* 的作图和产生得知，垂线 *PB*、*TW* 从 *CV* 上截下的长度 *VB*、*VW*，与轮子直径 *OA*、*OR* 相等。所以 *TP* 比 *VP*（当半径为 ½*BV* 时，角 *VBP* 正弦的二倍是它）与 *BW* 比 *BV* 相等，或 *AO+OR* 比 *AO*，即（由于 *CA* 与 *CO*，*CO* 与 *CR*，以及由除法 *A0* 与 *OR* 均成正比）与 *CA+CO* 比 *CA* 相等；或者，如果在 *E* 处二等分 *BV*，与 *2CE* 比 *CB* 相等，所以（由命题 49 推论 I 可得），细线 *PT* 的直线部分始终与摆线 *PS* 弧长相等，而整个细线 *APT* 始终与摆线 *APS* 的一半相等，即（由命题 49 推论 II 可得），与长度 *AR* 相等，相反，如果细线始终与长度 *AR* 相等，则点 *T* 始终沿摆线 *QRS* 运动。

推论. 细线 *AR* 与半摆线 *AS* 相等，所以它与半径 *AC* 为外球的比与相同的半摆线 *SR* 与半径 *CO* 为内球的比相等。

命题 51 定理 18

···

如果球面各处的向心力都指向球心 C，且在所有处所都正比于到球心的距离；当单独受该力作用的物体 T 沿摆线 QRS 摆动（按上述方法）时，所有的摆动，不管它们多么不同，其摆动时间都相等。（图 A 10-4）

作 CX 垂直于切线 TW 的延长线上，使 CT 连接。因为迫使物 T 倾向 C 的向心力与距离 CT 成正比关系，将该力（按运动定律推论 Ⅱ）分解为两部分 CX

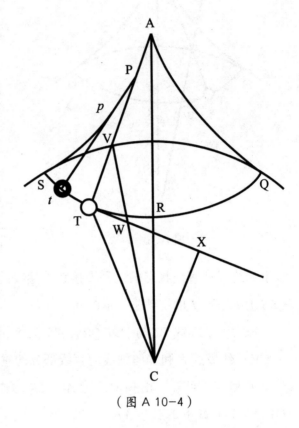

（图 A 10-4）

和 TX，其中 CX 使物体从 P 拉开，张紧细线 PT，使之完全抵消细线的阻力，不会有其他作用产生；而横向拉力是另一个力 TX，或把物体拉向 X，使之沿摆线作加速运动。所以通俗的理解，与该加速力的物体的加速度成正比关系，在每一时刻都与长度 TX 成正比，即（因为 CV 正比于 WV，TX 正比于 TW，而且都是给定的）于长度 TW 成正比，也即（由命题 39 推论 Ⅰ 可得）与摆线 TR 的弧长成正比。所以，如果两个摆 APT、Apt 到垂线 AR 的距离不相等，使它们在同一时间点下落，则它们的加速度始终与所掠过的弧 TR、R 成正比。但开始运动时所掠过的部分与加速度成正比，即与开始运动时将要掠过的所有距离成正比，因而将要掠过的剩下部分，以及其后的加速度，也与这些部分成正比，同时也与全部距离开始，等等。所以，加速度、由此产生的速度、这些速度所掠过的部分，以及接下来要掠过的部分，都始终与全部剩下的距离成正比；而未掠过的部分相互间有一个给定比值，将同时消失，即两个摆动物体将一同到达垂线 *AR*。另一方面，由于摆在最低处所 *R* 沿摆线作减速上升运动，在所经过各处同时受到它们加速下落时的力的阻碍，因而可以轻易得知它们在经过相同弧长时，上升或下落时的速度相等，所需用的时间相等。所以，由于置于垂线两侧的部分 *RS* 和 *RQ* 与摆线相似且相等，两个摆在完成其摆动的全部或一半时所需要的时间也相同。

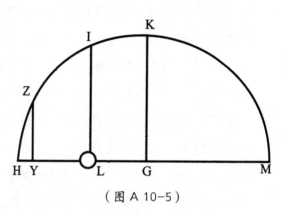

（图 A 10-5）

推论 . 使物体 *T* 在摆线上 *T* 处的力加速或减速，与最高处所 *S* 或 *Q* 同一物体的全部重量的比，与摆线弧 *TR* 比弧 *SR* 或 *QR* 相等。

命题 52 问题 34

...

求摆在各处所的速度，以及完成全部与部分摆动的时间。（图 A 10-5、图 A 10-6）

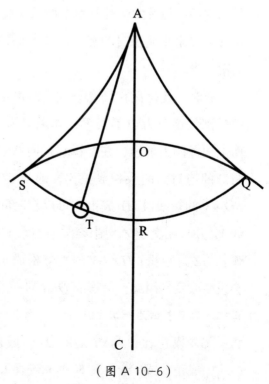

（图 A 10-6）

关于任意中心 G，以半径为等于摆线 RS 的弧长画半圆 HKM，并在半 GK 处等分。如果向心力与指向中心 G 处所到中心的距离成正比，且在圆 HIK 上的力与在球 QOS 表面上指向其中心的向心力相等，同时由摆 T 在最高处所 S 下落。一个物体，例如 L，从 H 向 G 下落，则因为开始时作用于二物体上的力相等，且始终与将要掠过的空间 TR、LG 成正比，所以如果 TR 等于 LG，则在处所 T 也等于 L，因而可以轻易得知在开始时这些物体掠过相等的空间 ST、HL，此后继续在相等的力作用下掠过相等的空间。所以，由命题 38 可得，物体掠过弧 ST 的时间与一次摆动的时间的比，与物体 H 到达 L 所用时间弧 HI，等于物体 H 将到达 M 所用时间半圆 HKM。而摆锤在处所 T 的速度比其在最低处的 R 的速度，即物体 H 在处所 L 的速度比其在处所 G 的速度，或者说，线段 HL 的瞬时增量比线段 HG（弧 HI，HK 以均匀速度增加）的瞬时增量，与纵坐标 LI 比半径 GK 相等，或等于 $\sqrt{(SR^2-TR^2)}$ 比 SR。所以，由于在相同时间里不相等的摆动中掠过的弧长与整个摆动弧长成正比，则在时间给定的条件下，一般可以求出所掠过的弧长和所有振动的速度。这是求解问题需要进行的第一步。

此时，使摆锤在任意条件下沿由不同的球内作不同摆线的摆动，它们受到的绝对力也不相等；如果 V 为任意球 QOS 的绝对力，使推动球面上摆锤的力加速，在摆锤直接向球心运动时，将与摆锤到球心的距离与球的绝对力的乘积成正比，即与 $CO \times V$ 成正比。所以，与该加速力 $CO \times V$ 的短线段 HY 成正比可以在时间给定下画出：而如果作球面的垂线 YZ 并与相交于 Z，则该给定时间可以用新生弧长 HZ 表示。但此新生弧长 HZ 与乘积 $GH \times HY$ 的平方根成正比，因而与 $\sqrt{(CH \times CO \times V)}$ 成正比会发生改变。因此，沿摆线 QRS 的一次全摆动的时间（它与半圆 HKM 成正比，后者表示为一次全摆动；反比于以类似方式表示给定时间的弧长 HZ）将与 GH 成正比，与 $\sqrt{(CH \times CO \times V)}$ 成反比；即，因为 GH 等于 SR，与 $\sqrt{\frac{SR}{CO \times V}}$ 成正比或（由命题 50 推论可得），与 $\sqrt{\frac{SR}{CO \times V}}$ 成正比。所以，沿所有球或摆线的摆动、在某种绝对力作用下，其变化与细线长度的平方根成正比，与摆锤悬挂点到球心的距离的平方根成反比，同时与球的绝对力的平方根成反比。

推论 I . 可以相互比较物体的摆动、下落和环绕的时间。因为，如果在球内画出摆线的轮子的直径与球的半径相等，使摆线成为通过球心的直线，而摆动作沿该直线的上下往返运动。因此可求出物体由任意点所下落到球心的时间，以及物体在绕球心匀速环绕四分之一周于任意距离上所用的时间。而该时间（由情形 2）比在任意摆线上的半振动时间与 $1 : \sqrt{\dfrac{AR}{AC}}$ 相等。

推论 II . 还可以推出克里斯托弗·雷恩爵士和惠更斯先生关于普通摆线的发现。如果使球的直径无限增大，使其球面变成平面，向心力与该平面的方向垂直且均匀作用，那么我们的摆线则等同于普通摆线。但在这种情形中介于该平面与画出摆线的点之间的摆线弧长与介于同一平面和点之间的轮子的半弧长正矢的四倍相等，与克里斯托弗·雷恩爵士的发现雷同。介于这样的两条摆线之间的摆将在相等时间里沿一条相似且相等的摆线摆动，如同惠更斯先生所证明的。重物体的下落时间等于一次振动时间，这也是惠更斯先生已证明的。

这里证明的几个命题，可应用于地球的真实构造中。如果使轮子沿地球大圆滚动，则轮边的钉子的运动可以画出一条球外摆线；画出球内摆线的是在地下矿井或深洞中的摆，相同时间下这些振动都可以同时进行。因为重力（第三编将要讨论）随其离开地球表面而减弱，则在地表之上与到地球中心距离的平方根成正比，在地表之下与该距离成正比。

命题 53 问题 35

···

已知曲线图形的面积，求使物体沿给定曲线作等时摆动的力。

在任意给定曲线 *STRQ* 使物体 *T* 摆动，力的中心 *C* 通过曲线的轴 *AR*。作 *TX* 与曲线相切于物体 *T* 的任意处所，并在其切线 *TX* 上取 *TY* 与弧长 *TR* 相等。可用普通方法由图形面积求得该弧长。由点 *Y* 作直线 *YZ* 垂直于切线，使 *CT* 与 *YZ* 相交于 *Z*，则向心力将与直线 *TZ* 成正比。

（图 A 10-7）因为，如果把物体由 *T* 吸引向 *C* 的力以与它的直线 *TZ* 成正比来表示，则该力可以分解为两个力 *TY*、*YZ*，其中沿细绳 *PT* 的长度方向拉住物体是力 *YZ*，对其运动变化没有任何作用，而另一个力 *TY* 直接沿曲线 *STRQ* 方向对物体作加速或减速运动。所以，由于该力与将要经过的空间 *TR* 成正比，经过二次摆动的两个成正比部分（一个较大，一个较小）的物体的加速或减速，将始终与这些部分成正比，因而同时经过这些部分。而在时间相同条件内连接经过与整个摆的路程的部分的物体成正比，将在时间相同的条件内经过整个摆的路程。

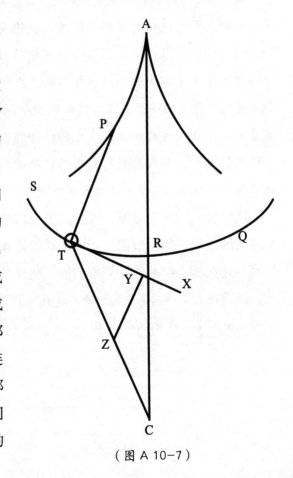

（图 A 10-7）

推论Ⅰ.如果直细绳 *AT* 将物体 *T* 悬挂在中心 *A*，经过圆弧 *STRQ*，同时受任意平行向下的力的作用，该力与均匀重力的比与弧 *TR* 比其正比弦 *TN* 相等，则各种摆动的时间都相等。因为，*TZ* 等于 *AR*，三角形 *ATN* 相似于 *ZTY*，所以 *TZ* 比 *AT* 与 *TY* 比 *TN* 相等；即，如果给定长度 *AT* 表示均匀的重力，则使摆动相等时间的力 *TZ* 比重力 *AT* 与 *TY* 相等的弧长 *TR* 比该弧的正弧 *TN* 相等。

推论Ⅱ.（图 A 10-8）在时钟里，如果把力通过某种机械加在持续运动的摆上，并将它与重力重合成这样，使得指向下的合力始终与一条直线成正比，该直线与弧 *TR* 与半径 *AR* 的乘积除以正弦 *TN* 相等，则整个摆动具有等时性。

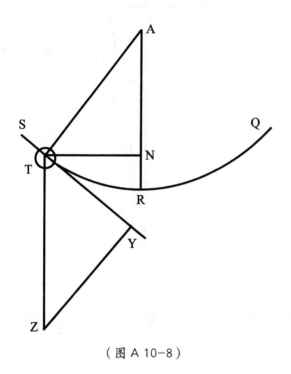

（图 A 10-8）

命题 54 问题 36

• • •

已知曲线图形的面积，求物体沿着位于经过力的中心的平面上的曲线在任意向心力作用下上升或下降的时间。（图 A 10-9）

在任意处所 *S* 使物体下落，在沿着经过力的中心 *C* 的平面上运动于给定曲线 *STtR*。连接 *CS*，并把它进行无数等分，令其中之一为 *Dd*。以 *C* 为中心，以 *CD*、*Cd* 为半径作圆 *DT*、*dt* 与曲线 *STtR* 分别相交于 *T*、*t*。

由给定的向心力的规律，物体开始下落的高 CS，则物体在其他任意高度 CT 的速度可以求出（由命题 39 可得）。而物体经过短线段 Tt 的时间与该线段成正比，即与角 tTC 的正割而反比于速度成正比。令与该时间的纵坐标 DN 成正比的点 D 垂直于直线 CS，由于已给定 Dd，则乘积 Dd×DN，即面积 DNnd，将与同一时间成正比。所以，如果点 N 连接接触的曲线是 PNn，其渐近线 SQ 垂直于直线 CS，

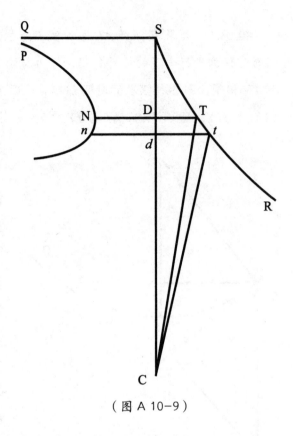

（图 A 10-9）

则面积 SQP- ND 将于物下落经过曲线 ST 所用的时间成正比；所以求出该面积同时也可以求出时间。

命题 55 定理 19

• • •

如果物体沿任意曲线表面运动，该表面的轴通过力的中心，由物体作轴的垂线；并由轴上任意给定点作与之相等的平行线，则该平行线围成的面积正比于时间。（图 A 10-10）

令曲线表面为 BKL，在其上运动的物体是 T，物体在同一表面上掠过的曲线是 STR，曲线的起点是 S，曲线表面的轴是 OMK，由物体做向轴

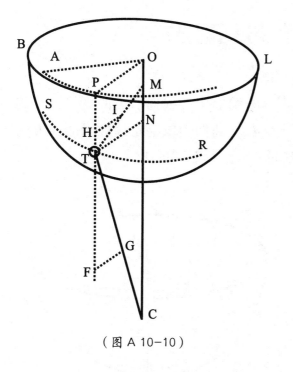

（图 A 10-10）

的垂线是 TN；由轴上给定点 O 做出的与之相等的平行线是 OP；旋转线 OP 所在平面 AOP 上一点 P 掠过的路径是 AP；该路径对应于点 S 的起点是 A；由物体做向中心的直线是 TC；其上与使物体倾向于中心 C 的力成正比的部分是 TG；垂直于曲面的直线是 TM，其上与物体压迫表面的力的部分成正比是 TI，该力又受到表面上指向 M 的力的反抗；平行轴且通过物体的直线是 PTF，而由点 G、I 向它所做的垂线 GF、IF 且与 PHTF 平行。则由半径 OP 做运动开始后经过的面积 AOP，与时间成正比。因为，力 TG（由运动定律推论Ⅱ）分解为两个力 TF、FG；而力 TI 分解为力 TH、HI；但力 TF、TH 作用在与平面 AOP 相垂直的直线 PF 方向上，对该平面方向以外的垂直运动变化没有影响。所以，物体的运动，就其在平面位置同一方向上而言，即画出曲线在平面上投影 AP 的点 P 的运动，如同力 TF、TH 不存在一样，而物体的运动只受力 FG、HI 的作用；即与物体在平面 AOP 上受指向中心 O 的向心力作用画出曲线 AP 一样，该力与力 FG 与 HI 的和相等。而受该力作用所经过的面积 AOP（由命题 1 可得）与时间成正比。

推论. 由相同条件，如果物体受指向二个或更多位于同一条直线上 CO 的中心的无数力的作用，并在自由空间内中经过 ST 的任意曲线，相应的面积 AOP 始终与时间成正比。

命题 56 问题 37

···

已知曲线图形面积，以及指向一给定中心的向心力的规律，和其轴通过该中心的曲面，求物体在该曲面上以给定速度沿曲面上的给定方向离开给定点所画出的曲线。（图 A 10-11）

保留上述图形，令离开给定处所 S 的物体为 T，沿位置已知的直线方向，进入要求的曲线 STR，其 AP 是在平面 BDO 上的正交投影。由在高度 SC 处的物体的速度，可以计算出它在任意高度 TC 的速度。从该速度令物体在给定时刻经过其轨迹的一小段 Tt，Pp 是它在平面 AOP 上的投影。连接力 $0p$，并在曲面上关于中心 T 以半径为 Tt 做一个小圆，椭圆

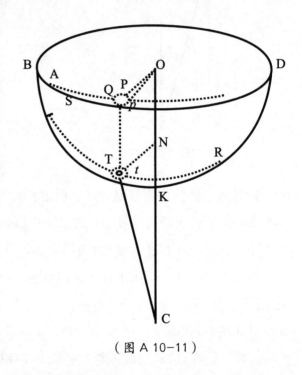

（图 A 10-11）

pQ 是该圆在平面 AOP 上的投影。因为该小圆 Tt 的大小，以及给定它到轴 CO 的距离 TN 或 PO，同时也给定椭圆 pQ 的形状、大小以及它到直线 PO 的距离。由于面积 POp 力与时间成正比，由于给定时间，因而也给定角 POp。所以椭圆与直线 Op 的公共交点，以及曲线投影 APp 力与直线 OP 的夹角 OPp 力都可以计算出。而由此（比较命题 41 与其推论 II 可得）即容易看出确定曲线 APp 的办法。然后由若干投影点 P 向平面 AOP 作垂线 PT 与曲面相交于 T，即可得到曲面上各点 T。

第 11 章
受向心力作用物体的
相互吸引运动

到此为止我论述的运动都是物体被吸引向不动中心；虽然这种事情很可能不存在于自然界中。因为吸引是针对物体的，而根据第三定律，被吸引与吸引物体的作用是相反且相等的；这使得两个物体，不论是被吸引者或是吸引者，都不是真正地静止，而两者（由运动定律推论是互相吸引）绕公共重心旋转。如果有更多物体，不论是它们是受到一个物体的吸引，它们也吸引它，或是它们之间互相吸引，这些物体都是这样运动，使得它们的公共重心或是静止，或是沿直线做匀速运动。所以我现在来讨论互相吸引物体的运动，把向心力比作是吸引作用，虽然从物理学严格性上说它们也许应更精确地称为推斥作用。但这些命题只被看作是纯数学的，所以，我把物理考虑置于一边，用所熟悉的表达方式，使我所要说的更容易为数学读者理解。

命题 57 定理 20
...

两个相互吸引的物体，围绕它们的公共重心，也相互围绕对方，描出相似图形。

168

因为物体到它们公共重心的距离反比于物体；在给定的相互比值之间；比值的大小与物体间的所有距离的比值也是固定的。这些距离绕其公共端点随着物体作均匀角速度运动，因为在同一条直线上，它们互相之间的倾向不会改变。但互相之间的直线有给定比例，也绕其端点随物体在平面上作均匀角速度运动，或是相对于它们静止的这些平面，或是作没有角运动的移动，而完全相似于直线关于这些端点所画出的图形。所以，这些距离旋转画出的图形都具有相似性。

命题 58 定理 21

···

如果两个物体以某种力相互吸引，且绕公共重心旋转，则在相同力作用下，绕其中一个被固定物体旋转所得到的图形，相似且相等于这种相互环绕运动做出的图形。
（图 A 11-1、图 A 11-2）

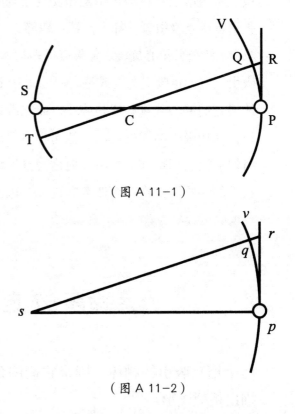

（图 A 11-1）

（图 A 11-2）

关于它们的公共重心 C 旋转的物体 S 和 P，方向为由 S 向 T 和由 P 向 Q。作 sp 为给定点 s 的连续线，且于 sp，TQ 相等平行，则绕固定点 S 的点 p 旋转所作曲线 pqv 将与且相等于物体 S 和 P 相互环绕所做的图形相似；因此，由定理 20，也与相同物体关于它们的公共引力中心 C 旋转所得的曲线 ST 和 PQV 相似；而且这也可通过线段 SC，CP 与 SP 或相互间给定比例推出。

情形 1. 公共重心 C（由运动定律推论Ⅳ）或是静止，或是做匀速直线运动。先设它静止，位于 s 和 p 的两物体，在 s 处的不动，在另一个运动的 p 处，相似于物体 S 和 P 的情况。作直线 PR 和 pr 与曲线 PQ 的 pq 相交于 p 和 q，并将 CQ 和 sq 延长到 R 和 r，因为图形 CPRQ 相似于图形 sprq，RQ 比 rq 与 CP 比 sp 相等，所以在比值给定的条件下，如果把物体 p 吸引向物体 S，同时也被吸引向其间的引力中心 C 的力比把物体力吸引向中心 S 的力的比值取相同，则这些力在同一时间里通过正比于该力的间隔 RQ，rq 把物体由 PR，pr 切线吸引向 PQ、pq 弧；因此后一种力（指向 s）使 p 物体沿 pqv 曲线旋转，它相似于第一个力推动 P 物体旋转所沿的 PQV 曲线；在相同时间内完成它们的环绕。但由于这些力相互的比值相等，在相同时间内物体由切线所做的曲线也相等；所以通过更大的间隔 rp 吸引物体 p，需要与该间隔平方根的更长的时间成正比；因为，由引理 10 可得，运动开始时经过的距离与时间的平方成正比。然后，设物体 p 的速度比物体 P 的速度与距离 sp 与距离 CP 比值的平方根相等，使得相互间的比值简单的弧 pq，PQ 可以在与距离平方根成正比的时间内画出；而物体 P、p 受到的吸引力始终是相同的，将绕固定中心 C 和 s 画出图形 PQV，pqv 且相似，其中后一图形 pqv 与物体 P 绕运动物体 S 旋转所画出的图形相似且相等。

情形 2. 设公共重心，以及物体在相互之间运动的空间，沿直线做匀速运动；则（由运动定律推论Ⅵ）在此空间中全部运动都与前一情形雷同，所以物体互相之间运动所画出的图形也与图形 pqv 相似且相等，如上所述。

推论Ⅰ. 所以两个与其距离的力相互吸引的物体成正比，（由命题 10）都绕其公共重心，以及与对方相互环绕，可画出共心的椭圆；相反，如果画出这样的图形，则力与距离成正比。

推论 II. 两个物体，其力与距离的平方成反比，（由命题 11、12、13）都环绕其公共重心，以及与对方相互环绕，画出圆锥曲线，其图形环绕的中心是焦点。相反，如果画出这样的图形，则向心力与距离的平方成反比。

推论 III. 两个绕公共重心旋转的物体，其伸向该中心或对方的半径所经过的面积与时间成正比。

命题 59 定理 22
···

两个物体 S 和 P 绕其公共重心 C 运动的周期，比其中一个物体 P 绕另一个保持固定的物体 S，并做出相似且相等于二物体相互环绕所作图形的运动的周期，等于 $\sqrt{S}$ 比 $\sqrt{(S+P)}$。

因为，由上一个命题的证明，画出任意相似弧 PQ 和 pq 时间的比与 $\sqrt{CP}$ 比 $\sqrt{SP}$ 或 $\sqrt{SP}$，即与 $\sqrt{S}$ 比 $\sqrt{(S+P)}$ 相等。将该比值相加，画出整个相似弧 PQ 和 pq 的时间的和，即画出整个图形的总时间，与同一比值，$\sqrt{S}$ 比 $\sqrt{(S+P)}$ 相等。

命题 60 定理 23
···

如果两个物体 P 和 S，以反比于它们的距离平方的力相互吸引，绕它们的公共重心旋转，则其中一个物体，如 P，绕另一个物体 S 旋转所画出的椭圆的主轴，与同一个物体 P 以相同周期环绕固定了的另一个物体 S 运动所画成的椭圆的主轴，二者之比等于两

个物体的和 $S+P$ 比该和与另一个物体 S 之间的两个比例中项中前一项。

因为，如果画出椭圆是相同的，则由前一定理可知，它们的周期的时间与物体 S 与物体的和 $S+P$ 的比的平方根成正比。使得后一椭圆的周期时间按同等比例减小，则周期相等；但由命题 15，该椭圆的主轴将按前一比值的 $\frac{3}{2}$ 次幂减小；即它的立方于 S 比 $S+P$ 相等，因而它的轴比另一椭圆的轴与 $S+P$ 与 S 比 $S+P$ 之间的两个比例中项中的前一个之间的比相等。相反，绕运动物体画出的椭圆的主轴比绕不动物体画出的椭圆主轴与 $S+P$ 与 $S+P$ 比 S 之间的两个比例中项中的前一项相等。

命题 61 定理 24

···

如果两个物体以任意种类的力相互吸引，不受其他干扰或阻碍，以任意方式运动，则它们的运动等同于它们并不相互吸引，而都受到位于它们的公共重心的第三个物体的相同的力的吸引；而且该吸引力的规律就物体到公共重心的距离，以及两物体之间的距离而言，是相同的。

因为使物体互相吸引的力，同时指向物体，也指向在物体之间连线上的公共引力中心，所以会与从其间的物体上所发出的力相同。

又因为给定其中一个物体到公共中心的距离与两物体间距离的比值，因此也就可以求出一个距离的任意次幂与另一种距离的同次幂的比值；同时也可以求出一个距离以任何方式与给定量组合而任意导出的新量，与另一个距离以相同方式与数量相同且与该距离和第一个距离有相同比值的量所复合而成的另一个新的量的比值。所以，如果一个物体受另一个物体的吸引力与两物体间的相互距离成正比或反比，或与该距离的任意次幂成正比；或者，与该距离以任何方式与给定量所复合而成的量成正比；则使同一个物体为公共引力中心所吸引的力相同，也以同样的方式与被吸引物体到公共引力中心的距离成正比或反比，或与该距离的任意次幂成正比；最后，与以相同方式由该距离与类似的已知量的复合量成正比。即吸引力的规律对这两种距离来说是等同的。

命题 62 问题 38

...

求相互间吸引力反比于距离平方的两个物体自给定处所下落的运动。

由上述定理可知，物体的运动方式相同于它们受置于公共重心的第三个物体吸引；由命题假设该中心在开始运动时是固定的，所以，（由运动定律推论Ⅳ）它始终是固定的。所以物体的运动（由问题 25）可以由与它们受指向该中心的力推动的同一方式求出，由此即得到互相吸引物体的运动。

命题 63 问题 39

...

求两个以反比于其距离的平方的力相互吸引的物体自给定处所以给定速度沿给定方向的运动。

因为给定物体开始时的运动，所以可以求出公共重心的均匀运动，以及随该中心沿直线做匀速运动的空间的运动，以及物体最初，或开始时相对于此空间的运动。(由运动定律推论V和前一定理)物体后来在此空间中的运动,其方式与该空间和公共重心持续静止状态,以及二物体间无任何吸引力,而受位于公共重心的第三个物体的相同的吸引力。所以在此运动空间中,离开给定处所的每个,沿给定方向以给定速度运动,且受到指向该中心的向心力作用的运动的物体,可以由问题9和问题26求出,同时还可以求出绕同一中心的运动的另一个物体。将合成此运动与此空间以及在其中被物体环绕的整个系统的匀速直线运动,即得到物体在不动空间中的绝对运动。

命题 64 问题 40

• • •

设物体相互间吸引力随其到中心距离的简单比值而增加,求各物体相互间的运动。(图 A 11-3)

设 D 为前二个物体 T 和 L 的公共重心。则由定理 21 推论 I 可知,它们画出以重心是 D 的椭圆,由问题 5 可以求出椭圆的大小。

设前二个物体 T 和 L 被第三个物体 S 以加速力 ST,SL 所吸引,它也受到它们的吸引。力 ST(由运动定律推论 II)可以分解为力 SD,DT;而力 SD 和 DL 由力 SL 分解而来。TL 是力 DT,DL 的合力,它与使二物体相互吸引的加速力成正比,将加在物体 T 和 L 的力上的该力,前者加于前者,后者加于后者,得到的合力依旧与之前一样与距离

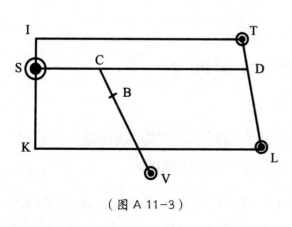

(图 A 11-3)

DT 和 *DL* 成正比，只是大于之前的力；所以（由命题 10 推论 I，命题 4 推论 I 和 Ⅷ）它与原来的力一样使物体画出椭圆，但以更快的速度运动。余下的加速力 *SD* 和 *DL*，通过其运动力 *SD×T* 和 *SD×L*，沿与 *DS* 平行的直线 *TI* 和 *LK* 同样被物体吸引，完全不改变物体互相之间的位置，只能使它们同等地靠近直线 *IK*，通过物体 *S* 的中心的该直线，且与直线 *DS* 垂直。但这种向直线 *IK* 的靠近受到阻止，物体 *T* 和 *L* 在一边，而物体 *S* 在另一边组成的系统以适当速度绕公共重心 *C* 旋转。在此类运动中，由于运动力 *SD×T* 与 *SD×L* 的和与距离 *CS* 成正比，物体 *S* 倾向于重心 *C*，并画出该中心的椭圆；而由于 *CS* 正比于 *CD*，点 *D* 画出与之类似的对应的椭圆。受到运动 *SD*，*T* 和 *SD×L* 吸引力的物体 *T* 和 *L*，如前面所说，前者对应前者，后者对应后者，同样的沿直线 *TI* 和 *LK* 的平行方向，（由运动定律推论 Ⅴ 和 Ⅵ）绕运动点 *D* 画出各自的椭圆。

如果将第四个物体 *V* 再加上，由同样的步骤可以证明，关于围绕公共重心 *B* 该物体与点 *C* 画出椭圆；而物体 *T*、*L* 和 *S* 绕重心 *D* 和 *C* 的运动没有变化，只是加快了速度。运用同一种方法还可以加上更多随意的物体。

即使物体 *T* 和 *L* 相互吸引的加速力与它们按距离比例吸引其他物体的加速力比较大于或小于，上述情况仍然成立。令所有加速吸引力互相之间的比与吸引物体距离的比相等，则易由以前的定理推出，在一个不动平面上的所有物体，都以相同周期围绕它们的公共重心 *B* 画出不同的椭圆。

命题 65 定理 25

• • •

物体的力随其到中心距离的平方而减小，则物体沿椭圆运动；而由焦点引出的半径掠过的面积几乎与时间成正比。

在前一命题中我们已证明了沿椭圆进行精确运动的情形。距离越远的力的规律与该情形的规律，物体运动间的相互影响就越大；除非保持某种比例的相互距离，否则按该命题所假设的规律互相吸引的物体不会严格沿椭圆运动。但是，在下述各种情形中轨道与椭圆差别就很小。

情形 1. 设围绕某个很大的物体在距它不同距离上的若干小物体在运动，且指向每个物体的力与其距离成正比。因为（由运动定律推论Ⅳ）它们全部的公共重心或是静止，或是匀速运动，设小物体非常之小，以至于无法测出大物体到该重心的距离；因而大物体以不能得到的误差处于静止或匀速运动状态中；而绕物大体沿椭圆运动的小物体，其半径经过的面积与时间成正比；如果我们筛除由大物体到公共重心间距所引起的误差，或由小物体互相之间作用所引起的误差。可以使小物体一直缩小，使该间距和物体间的相互作用比任何给定值小；因而其轨道成为椭圆，对应的时间的面积都比任意给定值的误差大。

情形 2. 设一个系统绕一个极大物体运动的其中若干小物体按上述情况，或设另一个互相环绕的二体系统，做匀速直线运动，同时受到距离很远的另一个极大物体的推动而偏向一侧。因为沿平行方向推动物体做加速运动但不改变物体相互间的位置，只是在各部分维持其间的相互运动的同时，推动改变整个系统的位置，所以互相吸引物体之间的运动不会因该极大物体的吸引而发生变化，除非吸引力的加速不均匀，或互相之间沿吸引方向的平行线发生倾斜。所以，设全部指向该极大物体的加速吸引力与它和被吸引物体间距离的平方成反比，将极大物体的距离增大，直到由它到其他物体所做的直线长度之间的差，以及这些直线相互间的倾斜都可以比任意给定值小，则系统内各部分的运动将比任意给定值的误差小且继续进行。由于各部分间距离非常小，整个被吸引的系统就好像一个物体，它犹如一个物体一样因而受到吸引而运动，那么它的重心将关于该极大物体画出一条圆锥曲线（即如果该吸引比较弱则画出抛物线或双曲线，如果吸引比较强则画出椭圆）；而且由极大物体指向该系统的半径将与时间掠过面积成正比，则由前面假设可知，各部分间距离所带来的误差比较小，并可以随意缩小。

由相同的方法可以推广到更复杂的情况，以至于无数。

推论 I.在情形 2 中，极大物体与二体或多体系统越是靠近，则该系统内各部分互相之间运动的摆动越大；因为由该极大物体做向各部分的直线相互之间增大倾斜，而且这些直线比例不等性也增大。

推论 II.在各种摆动条件下，如果设系统所有各部分指向极大物体的吸引力加速且相互之间的比与它们到该极大物体的距离的平方的反比不相等，则摆动最大；特别当这种比例的不等性比各部分到极大物体距离的不等性大时更是这样。因为，如果沿平行线方向同时作用的加速力并不能引起系统内部分运动的摆动，那么当作用不同时，肯定会在某处引起摆动，其大小随不等性的大小而发生改变。作用于某些物体上较大推斥力的剩余部分并不作用于其他物体，肯定会使物体间的相互位置发生变化。而这种摆动叠加到由于物体间连线的不等性和倾斜而产生摆动上，将使整个摆动的变化更大。

推论 III.如果沿椭圆或圆周运动的系统中各部分，无任何明显的摆动，且它们都受到指向其他物体的加速力的作用，则该力非常微弱，或在很近处同样地作用于所有部分之上且沿平行方向运动。

命题 66 定理 26

...

三个物体，如果它们相互吸引的力随其距离的平方而减小，且其中任意两个倾向于第三个的加速吸引力反比于相互间距离的平方，两个较小的物体绕最大的物体旋转，则两个环绕物体中较靠内的一个做向最靠内且最大物体的半径，环绕该物体所掠过的面积更接近于正比于时间，画出的图形更接近于椭圆，其焦点位于二个半径的交点，如果该最大物体受到这吸引力的推动，而不是像它完全不受较小物体的吸引，那么则处于静止；或者像它被较为强烈的或较为微弱的力所吸引，或在该吸引力作用下被较为强烈地或较为微弱地推动所表现的那样。（图 A 11-4）

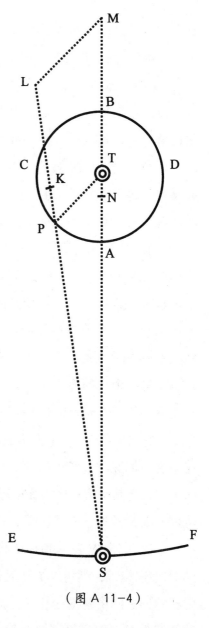

（图 A 11-4）

由前一命题的第二个推论容易得出这一结论，但也可以用某种更严格更容易的方法加以证明。

情形 1. 令在同一平面上关于最大物体 T 旋转的小物体 PS，物体 P 和 S 分别画出内轨道 PAB，外轨道 ESE。令物体 P 和 S 的平均距离为 SK；直线 SK 表示物体 P 在平均距离处指向 S 的加速吸引力。作 SL 比 SK 与 SK 的平方比 SP 的平方相等，则物体 P 在任意距离 SP 处指向 S 的加速吸引力是 SL。使 PT 连接，作 LM 平行于它并与 ST 相交于 M；将吸引力 SL 分解（由运动定律推论 II）为吸引力 SM，LMo 两力，受到三个吸引力作用的为物体 P。T 指向其中之一，来自物体 T 和 P 的互相吸引。该力使物体 P 以 PT 为半径环绕物体 T，经过的面积与时间成正比，画出的椭圆焦点与物体 T 的中心重合；这一运动与物体 T 处于静止或受该吸引力的运动没有关系，可以由命题 11，以及定理 21 的推论 II 和

Ⅲ得知。吸引力 LM 为另一个力，由于它由 P 指向 T，因而叠加在前一个力上，产生的面积，由定理 21 推论Ⅲ知，也与时间成正比。但由于它与距离 PT 的平方不成反比，在叠加到前一个力上后，产生的复合力将使平方反比关系发生改变；复合力中这个力的比例相对于前一个力越大，变化也就越大，其他条件则保持不变。所以，由命题 11、定理 21 推论Ⅱ，画出以焦点为 T 的椭圆的力本来应该指向该焦点，且与距离 PT 的平方成反比，而使该关系发生变化的复合力将使 PAB 轨道由以焦点为 T 的椭圆轨道发生改变；该力的关系改变越大，轨道的变化也同样伴随大改变，且第二个力 LM 相对于第一个力的比例也就越大，其他条件保持不变。而第三个力 SM 沿与 ST 的平行方向吸引物体 P，与另两个力合成的新的力不再直接由 P 指向 T；这种方向改变的大小与第三个力相对于另两个力的比例相同，其他条件保持不变，因此，使物体 P 以 TP 为半径经过的面积不再与时间成正比；相对于该正比关系发生改变的大小与第三个力相对于另两个力的大小比例相同。然而，这第三个力加大了轨道 PAB 相对于前两种力造成的相对于椭圆图形的改变：首先，力不是由 P 指向 T；其次，它与距离 PT 的平方不成反比。当第三个力无限减小，而前两个力在不变的情况时，经过的面积最为接近与时间成正比；而当第二和第三两个力，尤其是第三个力无限减小，第一个力保持先前的量没有变化时，轨道 PAB 最接近于上述椭圆。

　　令以直径 SN 表示物体 T 指向 S 的加速吸引力；如果吸引力 SM 与 SN 的加速相等，则物体 T 和 P 被沿平行方向同等地该力吸引，完全不会引起它们之间位置的变化，由运动定律推论Ⅵ这两个物体之间的互相运动与该吸引力完全没有时一样。由相似的理由，如果吸引力 SN 比吸引力 SM 小，则吸引力 SN 抵消掉一部分 SM，而只有（吸引力）剩余的部分 MN 干扰面积与时间的正比关系和椭圆的轨道图形。再由相同的方法，如果吸引力 SN 比吸引力 SM 大，则轨道与摄动成正比关系也由吸引力差 MN 引起。在此，吸引力 SN 始终由于 SM 而减弱为 MN，第一个与第二个吸引力始终保持不变。所以，当 MN 为零或非常小时，即当物体 P 和 T 的加速吸引力尽可能趋近于相等时，即吸引力 SN 既不为零，也不比吸引力 SM 的最小值小，而是与吸引力 SM 的最大值和最小值的平均值相等，即既不远大于也不远小于吸引力 SK 之时，面积与时间最趋接近于正比关系，而轨道 PAB 也最趋近于上述椭圆。

情形 2. 令小物体 P，S 在不同平面上关于大物体 T 旋转。沿直线 PT 方向的力 LM 的在轨道 PAB 平面上的作用与上述相同，物体 P 不会脱离该轨道平面。但另一个力 NM，沿 ST 的直线平行方向作用（因而，当物体 S 不在交点连线上时，倾向于轨道 PAB 的平面），除引起所谓纵向摆动之外，还产生另一种所谓横向摆动，物体 P 被吸引出其轨道平面。在任意给定物体 P 和 T 的互相位置情形下，这种摆动与产生它的力 MN 成正比；所以，当力 MN 最小时，即（如前述）当吸引力既不远大于也不远小于吸引力 SK 时，摆动最小。

推论Ⅰ. 所以，易于推出，如果关于极大物体 T 旋转的几个小物体 P、S、R，则当大物体与其他物体互相之间都受到吸引和推动（根据加速吸引力的比值）时，在最里面运动的物体 P 受到的摆动最小。

推论Ⅱ. 在三个物体 T、P、S 的系统中，如果其中任意二个指向第三个的加速吸引力与距离的平方成反比，则物体 P 以半径为 PT 关于物体 T 经过面积时，在会合点 A 及其对点 B 附近时比经过方照点 C 和 D 快。因为，每一种作用于物体 P 而不作用于物体 T 的力，都不沿直线 PT 方向，根据其方向与物体的运动方向相同或是相反，对它经过的面积加速或减速。这就是力 NM。在物体由向 A 运动时，该力指向运动方向，对物体加速；在到达 D 时，与运动方向相反，对物体减速；然后直到运动到 B，它与运动同一方向；最后由 B 到 C 时它又反向运动。

推论Ⅲ. 由同一方法可知，在其他条件没有变化时，物 p 在会合点及其对点快于在方照点运动。

推论Ⅳ. 在其他条件没有变化时，物体 p 的轨道在方照点弯曲度大于

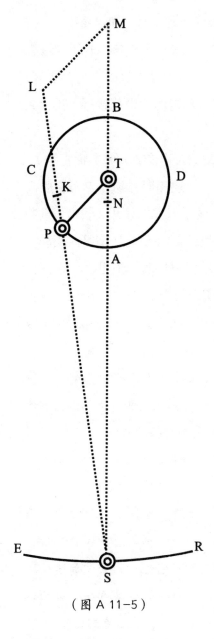

（图 A 11-5）

在会合点及其对点。因为物体运动速度加快，偏离直线路径越少。此外，在会合点及其对点，力 KL，或 NM 的方向与物体 T 吸引物体 P 的力相反，因而使该力减小；而物体 P 受物体 T 吸引越小使偏离直线路径。（图 A 11-5）

推论 V．在其他条件没有变化时，物体 P 在方照点更远于在会合点及其对点距物体 T。但是这仅在没有计算偏心率改变时才成立。因为当物体 P 的轨道是偏心的，当回归点在朔望点时，其偏心率（如将在推论IX中计算的）达到最大，因而可能会出现这种情况，当物体 P 的朔望点趋近其远回归点时，它到物体 T 的距离比在方照点的距离大。

推论VI．因为使物体 P 滞留在其轨道上的中心物体 T 的向心力，在方照点由于力 LM 的进入而逐渐增大，而在朔望点由于力 KL 减去而削弱，又因为力 KL 比 LM 大，因而削弱的比增强的多；而且，由于该向心力（由命题 4 推论II）与半径 TP 成正比，与周期的平方变化成反比，所以容易推知力 KL 的作用使合力比值逐渐减小。因此设轨道半径 PT 没有改变，则增加周期，并与该向心力减小比值的平方根成正比；设增大或减小该半径则由命题 4 推论VI，周期以该半径的 $\frac{3}{2}$ 次幂增大或减小。如果该中心物体的吸引力不断减弱，被越来越弱地吸引的物体 P 将距中心物体 T 越来越远；反之，如果该力越强，它将距 T 越近。所以，如果使该力减弱的远物体 S 的作用由于旋转而引起增减，则半径 TP 也跟随增减；而随着远物体 S 的作用的增减，周期也随半径的比值的 $\frac{3}{2}$ 次幂，以及中心物体 T 的向心力的减弱就增强比值的平方根的复合比值而增减。（图 A 11-6）

推论Ⅶ. 由前面证明的还可以推出，所画椭圆的轴，或回归线的轴，随其角运动而交替前移或后移的物体 P，只是前移多于后移，因此大体上直线运动是向前移的。因为，在方照点力 MN 失去，把物体 P 吸引向 T 的力由力 LM 和物体 T 吸引物体 P 的向心力复合而成。如果距离 PT 增加，第一个力 LM 趋近于以距离的相同比例增加，而另一个力则以与距离比值的平方成正比减少；因此两个力的和的减少比距离 PT 比值的平方小；因此由命题 45 推论Ⅰ，将使回归线，或者等价地，使上回归点向后移动。但力 KL 与物体 T 吸引物体 P 的力的差使在会合点及其对点使物体 P 倾向于物体 T 的力，而由于力 KL 极趋近

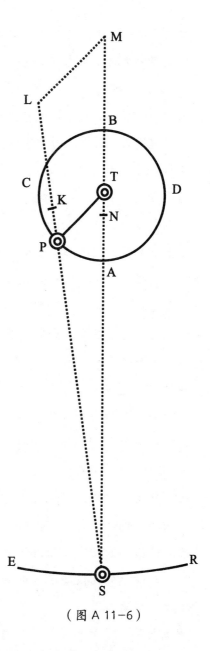

（图 A 11-6）

于随距离 PT 的比值而增加，该力差的减少比距离 PT 比值的平方大；因此由命题 45 推论Ⅰ，使回归线向前移动。在朔望点和方照点之间的地方，回归线的运动由这两种因素的共同作用决定，因此它按两种作用中较强的一项的剩余值比例前移或后移。所以，由于在朔望点力 KL 几乎等

于力 LM 在方照点的二倍，剩余在力 KL 一方，因而回归线向前移动。如果设想两个物体 T 和 P 的系统为若干物体 S、S、S，等在各边所环绕，轨道 ESE 上分布，则本结论与前一推论便易于理解了，因为由于这些物体的作用，物体 T 在每一边的作用都减弱，其减少比距离比值的平方大。

推论VIII. 但是，由于回归点的直线或逆行运动取决于向心力的减小，即取决于在物体由下回归点移向上回归点过程中，该力比距离 TP 比值的平方大或者小；也取决于物体再次回到下回归点时向心力相似的增大。所以，当上回归点的力与下回归点的力的比值较之距离平方的反比值的差值最大时，该回归点的运动最大。容易理解，当回归点置于朔望点时，由于相减的力 KL 或 NM-LM 的原因，其向前移动比较快；而在方照点时，由于相加的力 LM，其向后移动比较慢。因为前行速度或逆行速度持续时间很长，这种不等性就非常明显。

推论IX. 如果一个物体受到与它到任意中心的距离的平方成反比的力的阻碍，在该中心做环绕运动；在它由上回归点向下回归点下落时，该力受到一个新的力的持续增大，且比距离减小比值的平方大，则该总是被吸引向中心的物体在该新的力的作用持续下，将比它单独受随距离减小的平方而减小的力的作用更倾向于中心，因而它画出的轨道比原先的椭圆轨道更靠内，而且在下回归点更趋近于中心。所以，新力作用持续下的轨道偏心更大。如果随着物体由下回归点向上回归点运动再与上述的力的增加的相同比值减小向心力，则物体回到原来的位置上；而如果力以比较大的比值减小，则物体受到的吸引力比原先要小，将迁移到比较大的距离，因而轨道的偏心率增大得更多。所以，如果向心力的比值增减在每一周中都增大，则偏心率也增大；相反，如果该比值减小，则偏心率也随之减小。

所以，在系统物体 T、P、S 中，当轨道 PAB 的回归点到达方照点时，上述增减比值具有最小值，而朔望点时具有最大值。如果回归点到达位于方照点，该比值在回归点附近比距离比值的平方小，而在朔望点比距离比值的平方大；而由该较大比值产生的回归线运动，正如上所述。但如果考虑上下回归点之间的整个比值增减，它还是比距离比值的平方小。下回归点的力比上回归点的力比上回归点到椭圆焦点的距离与下回归点到同一焦点的距离的比值的平方小，相反，当回归点到达朔望点时，下回归点的力比上回归点的力比上述距离比值的平方大。因为在方照点，力 LM 叠加在物体 T 的力上，复合力比值相对较小；而在朔望点，力 KL 减弱物体 T 的力，复合力比值相对较大。所以，在回归点之间运动的整个比值增减，在方照点出现最小，在朔望点出现最大；所以，回归点在由方照点向朔望点运动时，该比值一直增大，椭圆的偏心率也随之增大；而在由朔望点向方照点运动时，比值一直减小，偏心率也随之减小。

推论 X. 我们可以计算出纬度误差。设轨道 EST 的平面不动，由上述误差的原因可以得出，两个力 NM、ML 是误差的唯一和所有原因，其中力 ML 始终在轨道 PAB 平面内作用，不会对纬度方向的运动造成干扰；而力 NM，当交会点到达朔望点时，同时作用于轨道的同一平面，此时也不会影响纬度运动。但当交会点在方照点时，它对纬度运动的干扰比较强烈，把其轨道平面内的物体持续吸引出；在物体由方照点向朔望点运动时，轨道平面的倾斜随它减小，而当物体由朔望点移动到方照点时，它又增加平面的倾斜。所以，当物体在朔望点时，轨道平面倾斜达到最小，而当物体到达下一个交会点时，它又恢复到趋近于原先的值。但如果物体到达方照点后的八分点（45°）即位于 C 和 A、D 和 B 之间，则由于刚才说明的原因，物体 P 由任一交会点向其后 9 分点移动时，平面倾斜逐渐减小；然后，在由下一个 45°向下一个方照点移动时，倾斜又逐渐增加；其后，再由下一个 45°度向交会点移动时，倾斜又减小。所以，倾斜的减小比增加多，因而在后一个交会点始终比前一个交会点小。由相同理由，当交会点到达 A 和 D、B 和 C 之间的另一个八分点时，平面倾斜的增加比减少多。所以，当交会点在朔望点时倾斜达到最大。在交会点由朔望点向方照点运动时，物体每次趋近交会点，倾斜都减小，当交会点到达方照点同时物体位于朔望点时倾斜达到最小值；然后它又以先减小的程度增加，当交会点到达下一个朔望点时回到原先值。（图 A 11-7）

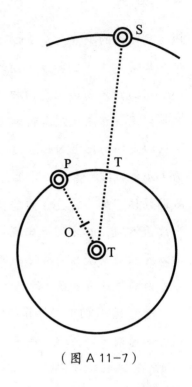

（图 A 11-7）

推论 XI . 因为当交会点到达方照点时，被逐渐吸引离开其轨道平面的物体 P，又因为该吸引力在它由交会点 C 通过会合点 A 向交会点 D 运动时是指向 S 的，而在它由交会点 D 通过对应点 B 移向交会点 C 时，方向又相反，所以在离开交会点 C 的运动中，物体逐渐离开其原先的轨道平面 CD，它一直到达下一个交会点，因而在该交会点上，由于它到原先平面 CD 距离是最远，它将不在该平面的另一个交会点 D，而在距物体 S 相对比较近的一个点通过轨道 EST 的平面，该点即该交会点在其原先处所后的新处所。而由相同理由，物体由一个交会点向下一个交会点运动时，交会点也向后退移。因此，在方照点的交会点逐渐退移，而在朔望点无干扰纬度运动的因素，交会点不动；在这两种处所之间两种因素随之都有，交会点退移得比较慢。所以，交会点或是逆行，或是不动，始终后移，或者说，在环绕中每次都向后退移。

推论 XII . 在物体 P、S 的会合点，由于产生摆动的力 NM、ML 都比较大，上述的推论中描述的误差始终比对点的误差稍微大一点。

推论 XIII. 由于从前面的推论中误差和变化的原因和比例与物体 S 的大小没有关系，所以即使物体 S 大到使二物体 P 和 T 的系统环绕它运动上述情况也会发生。物体 S 的增大导致其向心力增大，导致物体 P 的运动误差增大，也使在相同距离上全部误差都增大，在这种情况下，误差要比物体 S 环绕物体 P 和 T 的系统运动的情形大。

推论 XIV. 但是，当物体 S 非常遥远时，力 NM、ML 极其趋近于与力 SK 以及 PT 与 ST 的比值成正比；即，如果都给定距离 PT 与物体 S 二者的绝对力，与 $ST3$ 成反比；由于力 NM、ML 是上述各推论中全部误差和作用的原因；则如果物体 T 和 P 仍与前面保持相同，只变化距离 ST 和物体 S 的绝对力，全部这些作用都将非常趋近于与物体 S 的绝对力成正比，距离 ST 立方成反比。所以，如果物体 P 和 T 的系统围绕远物体 S 运动，则力 NM、ML 以及它们的作用，将（由命题 4 推论 Ⅱ）与周期的平方成反比。因此，如果物体 S 的大小与其绝对力成正比，则力 NM、ML 及其作用，将与由 T 看远物体 S 的视在直径的立方成正比；反之亦然。因为这些比值与前面复合比值相等。

推论 XV. 如果轨道 ESE、PAB 保持其形状比例及相互间夹角不发生变化，只变化其大小，且物体 S 和 T 的力或者保持无任何变化，或者以给定任意比例变化，则这些力（即，物体 T 的力，它迫使物体 P 由直线运动进入轨道 PAB，以及物体 S 的力，它使物体 P 偏离同一轨道）始终以同样的方式和同等比例起作用。因而，全部的作用都是相似而且是成比例的。这些作用的时间也是成比例的；即全部的直线误差都比例于轨道直径，角误差保持没有变化；而相似直线误差的时间，或相等的角误差的时间，与轨道周期成正比。

推论 XVI. 如果给定轨道图形和相互间夹角，而其大小、力以及物体的距离以随意方式改变，则我们可以由一种情况下的误差以及误差的时间极其相近地求出其他任何情况下的误差和 误差时间。这可以由如下方法更简单便捷地求出。力 NM、ML 与半径 TP 成正比，其他条件都不改变；这些力的周期作用（由引理 10 推论 Ⅱ）与力以及物体 P 的周期的平方成正比。这才是物体 P 的直线误差；而它们到中心 T 的角误差（即回归点与交会点的运动，以及全部视在经度和纬度误差）在每次环绕中都极其相近于与环绕时间的平方 c 令这些比值与推论堀中的比值相成正比，则在任意系统中的物体 T、P、S、P 在及其趋近处环绕 T 运动，而 T 在很远处环绕 S 运动，由中心 T 观察到的物体 P 的角误差在 P 的每次环绕中都与物体 P 的周期的平方成正比，而与物体 T 的周期的平方成反比。所以回归点的平均直线运动与交会点的平均运动的比值给定；因而这两种运动都与物体 P 的周期成正比，与物体 T 的周期的平方成反比。增大或减小轨道 PAB 的偏心率和倾角对回归点和交会点的运动影响不明显，除非这种增大或减小确实为极大得数。

推论 XVII. 由于直线 LM 有时比半径 PT 大于，或者小于，令半径 PT 来表示 LM 的平均量，则该平均力比平均力 SK 或 SN（它也可以由 ST 来表示）与长度 PT 比长度 ST 相等。如果使物体 T 保持其环绕 S 的轨道上的平均力 SN 或 ST 与使物体 P 维持在其环绕 T 的力的比值，与半径 ST 与半径 PT 的比值相等，与物体 P 环绕 T 的周期的平方与物体 T 环绕 S 的周期的平方的比值的复合。因此，平均力 LM 比使物体 P 保持在其环绕 T 的轨道上的力（或使同一物体 P 在距离 PT 处关于不动点 T 作相同周期运动的力）与周期的平方比值相等。因而给定周期，同时也给定距离 PT、平均力 LM；而给定这个力，则由直线 PT 和 MN 的对比也可极其接近地求出力 MN。

推论 XWIII. 利用物体 P 环绕物体 T 的同样规律，设许多流动物体在相同距离处环绕物体 T 运动，它们的数目非常多，以至于从头到尾都有，形成圆形流体圈，或圆环，其物体 T 为中心；这个环的各个部分在与物体 P 同样的规律作用下，在距物体 T 非常近处运动，并在它们自己以及物体 S 的会合点及其对点运动相对比较快，而在方照点运动相对比较慢。该环的交会点或它与物体 S 或 T 的轨道平面的交点在朔望点呈现静止状态；但在朔望点以外，它们将退行，或逆行方向运动，在方照点时速度达到最大，而在其他处所相对比较慢。该环的倾角也发生变化，每次环绕中它的轴都摆动，环绕结束时轴又回到开始的位置，唯有交会点的误差使它作稍微转动。

推论 XIX. 设包含若干非流体的球体 T，被逐渐扩张其边缘延伸到前面所述环处，沿球体边缘开挖一条注满水的沟道；该球绕其自身的轴以同样周期做匀速转动。则水被交替地加速或减速（如前一个推论那样），在朔望点速度相对比较快，方照点相对比较慢，在沟道中像大海一样形成退潮和涨潮。如果物体 S 的吸引被撤去，则水流没有潮涌和潮落，只沿球的中心静止环流。球做匀速直线运动，同时绕其中心转动时与这种情况相同（由运动定律推论 V），而球受直线力均匀吸引时也与这种情况相同（由运动定律推论 VI）c 但当物体 S 对它有作用时，由于吸引力发生变化，水获得新的运动；距该物体相对比较近的水受到的吸引相对比较强，而相对比较远的吸引相对比较弱。力 LM 在方照点把水向下吸引，并一直持续到朔望点；而力 KL 在朔望点向上吸引水，并一直保持到方照点；在此，水的涌落运动受到沟道方向的导引，以及稍微地摩擦除外。

推论 XX. 设圆环变硬，缩小球体，则水的涌落运动停止；但环面的倾斜运动和交会点岁差没有变化。令球与环共轴，且旋转相同时间，球面接触环的内侧并连接成整体，则球参与环的运动，而整体的摆动，交会点的退移如同我们所描述的，与所有作用的影响完全相同。当交会点位于朔望点加入一项运动。球使该运动得以保持，直至环引人相反的作用抵消这一运动，并入相反方向的新的时，环面倾角达到最大值。在交会点向方照点移动时，其影响使倾角逐渐减小，并在整个球运动中运动。这样，当交会点到达方照点时，使倾角减小的运动达到最大值，在该方照点后八分点处倾角有最小值；当交会点到达朔望点时，倾斜运动有最大值，在其后的八分点处斜角最大。对于球没有环，如果它的赤道地区比极地地区稍高或稍密一些，则情形与此相同，因为赤道附近多出的物体代替了环的地位。虽然我们可以设球的向心力随意增大，使其所有部分像地球上各部分一样竖直向下指向中心，但这一现象与前面各推论却少有变化；只是水位最高和最低处不相同；因为这时水不再靠向心力保持在其轨道内，而是靠它所沿着流动的沟道保持。此外，在方照点力 LM 吸引水向下最强，而在朔望点力 KL 或 NM-LM 吸引水向上最强。这些力的共同作用使水在朔望点之前的八分点不会受到向下的吸引，而改变为受到向上吸引；而在该朔望点之后的八分点不会受到向上的吸引，而改变为向下的吸引。因此，水的最大高度大约发生在朔望点后的八分点，其最低高度大约发生在方照点之后的八分点；只是这些力对水面上升或下降的影响可能由于水的惯性，或沟道的阻碍而稍微推迟。

推论XII . 由上述相同的理由，球上赤道地区的过剩物质使交会点退后移，因此这种物质的增多导致逆行运动增大，而减少导致逆行运动减慢，除去这种物质则逆行停止。因此，如果除去较过剩者更多的物质，即如果球的赤道地区比极地地区凹陷，或物质稀薄，则交会点将前移。

推论 XXII. 所以，由交会点的运动可以计算出球的结构。如果球的极地没有变化，其（交会点的）运动逆行，则其赤道附近物体比较多；如果该运动是前行的，则物质比较少。设一均匀而准确的球体开始时在自由空间中静止，由于某种侧面叠加于其表面的推斥力使其获得部分转动和部分直线运动。由于该球相对于其通过中心的所有轴是全部一样的，对一个方向的轴比对另一任意轴的偏向性不是特别大，则球自身的力肯定不改变球的转轴，或改变转轴的倾角。此时设该球如前面所描述的那样在其表面一样部分又受到一个新的推斥力的斜向作用，由于推斥力的作用不因其到来的先后而有所变化，则这两次先后到来的推斥力冲击所产生的运动与它们同时到达效果一样，即与球受到由这二者复合而成的单个力的作用而产生的运动一样（由运动定律推论 Ⅱ），即产生一个给定的关于倾角的轴的转动。如果第二次推斥力作用于第一次运动的赤道上任意其他处所，情况与此一样，而第一次推斥力作用在由第二次作用所产生的运动的赤道上的任何一点上的情况也与此全部一样；所以二次推斥力作用于任何处的效果都是一样的，因为它们产生的旋转运动与它们同时共同作用于由这两次冲击分别单独作用所产生的运动的赤道的交点上所产生的运动一样。所以，均匀而完美的球体并不存留几种不同的运动，而是将全部这种运动加以复合，化简为简单的运动，并始终尽其可能地绕一根给定的轴作单向匀速转动，轴的倾角始终保持没有变化。向心力不会使轴的倾角变化，或转动的速度。因为如果设球被通过其中心的任何平面分为两个半球，向心力指向该中心，则该力始终与这两个半球作用始终相同，所以不会使球关于其自身的轴的转动有任何倾向。但如果在该球的赤道和极地之间某处添加一堆像山峰一样的物质，则该堆物质通过其脱离运动中心的继续作用，对球体的运动行成干扰，并使其极点在球面上游荡，关于其自身以及其对点运动画出圆形，极点的这种巨大偏移运动没有办法更正，除非把此山移到二极之一。在这种情况中，由推论XXI，赤道的交会点顺行；或移至赤道地区，这种情形中，由推论XX，交会点逆行；或者最后一种方法，在轴的另一边加在另一座新的物质山堆，使其运动得到平衡；这样，交会点或是顺行，或是逆行，都要由山与新增的物质是趋近于极地还是趋近于赤道来影响。

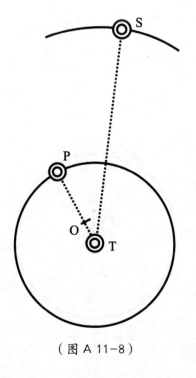

（图 A 11-8）

命题 67 定理 27

...

在相同的吸引力规律下，较外的物体 S，以它伸向较内的物体 P 与 T 的公共重心点 O 的半径环绕该重心运动，比它以伸向最里面最重的物体 T 的半径环绕该物体 T 的运动，所掠过的面积更近于正比于时间，画出的轨道更近于以该重心为焦点的椭圆。（图 A 11-8）

因为其绝对吸引力由物体 S 指向 T 和 P 的吸引力复合而成，它更趋近于指向物体 T 和 P 的公共重心 O，而不是最大的物

190

体 *T*；它趋近于与距离 *SO* 的平方成反比，而不是距离 *ST* 的平方；这稍微考虑一下就可以明白。

命题 68 定理 28
...

在相同的吸引力规律下，如果最里面最大的物体像其他物体一样也受到该吸引力的推动，而不是处于静止，完全不受吸引力作用，或者，不是被或是极强或是极弱地吸引而极强或是极弱地被推动，则最外面的物体 *S*，以其伸向较内的物体 *P* 和 *T* 的公共重心的半径，关于该重心所掠过的面积更近于正比于时间，其轨道也更近于以该重心为焦点的椭圆。（图 A 11-9）

该定理可以用与命题 66 相同的方法证明，但由于它比较长而且比较烦琐，我就此省略了。不过可以用一些简单方便的方法来考虑。由前一命题的证明容易推出，物体 *S* 受到两个力的共同作用而倾向的中心，极其趋近于另两个物体的公共重心，如果该中心与该公共重心重合，而且这三个物体的公共重心都是静止的，物体 *S* 其一侧，而那两个物体的公共重心置于其另一侧，都将围绕该静止公共重心画出真正的椭圆。这可以由命题 58 推论 II、比较命题 64 和 65 的证明推出。此时这一准确的椭圆运动受到二个物体的重心到使第三个物体 *S* 被吸引的中心的距离的干扰非常小，而且还要加上三个物体公

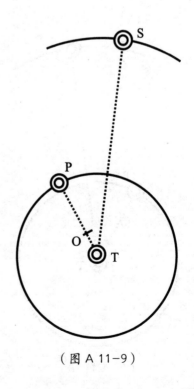

（图 A 11-9）

共重心的运动，摆动增加的更多。所以，当三个物体的公共重心静止时，即当最里面、最大的物体 T 受到与其他物体的吸引力一样作用时，摆动最小；当三个物体的公共重心，由于减小物体 T 的运动而开始运动，并越来越强烈时，随之摆动达到最大。

推论．如果很多小物体绕大物体旋转，易于求出，如果所有物体都受到与其绝对力成正比，与距离平方的加速力的相互吸引和推动成反比，如果每个轨道的焦点都置于全部比较靠里面物体的公共重心上（即，如果第一个和最靠里面的轨道的焦点置于最大和最里面物体的重心上；第二个轨道的焦点置于最里面二个物体的公共重心上，第三个轨道的焦点置于最里面的三个物体的公共重心上，可以依次推出），而不是最里面的物体处于静止，而且是全部轨道的公共焦点，则轨道趋近于椭圆，生成比较均匀的面积。

命题 69 定理 29
...

在若干物体 A、B、C、D，等的系统中，如果其中一个，如 A，吸引所有其他物体 B、C、D，等，加速力反比于到吸引物体距离的平方；而另一个物体，如 B，也吸引所有其他物体 A、C、D，等，加速力也反比于到吸引物体的距离的平方；则吸引物体 A 和 B 的绝对力相互间的比就等于这些力所属的物体 A 和 B 的比。

因为，由假设知，指向物体 A 的加速吸引力的所有物体 B、C、D 在距离一样时相等，由相同方法知全部物体指向 B 的加速吸引力在距离同一处也相等。而物体 A 的绝对吸引力比物体 B 的绝对吸引力与全部物体指向物体 A 的绝对吸引力比在相同距离处全部物体指向物体 B 的绝对吸引力相等；物体 B 指向物体 A 的吸引力与物体 A 指向物体 B 的加速吸引力也相等。但是，物体 B 指向物体 A 的加速吸引力比物体 A 指向物体 B 的加速吸引力与物体 A 的质量比物体 B 的质量相等；因为运动力（由第二，第七和第八定义）与加速力乘以被吸引的物体成正比，且由第三定律互相之间是相等的。所以物体 A 的绝对加速力比物体 B 的绝对加速力与物体 A 的质量比物体 B 的质量相等。

推论 I . 如果系统 A、B、C、D 中的每一个物体都各自与它到吸引物体的距离的平方的加速力成反比吸引其他物体，则所有这些物体的绝对力之间的比与它们自身的比相对。

推论 II . 由类似理由，如果系统 A、B、C、D 中的每一个物体都各自吸引其他物体，其加速力与它到吸引物体的任意次幂成反比或是正比；或者，该力按某种相同规律由它到吸引物体间的距离因素来影响；则容易得知这些物体的绝对力与物体自身成正比。

推论III . 在一系统中力与距离的平方成正比而减少，如果小物体沿椭圆绕一个极大物体运动，它们的公共焦点置于极大物体的中心，椭圆形状极为准确；而且，伸向该极大物体的半径准确地与时间掠过半径成正比；则这些物体的绝对力相互间的比，或是准确地或是趋近于与物体的比相等，相反可知。这可以由命题 68 的推论与本命题的第一个推论比较可以得证。

附 注

由这些命题方便使我们求出向心力与这种力通常所指向的中心物体之间相同之处；因为有理由认为被指向物体的向心力应由这些物体的性质和量来影响，如我们在磁体实验中所见到的那样。当发生这种情况时，我们可以通过给予它们中每一个以适当的力来计算物体的吸引，再求出它们的总和。我在此使用吸引一词是广义的，指物体所造成的相互趋近的一切意图，不论这意图来自物体自身的作用，由于发射精气而互相靠近或推移；或来自以太，或空气，或任意媒介的互相作用，不论这媒介是物质的还是非物质的，以任何方式促使处于其中的物体互相靠近。我使用推斥一词同样是广义的，在本书中我并不想定义这些力的类别或物理属性，而只想研究这些力的量与数学关系，一如我们从前在定义中所声明的那样。在数学中，我们研究力的量以及它们在任何设定条件下的相互关系，而在物理学中，则要把这些关系与自然现象做比较，以便了解这些力在哪些条件下对应着吸引物体的哪些类型。做完这些准备工作之后，我们就更有把握去讨论力的本质、原因和关系。刺客，让我们再来研究用哪些力可以使由具有吸引能力的部分组成的球体必定按上述方式互相作用，以及因此会产生哪些类型的运动。

第12章
球体的吸引力

命题 70 定理 30
···

如果指向球面每一点的相等的向心力随到这些点的距离的平方减小，则该球面内的小球将不会受到这些向心力的吸引。（图 A 12-1）

令球面为 *HIKL*，球面内的小球是 *P*。通过 *P* 向球面作条直线 *HK*、*IL*，截取特别短的弧长 *HI*、*KL*；因为（由引理 7 推论Ⅲ）三角形 *HPI* 相似于 *LPK*，这些弧与距离 *HP*、*LP* 成正比；落在由通过 *P* 的直线在球面上所规定的弧 *HI* 和 *KL* 之内的那些粒子，与这些距离的平方成正比。所以这些粒子作用于物体 *P* 上的力互相之间有相等关系。因为力与粒子成正比，与距离的平方成反比。这两个比值复合成相等的比值 1∶1。所以具有相等的吸引，但作用于不同的方向上，相互抵消。由相同的理由，整个球面产生的吸引因为反向吸引而全都抵消。所以物体 *P* 不受这些吸引力的作用。

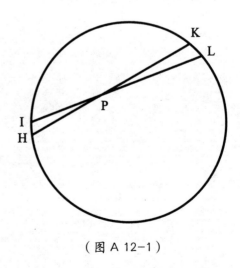

（图 A 12-1）

命题 71 定理 31

• • •

在相同条件下，球面外小球受到的指向球面中心的吸引力反比于它到该中心距离的平方。（图 A 12-2）

令关于中心 S、s 的两个相等的球面为 $AHKB$，$ahkb$，AB，ab 为它们的直径；令二球面外直径延长线上的小球为 P。由小球作直线 PHK、PIL、phk、pil，在大圆 AHB、ahb 上截取相等弧长 HK、hk、IL、ih 并作这些直线的垂线 SD、sd、SE、se、IR、irl。其中 SD、sd 与 PL、pl 交于 F 和 f 再在直径上做垂线 IQ、iq。此时令角 DPE、dpe 消失；因为 DS 等于 ds，ES 等于 es，所以可以取直线 PE、PF 等于 pe、pf，以及短线段 DF 等于 df；因为当角 DPE、dpe 同时消失时，它们的比值是相等的比值。由此可得，$PI:PF=RI:DF$，以及 $pf:pi=df$ 或 $DF:ri$，将对应项相乘，$PI:pf:PF:pi=RI:ri=$ 弧 $IH:$ 弧 ih（由引理Ⅶ推论Ⅲ）。

又，$PI:PS=IQ:SE$

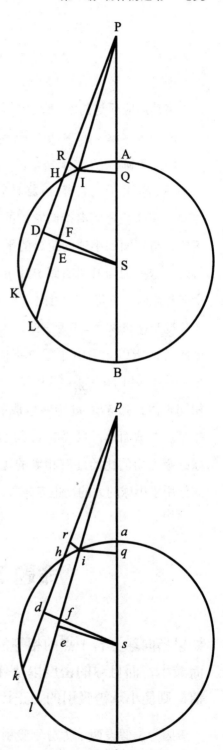

（图 A 12-2）

以及　　　　　　　　　$ps : p = se$ 或 $SE : iq\ o$

因而，　　　　　　　$PI \times ps : PS \times pi = IQ : iq$。

将其对应项与前面相似的比例式相乘：

$$PI^2 \times pf \times ps : pi^2 \times PF \times PS = HI \times IQ : ih \times iq$$

即当半圆 AKB 关于其直径 AB 旋转时弧 IH 所经过的环面相等，与当半圆成 akb 关于其直径 ab 旋转时弧 ih 所经过的环面相等。而由假设条件知，使这些环面沿指向它们的方向吸引小球 P 和 p 的力与环面自身成正比，与环面到小球的距离的平方成反比；即与 $pf \times ps$ 比 $PF \times PS$ 相等。另外，这些力与其沿直线 PS、ps 指向球心的斜向部分（由像定律推论 II 中那样力的分角得到）的比，与 PI 比 PQ，以及 pi 比 pq 相等；即（由于三角形 PIQ 相似于三角形 PSF，以及 pig 相似于 psf）与 PS 比 PF 以及 ps 比 pf 相等；所以，吸引小球 P 指向 S 的吸引力比吸引小球 p 指向 s 的力，与 $\dfrac{PF \times pf \times ps}{PS}$ 比 $\dfrac{pf \times PF \times PS}{Ps}$ 相等。而且，由相同理由 ps^2 比 PS^2。而且，由相同理由，弧 KL，kl 旋转生成的环面吸引小球的力的比也与 ps^2 比 PS^2 相等。在球面上，只要取 sd 与 SD，se 与 SE 相等，则所分割的环面对小球的吸引力的比始终有相等的比值。所以，把它们再结合起来，整个球面作用于小球的力的比也有相等比值。

命题 72 定理 32

···

如果指向球上若干点的相等的向心力随其到这些点的距离的平方而减小，而且球的密度以及球直径与小球到球中心的比值为给定值，则使小球被吸引的力正比于球半径。

因为，假设两个力分别吸引两个小球，一个吸引一个，另一个吸引另一个，且它们到球心的距离分别与球的直径成正比，则球可以分解为与小球所在位置相对应的类似粒子。一个小球对球各类似粒子的吸引比其他小球对其他球同样多的类似粒子的吸引，与正比于各部分间的比值与反比于距离平方的比值的复合比相等。各粒子与球成正比，即与直径的立方成正比，而距离与直径成正比，所以第一个比值与后一个比值的二次反比成正比，变成直径与直径的比值。

推论Ⅰ. 如果多个小球绕由相同且相等的吸引的物质组成的球做圆周运动，且到球中心的距离与它们的直径成正比，则环绕周期相等。

推论Ⅱ. 相反，如果周期相等，则距离与直径成正比。这两个推论可以由命题 4 推论Ⅲ得以证明。

推论Ⅲ. 如果形状相似密度相等的两个物体，其上各点的相等的向心力随到这些点的距离的平方而越来越小，则使处于相对于两个物体类似位置上的小球受吸引的力之间的比，与物体的直径的比相等。

命题 73 定理 33

•••

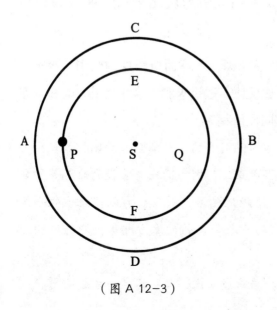

（图 A 12-3）

如果已知球上各点相等的向心力随到这些点的距离的平方而减小，则球内小球受到的吸引力正比于它到中心的距离。（图 A 12-3）

在球的 *ACBD* 中以 *S* 为中心，引入一小球 *P*；关于同一中心 *S*，以半径为间隔 *SP* 作一内圆 *PE-QF*。容易得知（由命题 70）共用一个球心组成的

球面差 *AEBF* 对于其上的物体 *P* 没有任何作用，吸引力被相反吸引所抵消。所以只剩下内球 *PEQF* 的吸引力，而（命题 72）该吸引力与距离 *PS* 成正比。

附注

我在这儿假设的构成固体的表面，并不是纯数学面，而是特别薄的壳体，其厚度基本上为零；即当壳体的数目不断增加时，最后构成球的新生壳体的厚度无限减小。相同地，构成线、面和体的点也可以看作一些相同且相等的粒子，其大小也是完全不可想象的。

命题 74 定理 34
···

在相同条件下，球外的小球受到的吸引力反比于它到球心的距离的平方。

设该球被分割为数不清的共心球面，各球面对小球的吸引（由命题 71）与小球到球心的距离的平方成反比。通过求和，这些吸引力的和，即整个球对小球的吸引力，也与相同比值相等。

推论 I. 在相同距离处均匀球的吸引力的比与球自身的比相等。因为（由命题 72）如果距离与球的直径成正比，则力的比与直径的比相等。令较大的距离以该比值逐渐减小，使距离相等，则吸引力以该比值的平方逐渐增大；所以它与其他吸引力的比与该比值的立方相等，即与球的比值相等。

推论 II. 在任意距离处吸引力与球成正比，与距离的平方成反比。

推论Ⅲ.如果小球位于均匀球外受到的吸引力与它到球心距离的平方成反比，而吸引粒子组成球，随着小球到每个粒子的距离的平方减小，则每个粒子的力将减小。

命题 75 定理 35

• • •

如果加在已知球上的各点的向心力随到这些点的距离的平方而减小，则另一个相似的球也受到它的吸引，该力反比于二球心距离的平方。

因为每个粒子的吸引与它到吸引球的中心的距离的平方成反比（由命题 74），因而该吸引力好像出自一个位于该球心的小球。另一方面，该吸引力的大小与该小球自身所受到的吸引相等，好像它受到被吸引球上各粒子以等与它吸引它们相等的力吸引它一样。而小球的吸引（由命题 74）与它到被吸引球的中心的距离的平方成反比；所以，与之相同且相等的球的吸引的比值相等。

推论Ⅰ.球对其他均匀球的吸引与吸引的球除以它们的中心到被他们吸引的球心距离的平方成正比。

推论Ⅱ.被吸引的球也能吸引时情况一样时。因为一个球上若干点吸引另一个球上若干点的力，与它们被后者吸引的力相等；由于在全部吸引作用中（由第三定律），被吸引的与吸引的点二者相等作用，吸引力由于它们互相之间的作用而加倍，而其比例始终没有变化。

推论Ⅲ.在关于物体由于圆锥曲线的焦点运动时，如果吸引的球位于焦点，物体在球外运动，则上述诸结论均可成立。

推论Ⅳ.如果在球内发生环绕运动，则只有物体绕圆锥曲线的中心运动才满足上述结论。

命题 76 定理 36

···

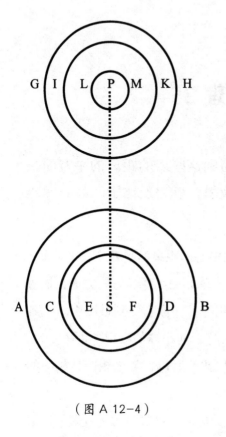

（图 A 12-4）

如果若干球体（就其物质密度和吸引力而言）相互间由其中心到表面的同类比值完全不相似，但各球在其到中心给定距离处是相似的，而且各点的吸引力随其到被吸引物体的距离的平方而减小，则这些球体中的一个吸引其他球体的全部的力反比于球心距离的平方。（图 A 12-4）

设若干同心球 AB，CD，EF 具有相似性，等等，其中最里面的一个加上最外面的一个所包含的物质其密度比球心大，或者减去球心处密度后余下相同稀薄的物质。则由命题 75，这些球体将吸引其他具有相似性的同心球 GH、IK、LM 等，其中每一个对其他一个的吸引力与距离 SP 的平方成反比。结合相加或相减方法，全部这些力的总和，或者其中之一与其他的差，即整个球体 AB（包括全部其他同心球或它们的差）的合力吸引整个球体 GH（包括所有其他同心球或它们的差）也与相同比值相等。令同心球数目无休止的增加，使物质密度同时使吸引力在沿由球面到球心的方向上按任意给定规律增减；并通过增加无吸引作用的物质补足不足的密度，使球体获得所下午得到的任意形状；而由前面的理由可知，其中之一吸引其他球体的力同样与距离的平方成反比。

推论 I.如果有特别多的类似的球，在所有方面相似，互相之间吸引，则每个球体对其他一个球体的加速吸引作用，在任意相等的中心距离处，都与吸引球体成正比。

推论 II. 在任意不相等的距离处，与吸引球体除以二球心距离的平方成正比。

推论 III. 一个球相对于另一个球的运动吸引，或二者间的相对重量，在相同的球心距离处，共同与吸引的与被吸引的球成正比，即与这两个球的乘积成正比。

推论 IV. 在不同的距离处，与该乘积成正比，与二球心距离的平方成反比。

推论 V. 如果吸引作用由二个球互相作用产生，上述比例式仍然成立。因为两个力的互相作用仅使吸引作用加倍，比例式保持无变化。

推论 VI. 如果这样的球绕其他静止的球转动，每个球绕另一个球转动，而且静止球与运动球心的距离与静止球的直径成正比，则环绕周期相同且相等。

推论 VII. 如果周期相同，则距离与直径成正比。

推论 VIII. 在绕圆锥曲线焦点的运动中，如果具备上述条件和形状的吸引球位于焦点上，上述仍可结论成立。

推论 IX. 如果具备上述条件的运动球也能吸引，结论仍然成立。

命题 77 定理 37

• • •

如果球心各点的向心力正比于这些点到被吸引物体的距离，则两个相互吸引的球的复合力正比于二球心间的距离。（图 A 12-5）

情形 1. 令一个球体为 AEBF，其中心是 S，被它吸引的小球是 P，球体通过小球中心的轴为 PASB；分割球体的二个平面是 EF、ef，并与该轴垂直，而且在球的两边到球心的距离相等；二平面与轴的交点是 G 和 g；

平面 *EF* 上任意一点是 *H*。点 *H* 沿直线 *PH* 方向作用于小球 *P* 的向心力与距离 *PH* 成正比；而（由运动定律推论 Ⅱ）沿直线 *PG* 方向或指向球心 *S* 的力，也与长度 *PG* 成正比。所以，平面 *EF* 上全部的点（即整个平面）向中心 *S* 吸引小球 *P* 的力与距离 *PG* 乘以这些点的数目成正比，即与由平面 *EF* 和距离 *PG* 构成的立方体成正比。由类似方法，使小球 *P* 被吸引向球心 *S* 的平面的力，于该平面乘以其距离 *Pg* 成正比，或与相等平面 *EF* 乘以距离 *Pg* 成正比；这两个平面的力的和与平面 *FF* 乘以距离的和 *PG+Pg*

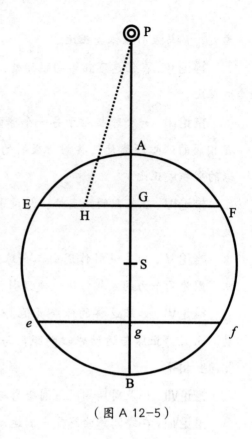

（图 A 12-5）

成正比，即与该平面乘以中心到小球距离 *PS* 的二倍成正比；即与平面 *EF* 的二倍乘以球心到小球距离 *PS* 成正比，或与相等平面。*EF+ef* 乘以相同距离成正比，而由类似理由，整个球体上球心两边到球心距离相同的全部平面的力，都与这些平面的和乘以距离 *PS* 成正比，即与整个球体与距离 *PS* 的乘积成正比。

情形 2. 设小球 *P* 也吸引球体 *AEBF*。由同等理由可知，则使球体被吸引的力也与距离 *PSo* 成正比。

情形 3. 设另一球体包含无数小球 *P*。因为使每个小球被吸引的力与小球到第一个球心的距离成正比，同样也与第一个球成正比，因而这个力如同是从一个位于球心的小球所发出的一样，则使第二个球体中全部小球被吸引的力，即整个第二个球被吸引的力，也好像是受到位于第一个球心的小球所发生的吸引力一样；所以与两个球心之间的距离成正比。

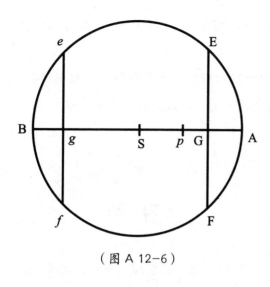

（图 A 12-6）

情形 4. 令两球相互吸引，则吸引力加倍，但比例不变。（图 A 12-6）

情形 5. 令小球 P 置于球体 $AEBF$ 内，因为平面炉作用于小球的力与该平面与距离 pq 所围成的立方体成正比；而平面 EF 的相反的力与它与距离 PG 所围成的立方体成正比；二者的复合力与两个立方体的差成正比，即与两个相等平面的和乘以距离的差的一半成正比；即与该和乘以 pS，小球到球心的距离成正比。而且，由相似理由，通过整个球体的全部平面 EF、ef 的吸引力，即整个球体的吸引力，与全部平面的和成正比，或与整个球体成正比，也与 pS 成正比，小球到球体中心的距离。

情形 6. 如果由数不清的小球 p 组成的新球体位于第一个球体 $AEBF$ 之内，可以证明，与前述相同，不论是一个球体吸引另一个，或是二者相互吸引，吸引力都于二球心的距离力 pS 成正比。

命题 78 定理 38

•••

设有二球体，由球心到球面方向上既不相似也不相等，但到中心相等距离处均相似；而且每个点的吸引力正比于到被吸引物体的距离，则使两个这样的球体相互吸引的全部的力正比于二球心之间的距离。

这可以由前一个命题得以证明，与命题 76 可由命题 75 得以证明一样。

推论. *之前在命题 10 和 64 中所证明的物体绕圆锥曲线运动的结论，当吸引作用来自具备上述条件的球体的力，以及被吸引物体也是同类球体时，结论均都成立。*

附 注

到此我已经解释了吸引的两种基本情况；即当向心力随距离的比的平方而减小，或随距离的相同比值而增大，使物体在这两种情框下都沿圆锥曲线转动，并结合成球体，其向心力按相同定律随其到球心的距离而增减，一如球体内各部分那样；这一点非常重要。至于其他情况，其结论有所欠妥，如果把它们像上述情况一样详加论述则有些烦琐。以下我可以用一种简单的方法对它们作大体上的解释和求解。

引理 29

• • •

如果围绕中心 S 画一任意圆周 AEB，又绕中心 P 也画两个圆周

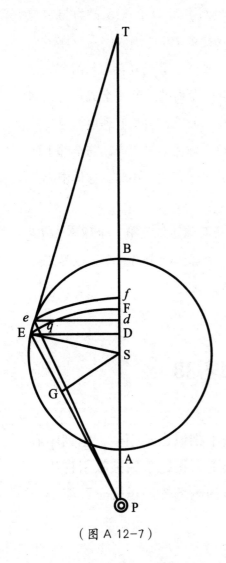

（图 A 12-7）

EF 和 *ef*，并与第一个圆相交于 *E* 和 *e*，与直线 *PS* 相交于 *F* 和 *f*；再 *PS* 上做垂线 *ED*、*de*，则如果弧长 *EF*、*ef* 的距离无限减小，趋于零的线段 *Dd* 与趋于零的线段 *Ef* 的最后比值等于线段 *PE* 比线段 *PS*。（图 A 12-7）

如果直线 *Pe* 与弧 *EF* 相交于 *q*；而直线 *Ee* 与接近零的弧 *Ee* 重合，并延长与直线 *PS* 相交于 *T*；再由 *S* 向 *PE* 作垂线 *SG*，则，因为三角形 *DTE* 相似于三角形 *dTe* 相似于三角形 *DES*，

Dd：*Ee* = *DT*：*TE* = *DE*：*ES*；

又因为三角形 *Eeq* 相似于三角形 *ESG*（由引理 8，和引理 7 推论Ⅲ），

Ee：*eq* 或 *Ff* = *Es*：*SG*。

将两比例式对应项相乘，

Dd：*Ff* = *DE*：*SG* = *PE*：*PS*

（因为三角形 *PDE* 相似于三角形 *PGS*）。

命题 79 定理 39
···

设一表面 *EFfe* 的宽度无限缩小，并刚好消失；而同一个表面绕轴 *PS* 转动产生一个球状凹凸形体，其各部分受到相等的向心力，则形体吸引位于 *P* 的小球的力，等于立方体 $DE^2 \times Ff$ 的比值与使位于 *Ff* 处给定部分吸引同一个小球的力的比值的复合比值。（图 A 12-8）

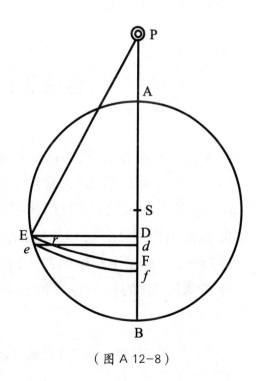

（图 A 12-8）

首先考虑弧 *FE* 旋转而成的球面 *EF* 的力，该弧在某处，比如直线 *de* 分割 *r*，这样，弧 *rE* 旋转而成的面的圆环部分将与短线 *Dd* 成比例，而球体的半径 *PE* 保持不发生改变；如同阿基米德在他的著作《论球体和柱体》中所证明的那样。整个圆锥体表面上分布直线 *PE* 或 *Pr*，圆环面的力沿着直线 *PE* 或 *Pr* 的方向，与该圆环本身成比例；即，与短线 *Dd* 成正比，或者相同地，与球体的已知半径 *PE* 与短线段 *Dd* 的乘积成正比；但该力沿直线 *PS* 方向指向球心 *S*，比 *PD* 与 *PE* 的比值小，所以与 $PD \times Dd$ 成正比。此时，设线段 *DF* 被分割成无数个相等的粒子，每个粒子都以表示，则表面 *FE* 也被分割成相同的多个圆环；它们的力与所有乘积 $PD \times Dd$ 的总和成正比，即与 $\frac{1}{2}PF^2 - \frac{1}{2}PD^2$ 成正比，所以与 DE^2 成正比。再将表面 *FE* 乘以高度 *Ff*；则立体 *EFfe* 作用于小球 *P* 的力与 $DE^2 \times Ff$ 成正比；即如果已知这个力，其上任意给定的粒子 *Ff* 在距离 *PF* 处作用于小球 *P* 的力。而如果未知这个力，则立体 *EF* 先知的力将与立体 $DE^2 \times Ff$ 乘以该未知力成正比。

命题 80 定理 40
···

如果以 *S* 为中心的球体 *ABE* 上若干相等部分都受到相等的向心力作用；而且在球 *AB* 的直径上置一小球，并在直任上取若干点 *D*，在其上做垂线 *DE* 与球体相交于 *E*，如果在这些垂线上取长度 *DN* 正比于 $\frac{DE^2 \times PS}{PE}$，同时也正比于球体内位于轴上的一粒子在距离 *PE* 处作用于小球的力，则使小球被吸引向球体的全部力正比于球体 *AB* 的轴与点 *N* 的轨迹曲线 *ANB* 所围成的面积 *ANB*。
（图 A 12-9）

设上述引理和定理的作图成立，把球体 *AB* 的轴分割为无数相等粒

子 Dd，则整个球体分为同样多的凹凸圆片 $EFfe$；作垂线 dn。由上述定理，圆片 $EFfe$ 吸引小球 P 的力与 $DE^2 \times Ff$ 与一个粒子在距离 EP 或 PF 处作用于小球的力的乘积成正比。但（由上述引理）Dd 比 Ff 与 PE 比 PS 相等，所以 Ff 与 $\dfrac{PS \times Dd}{PE}$ 相等，而 $DE^2 \times Ff$ 与 $\dfrac{DE^2 \times PS}{PE}$ 相等，所以圆片 $EFfe$ 的力与 $Dd \times \dfrac{DE^2 \times PS}{PE}$ 与一个粒子在距离 PF 处的作用力的乘积成正比，即由命题可知，与 $DN \times Dd$ 成正比，或与接近零的面积 $DNnd$ 成正比。所以，全部圆片作用于小球的总力与全部面积 $DNnd$ 成正比，即整个球的力与整个面积 ANB 成正比。

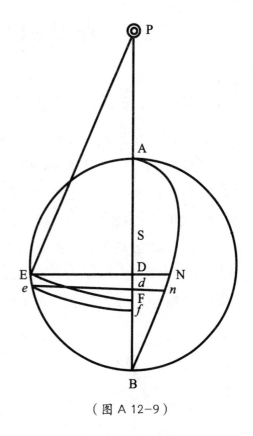

（图 A 12-9）

推论 I．如果指向若干粒子的向心力在全部距离上都相等，而且 DN 与 $\dfrac{DE^2 \times PS}{PE}$ 成正比，则球体吸引小球的所有力与面积 ANB 成正比。

推论 II．如果各粒子的向心力与它到被吸引小球的距离成反比，而且 DN 与 $\dfrac{DE^2 \times PS}{PE}$ 成正比，则整个球体对小球 P 的吸引力与面积 ANB 成正比。

推论 III．如果各粒子的向心力与被它吸引的小球的距离的立方成反比，而且 DN 与 $\dfrac{DE^2 \times PS}{PE}$ 成正比，则整个球体对小球的吸引力与面积 ANB 成正比。

推论 IV．一般地，如果指向球体若干粒子的向心力与量 V 成反比，并且 DN 与 $\dfrac{DE^2 \times PS}{PE \times V}$ 成正比，则整个球体吸引小球的力与面积 ANB 成正比。

命题 81 问题 41

···

在上述条件下，求面积 *ANB*。（图 A 12-10）

由点 *P* 作直线 *PH* 与球体相切于 *H*；在轴 *PAB* 上做垂线 *HI*，在 *L* 二等分 *PI*；则（由欧几里得《原本》第二卷命题 12）PE^2 与 $PS^2+SE^2+2PS×SD$ 相等。但因为三角形 *SPH* 相似于三角形 *SHI*、SE^2 或 SH^2 与乘积 $PS×IS$ 相等。所以，PE^2 与 *PS* 与 *PS+SI+2SD* 的乘积相等，即 *PS* 与 *2LS+2SD* 的乘积，也即 *PS* 与 *2LD* 的乘积。而且，DE^2 与 SE^2-SD^2 相等，或与 $SE^2-LS^2+2LS×LD-LD^2$ 相等，即 $2LS×LD-LD^2-LA×LB$。

由于 LS^2-SE^2 或 LS^2-SA^2（由欧几里得《原本》第二卷命题 6）等于

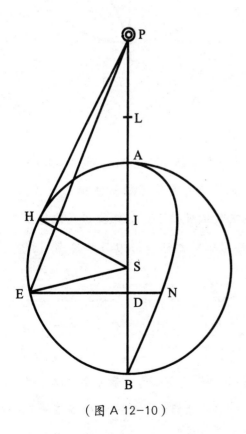

（图 A 12-10）

乘积 $LA×LB$。所以，把 DE^2 以 $2LS×LD-LD^2-LA×LB$ 代替，则与长度 *DN*（由前一命题推论Ⅳ）的量成正比，$\frac{DE^2×PS}{PE×V}$ 可以分解为三部分 $\frac{2SLD×PS}{PE×V} - \frac{LD^2×PS}{PE×V} - \frac{ALB×PS}{PE×V}$。

如果以向心力的反比值代替 *V*，以 *PS* 与 *2LD* 的比例中项代替 *PE*，则这三部分即变成同样多的曲线的纵坐标，曲线的面积可由普通方法求出。

例 1： 在如果指向球体各粒子的向心力与距离成反比，以距离 *PE* 代替 *V*，$2PS×LD$ 代替 PE^2；则 *DN* 与 $SL-\frac{1}{2}LD-\frac{LA×LB}{2LD}$ 成正比，设 *DN* 与其二倍 $2SL-LD-\frac{LA×LB}{LD}$ 相等；则纵坐标的已

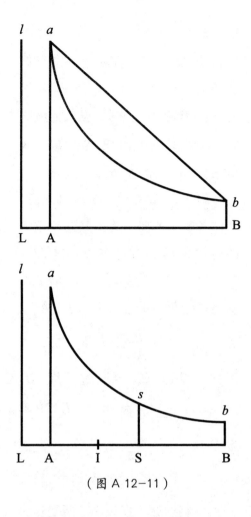

（图 A 12-11）

知部分 $2SL$ 与长度 AB 构成长方形面积 $2SL \times AB$；其不确定部分 LD 以连续运动垂直通过同一长度，并在其运动中通过增减其一边或另一边的长度使之始终与长度 LD，做出面积 $\dfrac{LB^2 \times LA^2}{2}$ 相等，即面积 $SL \times AB$；它被之前一个面积 $2SL \times AB$ 中减去后，余下面积 $SL \times AB$。但用相同方法垂直地连续通过同一长度的第三部分 $\dfrac{LA \times LB}{LD}$，将画出一个双曲线的面积，从面积 $SL \times AB$ 中减去它后就余下要求的面积 ANB。由此得到本问题的作图法（图 A 12-11）。在 点 L、A、B 作 垂 线 Ll、Aa、Bb；使 Aa 与 LB 相等，Bb 与 LA 相等。以渐近线为 Ll 和 LB，通过点 a、b 作双曲线作弦线也，则所围的面积 aba 就是要求的面积 ANB。

　　例 2：如果指向球体各粒子的向心力与距离的立方成反比，或（是同一回事）与该立方除以一个任意给定平面成正比；以 $\dfrac{PE^3}{2AS^2}$ 代替 V，以 $2Ps \times LD$ 代替 PE^2；则 DN 与 $\dfrac{SL \times AS^2}{PS \times LD} - \dfrac{AS}{2PS} - \dfrac{LA \times LB \times AS^2}{2PS \times LD^2}$ 成正比。即因为 PS、AS、SI 连续与 $\dfrac{LSI}{LD} - \dfrac{1}{2}SI - \dfrac{LA \times LB \times SI}{2LD^2}$ 成正比，将这三部分通过长度 AB，第一部分 $\dfrac{SL \times SI}{LD}$ 产生双曲线的面积；第二部分 $\dfrac{1}{2}SI$ 产生面积 $\dfrac{1}{2}AB \times SI$；第三部分 $\dfrac{LA \times LB \times SI}{ZLD^2}$ 产生面积 $\dfrac{LA \times LB \times SI}{2LA} - \dfrac{LA \times LB \times SI}{ZLB}$，即 $\dfrac{1}{2}AB \times SI$。从第一个面积中减去第二个和第三个面积的和，则余下的即是要求的面积 ANB。由此得本问题的作图法（图 A 12-12）。在点 L、A、S、

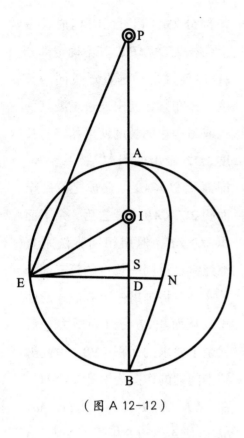

（图 A 12-12）

B，作垂线 Ll、Aa、Ss、Bb，其中设 Ss 与 SI 相等；通过点一以渐近线为 Ll、LB 作双曲线 asb 与垂线 Aa、Bb 相交于 a 和 b；从双曲线面积 $AasbB$ 中减去面积 $2SA \times SI$，即得到要求的面积 ANB。

例 3：（图 A 12-12）如果指向球体各粒子的向心力随其到各粒子的距离的四次方而减小；以 $\dfrac{PE^4}{2AS^3}$ 代替 V，以 $\sqrt{(2SP+LD)}$ 代替 PE，则 DN 与 $\dfrac{SI^2 \times SL}{\sqrt{2SI}} \times \dfrac{1}{\sqrt{LD^3}} - \dfrac{SI^2}{2\sqrt{2SI}}$ $\times \dfrac{1}{\sqrt{LD}} - \dfrac{SI^2 \times LA \times LB}{2\sqrt{2SI}} \times \dfrac{1}{\sqrt{LD^5}}$ 成正比。将这三部分通过长度 AB，产生以下三个面积：$\dfrac{2SI^2 \times SL}{\sqrt{2SI}}$ 产生（$\dfrac{1}{\sqrt{LA}} \times \dfrac{1}{\sqrt{LB}}$），$\dfrac{SI^2}{\sqrt{2SI}}$ 产生

$\sqrt{LB}-\sqrt{LA}$；$\dfrac{SI^2 \times LA \times LB}{3\sqrt{2SI}}$ 产生（$\dfrac{1}{\sqrt{LA^3}} - \dfrac{1}{\sqrt{LB^3}}$）。经过化简后得到 $\dfrac{2SI \times SL}{LI}$；$SI^2$，和 $SI^3 + \dfrac{3SI^3}{3LI}$。从第一项中减去后二项，得到 $\dfrac{4SI^3}{3LI}$。所以小球所受到的指向球体中心的总力与 $\dfrac{SI^3}{PI}$ 成正比，即与 $PS^3 \times PI$ 成反比。

运用相同方法可以求出位于球体内小球受到的吸引力，但采用下述定理将更为简单方便。

命题 82 定理 42

· · ·

一个以 S 为心以 SA 为半径的球体，如果取 SI、SA、SP 为连续正

比项，则位于球体内任意位置 I 的小球所受到的吸引力，与位于球体外 P 处的所受到力的比，等于两者到球心的距离 IS、PS 的比值的平方根，与在这二处 P 和 I 指向球心的向心力的比值的平方根的复合比。（图 A 12-13）

如果球体各粒子的向心力与被它们吸引的小球的距离成反比，则整个球体吸引位于 I 处小球的力，比它吸引位于 P 处小球的力，与距离 SI 与距离 SP 的比值的平方根相等，以及位于球心的任何粒子在 I 处产生的向心力与同一粒子在 P 处产生的向心力

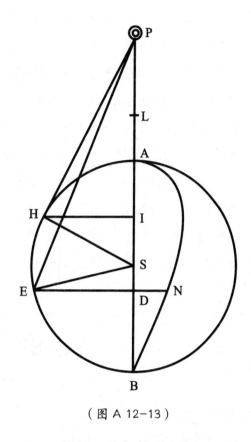

（图 A 12-13）

的比值二者的复合比。即与距离 SI、SP 相互间比值的平方根成反比。这二个比值的平方根复合成相等比值，所以整个球体在 I 与在 P 处产生相等的吸引。由相同计算可知，如果球上各粒子的力与距离的平方成反比，则可以发现 I 处的吸引力比 P 处的吸引力与距离 SP 比球体半径 SA 相等。如果这些力与距离比值的立方成反比，在 I 和 P 处吸引力的比将与 SP^2 比 SA^2 相等；如果与比值的四次方成反比，则与 SP^3 比 SA^3 相等。所以，由于在最后一种情形中 P 处的吸引力与 $PS^2 \times PI$ 成反比，在 I 处的吸引力将与 $SA^3 \times PI$ 成反比，即因为给定 SA^3，与 PI 成反比。用同样的方法可依次类推至于无限。该定理的证明如下：

保留上述作图，一个小球在任意处所 P，其纵坐标 DN 与 $\dfrac{DE^2 \times PS}{PE \times V}$ 成正比。所以，如果画出 IE，则任意其他处所的小球，如 I 处，其纵坐

标（其他条件不改变的情况下）与$\frac{DE^2 \times IS}{IE \times V}$成正比。设由球体任意点 E 发出的向心力在距离 IE 和 PE 处的比为 PEn 比 IEn（在此，数值 n 表示 PE 与 IE 的幂次），则这些纵坐标变为 $\frac{DE^2 \times PS}{PE \times PE^n}$ 和 $\frac{DE^2 \times IS}{IE \times IE^n}$，互相之间的比值为 $PS \times IE \times IE\, n$ 比 $IS \times PE \times PEn$。因为 SI、SE、SP 是连续成正比的，三角形 SPE 相似于三角形 SEI；因而 IE 比 PE 与 IS 比 SE 或 SA 相等。以 IS 与 SA 的比值代替 IE 与 PE 的比值，则纵坐标比值变为 $PS \times IE^n$ 与 $SA \times PE^n$ 的比值。但 PS 与 SA 的比值与距离 PS 与 SI 的比值的平方根相等，而 IE^n 与 PE^n 的比值（因为 IE 比 PE 与 IS 比 SA 相等）与在距离 PS、IS 处引力的比值的平方根相等。所以，纵坐标，进而纵坐标画出的面积，以及与它成正比的吸引力之间的比值，是这些比值的平方根的复合比。

命题 83 问题 42

• • •

求使位于球体中心处一小球被吸引向任意一球冠的力。（图 A 12-14）

令球体中心处物体为 P，平面 RDS 与球表面 RBS 之间的球冠为 $RBSD$。令 DB 为由球心 P 画出的球面 EFG 分割于 F，并将球冠分

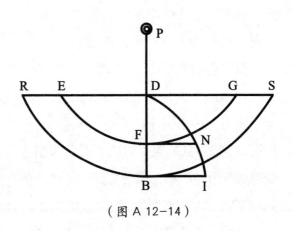

（图 A 12-14）

割为 $BREFGS$ 与 $FEDG$ 两部分。设该球冠不是纯数学的而是物理的表面，具有某种厚度，但又是完全无法测度的。令该厚度为 0，则（由阿基米德所证明的）该表面与 $PF \times DF \times O$ 成正比，再设球上各粒子吸引力与距离的某次幂成反比，其指数为 n；则表面 EFG 吸引物体 P 的力将（由命题

79）与成正比，即与 $\dfrac{2DF\times 0}{PF^{n-1}} - \dfrac{DF^2\times 0}{PF^n}$ 成正比。令垂线 *FN* 乘以 *O* 与这个量成正比；则纵坐标 *FN*，连续运动通过长度 *DB* 所画出的曲线面积 *BDI*，将与整个球冠吸引物体 *P* 的力成正比。

命题 84 问题 43

···

求不在球心处而在任意一球冠轴上的小球受该球冠吸引的力。

令位于球冠 *EBK* 的轴 *ADB* 上的物体 *P*，受到球冠的吸引。关于中心 *P* 以半径为 *PE* 画球面 *EFK*，它把球冠分为二部分 *EBKFE* 和 *E–FKDE*。用命题 81 求出第一部分的力，再由命题 83 求出后一部分的力，二力的和就是整个球冠 *EBKDE* 的力。

附 注

讲述完球体的吸引力后（图 A 12-15），应该接着讨论由吸引的粒子以相似方法组成的其他物体的吸引定律；但我的计划不拟专门讨论它们。只需要补述若干与这些物体的力以及由此产生的运动有关的普适命题即足以够用，因为这些知识在哲学研究中作用不是特别大。

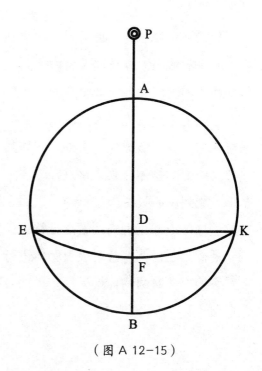

（图 A 12–15）

第 13 章
非球形物体的吸引力

命题 85 定理 42

...

如果一个物体受到另一个物体的吸引，而且该吸引作用在它与吸引物体相接触时远大于它们之间有极小间隔时；则吸引物体各粒子的力，在被吸引物体离开时，以大于各粒子的距离比值的平方而减小。

如果到各粒子的距离的平方减小则力也随着减小，则指向球体的吸引力（由命题74）应与被吸引物体到球心距离的平方成反比，不会由于接触而有明显增大，而如果在被吸引物体离开时，吸引力以极小的比率减小，则更不会发生增大。所以，本命题在吸引球体的情形中是非常容易可见的。在凹形球壳吸引外部物体的情形中也是相同的。而当球壳吸引在其内部的物体时则也是这样，因为吸引作用在经过球壳的空腔时被扩散，受到反向吸引力的抵消，因而在接触处根本没有吸引作用。如果在这些球体或球壳远离接触点处移去任何一部分，并在其他任何地方增添新的部分，也就随意对吸引物体进行了改变；但在远离接触点处增补或移去的部分对两物体接触而产生的吸引作用没有显著增强。所以本命题适用于所有形状的物体。

命题 86 定理 43

...

如果组成吸引物体的粒子的力，在吸引物体离开时，随到各粒子距离的三次或多于三次方而减小，则在接触点的吸引力远大于吸引与被吸引物体相互分离时的情形，尽管分离的间隔极小。

当被吸引小球向这种吸引球接近并接触时，吸引力无休止地增大，这已在问题 41 的第二和第三个例子的求解中表明。接近凹形球壳的物体的吸引（通过比较这些例子和定理 41）也是相同的，不论被吸引物体是位于球壳之外，还是位于空腔内。而通过移去球体或球壳上接触点以外任何地方的吸引物质，使吸引物体变为期望的任何形状，本命题仍将适用于所有物体。

命题 87 定理 44

...

如果两个物体相似，并包含吸引作用相同的物质，分别吸引两个正比于这些物体且位置与它们相似的小球，则小球指向整个物体的加速吸引将正比于小球指向物体的与整体成正比且位置相似的粒子的加速吸引。

如果把物体分为与整体成正比的粒子，且在其中位置相似，则指向一个物体中任一粒子的吸引力比指向另一个物体中对应粒子的吸引力，与指向第一个物体中无数粒子的吸引力比指向另一个物体中对应粒子的吸引力相等；而且，通过比较可知，也与指向整个第一个物体的吸引力比指向整个第二个物体的吸引力相等。

推论 I. 如果随着被吸引小球距离的增加，各粒子的吸引力按距离的任意次幂的比率减小，则指向整个物体的加速吸引将与物体成正比，与距离的幂成反比，如果被吸引小球的距离的平方而减小则各粒子的力也随之减小，而且物体与 A^3 和 B^3 成正比，则物体的立方边，以及被吸引小球到物体的距离与 A 和 B 成正比；而指向物体的加速吸引将与 $\frac{A^3}{A^2}$ 和 $\frac{B^3}{B^2}$ 成正比，即与物体的立方 A 和 B 成正比。如果到被吸引小球距离的立方减小则各粒子的力随之减小，则指向整个物体的加速吸引将与 $\frac{A^3}{A^3}$ 和 $\frac{B^3}{B^3}$ 成正比，即，相等。如果力随四次方减小，则指向物体的吸引与 $\frac{A^3}{A^4}$ 和 $\frac{B^3}{B^4}$ 成正比，即与立方边 A 和 B 成反比。其他情形依次类推。

推论 II. 另一方面，如果这种减小仅仅与距离的某种比率成正比或反比的话，由相似物体吸引位置相似小球的力，可以求出在被吸引小球离开时各粒子的吸引力减小的比率。

命题 88 定理 45

•••

如果任意物体中相等粒子的吸引力正比于到该粒子的距离，则整个物体的力指向其重心；对于由相似且相等物质构成，且球心在重心上的球体，它的力情况相同。（图 A 13-1）

令物体 *RSTV* 的粒子 *A*，*B* 以与距离 *AZ*、*BZ* 的力成正比吸引任意小球 *Z*，二粒子是相等的；如果它们不相等，则力共同与这些粒子与距离 *AZ*、*BZ* 成正比，或者（如

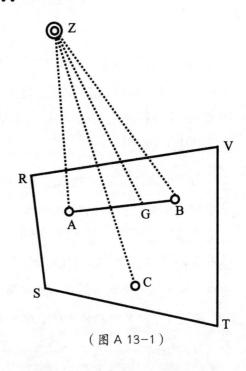

（图 A 13-1）

果可以这样说的话）与这些粒子分别乘以它们的距离 *AZ*、*BZ* 成正比。这些力由 *A*×*AZ* 和 *B*×*BZ* 表示。连接 *AB*，并在 *G* 被分割，使 *AG* 比 *BG* 与粒子 *B* 比粒子 *A* 相等；则 *A* 和 *B* 二粒子的公共重心为 *G*。力 *A*×*AZ* 可以（根据运动定律推论 Ⅱ）分解为力 *A*×*GZ* 和 *A*×*AG*；而力 *B*×*BZ* 可以分解为 *B*×*GZ* 和 *B*×*BG*。因为 *A* 垂直于 *B*，*BG* 垂直于 *AG*，力 *A*×*AG* 等于 *B*×*BG*，所以沿相反方向作用而互相之间抵消。只剩下力 *A*×*GZ* 和 *B*×*GZ*。它们由 *Z* 指向中心 *G*，复合为力（*A*+*B*）×*GZ*；即它与吸引粒子 *A* 和 *B* 一同位于其公共重心上组成一只较小的球体所产生的力相等。

由相同理由，如果加上第三个粒子 *C*，它的力与指向中心 *G* 的力（*A*+*B*）×*GZ* 复合，形成指向在 *G* 的球体与粒子 *C* 的公共重心的力；即指向三个粒子 *A*、*B*、*C* 的公共重心；与该球体与粒子 *C* 同位于它们的公共重心组成一更大的球体相等；可以照此类推至于无限。所以任何物体 *RSTV* 的所有粒子的合力与该物体保持其重心没有改变而变为球体形状后相同。

推论．被吸引物体 *Z* 的运动与吸引物体 *RSTV* 变为球体后相同；所以，不论该吸引物体是静止还是做匀速直线运动，被吸引物体都将沿中心在吸引物体重心上的椭圆运动。

命题 89 定理 46

•••

如果若干物体由其力正比于相互间距离的相等粒子组成，则使任意小球被吸引的所有力的合力指向吸引物体的公共重心；而且其作用与这些吸引物体保持其公共重心不变而组成一只球体相同。

本命题的证明方法与前一命题相同。

推论．所以被吸引物体的运动，与吸引物体保持其公共重心咩有改变而组成一只球体后相同。所以，不论吸引物体的公共重心是静止，还是做匀速直线运动，被吸引物体都将沿其中心在吸引物体公共重心上的椭圆运动。

命题 90 问题 44
···

如果指向任意圆周上各点的向心力相等，并随距离的任意比率而增减；求使一小球被吸引的力，即，该小球位于一条与圆周平面成直角且穿过圆心的直线上某处。（图 A 13-2）

设 A 为一圆周圆心，AD 为半径，处在以直线 AP 为垂线的平面上；所要求的是使小球 P 被吸引指向同一圆周的力。由圆上任一点 E 向被吸引小球 P 作直线 PE。在直线 PA 上取 PF 与 PE 相等，并在 F 作垂线 FK，与 E 点吸引小球 P 的力成正比。再令点 K 为曲线 IKL 的轨迹。令该曲线与圆周平面相交于 L。在 PA 上取 PH 与 PD 相等，作垂线 HI 与曲线相交于 I；则小球 P 指向圆周的吸引力将与面积 AHIL 乘以高度 AP 成正比。

因为，在 AE 上取极小线段 Ee，连接 Pe，又在 PE、PA 上取 PC、Pf，二者都与 Pe 相等。因为，在上述平面上以圆心为 A，半径为 AE 的圆上任意点 E 吸引

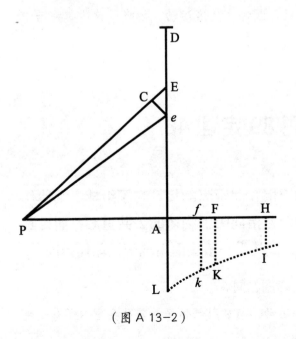

（图 A 13-2）

物体 P 的力，设与 FK 成正比，所以该点把物体吸引向 A 的力与 $\dfrac{AP \times FK}{PE}$ 成正比；整个圆把物体 P 吸引向 A 的力同时与该圆和 $\dfrac{AP \times FK}{PE}$ 成正比；而该圆又与半径 AE 与宽 Ee 的乘积成正比，该乘积又（因为 PE 正比于 AE，Ee 正比于 CE）与乘积 $PE \times CE$ 或 $PE \times Ef$ 相等；所以该圆把物体 P 吸引向 A 的力同时与 $PE \times Ff$ 和 $\dfrac{AP \times FK}{PE}$ 成正比；即与 $Ff \times FK \times AP$ 成正比，或与面积 $FKkf$ 乘以 AP 成正比。所以，对于以圆心为 A，半径为 AD 的圆，把物体 P 吸引向 A 的力的总和，与整个面积 $AHIKL$ 乘以 AP 成正比。

推论 I . 如果距离的平方减小则各点的力随之减小，即，如果 FK 与 $\dfrac{1}{PF^2}$ 成正比，因而面积 $AHIKL$ 与 $\dfrac{1}{PA} - \dfrac{1}{PH}$ 成正比；则小球 P 指向圆的吸引力与 $1 - \dfrac{PA}{PH}$ 成正比，即，与 $\dfrac{AH}{PH}$ 成正比。

推论 II . 一般地，如果在距离 D 的点的力与距离的任意次幂成反比；即，如果 FK 与 $\dfrac{1}{D^n}$ 成正比，因而面积 $AHIKL$ 与 $\dfrac{1}{PA^{n-1}} - \dfrac{1}{PH^{n-1}}$ 成正比；则小球 P 指向圆的吸引力与 $\dfrac{1}{PA^{n-2}} - \dfrac{1}{PH^{n-2}}$ 成正比。

推论 III . 如果圆的直径无限增大，数 n 大于一；则小球 p 指向整个无限平面的吸引力与 PA^{n-2} 成反比，因为另一项 $\dfrac{PA}{PH^{n-1}}$ 已变为零。

命题 91 问题 45

···

求位于圆形物体轴上的小球的吸引力，指向该圆形物体上各点的向心力随距离的某种比率减小。（图 A 13-3）

令小球 P 在物体 $DECG$ 的轴 AB 上，受到该物体的吸引。

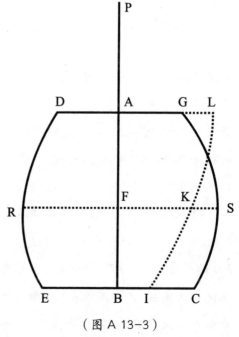

（图 A 13-3）

220

令与该轴垂直的任意圆 *RFS* 分割该物体；圆半径 *FS* 在一穿过轴的平面 *PALKB* 上，在 *FS* 上（由命题 90）取长度 *FK* 与使小球被吸引向该圆的力成正比。令点的轨迹为曲线 *LKI*，与最外面的圆 *AL* 和 *BI* 的平面相交于 *L* 和 *I*；则小球指向物体的吸引力与面积 *LABI* 成正比。

推论 I. 如果物体是由平行四边形 *ADEB* 绕轴 *AB* 旋转而成的圆柱体（图 A 13-4），而且指向其上各点的向心力与到各点距离的平方成反比；则小球 *P* 指向该圆柱体的吸引与 *AB*–*PE* + *PD* 成正比。因为纵坐标 *FK*（由命题 90 推论 I）与 1– $\frac{PF}{PR}$ 成正比。该量的第一部分乘以长度 *AB*，表示面积 1×*AB*；另一部分 $\frac{PF}{PR}$ 乘以长度 *PB*，表示面积 1×（*PE*- *AD*）（这易于由曲线 *LKI* 的面积求得）；用相同的方法，同一部分乘以长度 *PA* 表

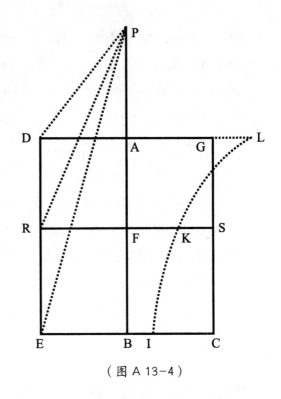

（图 A 13-4）

示面积 1×（*PD*-*AD*），乘以 *PB* 与 *PA* 的差 *AB*，表示面积差 1×（*PE*-*PD*）。由第一项 1×*AB* 中减去最后一项 1×（*PE* - *PD*）。余下的面积 *LABI* 与 1×（*AB*-*PE* + *PD*）相等。所以吸引力与该面积 *AB*-*PE* + *PD* 成正比。

推论 II. 还可以求出椭球体 *AGBC* 吸引在其外且在轴 *AB* 上的物体 *P* 的力。令一圆锥曲线为 *NKRM*，其垂直于 *PE* 的纵坐标 *ER* 始终与线段 *PD* 的长度相等，*PD* 由向该纵坐标与椭圆体的交点 *D* 连续画出。由该椭圆体的顶点 *A*，*B* 向其轴 *AB* 作垂线 *AK*，*BM*，分别与 *AP*，*BP* 相等，与圆锥曲线相交于 *K* 和 *M*；连接 *KM*，分割出面积 *KMRK*。令椭圆体的中心

位 S，其长半轴为 SC；则该椭
圆体吸引物体 P 的力比以 AB 为
直径的球体吸引同一物体的力与
$\dfrac{AS \times CS^2 - PS \times KMRK}{PS^2 + CS^2 - AS^2}$ 比 $\dfrac{AS^2}{3PS^2}$ 相
等。
运用同一原理可以计算出椭圆体
球冠的力。（图 A 13-5）

推论Ⅲ. 如果小球在椭球内
部的轴上，则吸引力与它到球心
的距离成正比。这可以容易地由
以下理由推出，无论该小球是在
轴上还是在其他已知直径上。令
吸引椭球为 $AGOF$，球心为 S，
被吸引物体是 P。通过物体 P 作
半径 SPA，再作两条直线 DE，

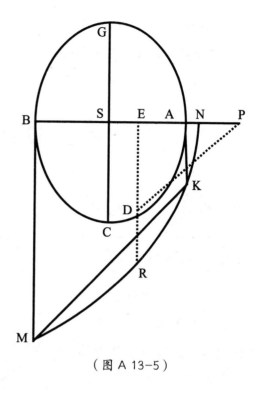

（图 A 13-5）

FG 与椭球交于 D 和 E，F 和 G；令与外面的椭球共心且相似的两个内椭
球的表面为 PCM，HLN，其中第一个通过物体 P，并与直线 DE，FG 相交
于 B 和 C；后者与相同直线交于 H 和 I，K 和 L。令全部椭球共用一个轴，
且直线被两边截下的部分 DP 等于 BE，FP 等于 CG，DH 等于 IE，FK 等
于 LG；因为直线 DE，PB 和 HI 在同一点被二等分，直线 FG，PC 和 L
也在同一点被二等分。现设 DPF，EPG 表示以无限小顶角 DPF，EPG 画
出的相反圆锥曲线，则线段 DH，EI 也及其为小。由椭球表面分割的圆
锥曲线的局部 $DHKF$，$GLIE$，根据线段 DH 和 EI 的相等性知，相互间的
比与到物体 P 距离的平方相等，因而对该物体吸引相同。由同样的理由，
如果把空间 DPF，$EGCB$ 用无数与上述椭球相似且共轴的椭球加以分割，
则得到的全部粒子也都在两边对物体 P 施加同等反向的吸引。所以，圆
锥曲线 DPF 等于圆锥曲线局部 $EGCB$ 的力，而且由于反向作用而互相之
间抵消。这一情形适用于全部内椭球 $PCBM$ 以外的物质的力。所以，物

222

体 P 只受到内椭球 PCBM 的吸引，所以（根据命题 72 推论Ⅲ）它的吸引力比整个椭球 AGOD 对物体 A 的吸引力与距离 PS 比距离 AS 相等。

命题 92 问题 46

已知吸引物体，求指向其上各点向心力减小的比率。（图 A 13-6）

该已知物体必定是球体、圆柱体或某种规则形状物体，它对应于某种减小率的吸引力规律可以由命题 80，81 和 91 求出。然后，通过实验，可以测出

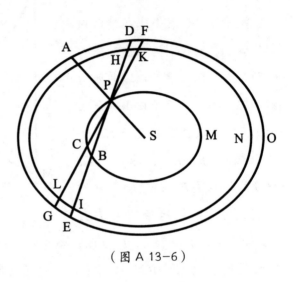

（图 A 13-6）

在不同距离处的吸引力，求出整个物体的吸引规律，由此，即可求得不同部分的力的减小比率；问题就迎刃而解。

命题 93 定理 47

•••

如果物体的一边是平面，其余各边都无限伸展，由吸引作用相等的相等粒子组成。当到该物体的距离增大时，其力以大于距离的平方的某次幂的比率减小，一个置于该平面某一侧之前的小球受到整个物体的吸引，则随着到平面距离的增大，整个物体的吸引

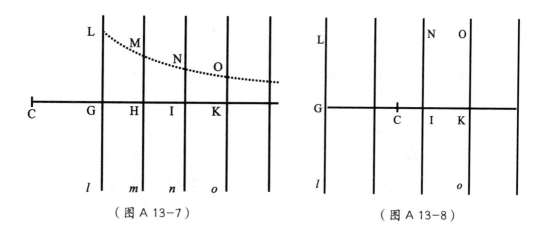

（图 A 13-7）　　　　　　（图 A 13-8）

力将按一个幂的比率减小，幂的底是小球到平面的距离，其指数比距离的幂指数小 3。

情形 1. 令标界物体的平面为 LGI（图 A 13-7）。物体位于平面指向 I 一侧，令物体分解为无数平面 mHM，nIN，oKO 等等，都平行于 GL。首先设被吸引物体 C 在物体之外。作这些平面的垂线 CGHI，并令物体中各点的吸引力按距离的幂的比率减小，幂指数是不小于 3 的数 n。因而（由命题 90 推论 Ⅲ）任意平面 mHM 吸引点 C 的力与 CH^{n-2} 成反比。在平面 mHM 上 取长度 HM 与 CH^{n-2} 成反比，则该力与 HM 成正比。以同样的方法，在各平面 lGL，nIN，oKO 等上取长度 GL，IN，KO 等，与 CG^{n-2}，CI^{n-2}，CK^{n-2} 等成反比，这些平面的力与这样选取的长度成正比，所以力的和与长度的和成正比，即整个物体的力与向着 0K 无限延伸的面积 GLOK 成正比。而该面积（由已知求面积方法）与 CG^{n-3} 成反比，所以整个物体的力与 CG^{n-3} 成反比。

情形 2. 令小球 C 置于平面 lGL 的在物体内的另一侧（图 A 13-8），取距离 CK 与距离 CG 相等。在平行平面 lGL，oKO 之间的物体局部 LGloKO 对位于其正中的小球 C，既不从一边又不从另一边吸引，相对点的反向作用由于相等而抵消。所以小球只受到位于平面 OK 以外的物体的吸引。而该吸引力（同情形1）与 CK^{n-3} 成反比，即与 CG^{n-3} 成反比（因为 CG 等于 CK）。

推论Ⅰ. 如果物体 LGIN 的两侧以两个无限的平行平面 LG, IN 为边，它的吸引力可以由整个无限物体 LGKO 的吸引力中减去无限延伸至 KO 的相对比较远的部分 NIKO 求得。

推论Ⅱ. 如果移去该物体相对较远的部分，则由于其吸引较之较近部分的吸引小得不容忽视，较近处部分的吸引，将随着距离的增大，近似地以幂 CG^{n-3} 的比率减小。

推论Ⅲ. 如果任何有限物体，以平面为其一边，吸引位于平面中间附近的小球，小球与平面间的距离较之吸引物体的尺度极小；且吸引物体由均匀部分构成，其吸引力随大于距离的四次方的得减小；则整个物体的吸引力将非常近似于以一个幂的比率减小，该极小距离是幂的底，指数比前一指数小了。但该结论不适用于物体的组成粒子的吸引力随距离的三次幂减小的情形；因为，在此情形中，推论Ⅱ中无限物体的相对较远的部分的始终无限比较近部分的吸引大。

附 注

如果一物体被垂直吸引向已知平面，由已知的吸引定律求解该物体的运动；这一问题可以（由命题39）求出物体沿直线落向平面的运动，再（由运动定律推论Ⅱ）将该运动与沿平行于该平面的直线方向的运动相复合。相反，如果要求沿垂直方向指向平面的吸引力的定律，这种吸引力使物体沿一已知曲线运动，则问题可以沿用第三个问题的方法求解。

不过，如果把纵坐标分解为收敛级数，运算可以简化。例如，底数 A 除以纵坐标长度 B 为任意已知角数，该长度与底的任意次幂 $A^{\frac{m}{n}}$ 成正比；求使一物体沿纵坐标方向被吸引向或推斥开该底的力，物体在该力作用沿纵坐标上端画出的曲线运动；设该底增加了一个非常小的部分 O，把纵坐标 $(A+0)^{\frac{m}{n}}$ 分解为无限级数 $\frac{m}{A^n} + \frac{m}{n}OA^{\frac{m-n}{n}} + \frac{mm-mn}{2nn}OOA^{\frac{m-2n}{n}}$，设吸引力与级数中 O 为二次方的项成正比，即与 $\frac{mm-mn}{2nn}OOA^{\frac{m-2n}{n}}$ 成正比。所以要求的力与 $\frac{mm-mn}{nn}A^{\frac{m-2n}{n}}$ 成正比，或者，相同地，与 $\frac{mm-mn}{nn}B^{\frac{m-2n}{n}}$ 成正比。如果纵坐标画出抛物线，$m=2$，而 $n=1$，力与已知量 $2Bn$ 成正比，因而是已知的。所以，在已知力作用下物体沿抛物线运动，正如伽利略所证明的那样。如果纵坐标画出双线，$m=0-1$，$n=1$，则力正比于 $2A^{-3}$ 或 $2B^3$；所以与纵坐标的立方的力成正比，使物体沿双曲线运动。对此类命题的讨论到此为止，下面我将论述一些与至今未涉及的运动有关的命题。

第14章
受指向极大物体各部分的
向心力 推动的极小物体的运动

命题 94 定理 48
···

如果两个相似的中介物相互分离，其间隔空间以两平行平面为界，一个物体受垂直指向二中介物之一的吸引力或推斥力的作用通过该空间，而不受其他力的推动或阻碍；在距平面距离相等处吸引力是处处相等的，都指向平面的同一侧方向，则该物体进入其中一个平面的入射角的正弦比自另一平面离开的出射角的正弦为一给定比值。（图 A 14-1）

情形 1. 令两个平行平面位 Aa 和 Bb，物体自第一个平面 Aa 沿直线 GH 进入，在经过整个中介空间过程中受到指向作用介质的吸引或推斥，令该作用由曲线 HI 表示，而物体又沿直线

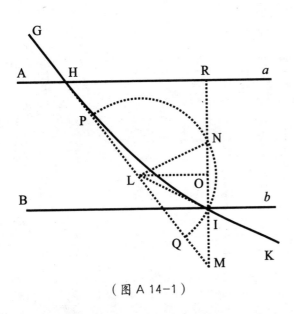

（图 A 14-1）

IK 方向离开。作物体离开的平面 Bb 的垂线 IM，与入射直线 GH 的延长线相交于 M，与入射平面 Aa 相交于 R；延长出射直线 KI 与 HM 相交于 L。以圆心为 L，半径为 LI 作圆，与 HM 相交于 P 和 Q，与 MI 的延长线相交于 N；开始时如果吸引力或推斥力是均匀的，（伽利略曾证明过）抛物线是曲线 HI，其性质是，已知通径乘以直线 M 与 HM 的平方相等；而且直线 HM 在 L 处被二等分。如果作 MI 的垂线 LO，则 MO 等于 OR，加上相等的 ON、OI，整个 MN、IR 也相等。所以，由于已知 IR，也已知 MN，乘积 $MI \times MN$ 比通径乘以 IM，即比 HM^2 也为一已知比值。但乘积 $MI \times MN$ 与乘积 $MP \times MQ$ 相等，即比平方差 $ML^2 - PL^2$ 或 LI^2；而给定比值有 HM^2 与其四分之一的平方 ML^2；所以，$ML^2 - LI^2$ 与 ML^2 的比值是给定的，把 LI^2 与 ML^2 的比值加以变换，其平方根，LI 比 ML 也是给定值。而在每个三角形中，如 LML 角的正弦与对边成正比，所以入射角 LMR 的正弦比出射角 LIR 的正弦也是给定的。

情形 2. 设物体先后通过以平行平面 $AabB$、$BbcC$ 等隔若干空间（图 A 14-2），在其中它分别受到均匀力的作用，但在不同空间中力也不同；由上述所证明的，在第一平面 Aa 上，给定值为入射角的正弦比由第二个平面 Bb 出射角的正弦；而也给定在第二个平面 Bb 上的入射角的正弦比自第三个平面 Cc 的出射角的正弦；还给定这个正弦比自第四个平面的出射角的正弦，依次类推到无限；通过将这些量相乘，物体自第一个平面入射角的正弦比自最后一个平面出射角的正弦的比为给定值。此时令平面之间的间隔接近于零，则它们的数目无限增多，使得物体受到规律已知的吸引或推斥力的作用连续运动，它自第一个平面入射角的正弦与自最后一个平面同样为已知的出射角的正弦的比，也是给定值。

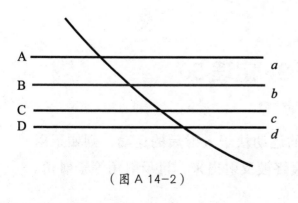

（图 A 14-2）

命题 95 定理 49

···

在相同条件下，物体入射前的速度与出射后的速度的比等于出射角的正弦比入射角的正弦。（图 A 14-3）

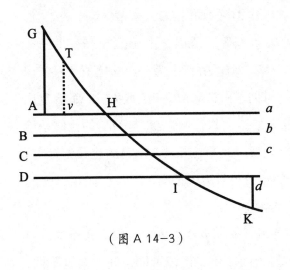

（图 A 14-3）

取 *AH* 与 *Id* 相等，作垂线 *AG*、*dK* 与入射线和出射线 *GH*、*IK* 相交于 *G* 和 *K*。在 *GH* 上取 *TH* 与 *IK* 相等，在平面 *Aa* 上做垂线 *Tv*。（由运动定律推动 Ⅱ）将物体运动分解为两部分，一部分与平面 *Aa*、*Bb*、*Cc* 等垂直，另一部分平行于他们。沿垂直于这些平面方向作用的吸引或推斥力对沿平行方向的运动没有影响，所以在相等时间里物体沿该方向的运动通过直线 *AG* 与点 *K* 以及点 *I* 与直线 *dK* 之间的相等的平行间隔；即在相等的时间里画出相等的直线 *GH* 和 *IK*。所以入射前的速度比出射后的速度与 *GH* 比 *IK* 或 *TH* 相等，即与 *AH* 或 *I* 相等。即与 *AH* 比 *id* 比 *vH* 相等，即（设半径为 *TH* 或 *IK*）与出射角的正弦比入射角的正弦相等。

命题 96 定理 50

···

在相同条件下，且入射前的运动快于入射后的运动，则如果射线是连续偏折的，物体将最终被反射出来，且反射角等于射角。

（图 A 14-4）

　　设物体与前面一样在平
行平面 Aa、Bb、Cc 等等之
间通过，画出抛物线弧；令
这些弧为 HP、PQ、QR 等。

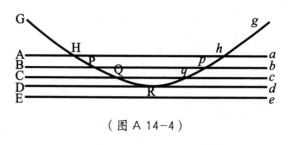

（图 A 14-4）

又令人线 GH 这样倾斜于第一个平面 Aa，使得入射角正弦比正弦之相等
的圆半径，与同一个入射角正弦比由平面 Dd 进入空间 DdeE 的出射角的
正弦相等；因为现在该出射角正弦与上述相等，出射角成为直角，因而
出射线重合于平面 Dd。令物体在 R 点到达该平面；因为出射线重合于平
面，物体不会再到达平面 Ee。但它也不会沿出射线 RQ 前进；因为它始
终受到入射介质的吸引或推斥。所以，它将在平面 Cc 和 Dd 之间往返，
画出一个顶点在 R（由伽利略的证明推知）的抛物线弧，以与在 Q 入射的
相同角度与平面 Cc 相交于 q；然后沿与人射弧 QP、PH 等相似且相等的
抛物线弧同等行进，与其余平面以与入射时在 P、H 等处相同的角度在等
p、h 处相交，最后在 h 以与在 H 处进入同一平面相同的倾斜离开第一个
平面。现设平面 Aa、Bb、Cc 等的间隔无限缩小，数目无限增多，使按已
知规律作用的吸引或推斥力连续变化；则出射角始终与对应的入射角相
等，直至最后出射角与入射角相等。

附 注

　　这些吸引作用及其类似于斯奈尔发现的光的反射和折射角有给定正
割比，因而也正如笛卡儿所证明的那样有给定正弦比。因为木星卫星的
现象已经表明，许多天文学家已经证明，光是连续传播的，从太阳到地
球大约需要七或八分钟。而且，空气中的光束（最近格里马尔迪发现，我

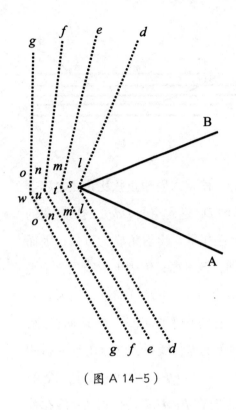

（图 A 14-5）

本人也试验过，光通过小孔射入暗室）经过物体的棱边时，不论物体是透明的或不透明的（如金、银或铜币的圆形成方形边缘，或刀、石块、玻璃的边缘）都如同受到它们的吸引一样而围绕物体弯曲或屈折；最接近物体的光弯曲得最厉害，正如受到最强烈的吸引一样；我也非常仔细地观察了这一现象。距离物体较远的光束弯曲较小；现象已经表明，许多天文学家已经证实，光是连续传播的，从太阳到地球大约需要七或八分钟。而且，空气中的光束反而远的光束则向相反方向弯曲，形成三个彩色条纹。（图 A 14-5）图中 s 表示刀口，或任意一种楔 AsB；gowog、fnunf、emtme、dlsld 是沿着弧 owo、nun、mtm、lsl 向刀口弯曲的光束；弯曲的大小程度随到刀口的距离变化。由于光束的这种弯曲发生在刀口以外的空气中，因而落在刀口上的光束肯定在接触刀口之前已先弯曲。落在玻璃上的光束情形也相同。所以，折射没有发生在入射点，而是由光束逐渐的、连续的弯曲造成的；折射部分发生于光束接触玻璃前的空气中，部分发生于（如果我没有想错）入射以后的玻璃中；（图 A 14-6）如图中所示，光束 ckzc、biyb、

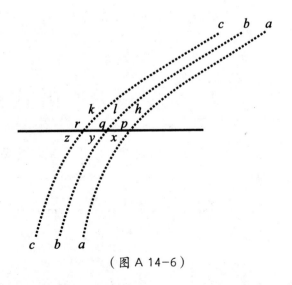

（图 A 14-6）

ahxa 落在 *r*、*q*、*p*，弯曲发生在 *k* 和 *z*、*i* 和 *y*、*h* 和 *x* 之间。所以，因为光线的传播与物体的运动相类似，我认为把下述命题付诸光学应用是不会有错的，此时，完全不考虑光线的本质，或探究它们究竟是不是物体；只是假定物体的路径极其与光线的路径相似而已。

命题 97　问题 47

· · ·

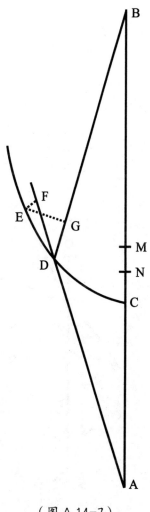

设在任意表面上入射角的正弦与出射角的正弦的比为给定值；且物体路径在表面附近的偏折发生于极小空间内，可以看作一个点；求能使所有自一给定处所发出的小球会聚到另一给定处所的面。（图 A 14-7）

　　令小球所要发散的处所为 *A*；它们所要会聚的处所为 *B*；一曲线为 *CDE*，当它绕轴 *AB* 旋转时即得到所求曲面；曲线两个任意点为 *D*、*E*；物体路径 *AD*、*DB* 上的垂线为 *EF*、*EG*，令点 *D* 接近点 *E*；使 *AD* 增加的线段 *DF* 与使 *DB* 减少的线段 *DG* 的比，与入射正弦与出射正弦的比相等。所以，直线 *AD* 的增加量与直线 *DB* 的减少量的比是给定值；因而，如在轴 *AB* 上任取一点 *C*，使曲线 *CDE* 肯定经过该点，再按给定比值取 *AC* 的增量 *CM* 比 *BC* 的减量 *CN*，以圆心为 *A*、*B*，半径为 *AM*、*BN* 作两个圆相交于点 *D*；则该点 *D* 相切于所要求的曲线 *CDE*，而且，通过使它在任意处相切，可求出曲线。

（图 A 14-7）

232

推论 I . 通过使点 A 或 B 某些时候远至无穷，某些时候又趋向点 C 的另一侧，可以得到笛卡儿在《光学》和《几何学》中所画的与折射有关的图形。笛卡儿对此发明秘而不宣，我在此昭示于世。

推论 II . 如果一个物体按某种规律沿直线 AD（图 A 14-8）的方向落在任意表面 CD 上，将沿另一直线 DK 的方向弹出；由点 C 作曲线 CP，CQ 始终垂直于 AD、DK；则直线 PD、QD 的增量，因而由增量产生的直线 PD、QD 本身相互间的比，将与入射正弦与出射正弦的比相等。相反仍然成立。

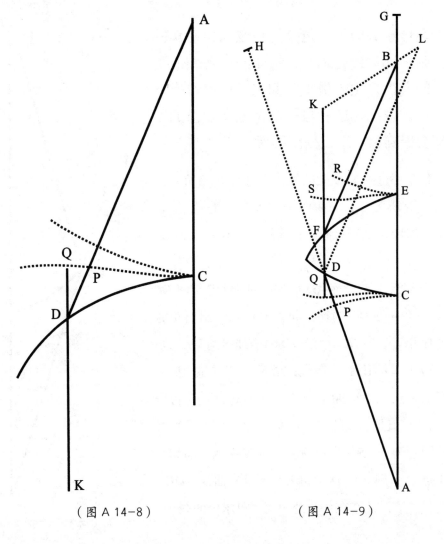

（图 A 14-8）　　　　　　（图 A 14-9）

命题 98 问题 48

···

在相同条件下，如果绕轴 AB 作任意吸引表面 CD，规则的或不规则的，且由给定处所 A 出发的物体必定经过该面；求第二个吸引表面 EF，它使这些物体会聚于一给定处所 B。（图 A 14-9）

令连线 AB 与第一个面交于 C 与第二个面交于 E，任意点为点 D。设在第一个面上的入射正弦与出射正弦的比，以及在第二个面上的出射正弦与入射正弦的比，与任意给定量 M 比另一任意给定量 N 相等；延长 AB 到 G，使 BG 比 CE 与 M -N 比 N 相等；延长 AB 到 H，使 AH 与 AG 相等；延长 DF 到 K，使 DK 比 DH 与 N 比 M 相等。连接 KB，以圆心为 D，半径为 DH 画圆与 KB 延长线相交于 L，作 BF 与 DL 平行；则点 F 相切于直线 EF，当它绕轴 AB 转动时，即得到要求的面。

设曲线 CP，CQ 分别处处与 AD，DF 垂直，曲线 ER，ES 与 FB，FD 垂直，因而 QS 始终与 CE 相等；而且（由命题 97 推论Ⅱ）PD 比 QD 与 M 比 N 相等，所以与 DL 比 DK 相等，或 FB 比 FK；由相减法，与 DL-FB 或 PH-PD-FB 比 FD 或 FQ- QD 相等；由相加法，与 PH-FB 比 FQ 相等，即（因为 PH 等于 CG，QS 等于 CE），与 CE + BG-FR 比 CE - FS 相等。而（因为 BG 比 CE 与 M -N 比 N 相等）CE + BG 比 CE 与 M 比 N 相等；所以，由相减法，FR 比 FS 与 M 比 N 相等；所以（由命题 97 推论Ⅱ）表面 EF 把沿 DF 方向落于其上的物体沿直线 FR 弹射到处所 B。

附 注

用相同的方法可以推广到三个或四个面。但在所有形状中，球形最适用于光学应用。如果望远镜的物镜由两片球形玻璃制成，它们之间充满水，则利用水的折射来更正玻璃外表面造成的折射误差到足够精度是有可能的。这样的物镜比凸透镜或凹透镜好，因为它们不仅容易制作、精度高，而且它们能精确折射远离镜轴的光线。但不同光线有不同的折射率，导致光学仪器最终不能采用球形或任何其他形状达到非常完美的结果。如果能更正由此产生的误差，那么校正其他误差的所有努力都将是白费的。

第

2

编

物体运动

（在阻滞介质中的）

尽管牛顿本人认为《原理》的第二编也和第一编一样是推导"若干普适命题的",但是今天的人们还是倾向于认为这个第二编主要是属于第一编的应用部分,牛顿给它的标题与第一编基本上一样,叫作"物体(在阻滞介质中)的运动",其括号中的限定语说明第二编所讨论的主要是地面物体的实际运动情况。这一部分中虽然没有第一编中那么多至高无上的大规则、大定义,但却也推导出许多重要的具体结论,读起来常常令人顿生"原来如此"的感慨。

本编的导读,我们不再逐章逐节地介绍,而是换一种方式,把值得特别指出的成果进行罗列。

首先值得指出的是牛顿在引理2中介绍了他发明的求微分或导数的方法,即牛顿流数法。牛顿说,一个变化的量,其增大或减少的速率,他称之为"瞬","是一种普适方法的特例或更是一种推论,它不仅可以轻而易举地推广到求作无论是几何的还是力学的曲线的切线,或与直线及其他曲线有关的中,都可用于解决有关曲率、面积、长度、曲线的重心等困难的问题"。显然,这一方法正着用是求导,反着用就是求积分牛顿分6种情形详细介绍了求导数的方法,还做出了3项推论。我们已经知道,牛顿早在大鼠疫时期就发明了这种方法,这是他一生中最为杰出的发明之一。

其次,牛顿演示了在求解及其复杂的问题时,可以采用近似求解的方法。在命题10中,牛顿详细的演示了求解抛体在阻滞介质(空气)中的运动时,用双曲线来近似替代更为复杂的抛物线的方法求解。他甚至还就这种方法给出了8条规则。事实上,直到今天,科学家们拥有功能齐全且强大的运算工具电子计算机,在求解大量的科学、技术和工程问题时还必须大量采用近似求解的方法。来之不易的是,牛顿的演示说明,近似的方法,在大量简化求解难度的同时,又不会过度失去严格性,这正是现代科学的妙处所在。

　　第三，牛顿通过严格的数学推导和大量的实验数据演示了怎样通过在介质（如水、空气）中的摆体的运动来求出介质的阻力（见第六章，命题 24-31）c 在这中间，牛顿还教给人们怎样处理数据的误差，消除不合理的实验数据。在这第六章的总注的最后，牛顿还设计了一个摆体实验，用于检测以太的存在。牛顿的结论是以太不存在。同时指出，在现代物理化学实验中，许多物体的特性（特别是力学特性）依旧是运用形形色色的摆体实验来测定的，当然，实验装置比牛顿的要复杂，但基本原理基本上相同。

　　第四，在第八章，牛顿通过假设流体由流体粒子所组成，推导出波动的小孔扩散效应。这一效应被运用到推算声音的传播速度，牛顿得到的数据（包括做了些修正）是一秒钟行进约 979 英尺，经过一系列修正后达到 1142 英尺，相当于 381 米，与他的实测数据全部吻合。这一数据与当代的实验数据有比较大的差别，但牛顿正确地估计到空气的压力、湿度等因素对于音速有很大的影响。

　　第五，在这一编的最后部分（第九章），牛顿精心编写了"求解流体的圆运动"内容。牛顿在这不长但却令人瞩目的一章中，一共只安排了 3 个命题（第 51-53），分别讨论无限长柱体、球体在均匀介质中旋转时传递给介质的运动，以及涡旋自身的运动规律。其中命题 52 十分重要，它有 3 种情形、11 条推论和一个附注。牛顿推导出，像太阳那样的球体旋转所带动的宇宙涡旋（如果有这种东西的话）运动，各部分的速度正比于它到涡旋中心的距离，然而天文观测的事实是，行星的速度正比于它们到太阳的距离的 $\frac{3}{2}$ 次方，各卫星与行星的关系也是相同的。牛顿说，"还是让哲学家们去考虑怎样由涡旋来说明 $\frac{3}{2}$ 次幂的现象吧"。牛顿常常以"哲学家"来称呼他的论敌，这一个命题及其推论是对笛卡尔及其学派涡旋说的最直接最有利的反击。

　　牛顿摧毁了一个旧的世界，以下就要建立起自己的新世界了。

第1章
受与速度成正比的阻力作用的物体运动

命题 1 定理 1

...

如果一个物体受到的阻力与其速度成正比，则阻力使它损失的运动正比于它在运动中所掠过的距离。

因为在每个相等的时间间隔里损失的运动都与速度成正比，即与经过距离的极小的增量成正比，所以通过反复验证可知，整个时间中损失的运动与经过的距离成正比。

推论. 如果该物体不受任何引力作用，只受其惯性力推动而在自由空间中运动，并且已知其开始运动时的所有运动，以及它经过部分路程后剩下的运动，则也可以求出该物体能在无限时间中所经过的总距离。因为该距离比现已经过的距离与开始时的总运动比该运动中已损失的部分相等。

引理 1

...

正比于其差的几个量连续正比。

令 $A : (A{-}B) = B : (B{-}C) = C : (C{-}D) = \cdots\cdots$

则由相减法，

$A : B = B : C = C : D = \cdots\cdots$

命题 2 定理 2

...

如果一个物体受到正比于其速度的阻力，并只受其惯性力的推动而运动，通过均匀介质，把时间分为相等的间隔，则在每个时间间隔的开始时的速度形成几何级数，而其间掠过的距离正比于该速度。

情形 1. 把时间分为间隔相等；如果设在每个间隔开始时阻力以与速度成正比的一次冲击对物体作用，则每个间隔里速度的减少量都与同一个速度成正比。所以这些速度与它们的差成正比，因此（根据第二编引理 1）连续正比。所以，如果经过相等的间隔数把任何相等的时间部分进行组合，则在这些时间开始时的速度与从一个连续级数中越过相等数目的中间项取出的项成正比。但这些项的比值是由中间项相等比值多次组合得到的，因此是相等的。所以与这些项的速度成正比，也构成几何级数，令相等的时间间隔接近于零，其数目接近于无限，使阻力的冲击连续；则在相等时间间隔开始时连续正比的速度同时也连续正比。

情形 2. 由相减法，速度的差，即每个时间间隔中所失去的速度部分与总速度成正比；而每个时间间隔中经过的距离与失去的速度部分成正

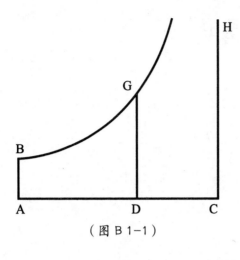

（图 B 1-1）

比（由第一编，命题 1），因此也于总距离成正比。（图 B 1-1）

推论．如果关于直角渐近线 AC、CH 作双曲线 BG，再作 AB，DG 垂直于渐近线 AC，把运动开始时物体的速度和介质阻力用随便已知线段 AC 表示，而若干时间以后的用不定直线 DC 表示；则面积 ABGD 可以表示时间，线

段 AD 可以表示该时间中经过的距离。因为，如果该面积随着点 D 的运动而与时间一样均匀增加，则直线 DC 将按几何比率随速度一样减少；而在相同时间里所画出的直线 AC 部分，同时将以相同比率减少。

命题 3 问题 1

· · ·

求在均匀介质中沿直线上升或下落的物体的运动，其所受阻力正比于其速度，还有均匀重力作用于其上。

设物体上升，（图 B 1-2）令重力由任意给定矩形 BACH 表示；而上升开始时的介质阻力由直线 AB 另一侧的矩形 BADE 表示。通过点 B，关于直角渐近线 AC、CH 作一双曲线，与垂线 DE，de 相交于 G、g；上升的物体在时

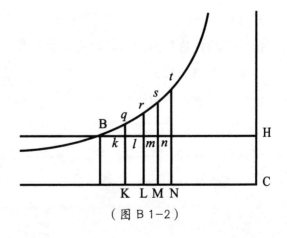

（图 B 1-2）

间 *DGgd* 内经过距离 *EGge*；在时间 *DGBA* 内经过整个上升距离 *EGB*；在时间 *ABKI* 内经过下落距离 *BFK*；在时间 *IKki* 内经过下落距离 *KFfk*；而物体在此期间的速度（与介质阻力成正比）分别为 *ABED*、*ABed*、*o*、*ABFI*、*ABfzi*；物体下落所产生的最大速度为 *BACH*。

　　因为，把矩形 *BACH* 分解为无数小矩形 *Ak*、*Kl*、*Lm*、*Mn* 等（图 B 1-3），它们将与在同样多相等时间间隔内产生的速度增量成正比；则 *o*、*Ak*、*Al*、*Am*、*An* 等与总速度成正比，因而（由命题）与每个时间间隔开始时的介质阻力成正比。取 *AC* 比 *AK*，或 *ABHC* 比 *ABkK* 与第二个时

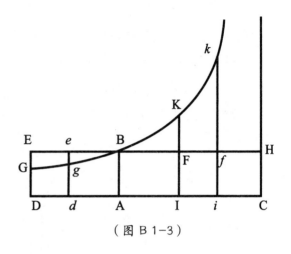

（图 B 1-3）

间间隔开始时的重力比阻力相等；则从重力中减去阻力，*ABHC*、*KkHC*、*LlHC*、*MmHC* 等等，将与在每个时间间隔开始时使物体受到作用的绝对力成正比，因而（由定律 I）与速度的增量成正比，即与矩形 *Ak*、*Kl*、*Lm*、*Mn* 成正比，因而（由第一编引理 1）组成几何级数。所以，如果延长直线 *Kk*、*Lk*、*Mm*、*Nn* 等等使之与双曲线相交于 *q*、*r*、*s*、*t* 等，则面积 *ABqK*、*KqrL*、*LrsM*、*MstN* 等将相等，因而与相等的时间以及相等的重力类似。但面积 *ABqK*（由第一编引理 7 推论Ⅲ和引理 8）比面积 *Bkq* 与 *Kq* 比 $\frac{1}{2}kq$，或 *AC* 比 $\frac{1}{2}AK$ 相等，即与重力比第一个时间间隔中间时刻的阻力相等。由相同理由可知，面积 *qKLr*、*rLMs*、*sMNt* 等比面积 *qklr*、*rlms*、*smnt* 等，与重力比第二，第三，第四等时间间隔中间时刻的阻力相等。所以，由于相等于面积 *BAKg*、*qKLr*、*rLMs*、*sMNt* 类似于重力，面积 *Bkg*、*qklr*、*rlms*、*smnt* 等也类似于每个时间间隔中间时刻的阻力，即（由命题可得）类似于速度，也类似于经过的距离。取类似量以及面积 *Bkq*、

Blr、*Bms*、*Bnt* 等的和，它将类似于经过的总距离；而面积 *ABqK*、*ABrL*、*ABsM*、*ABtN* 等等也与时间类似。所以，下落的物体在任何时间 *ABrL* 内经过距离在时间 *LrtN* 内经过距离 *rlnt*。

上升运动的证明与此类似。

推论 I．物体下落所能得到的最大速度比任何已知时间内得到的速度与连续作用于它之上的已知重力比在该时间末阻碍它运动的阻力相等。

推论 II．当时间作算术级数增加时，物体在上升中最大速度与速度的和，以及在下落中它们的差，都以几何级数减少。

推论 III．在相等的时间差中，经过的距离的差也以相同几何级数减少。

推论 IV．物体经过的距离是两个距离的差，其一与开始下落后的时间成正比，另一个则与速度成正比；而这两个（距离）在开始下落时相等。

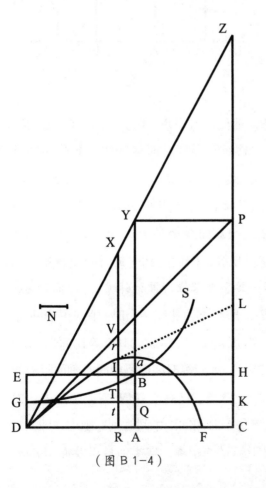

（图 B 1-4）

命题 4 问题 2

...

设均匀介质中的重力是均匀的，并垂直指向水平面，求其中受正比于速度的阻力作用的抛体的运动。（图 B 1-4）

令抛体自任何处所 *D* 沿任意直线 *DP* 方向抛出，在运动开始时的速度由长度 *DP* 表示。

自点 P 向水平线 DC 作垂线 PC，与 DC 相交于 A，使 DA 比 AC 与开始向上运动时所受到的介质阻力的垂直分量，比重力相等；或（等价地）使得 DA 与 DP 的乘积比 AC 与 CP 的乘积与开始运动时的全部阻力比重力相等。以 DC、CP 为渐近线作任意双曲线 $GTBS$ 与垂线 DG、AB 相交于 G 和 B；作平行四边形 $DGKC$，其边 GK 与 AB 相交于 Q。取一段长度 N，使它与 QB 的比与 DC 比 CP 相等；在直线 DC 上任意点 R 作其垂线 RT，与双曲线相交于 T，与直线 EH、GK、DP 相交于 I、t 和 V；在该垂线上取 Vr 与 $\frac{tGT}{N}$ 相等，或，同样地，取 Rr 与 $\frac{GTIE}{N}$ 相等；抛体在时间 $DRTG$ 内将到达点 r，画出曲线 $DraF$，即点 r 的轨迹；因而将在垂线 AB 上的点 a 达到其最大高度；以后即向渐近线 PC 趋近，它在任意点 r 的速度与曲线的切线 rL 成正比。

因为 $N : QB = DC : CP = DR : RV$，所以 RV 与 $\frac{DR \times QB}{N}$ 相等，而且 Rr（即 $RV\text{-}Vr$，或 $\frac{DR \times QB - tGT}{N}$）与 $\frac{DR \times AB - RDGT}{N}$ 相等。此时令面积 $RDGT$ 表示时间，且把物体的运动（由运动定律推论 II）分为两部分，一部分为向上的，另一部分为水平的。由于阻力与运动成正比，把它也分解为正比于这二种运动且方向相反的两部分，因而表示水平方向运动的长度（由第二编命题 2）与线段 DR 成正比，而高度（由第二编命题 3）与面积 $DR \times AB - RDGT$ 成正比，即与线段 Rr 成正比。但在运动刚开始时面积 $RDGT$ 与乘积 $DR \times AQ$ 相等，因而该线段 Rr（或 $\frac{DR \times AB - DR \times AQ}{N}$）比 dr 与 $AB - AQ$ 或 QB 比 N 相等，即与 CP 比 DC 相等；所以等于与开始时向上的运动比水平的运动相等。由于 Rr 始终与高度成正比，DR 始终与水平长度成正比，而开始运动时 Rr 比 DR 与高度比相等，由此可以推出，Rr 比 DR 始终与高度比长度相等；所以物体将沿点厂的轨迹曲线 $DraF$ 运动。

推论 I．Rr 与 $\frac{DR \times AB}{N} - \frac{RDGT}{N}$ 相等；所以，如果延长 RT 到 X，使 RX 与 $\frac{DR \times AB}{N}$ 相等，即，如果作平行四边形 $ACPY$，作 DY 与 CP 相交于 Z，再延长 RT 与 DY 相交于 X；则 Xr 与 $\frac{RDGT}{N}$ 相等，因而与时间成正比。

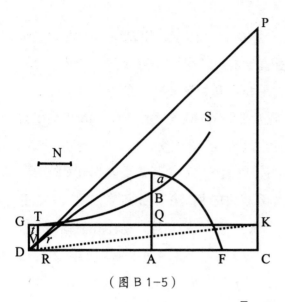

（图 B 1-5）

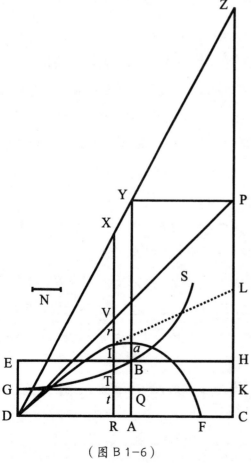

（图 B 1-6）

推论Ⅱ.如果按几何级数选取无数个线段 CR，或同样地，取无数个线段 ZX，则有同样多个线段 Xr 按算术级数与之对应。所以曲线 DraF 很易于用对数表做出。

推论Ⅲ.如果以 D 为顶点作一抛物线（图 B 1-5），把直径 DG 向下延长，其通径比 2DP 与运动开始时的全部阻力比重力相等，则物体由处所 D 沿直线 DP 方向在均匀阻力的介质中画出曲线 DraF 的速度，与它由同一处所 D 沿同一直线 DP 方向在无阻力介质中画出一抛物线的速度相同。因为在运动刚开始时，该抛物线的通径为 $\frac{DV^2}{Vr}$；而 Vr 与 $\frac{tGT}{N}$ 或 $\frac{DR \times Tt}{2N}$ 相等。如果作一条直线与双曲线 GTS 相切于 G，则它与 DK 相等平行，因而 Tt 与 $\frac{CK \times DR}{DC}$ 相等，而 N 与 $\frac{QB \times DC}{CP}$ 相等。所以 Vr 与 $\frac{DR^2 \times CK \times CP}{2DP^2 \times QB}$ 相等，即（由于 DR 正比于 DC，DV 正比于 DP），与 $\frac{DR^2 \times CK \times CP}{2DP^2 \times QB}$ 相等；

通径 $\dfrac{DV^2}{Vr}$ 与 $\dfrac{2DP^2 \times DA}{CK \times CP}$ 相等，即（因为 QB 正比于 CK，DA 正比于 AC），与 $\dfrac{2DP^2 \times DA}{AC \times CP}$ 相等，所以通径比 $2DP$ 与 $DP \times DA$ 比 $CP \times AC$ 相等；即与阻力比重力相等。

推论Ⅳ. 如果从任何处所 D 以给定速度抛出一物体，抛出方向沿着位置已定的直线 DP，且在运动开始时介质阻力为已知（图 B 1-6），则可以求出物体画出的曲线 $DraF$。因为速度已知，则易于求出抛物线的通径。再取 $2DP$ 比该通径与引力比阻力相等，即可求出 DP。然后在 DC 上取 A，使 $CP \times AC$ 比 $DP \times DA$ 与重力比阻力相等，即求得点 A，因此得到曲线 $DraF$。

推论Ⅴ. 反之，如果已知曲线 $DraF$，则可以求出物体在每一个处所 r 的速度和介质的阻力。因为给定 $CP \times AC$ 与 $DP \times DA$ 比值已，则开始运动时的介质阻力，以及抛物线的通径可以求出。因而也可以求出开始运动时的速度，再由切线 rL 的长度即可求得与它成正比的任意处所 r 的速度以及与该速度成正比的阻力。

推论Ⅵ. 由于长度 $2DP$ 比抛物线的通径与在 D 处的引力比阻力成正比，由速度的增加可知阻力也以相同比率增加，而抛物线通径以该比率的平方增加，易于推知长度 $2DP$ 仅以该简单比率增加；所以它始终与速度成正比；角度 CDP 的变化对它的增减无任何影响，除非速度也变化。（图 B 1-7）

推论Ⅶ. 由此得到一种与该现象很接近的求曲线 $DraF$ 的方法。因而可以求出被抛射物体受

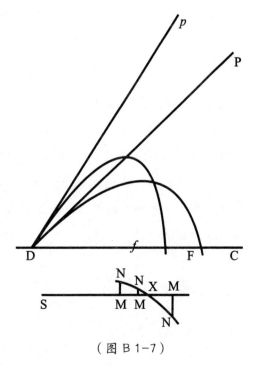

（图 B 1-7）

到的阻力和速度。由处所 D 沿不同角度 CDP 和 CDp 以相同速度抛出两个相等的物体，测知它们落在地平面 DC 上的位置 F, f。然后在 DP 或 Dp 上任取一段长度表示 D 处的阻力，它与重力的比为任意比值，令该比值以任意长度 SM 表示。然后，由该假设长度 DP 计算出长度 DF, Df 再由计算出的比值 $\frac{Ff}{DF}$ 减去由实验测出的同一比值；令该差值以垂线 MN 表示。通过不断设定阻力与引力的新比值 SM 得到新的差 MN，重复二到三次，在直线 SM 的一侧画出正差值，另一侧画出负差值；通过点 N，N，N 画出规则曲线 NNN，与直线 $SMMM$ 相交于 X，则 SX 就是要求的阻力与重力的实际比值。由该比值可以计算出长度 DF；而那个与假设长度 DP 的比于实验测出的长度 DF 与刚计算出的长度 DF 的比的长度相等，就是 DP 的实际长度。求出这些以后，就既可以得到物体画出的曲线 $DraF$，又可以得到物体在任一处所的速度和阻力。

附 注

然而，物体的阻力与速度成正比，与其说是物理实际，不如说是数学假设。在完全没有黏度的介质中，物体受到的阻力都与速度的平方成正比。因为运动速度较快的物体在较短时间内把占较大速度中较多比例的运动传递给相等的介质；而在时间相同的情况下，由于受到扰动的介质数量较多，被传递的运动与该比例的平方成正比；阻力（由运动定律Ⅱ和Ⅲ）与被传递的运动成正比。接下来，让我们一起来探索这一阻力定律会带来怎样的运动。

第 2 章
受正比于速度平方的
阻力作用的物体运动

命题 5 定理 3

...

如果一物体受到的阻力正比于其速度的平方，在均匀介质中运动时只受其惯性力的推动；按几何级数取时间值，并将各项由小到大排列；则每个时间间隔开始时的速度是同一个几何级数的倒数；而每个时间间隔内物体越过的距离相等。（图 B 2-1）

由于介质的阻力与速度的平方成正比，而速度的减少与阻力成正比；如果把时间分为无数间隔相等，则各间隔开始时速度的平方与相同速度的差成正比。使这些时间间隔为直线 CD 上选取的 AK、KL、LM 等等，作垂线 AB、Kk、Ll、Mm 等，与以 C 为 中 心， 以 CD、CH

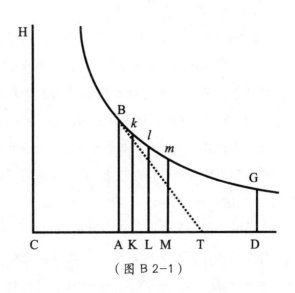

（图 B 2-1）

为直角渐近线的双曲线 *BklmG* 相交于 *B*、*k*、*l*、*m* 等；则 *AB* 比 *Kk* 与 *CK* 比 *CA* 相等，由相减法，*AB–Kk* 比 *Kk* 与 *AK* 比 *CA* 相等，换言之，*AB–Kk* 比 *AK* 与 *Kk* 比 *CA* 相等；所以与 *AB×Kk* 比 *AB×CA* 相等。所以已知 *AK* 和 *AB×CA*，*AB–Kk* 与 *AB×Kk* 成正比；最后，当 *AB* 与 *Kk* 重合时与 AB^2 成正比。由相似理由，*Kk-Ll*、*Ll-Mm* 等都分别与 Kk^2、Ll^2 等成正比。所以线段 *AB*、*Kk*、*Ll*、*Mm* 等的平方与它们的差成正比；所以，虽然前面已证明速度的平方与它们的差成正比，则这两个级数量是相似的。据此还可以推知这些线段经过的面积与这些速度经过的距离也是相似级数。所以，如果第一个时间间隔 *AK* 开始时的速度用线段 *AB* 表示，第二个时间间隔 *KL* 开始时的速度用线段表示，第一个时间内掠过的长度用面积 *AKkB* 表示，由以后的速度可以由以下线段 *Ll*、*Mm* 等来表示，经过的长度可以由面积 *Kl*、*Lm* 等来表示。经过组合后，如果全部时间用 *AM* 表示，即各间隔总和，全部长度用 *AMmB* 表示，即其各部分之总和，设时间 *AM* 被分割为部分 *AK*、*KL*、*LM* 等，使得 *CA*、*CK*、*CL*、*CM* 等按几何级数排列，则这些时间部分也按相同几何级数排列，而与此对应的速度 *AB*、*Kk*、*Ll*、*Mm* 等则按相同级数的倒数排列，而相应的空间 *Ak*、*Kl*、*Lm* 等都是相等的。

推论 I．可以推知，如果时间表示以渐近线上任意部分 *AD*，该时间开始时的速度用纵坐标 *AB* 表示，而结束的速度用纵坐标 *DG* 表示；经过的全部距离用邻近的双曲线面积 *ABGD* 表示；则任意物体在相同时间里以初速度 *AB* 通过无阻力介质的距离，可以由乘积 *AB×AD* 表示。

推论 II．由此，可以求出在阻抗介质中经过的距离，办法是它与物体在无阻力介质中以均匀速度 *AB* 经过的距离的比，与双曲线面积 *ABGD* 比乘积 *AB×AD* 相等。

推论 III．也可以求出介质的阻力。在运动刚开始时，它与一个均匀向心力相等，该力可以使一个物体在无阻力介质中的时间 *AC* 内获得下落速度 *AB*。因为如果作 *BT* 与双曲线相切于 *B*，与渐近线相交于 *T*，则

直线 *AT* 与 *AC* 相等，它表示该均匀分布的阻力完成抵消速度 *AB* 所需的时间。

推论Ⅳ．因此还可以求出该阻力与重力或其他任何已知向心力的比例。

推论Ⅴ．相反，如果该阻力与任何已知向心力的比值是已知的，则可以求出时间 *AC*，在该时间内与阻力相等的向心力可以产生与 *AB* 的速度成正比；由此也可以求出点 *B*，可以画出以 *CH*、*CD* 为渐近线通过它的双曲线；同时可以求出距离 *ABGD*，它是物体以开始运动时的速度 *AB* 在任意时间 *AD* 内经过均匀阻力介质的距离。

命题 6 定理 4
∵

均匀而相等的球体受到正比于速度平方的阻力，在惯性力的推动下运动，它们在反比于初始速度的时间内掠过相同的距离，而失去的速度部分正比于总速度。（图 B 2-2）

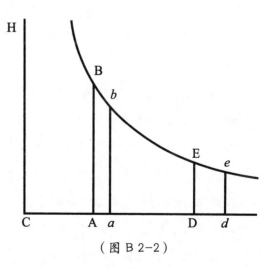

（图 B 2-2）

以 *CD*、*CH* 为直角渐近线做任意双曲线 *BbEe*，与垂线 *AB*、*ab*、*DE*、*de* 相交于 *B*、*b*、*E*、*e*；令初速度用垂线 *AB*、*DE* 表示，时间用线段 *Aa*、*Dd* 表示。因而（由假设）*Aa* 比 *Dd* 与 *DE* 比 *AB* 相等，也（由双曲线性质）与 *CA* 比 *CD* 相等；经过组合可以得知，与 *Ca* 比 *Cd* 相等。所以，面积 *ABba*、*DEed*，即经过的距离，互相之间相等，而初速

度 *AB*、*DE* 与末速度 *ab*、*de* 成正比，所以，由相减法可得，与速度所失去的部分 *AB–ab*，*DE–de* 成正比。

命题 7 定理 5

· · ·

如果球体的阻力正比于速度的平方，则在正比于初速度反比于初始阻力的距离内，它们失去的运动正比于其全部，而掠过的距离正比于该时间与初速度的乘积。

因为运动所失去的部分与阻力与时间的乘积成正比，所以该部分应与全部成正比，阻力与应与运动的时间的乘积成正比，所以时间与运动成正比，与阻力成反比。所以在以该比值选取的时间间隔内，物体所失去的运动部分始终与其全部成正比，因此剩下的速度也始终与初速度成正比。因为给定速度的比值，它们所经过的距离与初速度与时间的乘积成正比。

推论Ⅰ. 如果速度相同的物体其阻力与直径的平方成正比，不管均匀球体以什么样的速度运动，在经过与其直径成正比的距离后，所失去的运动部分都与其全部成正比。因为每个球的运动都与其速度与质量的乘积成正比，即与速度与其直径立方的乘积成正比；阻力（由命题）则与直径的平方与速度的平方的乘积成正比；而时间（由命题）正比于前者，反比于后者；所以，与时间与速度的距离成正比，也与直径成正比。

推论Ⅱ. 如果速度相同的物体的阻力与其直径的 $\frac{3}{2}$ 次幂成正比，则以任意速度运动的均匀球体在经过与其直径 $\frac{3}{2}$ 等次幂的距离成正比后，所失去的运动部分与其全部成正比。

推论Ⅲ. 一般而言，如果速度相同的物体受到的阻力与直径的任意次幂成正比，则以任意速度运动的均匀球体，在失去其运动的部分与总运动量成正比时，所经过的距离与直径的立方除以该幂成正比。令直径为 D 和 E 的球体；如果在速度相等时阻力与 Dn 和 En 成正比、则球体以任意速度运动并失去其运动的部分与全部成正比时，所经过的距离与 $D3\text{-}n$ 和 $E3\text{-}n$ 成正比，而所余下的速度互相之间的比值与开始时的比值相等。

推论Ⅳ. 如果球是不均匀的，较密的球所经过的距离的增加与密度成正比。因为在相等速度下，运动与密度成正比，而时间（由命题）也与运动增加成正比，所经过的距离则与时间成正比。

推论Ⅴ. 如果球在不同的介质中运动，在其他条件相同时，在阻力较大的介质中，距离与该较大阻力减少成正比。因为时间（由命题）的减少与增加的阻力成正比，而距离与时间成正比。

引理 2

· · ·

任一生成量的瞬等于各生成边的瞬乘以这些边的幂指数，再乘以它们的系数，然后再求总和。

被称之为生成量的任意量，不是由无数分立部分相加或相减形成的，而是在算术上由无数项通过相乘、相除或求方根产生或获得的；在几何上则由求容积和边，或求比例外项和比例中项形成。这类量包含有乘积，商，根，长方形，正方形，立方体，边的平方和立方以及类似的量。在此，我把这些量当作变化的和不确定的，可以随着连续的运动或流动增大或减小；瞬的概念，即指它们的瞬时增减；可以认为，呈增加时瞬为正值，呈减少时瞬为负值。但是应该注意的是有限小量不包括在内。有限小量不是瞬，却恰巧是瞬所产生的量。我们应把它们当作有限的量所刚刚新生出的份额。在此引理中我们不应该将瞬的大小，而应该将瞬的初始比，当作新生的。如果不用瞬，则可以用增加或减少（也可以称作量的运动、变化和流动）的速率，或相应于这些速率的有限量来代替，效果相同。生成边的系数概念，指的是生成量除以该生成边所得到的量。

因此，本引理的含义是，如果任意量 A、B、C 等等由于连续的流动而增大或减小，用 a、b、c 来表示它们的瞬或与它们相应的率化率，则生成量 AB 的瞬或变化与 $aB+bA$ 相等；乘积 ABC 的瞬与 $aBC+bAC+cAB$ 相等；而这些变量所产生的幂 A^2、A^3、A^4、$A^{\frac{1}{2}}$、$A^{\frac{3}{2}}$、$A^{\frac{1}{3}}$、$A^{\frac{2}{3}}$、A^{-1}、A^{-2}、$A^{-\frac{1}{2}}$ 的瞬分别为 $2aA$、$3aA^2$、$4aA^3$、$\frac{1}{2}aA^{-\frac{1}{2}}$、$\frac{3}{2}aA^{\frac{1}{2}}$、$\frac{1}{3}aA^{-\frac{2}{3}}$、$\frac{2}{3}aA^{-\frac{1}{3}}$、$-aA^{-2}$、$-2aA^{-3}$、$\frac{1}{2}aA^{-\frac{3}{2}}$；一般地，任意幂 $A^{\frac{n}{m}}$ 的瞬为 $\frac{n}{m}aA^{\frac{n-m}{m}}$。生成量 A^2B 的瞬为 $2aAB+bA^2$；生成量 $A^3B^4C^2$ 的瞬为 $3aA^2B^4C^2+4bA^3B^3C^2+2cA^3B^4C$；生成量 $\frac{A^3}{B^2}$ 或 A^3B^{-2} 的瞬为 $3aA^2B^{-2}-2bA^3B^{-3}$；依次类推。本引理可以这样证明：

情形 1. 任一长方形，如 AB，由于连续的流动而增大，当边 A 和 B 的缺少为其瞬的一半 $\frac{1}{2}a$ 和 $\frac{1}{2}b$ 时，等于 $A-\frac{1}{2}a$ 乘以 $b-\frac{1}{2}b$，或者 $AB-\frac{1}{2}aB-\frac{1}{2}bA+\frac{1}{4}ab$；而当边 A 和 B 长出半个瞬时，乘积变为 $A+\frac{1}{2}a$ 乘以 $B+\frac{1}{2}b$，或者 $AB+\frac{1}{2}aB+\frac{1}{2}bA-\frac{1}{4}ab$ 将此乘积减去前一个乘积，余下差 $aB+bA$。所以当变量增加 a 和 b 时，乘积增加 $aB+bA$。

情形 2. 设 AB 与 G 恒相等，则容积 ABC 或 CG（由情形 1）的瞬为 $gC+cG$，即（以 AB 和 $aB+bA$ 代替 G 和 g），$aBC+bAC+cAB$o 不管乘积有多少变量，瞬的求法与此一样。

情形 3. 设变量 A、B 恒等于 C；则 A^2，即乘积 AB 的瞬 $aB+bA$ 变为 $2aA$；而 A^3，即容积 ABC 的瞬 $aBC+bAC+cAB$ 变为 $3aA^2$。相同地，任意幂 A^n 的瞬是 naA^{n-1}。

情形 4. 由于 $\frac{1}{A}$ 乘以 A 是 1，则 $\frac{1}{A}$ 的瞬乘以 A，再加上 $\frac{1}{A}$ 乘以 a，就是 1 的瞬，即与零相等。所以，$\frac{1}{A}$ 或 A^{-1} 的瞬是 $\frac{-a}{A^2}$。一般地，由于 $\frac{1}{A^n}$ 乘等于 1，$\frac{1}{A^n}$ 装的瞬乘以 An 再加上 $\frac{1}{A^n}$ 乘以 naA^{n-1} 与零相等。所以 $\frac{1}{A^n}$ 或 A^{-n} 的瞬是 $-\frac{na}{A^{n+1}}$。

情形 5. 由于 $A^{\frac{1}{2}}$ 当乘以 $A^{\frac{1}{2}}$ 与 A 相等，$A^{\frac{1}{2}}$ 的瞬乘以 $2A^{\frac{1}{2}}$ 与 a 相

等（由情形3）；所以，$A^{\frac{1}{2}}$ 的瞬与 $\dfrac{a}{2A^{\frac{1}{2}}}$ 或 $\dfrac{1}{2}aA^{\frac{1}{2}}$ 相等。推而广之，令 A^{m} 与 B 相等，则 A^{m} 与 B^{n} 相等，所以 $maAm^{-1}$ 与 $nbBn^{-1}$ 相等，maA^{-1} 与 nbB^{-1} 相等，或 $nbA^{-\frac{m}{n}}$；所以 $\dfrac{m}{n}aA^{\frac{n-m}{n}}$ 与 b 相等，即与 $A^{\frac{m}{n}}$ 的瞬相等。

情形 6. 所以，生成量 $A^{m}B^{n}$ 的瞬与 A^{m} 的瞬乘以 B^{n} 相等，再加上 B^{n} 的瞬乘以 A^{m}，即 $maA^{m-1}B^{n}+nbB^{n-1}A^{m}$；无论幂指数 m 和 n 是整数还是分数，是正数还是负数，对于更高次幂也是这样。

推论 I . 对于连续正比的量，如果其中一项已知，则其余项的变化率与该项乘以该项与已知项间隔项数成正比。令 A、B、C、D、E、F 连续成正比；如果已知 C，则其余各项的瞬之间的比为 $-2A$、$-B$、D、$2E$、$3F$。

推论 II . 如果已知四个正比量里两个中项，则端项的变化率与该端项成正比。这同样适用于已知乘积的变量。

推论 III . 如果已知两个平方的和或差，则变量的瞬与该变量成反比。

附 注

我在 1672 年 12 月 10 日致科林斯先生的信中，曾谈到一种切线方法，我猜测它与司罗斯当时尚未发表的方法是相同的，这封信中说：

这是一种普适方法的特例或更是一种推论，它不仅可以毫不困难地推广到求作无论是几何的还是力学的曲线的切线，或与直线及其他曲线有关的方法中，还可用于解决有关曲率、面积、长度、曲线的重心等困难问题；它（像许德②的求极大值与极小值方法那样）还不仅限于不含不尽根量的方程，把我的方法和这种方法联合运用于求解方程，可将它们化简为无限级数。

以上是那封信中的一段话。其中最后几句是针对我在 1671 年写成的一篇关于这项专题研究的论文的。这个普适方法的基础已包含在上述引理中。

命题 8 定理 6

如果均匀介质中的物体在重力的均匀作用下沿一条直线上升或下落；将它所掠过的全部距禽分为若干相等部分，并将各部分起点（根据物体上升或下落，在重力中加上或减去阻力）与绝对力对应起来，则这些绝对力组成几何级数。

（图 B 2-3）

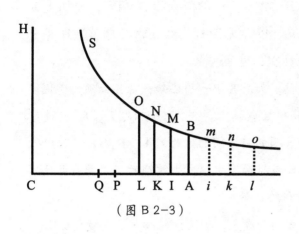

（图 B 2-3）

令已知重力用线段 *AC* 表示；阻力用不定线段 *AK* 表示；下落物体的绝对力用二者的差 *KC* 表示；物体速度用线段 *AP* 表示，它是 *AK* 和 *AC* 的比例中项，因此与阻力的平方根成正比，给定时间间隔中阻力的增量用哪个短线段 *KL* 表示，而速度的瞬时增量用短线段 *PQ* 表示；以中心为 *C*，直角渐近线为 *CA*、*CH*，作双曲线 *BNS* 与垂线 *AB*、*KN*、*LO* 相交于 *B*、*N* 和 *O*。因为 *AK* 与 AP^2 成正比，其中一个的瞬 *KL* 与另一个的瞬 $2Ap \times PQ$ 成正比，即与 $AP \times KC$ 成正比；因为速度的增量 *PQ*（由定律Ⅱ）与产生它的力 *KC* 成正比。将 *KL* 的比值乘以 *KN* 的比值，则乘积 $KL \times KN$ 与 $AP \times KC \times KN$ 成正比；即（因为乘积 $KC \times KN$ 已知）与 *AP* 成正比，但双曲线 *KNOL* 的面积与矩形 $KL \times KN$ 的最终比值，在点 *K* 与 *L* 重合时，变为相等比值。所以，双曲线接近于零的面积与 *AP* 成正比。所以整个双曲线面积 *ABOL* 由始终与速度 *AP* 成正比的间隔组成；因而它本身也与速度掠过的距离成正比。此时将该距离分为无数相等部分 *ABMI*、*IMNK*、*KNOL* 等，则对应的绝对力 *AC*、*IC*、*KC*、*LC* 等构成几何级数。

由类似理由，在物体的上升中，在点 A 的另一侧取与面积 ABmi、imnk、knol 等相等，则可以推知绝对力 AC、iC、AC、IC、KC、LC 等连续成正比。所以如果整个上升和下降距离分为相等部分，则全部的绝对力 lC、kC、iC、AC、IC、KC、LC 等构成连续正比。

推论 I．如果经过的距离用双曲线面积 ABNK 表示，则重力物体的速度和介质的阻力，可以分别用线段 AC、AP 和 AK 表示；相反也成立。

推论 II．可以用线段 AC 表示物体在无限下落中所能达到的最大速度。

推论 III．如果已知对应于已知速度的介质阻力，则可以求出最大速度。办法是令它比该已知速度与重力比该已知阻力的平方根相等。

命题 9 定理 7

...

在相同条件下，如果取圆与双曲线张角的正切正比于速度，再取一适当大小的半径，则物体上升到最高处的总时间正比于圆的扇形，而由最高处下落的总时间正比于双曲线的扇形。（图 B 2-4）

在表示重力的直线 AC 上做与之相等的垂线 AD，以圆心为 D，半径为 AD 做一个四分之一圆 AtE。再

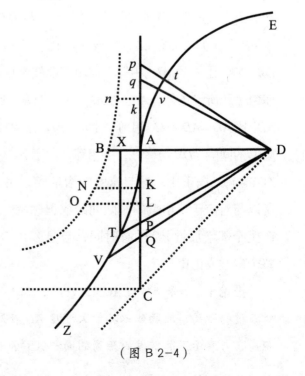

（图 B 2-4）

作直角双曲线 *AVZ*，其轴为 *AK*，顶点为 *A*，渐近线为 *DC*。作直线 *Dp*、*DP*。圆扇形 *AtD* 与上升到最高处的总时间成正比；而双曲线扇形 *ATD* 则与由该最高处下落的总时间成正比；如果以上两点成立，则切线 *Ap*、*AP* 与速度成正比。

情形 1. 作直线 *Diq* 在扇形 *ADt* 和三角形 *ADp* 上切下变化率或同时经过的小间隔 *tDv* 和 *qDp*。由于这些间隔（因为有共同角 *D*）与边的平方成正比，扇形 *tDv* 与 $\frac{qDp \times tD^2}{pD^2}$ 成正比，即（因为 *tD* 已知），*tDv* 与 $\frac{qDp}{pD^2}$ 成正比。但 pD^2 与 $AD^2 + Ap^2$ 相等，即 $AD^2 + AD \times Ak$，或者 $AD \times Ck$；而 *qDp* 与 $\frac{1}{2}AD \times pq$ 相等。所以扇形间隔 *tDv* 与 $\frac{pq}{Ck}$ 成正比；即与速度的减小量 *pq* 成正比，与减慢速度的力 *Ck* 成反比，所以扇形间隔 *tDv* 与对应速度减量的时间间隔成正比。通过组合，在扇形 *ADt* 中所有间隔的总和与不断变慢的速度 *Ap* 失去的每一个小间隔的时间间隔的总和成正比，直到速度消失；即整个扇形 *ADt* 与上升到最高处所的时间成正比。

情形 2. 作 *DQV* 在扇形 *DAV* 和三角形 *DAQ* 上割下的最小间隔 *TDV* 和 *PDQ*，这两个小间隔相互的比值与 DT^2 比 DP^2 相等，即（如果 *TX* 与 *AP* 平行）与 DX^2 比 DA^2 或 TX^2 比 AP^2 相等。由对应项相减可得，与 $DX^2 - TX^2$ 比 $DA^2 - AP^2$ 相等，但由双曲线性质可知，$DX^2 - TX^2$ 与 AD^2 相等；而由命题所设条件，AP^2 与 $AD \times AK$ 相等。所以两个间隔互相之间的比与 AD^2 比 $AD^2 - AD \times AK$ 相等，即与 *AD* 比 *AD-AK* 或 *AC* 比 *CK* 相等，所以扇形的间隔 *TDV* 与 $\frac{PDQ \times AC}{CK}$ 相等，由于 *AC* 与 *AD* 已知，因此扇形的间隔 *TDV* 与 $\frac{PQ}{CK}$ 成正比，即与速度的增量成正比，与产生该增量的力成反比，所以与对应于该增量的时间间隔成正比。通过组合可以得知，使速度 *AP* 产生全部增加量 *PQ* 的总时间，与扇形 *ATD* 的间隔成正比，即总时间与整个扇形成正比。

推论Ⅰ. 如果 *AB* 与 *AC* 的四分之一相等，则在任意时间内物体下落所经过的距离，比物体以其最大速度 *AC* 在同一时间内匀速运动所经过的距离，与表示下落掠过的距离的面积 *ABNK* 比表示时间的面积 *ATD* 相等。

因为

$$AC : AP = AP : AK$$

由本编引理 2 推论 I ,

$$LK : PQ = 2AK : AP = 2AP : AC$$

所以 $$LK : \frac{1}{2}PQ = AP : \frac{1}{4}AC（或 AB）$$

而由于 $$KN : AC 或 AD = AD : CK$$

将对应项相乘，

$$LKNO : DPQ = AP : CK$$

如上所述，

$$DPQ : DTV = CK : AC$$

所以， $$LKNO : DTV = AP : AC$$

即与落体速度比它在下落中所能获得的最大速度相等。所以，由于面积 ABNK 和 ATD 的变化率 LKNO 和 DTV 与速度成正比，在同一时间里产生的这些面积的总和与同一时间里掠过的距离成正比，所以自下落开始后产生的整个面积 ABNK 和 ADT，与下落的所有距离成正比。

推论II．物体上升所经过的距离情况与上述相同，也可以说，总距离比同一时间中以均匀速度 AC 经过的距离，与面积 ABnK 比扇形 ADt 相等。

推论III．物体在时间 ATD 内下落的速度，比它同一时间里在无阻力空间中所可能获得的速度，与三角形 APD 比双曲线扇形 ATD 相等。因为在无阻力介质中速度与时间 ATD 成正比，在有阻力介质中与 AP 成正比，即与三角形 APD 成正比，而在刚开始下落时，这些速度与面积 ATD、APD 相等。

推论IV．同理，相同时间段内，物体上升速度比在无阻力空间中所损失的上升运动的值，与三角形 ApD 比圆扇形 AtD 相等，或与直线 Ap 比弧 At 相等。

推论V．所以，物体在有阻力介质中下落所获得的速度 AP，比它在无阻力空间中下落获得最大速度 AC 所需时间，与扇形 ADT 比三角形 ADC 相等；而物体在无阻力介质中由于上升而失去速度 A^2 的时间，比它在有阻力介质中上升失去相同速度所需时间，与弧 At 比切线 Ap 相等。

推论 VI. 由已知时间可以求出上升或下落的距离。因为已知物体无限下落的最大速度（由本编定理 6 推论 Ⅱ 和 Ⅲ）；因而也可以求出物体在无阻力空间中下落获得这一速度所需要的时间。取扇形 ADT 或 ADt 比三角形 ADC 与已知时间比刚求出的时间相等，即可以求出速度 AP 或 Ap，以及面积 ABNK 或 ABnk，它与扇形 ADT 或 ADt 的比与所求距离与前面求出的在已知时间内以最大速度匀速运动掠过的距离的比相等。

推论 VII. 采用反向推导，由已知上升或下落的距离 ABnk 或 ABNK，可以求出时间 ADt 或 ADT。

命题 10 问题 3

· · ·

（图 B 2-5）

设均匀重力垂直指向地平面，阻力正比于介质密度与速度平方的乘积，求使物体沿任意给定曲线运动的各点介质密度，以及物体的速度，和各点的介质阻力。（图 B 2-5）

令与纸平面垂直的平面为 PQ，一曲线为 PFHQ，与该平面相交于点 P 和 Q；物体沿此曲线由 F 到 Q 经过四个点 G、H、I、K，由这四点向地平面作的四条平行纵坐标是 GB、HC、ID、KE，落向地平线 PQ 上的

垂点 B、C、D、E；令纵坐标间距 BC 等于 CD 等于 DE。由点 G 和 H 作直线 GL、HN 与曲线相切于点 G、H，并与纵坐标向上 CH、DI 的延长线相交于 L 和 N，做出平行四边形 $HCDM$。则物体经过弧 GH、HI 的时间，与物体在该时间里由切点下落的高度 LH、NI 的平方根成正比；而速度与经过的长度 GH、HI 成正比，与时间成反比。若 T 和 t 表示时间，速度由 $\frac{GH}{T}$ 和 $\frac{HI}{t}$ 表示，则时间 t 内速度的减量为 $\frac{GH}{T} - \frac{HI}{t}$。该减量是由阻碍物体的阻力和对它加速的重力所产生的。伽利略曾证明过，经过距离 NI 的落体所受重力产生的速度，可以使它在相同时间里经过两倍的距离；即，速度 $\frac{2NI}{t}$；但如果物体经过的是弧 HI，这个力只使弧增加长度 $HI\text{-}HN$，或者 $\frac{MI \times NI}{HI}$；所以产生速度 $\frac{2MI \times NI}{tHI}$。

将这一速度加上前述减量，就可以得阻力独自产生的速度减量，即 $\frac{GH}{T} - \frac{HI}{t} + \frac{2MI \times NI}{t \times HI}$。由于在同一时间里重力使落体产生速度 $\frac{2NI}{t}$，则阻力比重力与 $\frac{GH}{T} - \frac{HI}{t} + \frac{2MI \times NI}{t \times HI}$ 比 $\frac{2NI}{t}$ 或 $\frac{t \times GH}{T} - HI + \frac{2MI \times NI}{HI}$ 比 $2NI$ 相等。

现设横坐标 CB、CD、CE 分别为 $-o$、o、$2o$，纵坐标 CH 为 P，MI 为任意级数 $Qo + Ro^2 + So^2 + \cdots\cdots$。则级数中第一项以后的所有项，即 $Ro^2 + So^2 + \cdots\cdots$ 与 NI 相等；而纵坐标 DI、EK 和 BG 则分别为 $P - Qo - Ro^2 - So^3 - \cdots\cdots$，$P - 2Qo - 4Ro^2 - 8So^3 - \cdots\cdots$，以及 $P + Qo - Ro^2 + So^3 - \cdots\cdots$。取纵坐标的差 $BG - CH$ 与 $CH - DI$ 的平方，再加上 BC 与 CD 的平方，即得到弧 GH，HI 的平方 $oo + QQoo - 2QRo^3 + \cdots\cdots$ 以及 $oo + QQoo + 2QRo^3 + \cdots\cdots$，它们的根 $o\sqrt{(1+Q) - \frac{QRoo}{\sqrt{(1+Q)}}}$ 与 $o\sqrt{(1+Q) + \frac{QRoo}{\sqrt{(1+Q)}}}$ 就是弧 GH 和 HI。而且，如果从纵坐标 CH 中减去纵坐标 BG 与 DI 的和的一半，从纵坐标 DI 中减去纵坐标 CH 与 EK 的和的一半，则余下 Roo 与 $Roo + 3So^3$，这是弧 GI 和 HK 的正矢，因此与无限小时间 T 和 t 的平方成正比，所以比值 $\frac{t}{T}$ 与 $\frac{R+3So}{R}$ 或 $\frac{R+\frac{1}{2}So}{R}$ 的平方成正比；在 $\frac{t \times GH}{T} - HI + \frac{2MI \times NI}{HI}$ 中代入刚才求出的 $\frac{t}{T}$、GH、HI、MI 和 NI 的值，得到 $\frac{3Soo}{2R} \times \sqrt{(1+QQ)}$。由于 $2NI$ 与 $2Roo$ 相等，则阻力比重力与 $\frac{3Soo}{2R} \times \sqrt{(1+QQ)}$ 比 $2Roo$ 相等，即与 $3S\sqrt{(1+QQ)}$ 比 $4RR$ 相等。

速度等于一物体自随意处所 H 沿切线 HN 方向在真空中画出抛物线的速度，该抛物线的直径为 HC，通径为 $\frac{HN^2}{NI}$ 或 $\frac{1+QQ}{R}$。

阻力与介质密度与速度平方的乘积成正比；因而介质密度与阻力成正比，与速度平方成反比；即，与 $\frac{3S\sqrt{(1+QQ)}}{4}$ 成正比，与 $\frac{1+QQ}{R}$ 成反比，即与 $\frac{S}{R\sqrt{(1+QQ)}}$ 成正比。

推论 I. 如果将切线 HN 向两边延长，使它与任何纵坐标 AF 相交于 T，则 $\frac{HT}{AC}$ 与 $\sqrt{(1+QQ)}$ 相等，因而由上述推导知可以替代 $\sqrt{(1+QQ)}$。由此，阻力比重力与 $3S \times HT$ 比 $4RR \times AC$ 相等；速度与 $\frac{HT}{AC\sqrt{R}}$ 成正比，介质密度与 $\frac{S \times AC}{R \times HT}$ 成正比。

推论 II. 由此，如果像通常那样曲线 $PFHQ$ 由底或横坐标 AC 与纵坐标 CH 的关系来决定，纵坐标的值分解为收敛级数，则本问题可利用级数的前几项简单地解决；如下例所示。

例1. 令 $PFHQ$ 为直径 PQ 上的半圆，求使抛体沿此曲线运动的介质密度。

在 A 二等分直径 PQ，并令 AQ 为 n，AC 为 a，CH 为 e，CD 为 o，则 DI^2 或 $AQ^2 - AD^2 = nn - aa - 2ao - oo$，或 $ee - 2ao - oo$，用我们的方法求出根，得到 $DI = e - \frac{ao}{e} - \frac{oo}{2e} - \frac{aaoo}{2e^3} - \frac{ao^3}{2e^3} - \frac{a^3o^3}{2e^5} - \cdots$，在此取 nn 等于 $ee + aa$，则 $DI = ee - \frac{ao}{e} - \frac{aaoo}{2e^3} - \frac{anno^3}{2e^5} - \cdots$。

在此级数中用这一方法区分不同的项：不含无限小 o 的项为第一项，含该量一次方的为第二项，含二次方的为第三项，三次方的为第四项，以此类推以至无限。其第一项在这里是 e，总是表示位于不确定量 o 的起点的纵坐标 CH 的长度。第二项是 $\frac{ao}{e}$，表示 CH 与 DN 的差，即被平行四边形 $HCDM$ 切下的短线段 MN，因此始终决定着切线 HN 的位置，在此，方法是取 $MN : HM = \frac{ao}{e} : o = a : e$。第三项是 $\frac{nnoo}{2e^3}$，表示位于切线与曲线之间的短线段 IN，它决定切角 IHN，或曲线在 H 的曲率。如果该短线段 IN 有确定量，则它由第三项与其以后无限多个项决定，但如果该短线段无限缩短，则以后的项比第三项为无限小，可以忽略。第四项决定曲率的变化，第五项是该变化的变化，等等。顺便指出，由此我们得到了一种不容轻视的方法，利用这一级数可以求解曲线的切线和曲率问题。

现在，将级数 $e - \dfrac{ao}{e} - \dfrac{nnoo}{2e^3} - \dfrac{anno^3}{2e^3} - \cdots\cdots$ 与级数 $P - Qo - Roo - So^3 - \cdots\cdots$ 做一比较，以 e、$\dfrac{a}{e}$、$\dfrac{nn}{2e^3}$ 和 $\dfrac{ann}{2e^5}$ 代替 P、Q、R 和 S，以 $\sqrt{1 + \dfrac{aa}{ee}}$ 或 $\dfrac{n}{e}$ 代替 $\sqrt{(1+QQ)}$，可知介质和密度与 $\dfrac{a}{ne}$ 成正比；即（因为 n 为已知），与 $\dfrac{a}{e}$ 或 $\dfrac{AC}{CH}$ 成正比，即与切线 HT 的长度成正比，它由 PQ 上的垂直半径截得；而阻力比重力与 $3a$ 比 $2n$ 相等，即与 $3AC$ 比圆的直径 PQ 相等；速度则与 $\sqrt{CH}$ 成正比。所以，如果物体自处所 F 以一适当速度沿平行于 PQ 的直线运动，介质中各点 H 的密度与切线 HT 的长度成正比，且注意点 H 处的阻力比重力与 $3AC$ 比 PQ 相等，则物体将画出圆的四分之一 FHQ。

但如果同一物体由处所 P 沿垂直于 PQ 的直线运动，且在开始时沿着半圆 PFQ 的弧，则必须在圆心 A 的另一侧选取 AC 或 a，所以它的符号也应改变，以 $-a$ 代替 $+a$，对应的介质密度与 $-\dfrac{a}{e}$ 成正比。但自然界中不存在负密度，即使物体运动加速的密度，所以，不可能使物体自动由 P 上升画出圆的四分之一 PF，要获得这一效应，物体应能在推动的介质中而不是在有阻力的介质中得到加速。

例 2. 令曲线 PFQ 为抛物线，其轴垂直于地平线 PQ，求使抛体沿该曲线运动的介质密度。（图 B 2-6）

由抛物线性质，乘积 $PQ \times DQ$ 与纵坐标 DI 与某个已知直线的乘积相等，即如果该直线是 b，而 PC 为 a，PQ 为 c，CH 为 e，CD

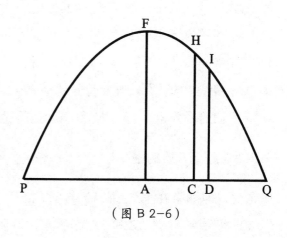

（图 B 2-6）

为 o，则乘积 $(a+o)(c-a-o) - ac - aa - 2ao + co - oo = b \times DI$；所以，$DI = \dfrac{ac-aa}{b} + \dfrac{c-2a}{b} \times o - \dfrac{oo}{b}$。现在，以该级数中第二项 $\dfrac{c-2a}{b} o$ 代替 Qo，以第

262

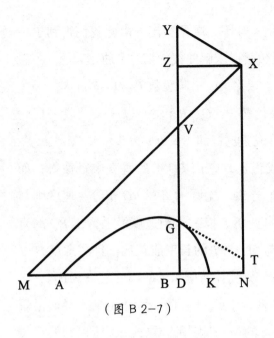

（图 B 2-7）

三项 $\frac{oo}{b}$ 代替 Roo。但由于没有更多的项，第四项的系数 S 是零，所以，与介质的密度成正比的量 $\frac{S}{R\sqrt{(1+QQ)}}$ 是零。因此，在介质密度为零的地方，抛体沿抛物线运动，这就是伽利略所证明的。

例 3. 令曲线 AGK 为双曲线，其渐近线 NX 垂直于地平面 AK，求使抛体沿此曲线运动的介质密度。（图 B 2-7）

令另一条渐近线为 MX，与纵坐标 DG 的延长线相交于 V；由双曲线性质，已知 XV 与 VG 的乘积，也已知 DN 与 VX 的比值，所以也已知 DN 与 VG 的乘积。令该乘积为 bb，作平行四边形 $DNXZ$，令 BN 为 a，BD 为 o，NX 为 c，令已知比值 VZ 比 ZX 或 DN 为 $\frac{m}{n}(a-o)$，则 DN 与 $a-o$ 相等，VG 与 $\frac{bb}{a-o}$ 相等，VZ 与 $\frac{m}{n}(a-o)$ 相等，而 GD 或 $NX-VZ-VG$ 与 $c-\frac{m}{n}a+\frac{m}{n}o-\frac{bb}{a-b}$ 相等把项 $\frac{bb}{a-o}$ 分解为收敛级数 $\frac{bb}{a}+\frac{bb}{aa}o+\frac{bb}{a^3}oo+\frac{bb}{a^4}o^3+\cdots\cdots$ 则 GD 与 $c-\frac{m}{n}a-\frac{bb}{a}+\frac{m}{n}o-\frac{bb}{aa}o-\frac{bb}{a^3}o^2-\frac{bb}{a^4}o^3-\cdots\cdots$ 相等，该级数第二项 $\frac{m}{n}o-\frac{bb}{aa}o$ 就是 Qo；第三项组 $\frac{bb}{a^3}o^2$ 改变符号就是 Ro^2；第四项 $\frac{bb}{a^4}o^3$，改变符号就是 So^3，它们的系数 $\frac{m}{n}-\frac{bb}{aa}$、$\frac{bb}{a^3}$ 和 $\frac{bb}{a^4}$ 就是前述规则中的 Q、R 和 S，完成这一步后，得到介质的密度与 $\frac{\frac{bb}{a^4}}{\frac{bb}{a^3}\sqrt{(1+\frac{mm}{nn}-\frac{2mbb}{n}+\frac{b^4}{aa})}}$ 或 $\frac{1}{\sqrt{(aa+\frac{mm}{nn}a-\frac{2mbb}{n}+\frac{b^4}{aa})}}$ 成正比，即如果在 VZ 上取 VY 与 VG 相等，则与 $\frac{1}{xy}$ 成正比。因为 aa 与 $\frac{m^2}{n^2}a2-\frac{2mbb}{n}+\frac{b^4}{aa}$ 是 XZ 和 ZY 的平方。但阻力与重力的比值与 $3XY$ 与 $2YG$ 的比值相等；而速度则与可使该物体画出一抛物体的速度相等，其顶点为 G，直径为 DG，通径为 $\frac{xy^4}{VG}$。所以，设介质中各点 G 的密度与距

离 XY 成反比，而且任意点 G 的阻力比重力与 $3XY$ 比 $2YG$ 相等，当物体由点 A 出发以适当速度运动时，将画出双曲线 AGK。

例 4. 设 AGK 是一条双曲线，其中心为 X，渐近线为 MX、NX，使得画出矩形 $XZDN$ 后，其边 ZD 与双曲线相交于 G，与渐近线相交于 V，VG 反比于线段 ZX 或 DN 的任意次幂 DN^n，幂指数为 n，求使抛体沿此曲线运动的介质密度。

分别以 A、O、C 代替 BN、BD、NX，令 VZ 比 XZ 或 DN 的值与 d 比 e 相等，且 VG 与 $\frac{bb}{DN^n}$ 相等，则 $DN=A{-}O$、$VG=\frac{bb}{(AC)^n}$、$VZ=\frac{d}{e}(A{-}O)$，GD 或 $NX{-}VZ{-}VG$ 与 $c-\frac{d}{e}A+\frac{d}{e}O-\frac{bb}{(A-O)^n}$ 相等。

将项 $\frac{bb}{(A-C)^n}$ 分解为无限级数 $\frac{bb}{A^n}+\frac{bb}{A^{n+1}}\times O+\frac{nn+n}{2A^{n+2}}\times bbO^2+\frac{n^3+3nn+2n}{6A^{n+3}}\times bbO^3+\cdots\cdots$，则 GD 与 $c-\frac{d}{e}A-\frac{bb}{A^n}+\frac{d}{e}O-\frac{nbb}{A^{n+1}}O-\frac{+nn+n}{2A^{n+2}}bbO^2-\frac{+n^3+3nn+2n}{6A^{n+3}}bbO^3+\cdots\cdots$ 相等。该级数的第二项 $\frac{d}{e}O-\frac{nbb}{2A^{n+1}}O$ 就是 Qo，第三项 $\frac{nn+n}{2A^{n+2}}bbO^2$ 是 Roo，第四项 $\frac{n^3+3nn+2n}{6A^{n+3}}$ 是 So^3，因此在任意处 G 介质的密度 $\frac{S}{R\sqrt{(1+QQ)}}$ 与 $\frac{n+2}{3\sqrt{(A^2+\frac{dd}{ee}A^2-\frac{2dnbb}{eA^n}A+\frac{nnb^4}{A^{2n}})}}$ 相等。

所以，如果 VZ 上取 VY 与 $n\times VG$ 相等，则密度与 XY 的倒数成正比。因为 A^2 与 $\frac{dd}{ee}A^2-\frac{2dnbb}{eA^n}A+\frac{nnb^4}{A^{2n}}$ 是 XZ 和 ZY 的平方。而同一处所 G 的介质阻力比重力与 $3S\times\frac{XY}{A}$ 比 $4RR$ 相等，即与 XY 比 $\frac{2nn+2n}{n+2}VG$ 相等。速度则与使物体沿一条抛物线的相同，该抛物线定点是 G，直径为 GD，通经为 $\frac{1+QQ}{R}$ 或 $\frac{2XY^2}{(nn+n)VG}$。

附 注

由与推论 I 相同的方法，可得出介质的密度与 $\frac{S\times AC}{R\times HT}$ 成正比，如果阻力与速度 V 的任意次幂 V^n 成正比，则介质密度与 $\frac{S}{R^{\frac{4-n}{2}}}\times\left(\frac{AC}{HT}\right)^{n-1}$ 成正比。所以，如果能求出一条曲线，使得 $\frac{S}{R^{\frac{4-n}{2}}}$ 与 $\left(\frac{AC}{HT}\right)^{n-1}$，或 $\frac{S^2}{R^{4-n}}$ 与

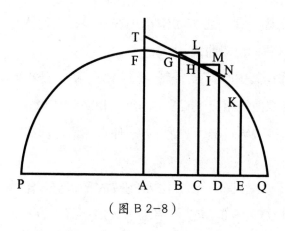

（图 B 2-8）

$(1+QQ)^{n-1}$ 的比值为已知，则在阻力与速度 V 的任意次幂 V^n 成正比的均匀介质中，物体将沿此曲线运动。现在还是让我们回到比较简单的曲线上来。（图 B 2-8）

由于在无阻力介质中只存在抛物线运动，而这里所描述的双曲线运动是由连续阻力产生的；所以很明显抛体在均匀阻力介质中的轨道更接近于双曲线而不是抛物线。这样的轨道曲线肯定属于双曲线类型，但它的顶点距渐近线相对较远，而在远离顶点处较之这里所讨论的双曲线距渐近线非常近。然而，其间的差别不是特别太，在实际运用中可以足够方便地以后者代替前者，也许这些比双曲线更有用，虽然它更精确，但同时也更复杂。具体应用按下述方法进行。

作平行四边形 $XYGT$（图 B 2-9），则直线 GT 将与双曲线相切于 G，因而在 G 点介质密度与切线 GT 成反比，速度与 $\sqrt{\dfrac{GT^2}{GV}}$ 成正比，阻力比重力与 GT 比 $\dfrac{2nn+2n}{n+2} \times GV$ 相等。

所以，如由 A 抛出的物体沿直线 AH 的方向画出双曲线 AGK（图 B 2-10），延长 AH 与渐近线 NX 相交于 H，作 AI 与它平行并与另一条渐近线 MX 相交于 I，则 A 处介质密度与 AH 成反比，物体速度与 $\sqrt{\dfrac{AH^2}{AI}}$ 成正比，阻力比重力与 AH 比

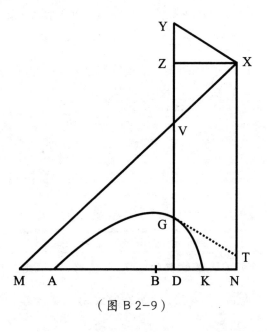

（图 B 2-9）

$\frac{2nn+2n}{n+2} \times AI$ 相 等。由
此得出以下规则。

规则 1.如果保持 A
点的介质密度以及抛出
物体的速度不变,而角
NAH 改变;则长度 AH、
AI、HX 不变。所以,
如果在任何一种情况下
求出这些长度,则由任
意给定的角 NAH 的角
度可以很简单地求出双
曲线。

规则 2.如果保持角
NAH 的角度与 A 点的介

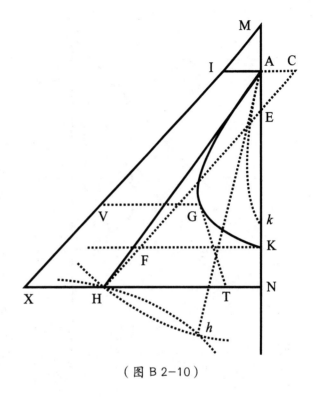

（图 B 2-10）

质密度不变,抛出物体的速度改变,则长度 AH 保持不变,而 AI 则与速
度的平方成反比。

规则 3.如果保持角 NAH 的角度,物体在 A 点的速度以及加速引力不
变,而 A 点的阻力与运动引力的比以任意比率增大,则 AH 与 AI 的比值
也以相同比率增大;而保持上述抛物线的通径不变,正比于它的长度 $\frac{AH^2}{AI}$
也不变;因而 AH 以同一比例减小,而 AI 则以该比例的平方减小。但当
体积不变而比重增大,或介质密度增大,又或者体积减小,而阻力以比
重力更小的减小比例减小时,阻力与重量的比增大。

规则 4.因为在双曲线顶点附近的介质密度大于 A 点,所以要求平均
密度,应先求出切线 GT 的最小值与切线 AH 的比值,而 A 点的密度的增
加应大于这两条切线的和的一半与切线 GT 最小值的比值。

规则 5.如果已知长度 AH、AI（图 B 2-11）,要画出图形 AGK,则延
长 HN 到 X,使 HX 比 AI 与 $n+1$ 比 1 相等,以中心为 X,渐近线为 MX、

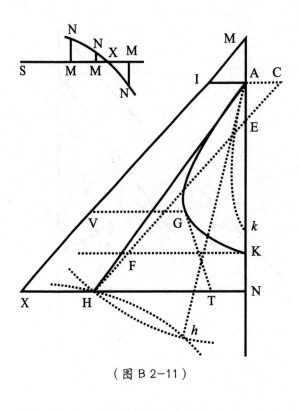

（图 B 2-11）

NX，通过点 A 画出双曲线，使 AI 比任意直线 VG 与 XV^n 比 XI^n 相等。

规则 6. n 的值越大，物体由 A 上升的双曲线就越精确，而物体向 K 下落的就越不准确，相反也成立。如果物体的运动轨迹是圆锥双曲线，则它的精确率是前两者的平均值，并且比所有其他曲线都简单。所以，如果双曲线属于这一类，要找出抛体落在通过点 A 的任意直线上的点 K，令 AN 延长与渐近线 MX、NX 相交于 M、N，取 NK 与 AM 相等。

规则 7. 由此现象得到一种求这条双曲线的简单方法。令两个相等物体以相同速度沿不同角度 HAK、hAk 抛出，落在地平面上的点 K 和 k 处，记下 AK 与 Ak 比值，令其为 d 比 e。作任意长度的垂线 AI，并任意设定长度 AH 或 Ah，然后用作图法，或使用直尺与指南针，收集 AK, Ak 的长度（规则 6）。如果 AK 与 Ak 的比值与 d 与 e 比值相等，则 AH 长度选取正确。如果不相等，则在不定直线 SM 上取 SM 与所设 AH 的长相等；作垂线 MN，长度与二者比值的差 $\dfrac{AK}{Ak} - \dfrac{d}{e}$ 再乘以任意已知直线相等。由相同方法，得到若干 AH 的假设长度，对应有不同的点 N，通过所有这些点作规则曲线 $NNXN$，与直线 $SMMM$ 相交于 X。最后，设 AH 与横坐标 SX 相等，再由此找出长度 AK；则这些长度比 AI 的假设长度，以及这最后假设的长度 AH，与实验测出的 AK 相等，比最后求得的长度 AK，它们就是所要求的 AI 和 AH 的真正长度，而求出这些后，也就可求出处所 A

的介质阻力，它与重力的比与 AH 比 $\frac{4}{3}AI$ 相等。令介质密度按规则 4 增大，如果刚求出的阻力也以同样比率增大，则结果更为准确。

规则 8. 已知长度 AH、HX（图 B 2-12），求直线 AH 的位置，使以该已知速度抛出的物体能落在任意点 K 上。在点 A 和 K 作地平线的垂直线 AC、KF，把 AC 竖直向下画，并与 AI 或 $\frac{1}{2}HX$ 相等。以 AK、KF 为渐近线，画一条双曲线，它

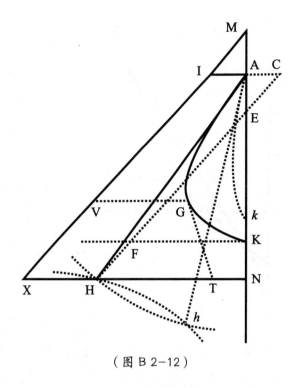

（图 B 2-12）

的共轭线通过点 C；以 A 为圆心，间隔 AH 为半径画一圆与该双曲线相交于点 H；则沿直线 AH 方向抛出的物体将落在点 K 上。

因为给定长度 AH 的缘故，点 H 必定在画出的圆图上，作 CH 与 AK 和 KF 相交于 E 和 F；因为 CH、MX 互相平行，AC 等于 AI，所以 AE 与 AM 相等；因而也与 KN 相等，而 CE 比 AE 与 FH 比 KN 相等，所以 CE 与 FH 相等。所以点 H 又落在以 AK、KF 为渐近线的双曲线上，其共轭曲线通过点 C，因此找出了该双曲线与所画出的圆周的公共交点。

应当说明的是，不论直线 AKN 与地平线是平行还是以随意角倾斜，上述方法都是相同的。由两个交点 H、h，可以得到两个角 NAH、NAh，在力学实践中，一次只要画一个圆就足够了，然后用长度不定的直尺向点 C 作 CH，使其在圆与直线 FK 之间的部分 FH 与位于点 C 与直线 AK 之间的部分 CE 相等即可。

有关双曲线的结论都很容易应用于抛物线。因为如果以 $XAGK$ 表示

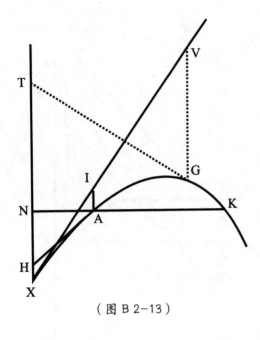

（图 B 2–13）

一条抛物线，在顶点 X 与一条直线 XV 相切，其纵坐标 IA、VG 与横坐标 XI、XV 的任意次幂 XI^n、XV^n 成正比；作 XT、GT、AH，使 XT 与 VG 平行，令 GT、AH 与抛物线相切于 G 和 A。物体由点 A 沿直线 AH 方向，以一适当速度抛出的物体，在各点 G 的介质密度与切线 GT 成反比时，画出这条抛物线。在此情形下，在 G 点的速度将与物体在无阻力空间中画出圆锥抛物线的速度相等，该抛物线以 G 为顶点，VG 向下的延长线为直径，$\frac{2GT^2}{(nn-n)}$ 为通径，而 G 点的阻力比重力与 GT 比 $\frac{2nn-2n}{n-2}$ VG 相等。所以，如果地平线用 NAK 表示，点 A 的介质密度与抛出物体的速度不变，则角 NAH 不论如何改变，长度 AH、AI、HX 都保持不变，因此可以求出抛物线的顶点 X，以及直线 XI 的位置；如果取 VG 比 IA 与 XV^n 比 XF^n 相等，则可求得抛物线上所有的点 G，这正是抛体所经过的轨迹。（图 B 2–13）

第3章
物体受部分正比于速度
而部分正比于速度平方的
阻力的运动

命题 11 定理 8

...

如果物体受到部分正比于其速度，部分正比于其速度的平方的阻力，在均匀的介质中只受到惯性力的推动而运动，并且把时间按算术级数划分，则反比于速度的量，在增加某个给定量后，变为几何级数。

以点 *C* 为中心，互成直角的直线 *CADd* 和 *CH* 为渐近线，做双曲线 *BEe*，并作平行于渐近线 *CH* 的直线 *AB*、*DE*、*de*（图 B 3-1）。假设已知位于渐近线上的点 *A*、*G* 的位置，如果用匀速增加的双曲线面积 *ABED* 表示时间，那么速度则可用 *CD* 表示，因为不定线段 *CD*

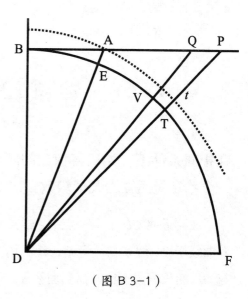

（图 B 3-1）

由与 GD 成反比的长度 DF 和确定线段 CG 共同组成，所以速度按等比级数增加。

假设面积 $DEed$ 表示时间的最小增值，那么 Dd 与 DE 成反比，所以 Dd 与 CD 成正比。根据第 2 编的引理 2，$\frac{1}{GD}$ 的减量 $\frac{Dd}{GD^2}$，同样与 $\frac{Dd}{GD^2}$，或者 $\frac{CG+GD}{GD^2}$ 成正比，化简可知与 $\frac{1}{GD}+\frac{CG}{GD^2}$ 成正比。所以再加上确定时间间隔 $EDde$ 而让时间 $ABED$ 均匀增加时，$\frac{1}{GD}$ 按与速度相等的比值减小，因为速度的增量与阻力成正比，因此根据假设条件，该减量就是与某两个量的和成正比，而在这两个量中，其中一个量与速度成正比，另一个则与速度的平方成正比。而 $\frac{1}{GD}$ 的减量则与 $\frac{1}{GD}$ 和 $\frac{1}{GD^2}$ 正比，其中第一项是 $\frac{1}{GD}$ 本身，而第二项 $\frac{CG}{GD^2}$ 与其成正比。因此 $\frac{1}{GD}$ 与速度成正比，而这两个的减量是类似的。所以如果量 GD 与 $\frac{1}{GD}$，加入确定量 CG。那么随时间 $ABED$ 均匀增加，将和 CD 按等比级数增加。

推论Ⅰ. 如果已知点 A 和 G，双曲线面积 $ABED$ 表示时间，则速度由 GD 的倒数 $\frac{1}{GD}$ 表示。

推论Ⅱ. 取 GA 比 GD 与任意时间 $ABED$ 开始时速度的倒数比该时间结束时速度的倒数相等，则可以求出点 G。求出该点后，则可由任意给定的其他时间求出速度。

命题 12 定理 9

• • •

在相同条件下，如果将掠过的距离分为算术级数，则速度在增加一个给定量后变为几何级数。

在渐近线 CD 上取一点 R，过点 R 做垂直于 CD 的直线 RS，且 RS 交双曲线于 S。假设物体运动的距离用双曲线面积 $RSED$ 表示，那么速度将与 GD 的长度成正比。而当面积 $RSED$ 按等差级数增加时，此长度 GD 与确定线段 CG 组成的长度 CD 按等比级数减小。

因为已知距离的增量 EDde，所以 GD 的减量，即短线段 Dd，与 ED 成反比，所以 Dd 与 CD 成正比。换句话说，即 Dd 与同一个量 GD 和确定长度 CG 的和成正比，但是在与速度成正比的时间段，即物体经过已知距离 DdeE 所需的时间段内，速度的减量与阻力和时间的乘积成正比，即与某两个量的和成正比，在这两个量中，其中一个与速度成正比，另一个则与速度的平方成正比。因此，速度与这两个量的和成正比。这两个量中，其中一个量是确定的，另一个量则与速度成正比，所以速度减量与线段 GD 的减量都同样与一个已知量和一个减少量的乘积成正比。因为这两个减量都是相似的，所以减少的量，即速度和线段 GD，也是相似的。

推论 I . 如果以长度 GD 表示速度，则掠过的距离与双曲线面积 DESR 成正比。

推论 II . 如果任意设定点 R，则通过取 GR 比 GD 与开始时的速度比掠过距离 RM 相等，D 后的速度，则可以求出点 G。求得点 G 后，即可由给定速度求出距离，相反也成立。

推论III . 由于由给定时间可以求出速度（命题 11），而距离又可以由给定速度推出，所以由给定时间可以求出距离，相反也成立。

命题 13 定理 10

···

设一物体受竖直向下的均匀重力作用沿一直线上升或下落，受到的阻力同样部分正比于其速度，部分正比于其平方。如果作几条平行于圆和双曲线直径且通过其共轭直径端点的直线，而且速度正比于平行线上给定点的线段，则时间正比于由圆心向线段端所

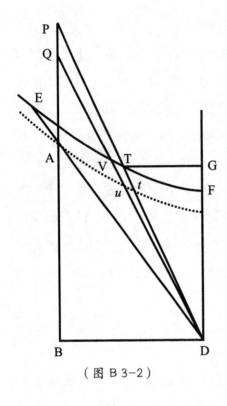

（图 B 3-2）

作直线截取的扇形面积，反之亦然。

情景 1. 已知物体做上升运动（图 B 3-2）。以 D 为圆心，任意线段 DB 为半径，做一个四分之一圆 BETF。并过半径 DB 的端点 B 做平行于半径 DF 的不定线段 BAP。在线段 BAP 上任取一点 A，取线段 AP 与速度成正比。因为阻力一部分与速度成正比，另一部分与速度的平方成正比，所以可假设整个阻力与 $AP^2+2BA \times AP$ 成正比。连接 DA、DP，得到的两条直线分别与圆交于点 E、T。假设重力用 DA^2 表示，使重力与物体在点 P 受到的阻力的比值等于 DA^2 比 $AP+2BA \times AP$，那么整个上升过程的时间与圆的扇形 EDT 成正比。

做直线 DVQ，切割出速度的变化率 PQ，以及与给定时间变化率对应的扇形 DET 的变化率 DTV，那么速度的减量 PQ 与重力 DA^2 加上阻力 $AP^2+2BA \times AP$ 得到的和成正比。根据《几何原本》卷二命题 12，可得 PQ 与 DP 成正比。又因为与 PQ 成正比的面积 DPQ 与 DP^2 成正比，故面积 DTV 与 DPQ 的比值等于 DT^2 比 DP^2，所以 DTV 与确定量 DT^2 成正比。因为从区域 EDT 的面积中减去确定面积 DTV 后，余下的部分按未来时间的比例减小，所以余下部分与整个上升过程所用时间成正比。

情景 2. 如果同前一情形一样（图 B 3-3），物体上升过程中速度用长度 AP 表示，那么阻力与 $AP^2+2BA \times AP$ 成正比。但是如果重力非常小，以至于不足以用 DA^2 表示，那么可以取 BD 的长度，使 AB^2-BD^2 与重力

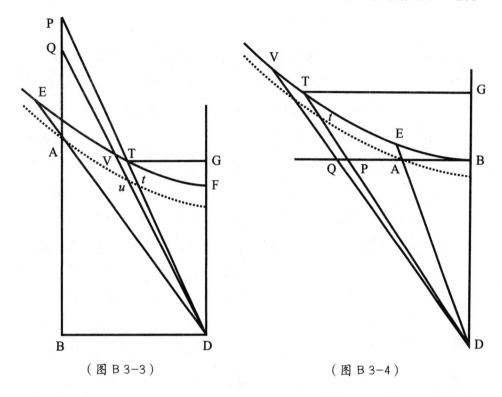

（图 B 3-3）　　　　　　　　（图 B 3-4）

成正比。在假设 DF 垂直于 DB，且 $DF = DB$，过顶点 F 做双曲线 $FTVE$，其中 DB 和 DF 在双曲线的共轭半径，并且此双曲线分别交 DA、DP、DQ 于点 E、T、V，那么物体上升过程所用时间与此双曲线的扇形 TDE 成正比。

在一个已知时间内，产生的速度减量 PQ 与阻力 $AP^2 + 2BA \times AP$ 加上重力 $AB^2 - BD^2$ 所得的和（即 $BP^2 - BD^2$）成正比但是因为面积 DTV 与面积 DPQ 的比值等于 DT^2 比 DP^2，所以如果作 GT 垂直于 DF，那么 DTV 与 DPQ 之比也等于 GT^2（或者 $GD^2 - DF^2$）比 BD^2，或等于 GD^2 比 BP^2。进行分比，得 DTV 与 DPQ 的比等于 DF^2 比 $BP^2 - BD^2$。因为区域 DPQ 的面积与线段 PQ 成正比（即与 $BP^2 - BD^2$ 成正比），所以面积 DTV 与确定量 DF^2 成正比。又因为已知确定部分 DTV 的不同值与时间段的数目相等，在单个时间内，从面积 EDT 中减去与时间相对应的部分 DTV 后，剩下部分将均匀减小，所以剩下部分与时间成正比。

情景 3. 假设 AP 表示物体的下降速度（图 B 3-4），$AP^2 + 2BA \times AP$ 表示阻力，$BD^2 - AB^2$ 表示重力，而角 DBA 是直角。如果以点 D 在圆心，点

B 为顶点，做一对直角双曲线 $BETV$，且直线 DA、DP、DQ 分别交次双曲线于点 E、T、V，那么物体下降的总时间与双曲线扇形 DET 成正比。

因为速度的增量 PQ，以及与 PQ 成正比的面积 DPQ，都与重力和阻力的差 $BD^2-AB^2-2BA \times AP-AP^2$ 成正比（即 BD^2-BP^2）。而面积 DTV 与面积 DPQ 的比值等于 DT^2 比 DP^2，所以这两个面积的比值等于 GT^2（或 GD^2-BD^2）比 BP，也等于 GD^2 比 BD^2。由此可得，此面积的比值等于 BD^2 比 BD^2-BP^2。因为区域 DPQ 的面积与 BD^2-BP^2 成正比，那么区域 DTV 的面积与确定量 BD^2 成正比。所以，如果已知确定部分 DTV 的不同值与时间段的数目相等，而在多个相等的时间段内，在区域 EDT 面积中加上与时间段对应的确定部分 DTV 后，面积将均匀增加，所以面积与物体下降时间成正比。

推论. 如果以 D 为中心（图 B 3-5），以 DA 为半径，通过顶点 A 做一个弧 At 与弧 ET 相似，其对角也是 ADT，则速度 AP 比物体在时间 EDT 内在无阻力空间由于上升所失去或由于下落所获得的速度，与三角形 DAP 的面积比扇形 DAt 的面积相等；因而该速度可以由已知的时间求出。因为在无阻力的介质中速度与时间成正比，所以也与这个扇形成正比；在有阻力介质中，它与该三角形成正比；而在这二种介质中，当速度很小时，接近相等，扇形与三角形也是如此。

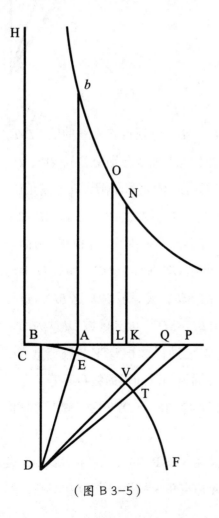

（图 B 3-5）

附　注

　　还可以证明这种情形，物体上升时，重力小得不足以用 DA^2 或 AB^2+BD^2 表示，但又大于以 AB^2-DB^2 来表示，因而只能用 AB^2 表示。不过在此拟讨论其他问题。

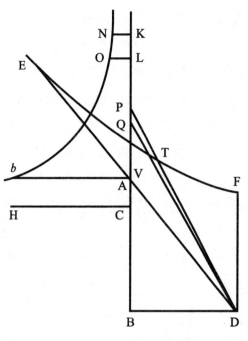

命题 14 定理 11

···

在相同条件下，如果按几何级数取阻力与重力的合力，则物体上升或下落所掠过的距离，正比于表示时间的面积与另一个按算术级数增减的面积的差。

　　在下面三幅图中取出线段 AC，设它与重力成正比，而取出线段 AK，与阻力成正比，并且如果物体处于上升过程，那么这两条线段都是从点 A 的同一侧取出。但如果物体处于下降过程，那么两条线段则处于点 A 的两侧。作垂线 Ab，

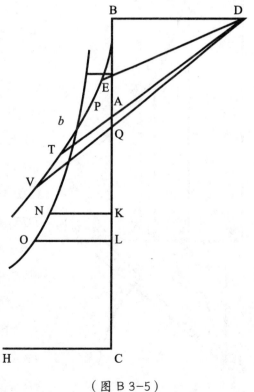

（图 B 3–5）

使 $Ab:DB = DB^2:(4BA \times AC)$。再以互成直角的直线 CK、CH 为渐近线作一条双曲线 bN。作 KN 垂直于 CK，那么按等比级数取出力 CK 时，面积 $AbNK$ 将按等差级数增减。因此，物体在运动过程中达到的最大高度与面积 $AbNK$ 减去面积 DET 的差成正比。

因为线段 AK 与阻力成正比，也就是与 $AP^2 \times 2BA \times AP$ 成正比，设 Z 是任意确定的量，取 AK 等于 $\dfrac{AP^2+2B \times AP}{Z}$，那么根据本编引理 2，$AK$ 的变化率 KL 与 $\dfrac{2PQ \times AP+2BA \times PQ}{Z}$ 或者是 $\dfrac{2PQ \times BP}{Z}$ 相等。而面积 $AbNK$ 的变化率 $KLON$ 则与 $\dfrac{2PQ \times BP \times BD^3}{2Z \times CK \times AB}$ 或者 $\dfrac{PQ \times BP \times BD^3}{2Z \times CK \times AB}$ 相等。

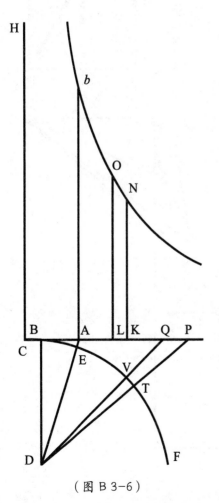

（图 B 3-6）

情景 1. 已知物体做上升运动，且重力与 AB^2+BD^2 成正比，BET 是一个圆，与重力成正比的线段 AC 与 $\dfrac{AB^2-BD^2}{Z}$ 相等，而 DP^2 或者 $AP^2+2BA \times AP+AB^2+BD$ 与 $AK \times Z+AC \times Z$ 或者 $CK \times Z$ 相等。因此，面积 DTV 与面积 DPQ 的比与 DT^2（或 DB^2）比 $CK \times Z$ 相等。

情景 2. 已知物体做上升运动，且重力与 AB^2-BD^2 成正比，与重力成正比的线段 AC 等于 $\dfrac{AB^2-BD^2}{Z}$，而 $DT^2:DP^2$ 与 DF^2（或 DB^2）：(BP^2-BD^2)（或 $AP^2+2BA \times AP+AB^2-BD^2$）相等，即 $DT^2:DP^2$ 与 $(BP^2-BD^2):(AK \times Z+AC \times Z)$（或 $CK \times Z$）相等，因此面积 DTV 与面积 DPQ 的比值与 DB^2 比 $CK \times Z$ 相等。

情景 3. 同理，已知物体在下降过程中，因此重力与 BD^2-AB^2 成正比，而线段 AC 与 $\dfrac{BD^2-AB^2}{Z}$ 相等，所以面积 DTV 于面积 DPQ 的比与 DB^2 比 $CK \times Z$ 相等。

（图 B 3-6）

因为这些面积间的比值始终都是这个比值（即 DB^2 比 $CK \times Z$）则在表示时间变化率时，如果用任意确定乘积 $BD \times m$ 代替始终保持不变的面积 DTV，那么 DPQ 的面积 $\frac{1}{2}BP \times PQ$ 与 $BD \times m$ 的比值与 $CK \times Z$ 比 DB^2 相等，所以 $PQ \times BD^3 = 2BD \times m \times CK \times Z$，而此前求出的面积 $AbNK$ 的变化率与 $\frac{BP \times BD \times m}{AB}$ 相等。从面积 DET 中减去它的变化率 DTV 或是 $BD \times m$，那么剩余的部分为 $\frac{AP \times BD \times m}{AB}$。因此面积的变化率之差与 $\frac{AP \times BD \times m}{AB}$ 相等，并且因为 $\frac{BD \times m}{AB}$ 是一个确定值，所以面积之差的变化率与速度 AP 成正比，换句话说，即与物体上升或下降过程中运动的距离的变化率成正比。因此面积之差与变化率成正比，并且与变化率同时开始或者结束的距离的增减也成正比。

推论. 如果面积 DET 除以线段 BD 得到一个长度并且此

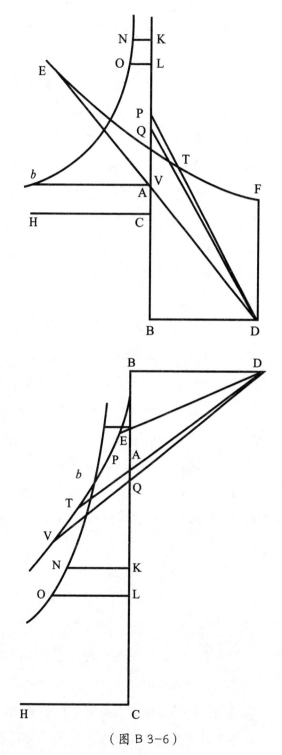

（图 B 3-6）

长度用 M 表示。而根据 DA 与 DE 的比值，取出另一长度 V，使 V 比 M 等于这个比值，那么物体在阻碍介质中上升或下降时运动的总距离与物体在无阻力介质中从静止状态开始下降时，在相同时间内运动的总距离的比值啊，等于面积之差的比 $\frac{BD \times V^2}{AB}$。因此如果已知时间，可求出物体运动的总距离。而在无阻力介质中，因为物体运动的距离与时间的平方成正比，或是与 V^2 成正比，BD 和 AB 已知，那么这个距离与 $\frac{BD \times V^2}{AB}$ 成正比，这一面积与 $\frac{DA^2 \times BD \times M^2}{DE^2 \times AB}$ 相等，而 M 变化率为 m，所以这个面积的变化率为 $\frac{DA^2 \times BD \times 2M \times m}{DE^2 \times AB}$。但是因为这个变化率比面积 DET 和面积 $AbNK$ 之差的变化率（即 $\frac{AP \times BD \times m}{AB}$）与 $\frac{DA^2 \times BD \times M}{DE^2}$ 比 $\frac{1}{2} BD \times AP$ 相等，这两个变化率的比值与 $\frac{DA^2}{DE^2}$ 乘以 DET 与 DAO 的比值相等，所以大面积 DET 与 DAP 的比值为极小值时，DET 与 DAP 相等。因此，当所有面积的值都达到最小值时，面积 $\frac{BD \times V^2}{AB}$ 变化率与面积 DET 减去面积 $AbNK$ 所得差的变化率相等。所以这两者也相等，因为在物体刚开始下降时，物体的初速度与物体要停止上升时。物体的最终速度是趋于相等的，所以在下降和上升过程中，物体运动的距离也接近相等，这两个距离的比值与面积 $\frac{BD \times V^2}{AB}$ 比面积 DET 减去面积 $AbNK$ 所得的差相等。又因为当物体在无阻力介质中运动时，物体运动的距离与面积 DET 减去面积 $AbNK$ 所得的差成正比。由此可证，在任意相等的时间内，物体在这两种介质中运动的距离之比与面积 $\frac{BD \times V^2}{AB}$ 比面积 DET 减去 $AbNK$ 所得的差相等。

附注

当球体在流体中运动时，它受到的阻力部分来自液体的黏性，部分来自球体与流体的摩擦，而其余部分则来自流体的密度。其中由流体密度产生的那部分阻力与速度的平方成正比，由流体的黏性产生的另一部分阻力则是均匀的，并且与时间的变化率成正比。因此我们现在应该继续探讨这类在流体中的运动。因为此球体受到的阻力部分来自一个均匀的力，或与时间的变化率成正比，部分阻力与速度的平方成正比，而通过命题8、命题9和推论，此问题很容易解决，并且不会有障碍。在这两个命题中，当流体只受惯性力的推动作用时，物体上升过程中重力产生均匀阻力。当球体在流体中运动时，这个均匀阻力可以由介质黏性产生的均匀阻力来代替，那么当物体沿直线上升时，在重力中叠加上这个均匀阻力，然而当物体下降时，则从重力中减去此均匀阻力。同样，接下来我们还可以导入另一个物体的运动。此物体受到的阻力部分是均匀的，部分与速度成正比，部分与相同速度的平方成正比，同上通过命题13和14，已经为解决这一问题清除了障碍。在这两个命题中，只要用黏性生成的均匀阻力代替重力，或直接将两个均匀的力复合就可以借用上述命题来解决这个问题。对这类问题的讨论到这里告一段落，接下来将讨论其他问题。

第4章
物体在阻滞介质中的圆运动

引理 3

···

令 PQR 为一螺旋线，它以相同角度与所有的半径 SP、SQ、SR 等相交。作直线 PT 与螺旋相交于任意点 P，与半径 SQ 相交于 T；作 PO、QO 与螺旋线垂直，并相交于 O，连接 SO；如果点 P 和 Q 趋于重合，则角 PSO 成为直角，而乘积 $TQ \times 2PS$ 与 PQ^2 的最终比值相等。（图 B 4-1）

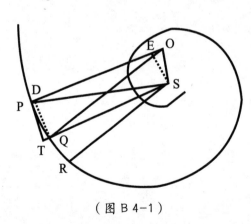

（图 B 4-1）

从直角 OPQ、OQR 中分别减去相等的角 SPQ 和 SQR 剩余的角 OPS 和 OQS 相等，因此，通过点 O、S、P 的圆必然会经过点 Q 设点 P 与点 Q 重合，那么，此时这个圆与螺旋线相切与 P、Q 的重合点，且圆与 OP 垂直，OP 成为圆的半径，而角 OSP 因为在半圆上，因此是直角。

做直线 QD、SE 垂直于直线 OP，且各条线段间的比值如下：$TQ : PQ$

$= TS$（或 PS）$: PE = 2PO : 2PS$，$PD : PQ = PQ : 2PO$。将这两式对应项相乘得到 $TQ : PQ = PQ : 2PS$ 可推出。

命题 15 定理 12

...

如果各点的介质密度反比于由该点到固定中心的距离，且向心力正比于密度的平方，则物体沿一螺旋线运动，该线以相同角度与所有转向中心的半径相交。

假设本命题的所有条件与引理 3 的条件相同，延长 SQ 至点 V，使 $SV = SP$。当物体在阻碍介质中运动时，在任意时间内，物体划过短弧 PQ，而在两倍的时间内，物体则划过弧 PR。这些弧因为物体运动时受到阻力而产生减量（或在相等时间内，物体在无阻力介质中划过的弧与上述弧的差），这些量相互间的比值与产生这些弧所用时间的平方成正比，因此弧 PQ 的减量与弧 PR 减量的四分之一相等。同理，如果取面积 QSr 与面积 PSQ 相等，那么弧 PQ 的减量则与短线段 $\frac{1}{2}Rr$ 相等。所以阻力与向心力之比与短线段 $\frac{1}{2}Rr$ 和相同时间内生成的线段 TQ 的比相等。由于物体在点 p 受到的向心力与 SP^2 成反比，根据第 1 编的引理 10，此向心力产生的短线段 TQ 与由两个量复合而成的量成正比，这两个量中第一个是向心力，另一个是物体划过弧 PQ 用时间的平方（此处忽略阻力的作用，因为和向心力相比，物体受到的阻力小到可忽略不计）。由此可得，$TQ \times SP^2$（由上述引理，该值等于 $\frac{1}{2}PQ^2 \times SP$）与时间的平方成正比，所以时间与 $PS \times \sqrt{SP}$ 成正比，而物体在该时间内划过弧 PQ 时的速度与 $\frac{PQ}{PQ \times \sqrt{SP}}$ 成正比，简化后，该速度与 $\frac{1}{\sqrt{SP}}$ 成正比，及速度与 SP 的平方值成反比，同理，可推出物体沿弧 QR 运动时，物体的速度与 SQ 的平方根成正比，现在假设 PQ 与 QR 之比与速度的比相等，即与 SQ 与 SP 的平方根之比相等，或与 SQ 比 $\sqrt{SP \times SQ}$ 相等，将关系式写成等式，因为角 SPQ 与角 SQr 相等，面积 PSQ 与面积 QSr 相等，所以弧 PQ 比 Qr 与 SQ 比 SP 相等。取互成正比的部分间的差相等，得弧 PQ 比弧 Rr 与 SQ 比 $SP -$ $\sqrt{(SP \times SQ)}$（或者 $\frac{1}{2}VQ$）相等。而当点 P 与点 Q 重合时，$SP - \sqrt{(SP \times SQ)}$ 与 $\frac{1}{2}VQ$ 的最终比值为 1，因为当物体划过弧 PQ 受到阻力，使弧 PQ 减少的量（或者 $2Rr$）与阻力和时间的平方乘积成正比，所以阻力与 $\frac{Rr}{PQ^2 \times SP}$ 成正比，但是 $PQ : Rr = SQ : \frac{1}{2}VQ$ 所以 $\frac{Rr}{PQ^2 \times SP}$ 与 $\frac{\frac{1}{2}VQ}{PQ \times SP \times SQ}$ 成正比，当点 P 与 Q 重合时，三角形 PVQ 变成一个直角，因为三角形 PVQ 与三角形 PSO 相似，$PQ : \frac{1}{2}VQ = OP : \frac{1}{2}OS$，所以 $\frac{OS}{OP \times SP^2}$ 与阻力成正比，即点 p 的介质密度和速度平方的乘积成正比，从这个值中减去速度的平方 $\frac{1}{SP}$，剩余的部分就是点 p 处的介质密度，这个密度与 $\frac{OS}{OP \times SP}$ 成正比。假设已知该螺旋线，因为 OS 与 OP 的比值固定，那么点 p 处的介质密度与 $\frac{1}{SP}$ 成正比，因此，如果已知一个介质密度与距离 SP 成反比，那么当物体在此介质中运动时，物体的运动轨迹就是这条螺旋线。

推论 I. 如果物体在无阻力介质中运动时，因受到相等向心力的作用，于是绕以 SP 为半径的圆运动，那么物体做此圆周运动的速度等于沿螺旋线运动时在任意点 P 的速度。

推论 II. 如果已知距离 SP，那么介质密度与 $\frac{OS}{OP}$ 成正比。如果距离 SP 是未知量，那么介质密度则与 $\frac{OS}{OP \times SP}$ 成正比。可知，在任意密度介质中，螺旋线都能应用。

推论 III. 在任意点 P（图 B 4-2），物体受到的阻力与向心力之比与 $\frac{1}{2}OS$ 比 OP 相等。由于这两个力的比值与 $\frac{1}{2}Rr$ 比

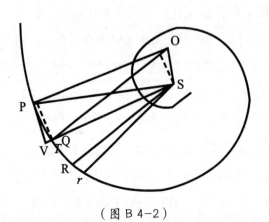

（图 B 4-2）

TQ 或 $\dfrac{\frac{1}{4}VQ \times PQ}{SQ}$ 比 $\dfrac{\frac{1}{2}PQ^2}{SP}$ 相等，所以该比值与 $\frac{1}{2}VQ$ 比 PQ 或 $\frac{1}{2}OS$ 比 OP 相等，可据此求出螺旋线，又可推导出阻力与向心力之比。反之，如果已知这两个力的比，可求出螺旋线。

推论IV. 只有当物体受到的阻力小于向心力的一半时，物体才会沿此螺旋线运动，于是假设阻力只有向心力的一半，那么螺旋线将与直线 PS 重合，当物体沿这条直线 PS 下降，落点为螺旋线中心时，物体获得一个速度。而先前讨论过物体在无阻力介质中运动时，沿抛物线下降得到另一速度，这两个速度的比与 $\frac{1}{2}$ 的平方根相等。所以物体下降所需时间与速度成反比，这样就求出了时间。

推论Ⅴ. 如果螺旋线 PQR 上各点到中心的距离与直线 SP 上相应点到中心的距离相等（图 B 4-3），物体在螺旋线 PQR 上的速度与在直线 SP 上距离相等的点的速度相等，螺旋线的长度 OP 与直线 PS 的长度 QS 的比是一定值，因此，物体沿螺旋线下降时所用时间与物体沿直线 PS 下降所用时间的比也与 OP 比 OS 相等，而这个比值也是定值。

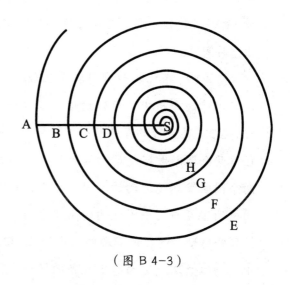

（图 B 4-3）

推论Ⅵ. 如果以 S 为中心，分别以两条长度不等的线段为直径，做出两个同心圆。保持这两个圆不变，任意改变螺旋线与半径相交的角度，那么当物体在这两个圆之间沿螺旋线运动时，物体旋转的圈数与 $\dfrac{PS}{OS}$，或与螺旋线和半径 OS 相交的交角的正切成正比，物体的运动时间与 $\dfrac{PS}{OS}$ 成正比，即与上述交角的正割成正比，与介质密度成反比。

推论Ⅶ. 已知一个介质的密度与其所在点与中心的距离成反比。如果物体在这一介质中运动时，环绕介质中心沿任意曲线 AEB 运动，与第一条半径 AS 相交于点 B，这一点的相交角与等于物体在点 A 的交角，并且点 B 的速度与点 A 的初速度之比与点到中心的距离的平方根成反比（即 AS 与 AS 和 BS 的比例中项的比值），从而物体会连续经过多个相似环绕曲线 BFC、CGD 等，并且根据这些曲线与半径 AS 的交点，将 AS 分成 AS、BS、CS、DS 等部分，这些部分连续成正比，但是该环绕运动所用时间与物体环绕曲线的周长 AEB、BFC、CGD 等成正比。与这些曲线的起点 A、B、C 处的速度成反比，即与 $AS^{\frac{3}{2}}$、$BS^{\frac{3}{2}}$、$CS^{\frac{3}{2}}$ 成正比。物体到达中心所需时间与做第一圈环绕运动所用时间的比等于连续成正比的项 $AS^{\frac{3}{2}}$、$BS^{\frac{3}{2}}$、$CS^{\frac{3}{2}}$……的总和与第一项 $AS^{\frac{3}{2}}$ 的比值，也等于第一项 $AS^{\frac{3}{2}}$ 与前两项的差（$AS^{\frac{3}{2}}-BS^{\frac{3}{2}}$）之比，或者约等于 $\frac{3}{2}AS$ 与 AB 的比。根据这些比例式可求出总时间。

推论Ⅷ．根据推论Ⅶ可推导出物体在密度均匀或密度遵循其他任意设定规律的介质中的近似运动。以 S 为中心，以连续成正比的线段 SA、SB、SC 等为半径作多个同心圆。假设物体在前述介质中运动时，物体在任意两个圆间做环绕运动的时间与物体在一个设定的介质中时，在相同两个圆间做环绕运动的时间之比近似与在这两个圆之间相等，设定介质的平均密度与两个圆之间的上述介质的密度之比。在上述介质中，物体做环绕运动时的轨迹螺旋线与半径 AS 相交形成一个交角，而在设定介质中，物体做环绕运动所形成新的螺旋线，与同一条半径相交形成另一交角。这两个交角的正割互成正比。如果在每两个圆之间都做此环绕运动，那么物体将连续通过所有的圆，通过运用此方法，容易求出物体在任意规则介质中做环绕运动的时间。

推论Ⅸ．虽然这些偏心运动的轨迹并非圆形，而是近似于椭圆形的螺旋线，但如果假设沿这些螺旋线的多个环绕运动形成的曲线间距离相等，并且近似与上述螺旋线到中心的距离相等，我们也可以以此来理解物体沿该螺旋线的运动是怎样进行的。

命题 16 定理 13

···

如果介质在各处的密度反比于由该处到不动中心的距离，而向心力反比于同一距离的任意次幂，则物体沿螺旋线的环绕与所有指向中心的半径素以给定角度相交。

（图 B 4-4）

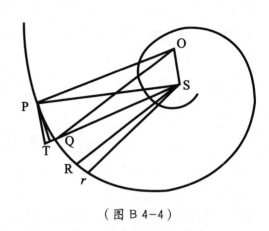

（图 B 4-4）

该命题的证明方法与命题 15 相同，如果在点 P 的向心力与距离 SP 的任意次幂 SP^{n+1}（这个幂的指数是 $n+1$）成反比，那么与前一命题相同，可推导出物体经过弧 PQ 所用时间与 $PQ \times PS^{\frac{1}{2}n}$，且点 P 的阻力与 $\dfrac{Rr}{PQ^2 \times SP^n}$ 或 $\dfrac{(1-\frac{1}{2}n) \times VQ}{PQ \times SP^n \times SQ}$ 成正比，因此阻力与 $\dfrac{(1-\frac{1}{2}n) \times OS}{OP \times SP^{n+1}}$ 成正比，因为 $\dfrac{(1-\frac{1}{2}n) \times OS}{OP}$ 是一个确定量，所以阻力与 SP^{n+1} 成反比，由于速度与 $SP^{\frac{1}{2}n}$ 成反比，所以点 P 的密度与 SP 成反比。

推论 I . 阻力与向心力的比与 $(1-\frac{1}{2}n) \times OS$ 比 OP 相等。

推论 II . 如果向心力与 SP^3 成反比，那么 $1-\frac{1}{2}n$ 与 O 相等，因此此时的情形与第 1 编命题 9 相同，介质的阻力和密度都为零。

推论 III . 如果向心力与半径 SP 的任意次幂成反比（但这个幂的指数必须大于 3），那么推动物体运动的那个力将变为阻碍物体运动的阻力。

附 注

命题 15 与命题 16 都是处理有关物体在密度不均匀的介质中的运动，

且在两个命题中物体的运动都很小，以至于当介质的一侧密度大于另一侧时，可忽略不计。同样，假设阻力与密度互成正比，如果一个介质的阻力不与密度成正比，那么在这个介质中，为了使阻力超过或不足的部分得以抵消或者补足，密度则必然会迅速地随之增加或减少。

命题 17 问题 4

...

一个物体的速度规律已知，在介质中沿一条已知螺旋线环绕运动，求介质的向心力和阻力。

已知这条螺旋线为 *PQR*。根据物体经过超短弧 *PQ* 的速度可求出用时，再根据与向心力成正比的横线段 *TQ* 和求出的时间的平方，可求出向心力。然后由相等时间段内经过的面积 *PSQ* 和 *QSR* 的差，可求出物体的变慢速率，最后根据这个比率求出介质的阻力和密度。

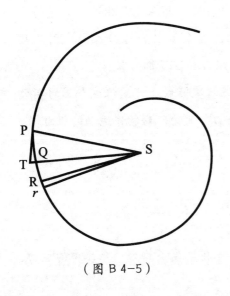

（图 B 4-5）

命题 18 问题 5

已知向心力规律，求使一物体沿已知螺旋线运动的介质中各处的密度。（图 B 4-5）

根据已知的向心力可求出物体在介质中各点的速度，正如前一命题一样，根据速度的变慢速率可求出介质密度。

但在本编的命题 10 和引理 2 中，已经解释了解决这种类型的问题的办法，因此就不详述了。接下来要讨论的内容是关于运动物体的力，以及一些关于物体在介质中运动时，介质的密度和阻力。

第5章
流体密度和压力；
流体静力学

流体定义

...

流体的各部分能因作用于其上的力而改变，并且这种改变能使它们相互之间轻易地发生运动。

命题 19 定理 14

...

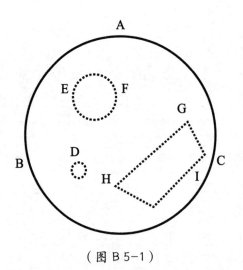

（图 B 5-1）

盛装在任意静止容器内的均匀而静止的，并且在各方向都受到相等的压力（不考虑凝聚力、重力以及一切向心力），流体的各部分会停留在各自的位置，不会因该压力而产生运动。

情景 1. 假设流体放在一个球体容器 ABC 内（图 B 5-1），并且各个方向都受到均匀的压力作用，那么流体的各部分都不会因此压力而运动。如果流体中任意部分 D 因为压力而运动，那么流体中其他到球心的距离与之相等的所有部分在同一时间也必然会做类似运动，因为这些部分受到的压力相似并且相等，不是因此压力产生的运动不予考虑，但是如果这些部分都朝向球心运动，那么流体必然会朝向球心方向聚集，但这与假设条件相矛盾。如果这些部分远离球心运动，那么流体中各部分则朝向球面方向聚集，但这同样也和假设条件矛盾。因为这些部分无论朝向哪个方向运动，他们到球心的距离不可能不变，除非流体各部分同时向两个相反方向运动，否则他们到球星的距离不可能保持不变，但因为同一个部分不可能同时朝相反方向运动，那么流体的各部分都会停留在它原来的位置。

情景 2. 已知流体分成多个球形，并且所有球形各方向都受到相等的压力。假设 EF 是流体中任意一个球形，但各方向上受到的压力不等，那么会向受到压力较小的部分施加压力，直到 EF 在各方面上受到的压力相等。根据情形 1，EF 各部分都会停留在原来位置，但在压力增加时，各部分仍会停留在原来的位置。根据流体本身定义，在 EF 上加一个新压力后，EF 的各部分都会离开原地运动，现在得到的两个结论是相互矛盾的。因此在假设条件中，球形 EF 的各方面受到的力不相等，这一论点是错的。

情景 3. 球形的不同部分受到的压力是相等的。根据第三定律，球形中各相邻部分在他们相接触的点上互相施加的压力相等。但是根据情景 2，各部分也会向它的所有方向施加相等的压力，因为通过中介球形的作用，任意两个不相邻部分也会有相互作用的力，并且向各自施加的压力也相等。

情景 4. 流体中所有的部分受到的压力处处相等。因为流体中任意两部分都会与某些其他球形相接触。根据情景 3，这两部分对其他球形部分施加的压力相等。并且根据定理 3 可知，他们受到的反作用力也相等。

情景 5. 和流体在容器中时一样，流体的任意部分 *GHI* 也会受流体其他部分包围，并且各方向收到的压力相等。此外，*GHI* 内各部分相互作用的压力也相等，所以它们相互也会保持静止。由此可推导出，在任意流体中，和 *GHI* 一样，各方向受到的压力相等的所有部分相互间施加的压力相等，因此各部分间也会保持禁止。

情景 6. 如果流体置于一个静止容器中，该容器是由有弹性的材料或非刚性材料制成，因此流体各方向受到的压力不相等。那么根据流体的定义，容器同样也会由于此较大的压力而变形。

情景 7. 已知流体置于一个没有弹性或是刚性容器中。如果流体的一边受到的压力大于另一边，那么流体内不会维持这个较大压力，而是在瞬间之内就屈服于这个较大压力。因为容器的刚性边并不会因为流体内的运动而变形，不过此时运动的流体会压迫容器的对边。因此施加在流体中各部分上的压力会瞬间变为相等。一旦流体受到最大的压力作用而运动，它的容器对边的阻力就会阻碍流体的运动，那么流体在各方向上受到的压力会在瞬间变为相等，而不使液体的任何局部发生运动，从而流体的所有部分相互间施加的压力相等，并且会维持静止状态。

推论. 如果由外表面将压力传入流体，那么流体各个部分的相互位置不会改变。除非流体的形状发生改变，或所有的流体部分间相互施加的压力瞬间增强或减弱，流体的各部分间的流动会遇到一定的困难。

命题 20 定理 15

· · ·

如果球形流体的所有部分在到球心距离相等时是均匀的，置于一同心的瓶的底面上，都被吸引向球心，则该瓶底面所承受的是一个柱体的重量，其底等于球的表面，而高度则等于覆盖的流体。

（图 B 5-2）

设 *DHM* 是底面的表面，*AEI* 是流体的上表面。根据无数个球面 *BFK*、*CGL* 等将流体划分为厚度相等的同心球壳。如果重力只作用于每个球壳表面，并且所有表面上相等部分上受到的重力相等，那么最上层表面 *AEI* 受到的压力就是自身重力。根据命题 19，这个重力作用于最上层表面

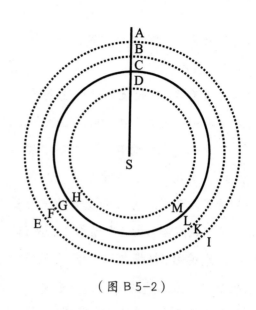

（图 B 5-2）

和第二层表面 *BFK* 的所有部分，并且按照各部分的大小受到相等的压力。同理，第二层表面 *BFK* 也会受其自身重力作用，并且此重力可以与最上层表面 *AEI* 向 *BFK* 施加的力叠加。因此第二层表面 *BFK* 的所有部分受到的压力相当于第一层表面加倍。以此类推，第四层表面受到的压力是第一层的四倍，第五层表面受到的压力是五倍，从而可推导出以下无数层表面受到的压力情况。因此，每层表面受到的压力并不与该层流体的体积成正比，而是与该层球壳与流体的最上层球壳之间的球壳数成正比。换言之，每层球壳受到的压力与最上层表面的重力乘以该层数相等。令球壳的数量无限增加。则此时每层球壳的厚度不断减小，使得最上层球壳到最底层的重力作用可以连续，那么此时流体最上层受到的压力与一个体积的重力相等，此体积与上述圆柱的最终比等于 1，所以最底层表面的重力与上述圆柱的重力相等。

同理，根据上述理由也能证明这一命题：当各层球壳到中心的距离为任意确定比值时，流体的重力按该确定比之减小，或流体的外层部分比内层部分稀薄。

推论 I. 底面受到的压力并不等于流体的总重力，而只与命题中描绘

的圆柱体部分的重力相等，至于流体剩余部分的重力则是由流体的球形表面承受。

推论 II．无论流体表面受到的压力是平行还是垂直于水平面，或与水平面间有夹角，又或者无论流体是沿直线垂直地从受压表面向上流动，还是倾斜地从弯曲洞穴或沟渠中溢出，无论流体通常是规则的还是不规则的，是宽阔的还是狭窄的，流体中到球心距离相等的部分受到的压力始终是相等的，并且它受到的压力并不会因此而发生改变，所以将本定理应用到有流体的各种情形中，可证明这一推论。

推论 III．根据命题19，运用相同的证明推导出以下结论：除了流体凝聚力而产生的运动力，一个重力加大的流体中各部分之间不会因为流体上层的重力而产生互相运动。

推论 IV．如果有一个不会压缩的物体与流体的相对密度相同，那么将这一物体放入流体后，物体将会受到上方的流体重力影响，但这个物体并不会因为此重力影响而在流体中运动。具体来说，在流体中，该物体既不会上浮，也不会下沉，并且物体的形状也不会有任何改变。无论物体是柔软的还是流体的，无论是在流体中自由流动还是沉在底部，只要该物体是球形，那么受到压力后，它就不会因为此压力而改变形状。如果物体是方形的，那么在受到压力后，物体仍将维持原来的形状。因为流体内部的任意部分的状态与置于流体的物体的状态是相同的，而如果沉入流体的物体的尺度、形状和相对密度相等，那么它们在流体中的状态也相似。如果保持沉入流体的物体的重力不变，但需将各部分分解并转化为流体，那么因为其重力和其他引起物体运动的原因不会发生变化，所以，无论物体在分解前是上浮还是下沉，当分解后，该物体仍将维持上浮或下沉状态。并且如果在物体分解前，因受到某种压力而改变了形状，那么在物体分解后，它仍会改变为一种新状态。但是根据命题19的情形5可知，它现在应处于静止状态，保持形状不变。两者情形相同。

推论 V．如果物体的相对密度大于它邻近的流体，那么流体会下沉。

如果物体的相对密度小于它临近的流体，则物体会上浮。那么物体的运动或形状改变都与相邻流体的重力超出或不足的部分成正比。如同在天平的一端增减质量，可使整个天平保持平衡，重力超出或不足的部分会对物体产生冲击，作用于流体的各个部分，导致流体的平衡被打破，于是物体开始运动。

推论Ⅵ．置于流体中的物体具有双重重力，其中一个是真正的重力，是绝对重力；而另一个是它的表面表现出的重力，是相对重力。绝对重力指作用于物体，使其向下运动的全部力；相对重力使物体超出周围流体的重力，但也会使物体向下运动。两者间不同的是，绝对重力使流体和物体的各部分运动到适合位置，因此他们的重力组合在一起就构成全部重力，和装满液体的容器一样，所有物质的全部重力总和就是物质的总重力，各部分的重力之和就等于总重力。所以总重力是由处于其中的各部分组成的，但相对重力不会使物体运动到适当位置。通过相互比较后，相对重力在流体受到的力中不是主要力，而是阻碍相互间的下沉倾向，使流体停留在原位置。将前述结论应用到空气中，可得结论：比空气密度大的物质就会有重力。空气不能承担密度比他大的物体，所以通常情况下，人们所说的重力就是物体的重力大于空气重力的那一部分。同样，被称为轻物质的重力非常小，轻于周围的空气，那么这类物质在空气中也会上浮。但这些轻物质只是相对于空气的重力而言，而不是真正没有重力，因为如果将此物质放入真空，它仍然会下沉。所以在水中的物质，通过比较它和水的重力，会上浮或下沉，所以物质在水中的重力也是相对的，是表面呈现出来的轻或重。物质表面显现出的相对重力就是物质的真实重力和水相比超出或不足的部分。虽然沉入水中的物体确实增加了流体的总重力，但一般来说，那些比周围流体重却不下沉的物体，和那些比周围流体轻却不上浮的物体，它们在水中是没有相对重力的。以下将说明这些情形。

推论Ⅶ．如果这种重力是在其他任意一种有向心力的情况中，那么上述已证明过的结论仍然成立。

推论Ⅷ. 如果一介质受到其自身重力或其他向心力的作用，那么在这个介质中运动的物体受到同样的力更强烈的推动作用，而这两种力的差就是这个更强烈的推动力。但在之前的命题 19 中，将这个力当作向心力，然而如果该力的推动作用有限，那么这两个力的差将变为离心力。

推论Ⅸ. 流体向置于其中的物体施加压力时，物体的外部形状并不会出现改变。根据命题 19 的推动，流体内各部分间的相互位置关系也不会因此有任何改变。因此，如果将动物置于流体中，并且动物的所有知觉由各部分的运动产生。那么除非动物的身体在受到压力时自动蜷缩，否则流体不会伤害处于其中的动物，也不会刺激动物的任何知觉。此外，如果一个物体系统全部沉入压迫流体中，那么情况也和上述情况相同。具体而言，就是除非流体妨碍了此系统的运动，或者是物体系统因为压力而被迫与流体结合，否则物体就会像处于真空中一样受到相同运动的推动，因此只保留相对重力。

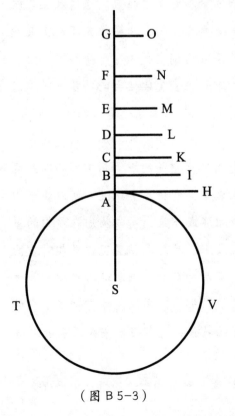

（图 B 5-3）

命题 21 定理 16

...

令任意流体的密度正比于压力，其各部分受与到中心距离的平方成反比的向心力的吸引竖直向下。则如果该距离是连续正比的，则在相同距离处的流体密度也是连续正比的。

设 ATV 为流体的球形底面（图

B 5-3），S 是这个球形流体的中心，SA、SB、SC、SD、SE、SF 等为连续成正比的距离。做垂线 AH、BI、CK、DL、EM、FN 等使他们的长度分别与点 A、B、C、D、E、F 等地方的介质密度成正比，那么这些点的相对密度就和 $AH:AS$、$BI:BS$、$CK:CS$ 等成正比，或者同等地与 $AH:AB$、$BI:BC$、$CK:CD$ 等成正比。首先假设从点 A 到点 B，点 B 到点 C，点 C 到点 D 重力总是均匀连续的，且 B、C、D 等处的重力逐渐减弱，按照定理 15，作用于底面 ATV 的压力 AH、BI、CK 等就等于各点的重力分别乘以高度 AB、BC、CD 等。因此最底层的部分 A 受到的所有压力，就是压力 AH、BI、CK、DL 等直到无限，部分 B 受到的压力等于不含第一个压力 AH 的其他所有压力，而部分 C 受到的压力等于除前两个压力 AH、BI 以外的所有压力，以此类推，可推出流体的最上层受到的压力。所以第一部分 A 的密度 AH 与第二部分 B 的密度 BI 之比与所有压力的和相等（即 $AH+BI+CK+DL+\cdots\cdots$）比 AH 外所有的压力的和（即 $BI+CK+DL+\cdots\cdots$）。同理，第二部分 B 的密度 BI 与第三部分 B 的密度之比，与 AH 外所有压力的和（即 $BI+CK+DL+\cdots\cdots$）比上 AH 与 BI 之外所有压力的和 $(CK+DL+\cdots\cdots)$ 相等。这些和与他们之间的差 AH、BI、CK 等成正比。根据第一编的引理 1，这些和也连续成正比，所以与这些和成正比的差值 AH、BI、CK 等也连续成正比。如果从连续成正比的距离中，每间隔一项就取出一个距离项，即距离 SA、SC、SE 等，那么可知这些项也是连续成正比的，所以与这些距离对应处的介质密度 AH、CK、EM 也连续成正比，所以对应的密度 AH、DL、GO 也连续成正比。现在假设 A、B、C、D、E 等点无限趋于重合，使流体中有底面 A 到顶部的相对密度级数连续。因为任意距离 SA、SD、SG 连续成正比，那么与之相应的密度 AH、DL、GO 也连续成正比，所以这些密度此时仍然连续成正比。

推论.（图 B 5-4）如果已知点 A 和点 E 的流体密度，那么可求出任意其他部分 Q 的密度。以 S 为中心，以互成角度的直线 SQ、SE 为渐近线，做一对双曲线，与垂直于渐近线 SQ 的直线 AH、EM、QT 交于 a、e、q，

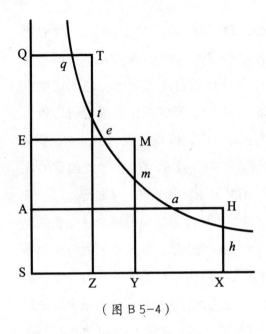

（图 B 5-4）

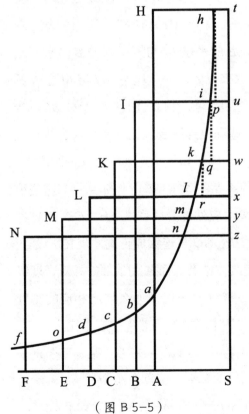

（图 B 5-5）

并且与垂直于渐近线 *SX* 的直线 *HX*、*MY*、*TZ* 交于 *h*、*m*、*t*。作面积 *YmtZ* 比确定面积 *YmhX* 的比值与确定面积 *EeqQ* 比确定面积 *EeaA* 的比值相等，延长 *ZT* 剩下的线段 *QT* 与密度成正比。如果线段 *SA*、*SE*、*SQ* 连续成正比，那么面积 *EeqQ* 将与面积 *EeaA* 相等，因此与他们分别成正比的面积 *YmtZ*、*XhmY* 也相等。显然，线段 *SX*、*SY*、*SE*，也就是 *AH*、*EM*、*QT* 连续成正比。所以如果线段 *SA*、*SE*、*SQ* 按其他任意的顺序构成连续成正比的序列，那么因为双曲线面积是连续成正比的，所以线段 *AH*、*EM*、*QT* 也会按上述相同的顺序构成另一个连续成正比的序列。

命题 22 定理 17

...

令任意流体的密度正比于压力，其各部分受反比于到与其到中心距离的平方成反比

的重力作用而竖直向下，则如果按调和级数取距离，在这些距离上的流体密度构成几何级数。（图 B 5-5）

设 S 为流体的中心，距离 SA、SB、SC、SD、SE 构成一个等比级数。作与点 A、B、C、D 的流体密度成正比的垂线段 AH、BI、CK 等，那么在这些点的流体的相对密度等于 $AH : SA^2$、$BI : SB^2$、$CK : SC^2$ 等。假设从点 A 到点 B，点 B 到点 C，点 C 到点 D 等处的重力是均匀连续的，而表示压力的 $AI : SA$、$BI : SB$、$CK : SC$ 等就与这些点的重力乘以高度 AB、BC、CD、DE 等相等，与重力乘以与上述高度成正比的距离 SA、SB、SC 等相等。因为密度与这些压力之和成正比，所以密度之差 AH-BI，BI-CK 等于与压力的和之间的差 $AH : SA$、$BI : SB$、$CK : SC$ 等成正比。

之后以 S 为中心，SA、Sx 为渐进线，做一条任意的双曲线，与垂直于渐近线 SA 的直线 AH、BI、CK 等交于点 a、b、c 等，与垂直于渐近线 Sx 的直线 Ht、Iu、Kw 相交于 h、i、k。那么密度的差 tu、uw 等分别与 $AH : SA$、$BI : SB$ 等成正比，即与 Aa、Bb 等成正比。根据双曲线的性质，$SA : AH$（或 St）= $th : Aa$，因此 $\frac{AH \times th}{SA} = Aa$。以此类推，$\frac{BI \times ui}{SB} = Bb$，等等。但因为 Aa、Bb、Cc 等连续成正比，所以它们与它们间的差 Aa-Bb、Bb-Cc 等成正比，因此可推出矩形 tp、uq 等与上述的差值成正比，由此可推导出，这些矩形也与矩形的和 tp+uq（或 tp+us+ur）和这些和值的差 Aa-Cc（或 Aa-Dd）成正比。假设这些项中有多项与所有矩形的和 $zthn$ 成正比，同样也假设所有差的和，例如 Aa-Ff，与所有矩形的和 $zthn$ 成正比。增加项的数量并减小点 A、B、C……的距离直到无穷，则那些矩形之和就与双曲线的面积 $Zthn$ 相等，因此所有差的和 Aa-Ff 与双曲线面积 $zthn$ 成正比。取任意点 A、D、F，是距离 SA、SD、SF 构成一个调和级数，那么差 Aa-Dd、Dd-Ff 将相等。所有与上述差成正比的面积 $thlx$、$xlui$ 互相相等，并且密度 St、Sx、Sz，也就是 AH、DI、FN 连续成正比。

推论. 如果已知流体中的任意两个密度 AH、BI，那么就能求出与密

度的 *tu* 对应的面积 *tuiu*。因此通过求出面积 *zhnz*，它与刚求出的面积 *thiu* 的比值等于 *Aa-Ff* 与 *Aa-Bb* 的比值，就能求出任意高度 *SF* 处的密度 *FN*。

附 注

同理可证，如果流体中各部分的重力与它到中心距离的三次方成正比，并且与距离 *SA*、*SB*、*SC* 等的平方成反比，如 $SA^3 : SA^2$、$SA^3 : SB^2$、$SA^3 : SC^2$。上述是按照等差级数进行取值，这种方法会让我们看到密度 *AH*、*BI*、*CK* 等将构成一个等级比数。而如果重力与距离的四次方成正比，并且与距离的倒数（即 $SA^3 : SA^2$、$SA^3 : SB^2$、$SA^3 : SC^2$）成正比，按等差级数取值，那么 *AH*、*BI*、*CK* 等也构成一个等差级数。以此类推，可至距离的无限次方。同理，如果流体各部分的重力在流体中处处相等，且按照一个等差级数取出距离，那么将如同哈雷先生的发现一样，流体各部分的密度将构成了一个等级比数，而如果重力与距离成正比，且各部分距离的平方按等差级数排列，那么密度构成的仍然是一个等比级数。以此类推，直至无限。在以下情况中，上面的所有情形仍然成立了，比如当流体受到压力作用时，流体会凝聚，此时流体的密度与受到的压力成正比。或当物体的体积（即流体占据的空间）与压力成反比时，流体也会凝聚，根据之前的内容，可设想其他的流体凝聚规律，比如凝聚力的立方与密度的四次方成正比，或是压力间的比的三次方与密度的五次方成正比，那么在该压力作用下，如果流体各部分重力与距离的平方成正比，则密度与距离的 $\frac{3}{2}$ 次幂成反比。而如果假设压力与密度的平方成正比，那么在压力作用下，如果流体在部分重力与其到中心距离的平方成反比了，那么距离与密度也成反比。但如果将上述情形都运算一遍，势必过于冗长，通过实验可确认，空气中的密度十分精确的与压力成正比，或至少它们间的正比关系也很相似。因此，地球大气层的空气密度与上层空气的全部重力成正比，这体现在测量工具上就是与气压表中的水银柱高度成正比。

命题 23 定理 18
• • •

如果流体由相互离散的粒子组成，并且密度正比于压力，则各粒子的离心力反比于它们中心之间的距离。反之，如果相互离散的粒子构成的弹性流体，离散力反比于到中心距离的平方，则其各部分的密度正比于压力。

设流体置于一个立方空间 ACE 内，当流体受到压力时，流体被压缩，从而能放置到一个更小的立方空间 ace 中。在这两个立方空间中，粒子间距离的相互位置关系相似，其粒子间距离都与各自所在的立方体的边 AB、ab 成正比，并且流体的密度分别与所在立方空间的体积 AB^3、ab^3 成反比，在较大立方间上的一个平面 ABCD 上取一个正方形 DP，使 DP 等于小立方空间的正方形 db。根据假设条件，正方形 DP 对其内的密封流体有压迫作用，此压力与正方形 db 对其内的密封流体的压力之比等于两个流体的密度之比，即 $ab^3 : AB^3$。但如果是同在大立方流体中，其平面 DB 对流体的压力与正方形 DP 对相同流体的压力之比与正方形 DB 与正方形 DP 之比相等，即 $AB^2 : ab^2$。将以上两式的对应项相乘。得正方形 DB 对其内密封流体的压力与正方形 db 对其内密封流体的压力之比等于 ab 比 AB。分别在这两个立方空间中插入平面 FGH、fgh，使这两个平面分别将流体分为两部分，而流体的这两部分相互间的压力与平面 AC、ac 对它们施加的压力相等，即这两部分的压力之比与 ab 比 AB 相等，并且已知让流体持续受到这种压力的原因是流体的离心力，这些离心力相互间的比值也与 ab 比 AB 相等。在这两个立方体中，构成流体的粒子数量相等，粒子相互间的位置关系相似，并且被平面 *FGH*、*fgh* 隔开的立方体内，所有粒子作用于全体的力与各离子间相互作用的力成正比，因此，大立方体被平面 *FGH* 隔开后，各粒子间相互作用的力与小立方体被平面 *fgh* 隔开后，各粒子间的相互作用的力之比与 *ab* 比 *AB* 相等，于是可推导出各粒子间的力与它们彼此的距离成反比。

反之亦然，如果流体中单个粒子的力与距离成反比，那么这个力与粒子所在立方体的边 *AB* 或 *ab* 成反比，并且这些力的和也与边 *AB*、*ab* 成反比，同时，它们也与 *DB*、*db* 各边受到的压力成正比。因此正方形 *DP* 的压力与边 *DB* 受到的压力之比与 $ab^2 : AB^2$ 相等。上两式的对应项相乘，得正方形 *DP* 受到的压力与边 *db* 受到的压力之比与 $ab^3 : AB^3$ 相等。所以，一个立方体的压力与另一个立方体的压力之比与这二者的密度之比相等。

附　注

同理，如果各粒子的离心力与他们到流体中心距离的平方成反比，那么流体受到的压力的立方与密度的四次方成正比。而如果离心力与距离的三次方或四次方成反比，那么压力的立方与密度的五次方或六次方成正比。一般来说，如果用 *D* 来表示距离，*E* 表示受压迫流体的密度，并且粒子的离心力与距离的任意次幂 *Dn*（这个幂的指数是 *n*）成反比，那么压力与幂 E^{n+2}（这个幂的指数是 *n*+2）的立方根成正比，反之亦然。但上述所有情形必须发生在离心力仅存在于相邻粒子间的情况下，又或者是粒子相互间距离不大的情况下。在这方面有一个极佳的例子，就是磁体。当在磁体间放一块铁板时，由于与磁体的距离较远的粒子受到的引力比铁板对它的引力弱，所以磁体内的引力会减弱，或者说在这块铁板上的作用几乎为零。所以，以此为参照，粒子对位于它附近的同类粒子有斥力，对较远的粒子几乎没有吸引力，所以这类粒子构成的流体就是本命题中论述的流体。如果粒子的吸引力向它的各个方向无限扩散，那么要构成一个密度与之相等，但量更大的流体，就需要流体间有一个更大的凝聚力。但无论弹性流体是否由互斥的粒子构成，该问题都属于物理学问题。在此，我们只从数学角度证明这类粒子构成的流体的性质，但如果哲学家对此有兴趣，可尝试讨论一下这个问题。

第6章
摆体的运动
与受到的阻力

命题 24 定理 19
···

几个摆体的摆动中心到悬挂中心的距离均相等，则摆体物质的量之比等于摆体的重量之比与在真空中摆动时间之比的乘积。

因为一个已知的力在已知时间内所能使已知物体产生的速度与时间成正比，与物体成反比。力越大或时间越长，又或者物体越小，则力产生的速度越大，这是第二运动定律的内容。如果长度相同的各摆，在摆与一固定点距离相等处，摆的驱动力与重量成正比。则如果两个摆体经过的弧度相等，并把这两个弧度分为无数相等部分，由于摆体经过弧的对应部分所用的时间与总摆动时间成正比，摆过各对应部分的速度相互间的比值，与运动力和总摆动时间均成正比，与物质的量成反比，所以物质的量与摆动的力和时间成正比，与速度成反比。但速度与时间成反比，所以时间与速度成正比，与时间的平方成反比，因此物质的量与驱动力和时间的平方成正比，即与重量与时间的平方成正比。

推论 I. 如果摆体的摆动时间相等，则各自物质的量与重量成正比。

推论 II. 如果摆体的重量相等，则物质的量与时间的平方成反比。

推论III．如果摆体内物质的量相等，则重量与时间的平方成反比。

推论IV．由于摆体摆动时间的平方与摆长成正比，所以如果时间与物质的量都相等，则重量与摆成正比。

推论V．一般地，摆体的物质量与重量和时间平方成正比，与摆长成反比。

推论VI．在无阻力介质中，摆体内物质的量与相对重量和时间平方成正比，与摆长成反比。因为前面已证明，相对重量是物体在任意重介质中的驱动力，所以它在无阻力介质中的作用与真空中的绝对重量相同。

推论VIII．由此得出，通过比较物体各自所含物质的量，以及同一物体在不同处所的重量，可以了解重力变化情况。通过极为精密的实验发现，摆体内物质的量始终与它们的重量成正比。

命题 25 定理 20

· · ·

在任意介质中受到的阻力正比于时间的变化率的摆体，与在比重相同的无阻力介质中运动的摆体，它们在相同时间内都画出一条摆线，而且这两条弧段成正比。

设摆体在无阻力介质中摆动时，在任一时间内画出的一段摆线弧为 AB。在 C 点二等分该弧，使其最低点为 C；则物体在任意点 D、d、E 受到的加速力，分别与弧长 CD、Cd、CE 成正比，若将加速力用这些弧表示，由于阻力与时间的变化率成正比，因此阻力是已知的，将它用摆线弧的已知段 CO 表示，取弧 Od 比弧 CD 与弧 OB 比弧 CB 相等，则摆体在有阻力介质中的 d 点受到的力为力 Cd 超出阻力 CO 的部分，用弧 Od 表示，因此摆体在无阻力介质中的点 D 受到的力的比，与弧 Od 比弧 CD 相等；而在点 B，与弧 OB 比弧 CB 相等。所以如果两个摆体 D、d 自点 B 受到这二个力的推动，由于在开始时力与弧 CB 和 OB 成正比，则开始的速度与所经过的弧比值相同，令该弧为 BD 和 BQ，则余下的弧 CD 与 Od 的比值也相同。所以与弧 CD、Od 的力在开始时也保持相同比值成正比，因而摆体以相同比值共同摆动。所以力，速度和余下的弧 CD、od 始终与总弧长 CB、OB 成正比，而余下的弧是共同经过的。所以两个摆体 D 和 d 同时到达处所 C 和 O；即在无阻力介质中的摆动到达处所 C，而在有阻力介质中的摆动到达处所 O。现在，由于在 C 和 O 的速度与弧 CB、OB 成正比，摆体仍以相同比值经过更远的点。令这些弧为 CE 和 oe。在无阻力介质中的摆体 D 在 E 处受到的阻力与 CE 成正比，而在有阻力介质中的摆体 d 在 e 处受到的阻力与力 Ce 与阻力 CO 的和成正比，即与 Oe 成正比；所以两摆体受到的阻力与弧 CB、OB 成正比，即与弧 CE、Oe 成正比，所以以相同比值变慢的速度的比也为相同的已知比值。因此速度及以该速度掠过的弧相互的比始终与弧 CB 和 OB 的已知比值相等。所以，如果整个弧长 AB、aB 也按同一比值选取，则摆体 D 和 d 同时经过它们，在点 A 和点 a 处同时失去全部运动，所以整个摆动是等时的，或在同一时间内完成的；而共同经过弧长 BD 和 Bd，或 BE 和 Be，都与总弧长 BA、弧 Ba 成正比。

推论. 在有阻力介质中，最快的摆动并不发生在最低点 C，而是发生在总弧长 Ba 的二等分点 O。而摆体由该点摆向点 a 的减速度与它由 B 落向 O 的加速度相等。

命题 26 定理 21

• • •

受阻力正比于速度的摆体，沿摆线作等时摆动。（图 B 6-1）

如果两个摆体到悬挂中心的距离相等，摆动中掠过的弧长不相等，

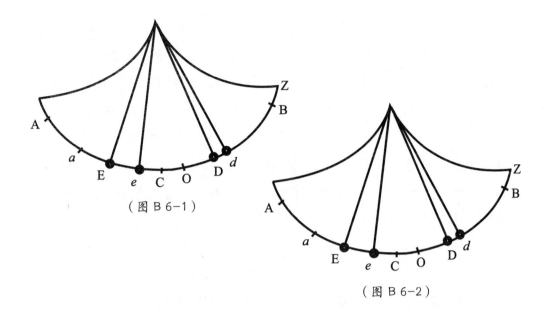

（图 B 6-1）

（图 B 6-2）

但在对应弧段的速度的比与总弧长的比相等，则与速度成正比的阻力的
比值也与该弧长比值相等。所以，如果在与弧长成正比的重力产生的驱
动力上叠加或减去这些阻力，则得到的和或差的比也为相同的比值。而
由于速度的增量或减量与这些和或差成正比，速度始终与总弧长成正比，
所以，如果速度在某种情况下与总弧长成正比，则它们始终保持相同比
值。但在运动开始时，当摆体开始下落并掠过弧时，此刻与弧的力成正
比所产生的速度与弧成正比。所以，速度始终与总弧长成正比，而划过
这些弧的时间相等。

命题 27 定理 22

···

如果摆体的阻力正比于速度的平方，则在有阻力介质中摆动的时
间，与在比重相同但无阻力介质中摆动的时间的差，近似地正比
于摆动掠过的弧长。（图 B 6-2）

令相等长度的摆在有阻力介质中经过不相等的弧长 A、B，则沿弧 A 摆动的物体受到的阻力比在弧 B 上对应部分摆动的物体受到的阻力，与速度平方的比相等，即近似等于 AA 比 BB。如果摆体沿弧 B 运动受到的阻力比沿弧 A 受到的阻力，与 AB 比 AA 相等，则沿弧 A 和 B 的摆动时间相等（由前一命题可知）。所以弧 A 的阻力 AA 在弧 A 上所用的时间超过在无阻力介质中的所用的时间；而弧 B 的阻力 BB 在弧 B 上所用的时间也超过在无阻力介质中的所用的时间。而这些超出量近似地与效力 AB 和 BB 成正比，即与弧 A 和弧 B 成正比。

推论 I. 因此，由在有阻力介质中不相等的弧摆动时间可以求出在比重相同的无阻力介质中的摆动时间，因为这个时间差比沿短弧摆动时间超出在无阻力介质中的时间，与两个弧的差比短弧相等。

推论 II. 短弧摆动更接近等时性，极小的摆动其时间近似与在无阻力介质中的时间相等。而作较大弧摆动所需时间略长，因为在摆体下落中受到使时间延长的阻力，与下落所经过的长度相比，较之随后的上升所遇到的使时间缩短的阻力变大了。不过，摆动时间的长度似乎因介质的运动而延长。因为减速的摆体其阻力与速度比值较小，而加速的摆体该比值与匀速运动相比较大；因为介质从摆体获得某种运动，与它们做同向运动，在前一情形受到的推动较强，后一情形较弱，造成摆体运动的快慢变化。所以就与速度相比较而言，在摆体下落时阻力较大，而上升时较小，这二者致使时间延长。

命题 28 定理 23

· · ·

如果摆体沿摆线摆动，阻力正比于时间的变化率，则阻力与重力的比，等于下落所掠过的整个弧长减随后上升的弧长的差值比摆

长的二倍。（图 B 6-3）

令下落掠过的弧长用 BC 表示，上升弧长为 Ca，二弧的差为 Aa，其他条件与命题 25 的条件相同，则摆体在任意点 D 受到的作用力比阻力与弧 CD 比弧 CO 相等，后者是差 Aa 的一半。所以，在摆线的

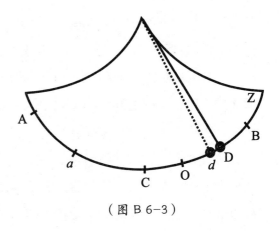

（图 B 6-3）

起点或最高点，摆体所受到的作用力，即重力，阻力的比值，等于最高点与最低点 C 之间的摆线弧比弧 CO，把它们都乘以 2 后，重力比阻力与整个摆弧或摆长的二倍比弧 Aa 相等。

命题 29 问题 6

•••

设沿摆线摆动的摆体的阻力正比于速度的平方；求各处的阻力。（图 B 6-4）

令一次全摆动的弧长为 Ba，摆线最低点为 C，整个摆线的半长为 CZ，与摆长相等。要求出在任意点 D 摆体的阻力。取 O、S、P、Q 点分割直线 OQ，分别作垂直于 OQ 的垂线 OK、ST、PI、QE，以 O 为中心，OK、OQ 为

（图 B 6-4）

渐近线，作双曲线 *TIGE* 与垂线 *ST*、*PI*、*QE* 相交于 *T*、*I* 和 *E*。通过点 *I* 作 *KF*，与渐近线 *OQ* 平行，与渐近线 *OK* 相交于 *K*，与垂线 *ST* 和 *QE* 相交于 *L* 和 *F*。双曲线面积 *PIEQ* 比双曲线面积 *PITS*，与摆体下落掠过的弧 *BC* 比上升掠过的弧 *Ca* 相等，以及面积 *IEF* 比面积 *ILT* 与 *OQ* 比 *OS* 相等。然后作垂线 *MN* 垂直于 *OQ*，与双曲线相较于点 *A*，取双曲线面积 *PINA*，使该面积比双曲线面积 *PIEQ*，与弧 *CZ* 比下落掠过的弧 *BC* 相等。如果在 *OQ* 上取点 *R*，与双曲线相交于点 *G*，垂线 *RG* 截取双曲线面积 *PIGR*，使它比面积 *PIEQ* 与任意弧 *CD* 比整个下落弧长 *BC* 相等，则在任意点 *D* 的阻力比重力与面积 $\frac{OR}{OQ}$ *IEF-IGH* 比面积 *PINM* 相等。

因为，在点 *Z*、*B*、*D*、*a* 的重力作用于摆体的力与面积 *CZ*、*CB*、*CD*、*Ca* 成正比，而这些弧与面积 *PINM*、*PIEQ*、*PIGR*、*PITS* 成正比，可以用这些面积分别表示相应的弧和受到的力。令 *Dd* 为摆体下落中掠过的极小距离，以极小面积 *RGgr* 表示，夹在平行线 *RG*、*rg* 之间，延长 *rg* 到 *h*，使 *GHhg* 和 *GRgr* 为面积 *IGH*、*PIGR* 的瞬时减量，则面积 $\frac{OR}{OQ}$ *IEF-IGH* 的增量 *GHhg*$-\frac{Rr}{OQ}$*IEF*，或者 *Rr*×*HG*$-\frac{Rr}{OQ}$*IEF*，比面积 *PIGR* 的减量 *RGgr* 或 *Rr*×*RG*，与 *HG*$-\frac{IEF}{OQ}$ 比 *RG* 相等。因而与 *OR*×*HG*$-\frac{OR}{OQ}$*IEF* 比 *OR-GR* 或 *OP*×*PI* 相等，因为 *OR*×*HG*，*OR*×*HR-OR*×*GR*，*ORHK-OPIK*，*PIHR* 和 *PIGR+IGH* 相等，所以与 *PIGR+IGH*$\frac{OR}{OQ}$*IEF* 比 *OPIK* 相等。所以，如果面积 $\frac{OR}{OQ}$ *IEF-IGH* 称为 *Y*，且已知面积 *PIGR* 的减量 *RGgr*，则面积 *Y* 的增量与 *PIGR-Y* 成正比。

如果以 *V* 表示摆体在 *D* 处受重力作用的力，它与将要掠过的弧 *CD* 成正比，以 *R* 表示阻力，则 *V-R* 为摆体在 *D* 处受到的总力，所以速度增量与 *V-R* 和产生它的时间间隔的乘积成正比。而速度本身又与同时所掠过的距离成正比，与相同时间间隔成反比。所以，由于命题规定阻力与速度平方成正比，阻力增量（由引理 2 可知）与速度和速度增量的乘积成正比，即与距离的变化率和 *V-R* 的乘积成正比。所以，如果给定距离增量与 V-R 成正比，即如果以 PIGR 表示力 V，以任意其他面积 Z 表示阻力，则距离的变化率与 PIGR-Z 成正比。

所以，面积 PIGR 按照给定的变化率均匀减小，而面积 Y 则以 PIGR-Y 的比率增大，面积 Z 按 PIGR-Z 的比率增大。如果面积 Y 和 Z 是同时开始的，并且在开始时相等，则它们通过增加相等的量而持续相等；又以同样的方式减去相等的变化率而减小，并一同消失。反之，如果它们同时开始和消失，则它们有相同的变化率而始终相等。因为，如果阻力 Z 增加，则摆体上升所经过的弧 Ca 和速度都减少；而运动和阻力都消失的点向点 C 趋近，因此阻力比面积 Y 消失得快。当阻力减小时，又会发生相反的过程。

面积 Z 产生和消失于阻力为零之处，即运动开始时，弧 CD 与弧 CB 相等，且直线 RG 落在直线 QE 上；运动终止时，弧 CD 与弧 Ca 相等，而直线 RG 落在直线 ST 上。面积 Y 或 $\frac{OR}{OQ}$ IEF–IGH 也产生和消失在阻力为零之处，所以在该处 $\frac{OR}{OQ}$ IEF 和 IGH 相等；如图，即在该处直线 RG 先后落在直线 QE 和 ST 上，所以这些面积同时产生和消失，并且始终相等。因此，面积 $\frac{OR}{OQ}$ IEF–IGH 与表示阻力的面积 Z 相等，它与表示重力的面积 PINM 的比值，与阻力比重力相等。

推论 I．在最低点 C，阻力比重力与面积 $\frac{OR}{OQ}$ IEF 比面积 PINM 相等。

推论 II．在面积 PIHR 比面积 IEF 与 OR 比 OQ 的值相等处，阻力有最大值。因为在此情形下它的变化率（即 PIGR-Y）为零。

推论 III．也可以求出在各处的速度，它与阻力的平方根变化成正比，而且在运动开始时与在无阻力介质中沿相同摆线摆动的摆体速度相等。

但是，由于在本命题中求解阻力和速度很困难，我们拟补充下述命题。

命题 30 定理 24

...

如果直线 aB 等于摆体所掠过的摆线弧长，在其上任意点 D 作垂线 DK，该垂线比摆长等于摆体在该点受到的阻力比重力，则在整个下落过程和上升过程中所掠过的弧差乘以相同的弧的和的一半，等于所有垂线构成的面积 BKa。（图 B 6-5）

（图 B 6-5）

令一次全摆动掠过的摆线弧长用与它相等的直线 aB 表示，在真空中经过的弧长用长度 AB 表示。在 C 点二等分 AB，则 C 为该摆线的最低点，而 CD 与重力所产生的力成正比，它使摆体在点 D 受到沿摆线切线方向的作用，与摆长的比与在 D 点的力比重力相等。所以，令该力用长度 CD 表示，而重力用摆长表示。如果在 DE 上取 DK 比摆长与阻力比重力相等，则 DK 表示阻力。以点 C 为中心，间隔 CA 或 CB 为半径画半径 $BEeA$。令物体在极短时间里经过距离 Dd，作垂线 DE、de 分别与半圆相交于 E、e，则它们与摆体在真空中由点 B 下落到 D 和 d 所获得的速度成正比。这已在第一编命题 52 证明过。所以，令这些速度以垂线 DE、de 表示，令 DF 为摆体在有阻力介质中由点 B 下落到点 D 的速度。如以点 C 为圆心、间隔 CF 为半径画圆 FfM，分别与直线 de、AB 相交于点 f、M，则点 M 为摆体能到达的最高点，如果摆体此后在上升中不受阻力作用可到达此点，df 为其在 Q 点获得的速度。因此，如果 Fg 表示摆体掠过极短距离 Dd 时由于介质阻力而失去速度的变化率，取 CN 等于 Cg，则 N 也是这样的点，如果摆体不再受到阻力，它可以上升到该处，而 MN 表示由速度损失造成的上升减量。作 *Fm* 的垂线 *df*，则阻力 *DK* 造成的速度 *DF* 的减量 *Fg*，和力 *CD* 产生的同一速度的增量的比值，与作用力 *DK* 和作用力 *CD* 的比值相等。但因为三角形 *Fmf*、*Fhg*、*FDC* 相似，则 *fm* 比 *Fm*（或 *Dd*）与 *CD* 比 *DF* 相等；将对应项相乘，得到 *Fg* 比 *Dd* 与 *DK* 比 *DF* 相等。而 *Fh* 比 *Fg* 也与 *DF* 比 *CF* 相等，也将对应项相乘，得到 *Fh*（或 *MN*）比 *Dd* 与 *DK* 比 *CF*（或 *CM*）相等，所以，所有 *MN* × *CM* 的和与所有 *Dd* × *DK* 的和相等。在动点 *M* 设直角纵坐标，长度始终与不定直线 *CM*（*CM* 在连续运动中与总长度 *Aa* 相乘）相等；该运动中产生的四边形，或相等的矩形 *Aa* × $\frac{1}{2}$ *aB*，与所有的 *MN* × *CM* 的和相等，因而与所有 *DH* × *DK* 的和成正比，即与面积 *BKVTa* 成正比。

推论. 由阻力的规律，以及弧 *Ca*、*CB* 的差 *Aa*，可以近似求出阻力与重力的比。

因为，如果阻力 *DK* 是均匀的，则图形 *BKTa* 是 *Ba* 和 *DK* 构成的矩形；因此，$\frac{1}{2}$ *Ba* 与 *Aa* 构成的矩形与 *Ba* 与 *DK* 构成的矩形相等，而 *DK* 与 $\frac{1}{2}$ *Aa* 相等。所以，由于 *DK* 表示阻力，摆长表示重力，则阻力比重力与 $\frac{1}{2}$ *Aa* 比摆长相等。这与命题 28 的证明完全相同。

如果阻力与速度成正比，则图形 *BKTa* 近似于椭圆。因为，如果摆体在无阻力介质中的一次全摆动掠过弧长 *BA*，其在任意点 *D* 的速度应与直径 *AB* 上的圆的纵坐标成正比。所以，由于 *Ba* 是在有阻力介质中，*BA* 是在无阻力介质中近似与时间掠过的成正比，所以在 *Ba* 上各点的速度比在长度 *BA* 上对应点的速度近似与 *Ba* 比 *BA* 相等，而在有阻力介质中点 *D* 的速度与在直径 *Ba* 上画出的椭圆弧的纵坐标成正比；所以图形 *BKVTa* 近似于椭圆。由于假设阻力与速度成正比，令 *OV* 表示摆体在中点 *O* 的阻力，以中心 *O*，半轴 *OB*、*OV* 画椭圆 *BRVSa* 近似于图形 *BKVTa*，及与 *Aa* × *BO* 相等。所以 *Aa* × *BO* 比 *OV* × *BO* 与该椭圆面积比 *OV* × *BO* 相等，即 *Aa* 比 *OV* 与半圆面积比半径的平方相等，或近似于 11 比 7 的值，所以 $\frac{7}{11}$ *Aa* 比摆长与摆体的阻力比其重力相等。

如果阻力 DK 与速度平方变化成正比，则图形 $BKVTa$ 近似于抛物线，其顶点是 V，轴为 OV，因此近似与 $\frac{2}{3}Ba$ 和 OV 构成的矩形相等。所以 $\frac{1}{2}Ba$ 乘以 Aa 与 $\frac{2}{3}Ba \times OV$ 相等，所以 OV 与 $\frac{3}{4}Ba$ 相等，因此点 O 对摆动体的阻力比其重力与 $\frac{3}{4}Ba$ 比摆长相等。

以上这些结论其精度足以实际应用。因为将椭圆或抛物线 $BRVSa$ 在中点 V 与图形 $BKVTa$ 合并，该图形如果在指向 BRV 或 VSa 一侧较大，则在另一侧较小，因而近似与之相等。

命题 31 定理 25

...

（图 B 6-6）

如果在摆体掠过的弧成正比的部分，对摆动体的阻力按给定比率增大或减小，则下落掠过的弧与随后上升所掠过的弧长的差也将按同一比率增大或减小。（图 B 6-6）

因为该差是由于介质阻力对摆的减速造成的，因而应与总减速成正比，并且与减速阻力也成正比。在前一命题中直线 $\frac{1}{2}aB$ 与弧 CB、Ca 的差 Aa 构成的矩形与面积 $BKTa$ 相等，如果长度 aB 不变，该面积与纵坐标 DK 增大或减小成正比，即与阻力成正比，因此与长度 aB 和阻力的乘积成正比。所以 Aa 和 $\frac{1}{2}aB$ 的乘积与 aB 和阻力的乘积相等，所以 Aa 与阻力成正比。

推论 I. 如果阻力与速度成正比，在相同介质中弧差与经过的总弧长成正比。相反也成立。

推论 II .如果阻力与速度平方变化成正比，则该差与该弧长的平方变化成正比。相反也成立。

推论III .一般地，如果阻力与速度的三次方或其他任意次幂成正比，该差与整个弧长的相同次幂成正比。相反也成立。

推论IV .如果阻力部分与速度成正比，部分与速度平方变化成正比，则该差部分与整个弧长成正比，部分与弧长平方变化成正比。相反也成立。因此，阻力及速度间的规律和比率与该差及弧长间的规律和比率始终是相同的。

推论 V .所以，如果摆相继经过不相等的弧，并能找出该差相对于该弧长的增量或减量比率，则也可以求出阻力相对于较大或较小速度的增量或减量比率。

总 注

由这些命题，我们可以通过在介质中摆体的摆动来求介质阻力。因此，我用下述实验求空气阻力。一条系在牢固钩子上的细线，下悬一木质球，球重 $57\frac{7}{22}$ 盎司，直径 $6\frac{7}{8}$ 英寸，钩与球摆动中心的间距为 $10\frac{1}{2}$ 英尺。在悬线上距悬挂点 10 英尺 1 英寸处作一标记点；并在放置一把刻有寸度数的直尺，用这套装置观察摆所掠过的长度，然后记下球失去其运动的 $\frac{1}{8}$ 部分的摆动次数。如果将摆由其垂直位置拉开 2 英寸，然后放开，则在其整个下落中经过一个 2 英寸的弧，而在由该下落和随后的上升组成的第一次全摆动中，掠过差不多 4 英寸弧。由实验结果可知，摆经过 164 次摆动失去其运动的 $\frac{1}{8}$ 部分，在它最后一次上升中掠过 $1\frac{3}{4}$ 英寸弧；如果它第一次下落掠过的弧长为 4 英寸，则经过 121 次摆动失去其运动的 $\frac{1}{8}$ 部分，在其最后一次上升中掠过 $3\frac{1}{2}$ 英寸弧；如果第一次下落掠过弧长为 8、16、32 或 64 英寸，则它分别经过 69、$35\frac{1}{2}$、$18\frac{1}{2}$、$9\frac{2}{3}$ 次摆动

失去其运动的 $\frac{1}{8}$ 部分。所以，在第、2、3、4、5、6 次情况中，第一次下落与最后一次上升所掠过的弧长的差分别是看 $\frac{1}{4}$、$\frac{1}{2}$、1、2、4、8 英寸。在每次情况中摆动次数之差等分，在掠过弧长为 $3\frac{3}{4}$、$7\frac{1}{2}$、15、30、60、120 英寸的平均摆动中，下落与随后上升掠过的弧长的差分别为 $\frac{1}{656}$、$\frac{1}{242}$、$\frac{1}{69}$、$\frac{4}{71}$、$\frac{8}{37}$、$\frac{24}{29}$ 英寸。在幅度较大的摆动中这些差近似与经过弧长的平方成正比，而在较小幅度的摆动中比该比率稍微大一点；所以（由本编命题 31 推论 Ⅱ）球的阻力在运动很快时近似与速度的平方成正比，而在运动较慢时比该比率稍微大一点。

现在令 V 表示每次摆动中的最大速度，A、B、C 为给定量，设弧长差与 $AV+BV^{\frac{3}{2}}+CV^2$ 相等。由于摆在摆动时的最大速度与掠过弧长的 $\frac{1}{2}$ 成正比，而在圆周中则与该弧的 $\frac{1}{2}$ 弦成正比，所以弧长相等时摆线上的速度比圆周上的速度大，比值为弧的 $\frac{1}{2}$ 比其弦；但圆运动时间比摆线运动长，其比值与速度成反比；因此该项弧差（与阻力和时间平方的乘积成正比）在两种曲线上近似相等并不难理解：摆线运动中，该差一方面近似与弧和弦的比值的平方成正比而随阻力增加，因为速度按该简单比值增大，另一方面又以同一平方比值随时间的平方减小。所以要在摆线中作此项观察，必须取与圆周运动得到的相同的弧差，并设最大速度近似与半摆弧或全弧成正比，即与数 $\frac{1}{2}$、1、2、4、8、16 成正比，所以在第 2、4、6 次情况中，V 取 1、4 和 16。在第 2 次情况中弧差 $\frac{\frac{1}{2}}{121}=A+B+C$；在第 4 次情况中，$\frac{2}{35\frac{1}{2}}=4A+8B+16C$；在第 6 次情况中，$\frac{8}{9\frac{2}{3}}=16A+64B+256C$。解这些方程得到 $A=0.0000916$，$B=0.0010847$，$C=0.0029558$。所以弧差与 $0.0000916V+0.0010847V^{\frac{3}{2}}+0.0029558V^2$ 成正比。根据命题 30，由于摆体到达在摆弧中间时速度为 V，球阻力比其重量等于 $\frac{7}{11}AV+\frac{7}{10}BV^{\frac{3}{2}}+\frac{3}{4}CV^2$ 比摆长，代入刚才求出的数值，球阻力比其重量与 $0.0000583V+0.0007593V^{\frac{3}{2}}+0.0022169V^2$ 比悬挂中心与直尺之间的摆长（即 121 英寸）相等，所以，由于 V 在第 2 次情况中为 1，第 4 次为 4，第 6 次为 16，阻力比球重量在第二次情况中等于 0.0030345 比 121，第 4 次为 0.041748 比 121，第 6 次为 0.61705 比 121。

在第 6 次情况中，细线上标记的点所经过的弧长为 $120 - \dfrac{8}{9\frac{2}{3}}$ 或 $119\dfrac{5}{29}$ 英寸。由于半径为 121 英寸，而悬挂点与球心之间的摆长为 126 英寸，球心经过的弧长为 $124\dfrac{3}{31}$ 英寸。因空气阻力，摆动体的最大速度并不落在掠过弧的最低点处，而是接近于全弧的中点处，该速度近似与球在无阻力介质中下落掠过上述弧的半长相等，即 $62\dfrac{3}{62}$ 英寸时所获得的速度，以及沿上述化简摆运动而得到的摆线运动的速度；所以该速度与该球由相当于该弧的正矢的高度下落而获得的速度相等。但摆线的正矢比 $62\dfrac{3}{62}$ 英寸的弧与同一段弧比 252 英寸摆长的二倍相等，所以与 15.278 英寸相等。所以摆的速度与同一物体下落掠过 15.278 英寸的空间所获得的速度相等。所以球以该速度受到的阻力比其重量与 0.61705 比 121 相等，如果只取阻力与速度的平方成正比，则与 0.56752 比 121 相等。

通过流体静力学实验发现，该木质球的重量比体积相同的水球的重量与 55 比 97 相等；由于 121 比 213.4 也有相同比值，当这个水球以上述速度运动时遇到的阻力，比其重量与 0.56752 比 213.4 相等，即与 $1:376\dfrac{1}{50}$ 相等。由于水球在以均匀速度连续经过 30.556 英寸的时间内，其重量可以产生下落水球的全部速度，所以在同一时间里均匀而连续作用的阻力将完全抵消一个速度，它与另一个的比为 $1:376\dfrac{1}{50}$，即总速度的 $\dfrac{1}{376\frac{1}{50}}$ 部分。所以在该球以均匀速度连续运动经过其半径的长度或 $3\dfrac{7}{16}$ 英寸时所需的时间里，它失去其运动的 $\dfrac{1}{3342}$ 部分。

同时还记录了摆失去其运动的 $\dfrac{1}{4}$ 部分的摆动次数。在下表中，上面一行数字表示第一次下落掠过的弧长，单位是英寸。中间一行表示最后一次上升掠过的弧长；下面一行是摆动次数。之所以说明这个实验，是因为它比上述失去运动 $\dfrac{1}{8}$ 部分的实验更精确。有关计算留给有兴趣的读者。

第一次下落	2	4	8	16	32	64
最后一次上升	$1\frac{1}{2}$	3	6	12	24	48
摆动次数	374	272	$162\frac{1}{2}$	$81\frac{1}{3}$	$41\frac{2}{3}$	$22\frac{2}{3}$

随后，我将一个直径 2 英寸，重 $26\frac{1}{4}$ 盎司的铅球系在同一根细线上，使球心与悬挂点间距 $10\frac{1}{2}$ 英尺，记录运动失去其给定部分的摆动次数。以下第一个表表示失去总运动 $\frac{1}{8}$ 部分的摆动次数；第二个表为失去总运动的 $\frac{1}{4}$ 的摆动次数。

第一次下落	1	2	4	8	16	32	64
最后一次上升	$\frac{7}{8}$	$\frac{7}{4}$	$3\frac{1}{2}$	7	14	28	56
摆动次数	226	228	193	140	$90\frac{1}{2}$	53	30

第一次下落	1	2	4	8	16	32	64
最后一次上升	$\frac{3}{4}$	$1\frac{1}{2}$	3	6	12	24	48
摆动次数	510	518	420	318	204	121	70

取第一个表中的第 3、5、7 次记录，分别以 1、4、16 表示这些观察中的最大速度，并像前面用变量 V 表示，则在第 3 次观察中有 $\frac{\frac{1}{2}}{193} = A+B+C$，第 5 次中有 $\frac{2}{90\frac{1}{2}} = 4A+8B+16C$，第 7 次中有 $\frac{8}{30} = 16A+64B+256C$。解这些方程得到 $A = 0.001414$，$B = 0.000297$，$C = 0.000879$。因此，以速度 V 摆动的球其阻力比其重量 $26\frac{1}{4}$ 盎司与 $0.0009V+0.000208V^{\frac{3}{2}}+0.000659V^2$ 比摆长 121 英寸相等。如果只取阻力的与速度平方的部分成正比，则它与重量的比与 $0.000659V^2$ 比 121 英寸相等。而在第一次实验中阻力的这一

部分比木球的重量 $57\frac{7}{22}$ 盎司与 $0.002217V2$ 比 121 相等；因此当速度相同时，木球的阻力比铅球的阻力与 $57\frac{7}{22}\times0.002217$ 比 $26\frac{1}{4}\times0.000659$ 相等，即 $7\frac{1}{3}$ 比 1。两球的直径为 $6\frac{7}{8}$ 和 2 英寸，它们的平方之比为 $47\frac{1}{4}$ 比 4，或约与 $11\frac{13}{16}$ 比 1 相等。所以这两个速度相等的球的阻力之比小于直径之比的平方。但这还没有考虑细线的阻力，这份阻力当然相当大，应当从已求出的摆的阻力中减去，虽然无法精确求出它的值，但发现它比较小的摆的总阻力的 $\frac{1}{3}$ 部分大，因此在减去细线的阻力后，球的阻力之比近似与直径之比的平方相等。因为 $7\frac{1}{2}-\frac{1}{3}$ 比 $1-\frac{1}{3}$，或 $10\frac{1}{2}$ 比 1 与直径的比 $11\frac{13}{16}$ 比 1 的平方差别极小。

由于细线阻力的变化率随球体变大而变小，因此又以直径为 $18\frac{3}{4}$ 英寸的球做了实验。悬挂点与摆心之间的摆长为 $122\frac{1}{2}$ 英寸，悬挂点与线上标记点距离 $109\frac{1}{2}$ 英寸，在摆第一次下落中标记点经过弧长 32 英寸，在最后一次上升中同一标记点经过弧长 28 英寸，中间摆动 5 次。弧长的和，或平均摆动总长 60 英寸，弧差 4 英寸。其 $\frac{1}{10}$ 部分，或在一次平均摆动中下落与上升的弧差为 $\frac{2}{5}$ 英寸。这样，半径 $109\frac{1}{2}$ 比半径 $122\frac{1}{2}$，与标记点在一次平均摆动中经过的总弧长 60 英寸比球心在一次平均摆动中经过的总弧长 $67\frac{1}{8}$ 英寸相等；差 $\frac{2}{5}$ 与新的差 0.4475 的比值也与之相同。如果经过的弧长不变，摆长按 126 比 $122\frac{1}{2}$ 的比值增加，则摆动时间增加，摆动速度按同一比值的平方变慢；使得下落与随后上升经过的弧长的差 0.4475 保持不变。如果经过的弧长按 $124\frac{1}{31}$ 比 $67\frac{1}{8}$ 的值增加，则差 0.4475 按该比值的平方增加，变为 1.5295。设摆的阻力与速度的平方成正比，情况也与此相同。所以，如果摆经过的总弧长为 $124\frac{1}{31}$ 英寸，悬挂点与摆心间距 126 英寸，则下落与随后上升的弧长差为 1.5295 英寸，该差乘以摆球的重量 208 盎司，得 318.86。在上述木质球摆中，当摆心到悬挂点长为 126 英寸，总摆弧长 $124\frac{1}{31}$ 英寸时，下降与上升的弧差为 $\frac{126}{121}$ 乘以 $9\frac{8}{3}$，该值乘以摆球重量 $55\frac{7}{22}$ 盎司，得 49.396。将差乘以重量的目的在于求阻力。因为该差由阻力引起，并与阻力反比于重量成正比。所以阻力之比与数 318.316 比 49.396 相等。但小球阻力正比于速度平方的部分与总阻力的比与 0.56752 比 0.61675 相等，即与 45.453 比 49.396 相等。而在较大球中阻力的相同部分与总阻力相等，所以这些部分间的比近似与 318.136 比 45.453 相等，即与 7 比 1 相等。但球的直径为 $18\frac{3}{4}$ 和 $6\frac{7}{8}$ 英寸，它们的平方 $351\frac{9}{16}$ 与 $47\frac{17}{64}$ 间的比与 7.438 比 1 相等，即近似于球阻力 7 和 1 的比。这些比值的差不可能比细线产生的阻力大，所以对于相等的球，阻力中与速度平方成正比的部分，在速度相同情况下，也与球直径的平方成正比。

不过，在这些实验中使用的最大球不是完全球形的，因此在上述计算中，出于简洁，忽略了一些细小差别：在一个不十分精确的实验中不必为计算的精确性而担心。所以希望再用更大、更多、形状更精确的球做实验，因为真空中的情形取决于此。如果按几何比例选取球，设其直径为 4、8、16、32 英寸，可以由实验数据按该级数推论出使用更大的球时所发生的情况。

为比较不同流体的阻力，做了以下尝试：制作了一个长 4 英尺，宽 1 英尺，高 1 英尺的木箱。该木箱不用盖子，注满泉水，其中浸入摆体，在水中使其摆动。我发现重 $166\frac{1}{6}$ 盎司，直径 $3\frac{5}{8}$ 英寸，由悬挂点到细线上某个标记点的摆长为 126 英寸，到摆心长 $134\frac{3}{8}$ 英寸的铅球在其中的摆动情况如下表所示（单位英寸）：

第一次下落标记点弧长	64	32	16	8	4	2	1	$\frac{1}{2}$	$\frac{1}{4}$
最后一次上升弧长	48	24	12	6	3	$1\frac{1}{2}$	$\frac{3}{4}$	$\frac{3}{8}$	$\frac{3}{16}$
正比于失去运动的弧长差	16	8	4	2	1	$\frac{1}{2}$	$\frac{1}{4}$	$\frac{1}{8}$	$\frac{1}{16}$
水中摆动的次数			$\frac{29}{60}$	$1\frac{1}{5}$	3	7	$11\frac{1}{4}$	$12\frac{2}{3}$	$13\frac{1}{3}$
空气中摆动的次数			$85\frac{1}{2}$	287	535				

在第 4 列实验中失去相同运动的摆动次数空气中为 535，水中为 $1\frac{1}{5}$。在空气中的摆动的确比在水中的摆动快一点，但如果在水中的摆动按这样的比率加快，使摆的运动在两种介质中相等，所得到的在水中的摆动次数却仍然是 $1\frac{1}{5}$，与此同时失去与以前相同的运动量。因为阻力增大了，时间的平方却按同一比值的平方减小。所以，速度相等的摆，在空气中经过 535 次，在水中经过 $1\frac{1}{5}$ 次摆动，所损失的运动相等。所以摆在水中的阻力比在空气中的阻力与 535 比 $1\frac{1}{5}$ 相等。这是第 4 列实验情况反映的总阻力的比例。

令 $AV+CV^2$ 表示球在空气中以最大速度 V 摆动时下落随后上升掠过的弧差；由于在第 4 列情况中最大速度比第 1 情况中的最大速度与 1 比 8 相等；在第 4 列情况中的弧差比第 1 列情况中的弧差与 $\frac{2}{535}$ 比 $\frac{16}{85\frac{1}{2}}$ 相等，或与 $85\frac{1}{2}$ 比 4280 相等。在这两个情况中以 1 和 8 代表速度，$85\frac{1}{2}$ 和 4280 代表弧差，则 $A+C=85\frac{1}{2}$，$8A+64C=4280$ 或 $A+8C=535$。解这些方程，得 $7V=449\frac{1}{2}$ 和 $C=64\frac{3}{14}$，$A=21\frac{2}{7}$。所以与 $\frac{7}{11}AV+\frac{3}{4}CV^2$ 成正比的阻力变为与 $13\frac{6}{11}V+48\frac{9}{56}V^2$ 成正比。在第 4 列情形中，速度为 1，总阻力比其与速度平方成正比的部分与 $13\frac{6}{11}+48\frac{9}{56}$ 或 $61\frac{12}{17}$ 比 $48\frac{9}{56}$ 相等；因此摆在水中的阻力比在空气中的阻力与速度平方的部分成正比（该部分在快速运动时是唯一值得考虑的），与 $61\frac{12}{17}$ 比 $48\frac{9}{56}$ 乘以 535 乘以 $1\frac{1}{5}$ 相等，即 571 比 1，如果在水中摆动时全部细线没入水中，其阻力将更大，于是在水中的摆动阻力，即其与速度平方的部分成正比（该部分在快速运动物体是唯一值得考虑的），比完全相同的摆以相同速度在空气中摆动的阻力，与约 850 比 1 相等，即近似与水的密度比空气密度相等。

在此计算中，我们也应该取摆体在水中的阻力的与速度平方的部分成正比，不过我发现（这也许看起来很奇怪）水中阻力的增加比速度比值的平方大。我在考察其原因时想到，水箱相对于摆球的体积而言太窄了，这窄度限制了水屈服于摆球的运动。因为当我将一个直径仅 1 英寸的摆球浸入水中时，阻力几乎与速度的平方增加成正比。我又做了一个双球摆实验，将较轻的球放在水下，较重的球放在正好高于水面的地方，使之持续长久的运动。这套装置的实验结果如下表所示。

第一次下落弧	16	8	4	2	1	$\frac{1}{2}$	$\frac{1}{4}$
最后一次上升弧	12	6	3	$1\frac{1}{2}$	$\frac{3}{4}$	$\frac{3}{8}$	$\frac{3}{16}$
正比于损失运动量的弧差	4	2	1	$\frac{1}{2}$	$\frac{1}{4}$	$\frac{1}{8}$	$\frac{1}{16}$
摆动次数	$3\frac{3}{8}$	$6\frac{1}{2}$	$12\frac{1}{12}$	$21\frac{1}{5}$	34	53	$62\frac{1}{5}$

为比较两种介质的阻力，我还试验过铁摆在水银中的摆动。铁线长约 3 英尺，摆球直径约 $\frac{1}{3}$ 英寸。在铁线刚好比水银处高，固定了一个大到足以使摆运动一段时间的铅球。然后在一个约能盛 3 磅水银的容器中交替注满水银和普通水，以使摆在这种不同的流体中相继摆动，找出它们的阻力比值；实验表明水银的阻力比水的阻力约为 13 或 14 比 1；即与水银密度比水密度相等。然后我又用了稍大的球，其中一个直径约 $\frac{1}{2}$ 或 $\frac{2}{3}$ 英寸，得出的水银阻力比水阻力为约 12 或 10 比 1。但前一个实验更为可靠，因为在后者中容器相对于浸入其中的摆球太窄；容器应当与球一同增大。我拟以更大的容器用熔化的金属以及其他液体重复这些实验，但我没有时间全部重复。此外，由上述所说的，似乎足以表明快速运动的物体其阻力近似与它们于其中运动的流体的密度成正比。我不是说非常精确，因为密度相同的流体，黏滞性大的其阻力无疑是大于滑润的，如冷油大于热油，热油大于雨水，而雨水大于酒精。但在很容易流动的液体中，如在空气、食盐水、酒精、松节油和盐类溶液，通过蒸储滤去杂质并被加热的油、矾油、水银和熔化的金属中，以及那些通过摇晃容器对它们施加压力可以使运动保持一段时间，并在倒出来时容易分解成液

滴的液体中，我不怀疑已建立的规则能足够精确地成立，特别当实验是用较大的摆体并快速运动时更是如此。

最后，由于某些人认为，存在着某种极为稀薄而精细的以太介质，可以自由穿透所有物体的孔隙；而这种穿透物体孔隙的介质必定会引起某种阻力，为了检验物体运动中所受到的阻力究竟是只来自它们的外表面，抑或是其内部各部分也受到作用于表面的阻力的作用，我设计了以下实验。我把一只圆松木箱用 11 英尺长的细绳悬起来，通过一钢圈挂在一钢制钩子上，构成上述长度的摆。钩子的上侧为锋利的凹形刀刃，使得钢圈的上侧在该刀刃上能更自由地运动，细绳系在钢圈的下侧。制成摆以后，我把它由垂直位置拉开约 6 英尺的距离，并处在垂直于钩刃的平面上，这样可使摆在摆动时钢圈不会在钩子上滑动和偏移；因为悬挂点位于钢圈与钩刃的接触点，是应当保持不动的。我精确记录了摆拉开的位置，然后加以释放，并记下了第 1、2、3 次摆动所回到的位置。这一过程我重复了多次，以尽可能精确地记录摆动位置。然后我在箱子中装满铅或其他近在手边的重金属。在开始时，我称量了空箱子的重量，以及缠在箱子上的绳子，和由钩子到箱子之间绳子的一半的重量因为在摆自垂直位置被拉开时，悬挂摆的绳子始终以其半重量作用于摆。在此重量之上我又加上了箱内空气的重量。空箱的总重量约为装满金属后箱重的 $\frac{1}{78}$。由于箱子装满金属后会把绳子拉长，增加摆长，我又适当缩短绳子使它在摆动时的摆长与空箱摆动时相同。然后把摆拉到第一次记录的位置处，释放之，数得大约经过 77 次摆动，箱子回到第二个记录位置，再经过相同摆动次数回到第三个位置，其后摆动同样次数回到第四个位置。由此我得到结论，装满重物的箱子所受到的阻力与空箱阻力的比值不大于 78：77。因为如果阻力相等，则装满的箱子的惯性比空箱的惯性大 78 倍，这将使它的摆动运动持续相同倍数的时间，因而应在 78 次摆动后回到标记点，但事实上是在 77 次摆动后回到标记点的。

所以，令 A 表示箱子外表面受到的阻力，B 为对空箱内表面的阻力，如果速度相同的物体内各部分的阻力与物质成正比，或与受到阻力的粒子成正比，则 $78B$ 为装满的箱子内部所受到的阻力；因而空箱的全部阻力 $A+B$ 比满箱的总阻力 $A+78B$，与 77 比 78 相等，由相减法，$A+B$ 比 $77B$ 与 77 比 1 相等；因而 $A+B$ 比 B 与 77 比 1 相等，再由相减法，A 比 B 与 5928 比 1 相等。所以空箱内部的阻力要小于其外表面阻力的 5000 倍以上。该结果来自这样的假设，即装满的箱子其较大的阻力不是来自任何其他的未知原因，而只能是某种稀薄流体对箱内金属的作用所致。

这个实验是凭记忆描述的，原始记录已遗失；我不得不略去一些已遗忘的细节；我又没有时间再将实验重做一次。我第一次实验时，钩子太软，装满的箱很快就停止摆动。我发现原因是钩子不足以承受箱子的重量，致使摆动过程中钩子时左时右地弯曲。后来我又做了一只足够坚硬的钩子，悬挂点不再移动，即得到上述所有情形。

第7章
流体的运动
及其对抛体的阻力

命题 32 定理 26
...

设两个相似的物体系统由数目相同的粒子组成，相对应的粒子相似而且互成正比，位置相似，而相互间密度为定值；令它们各自在互成正比的时间内开始运动（即在一个系统内的粒子相互间运动，另一个系统内的粒子相互间运动）。如果同一系统内的粒子只在反射时相互接触，相互间既不吸引也不排斥，只受到反比于对应粒子的直径，正比于速度平方的加速力。那么这两个系统中的粒子将在成正比的时间里维持各自之间的相似运动。

相似的物体在相似的位置，意味着将一个系统中的粒子与另一个系统中相对应的粒子做比较，当它们各自之间作相似运动时，在两个成正比的时间段末处于相似的位置上。因为时间是成正比的，其间相对应的粒子掠过轨迹部分相似且成正比。所以，如果设两个这样的系统，其对应粒子由于在开始时作相似的运动，则将维持这种相似的运动与另一个粒子相遇，因为如果它们不受到力的作用，由第一运动定律可知，将沿直线做匀速运动。但如果它们相互间受到某种力的作用，而且这些力与对应粒子的直径成反比与速度的平方成正比，又因为这些粒子位置相似，受到的力成正比，则使对应粒子受到推动，且由所有作用力复合而成的总力（由第二运动定律可知）将有相似的方向，其作用效果与由各粒子相似的中心位置所发出的力相同，而且这些合力相互间的比与复合成它们的各力的比相等，即与对应粒子的直径成反比，与速度的平方成正比，所以将使对应粒子持续经过该轨迹。如果这些中心是静止的，上述结论成立（由第1编命题4、推论Ⅰ和推论Ⅷ可知）；但如果它们是运动的，由移动的相似性知，它们在系统粒子中的位置关系保持相似，使得粒子画出图形所引入的变化也保持相似。所以，对应于相似粒子的运动保持相似，直至它们第一次相遇，由此产生相似的碰撞和反弹，而这又导致粒子之间的相似运动（由上述原因可知），直到它们再次相互碰撞。这个过程不断重复直至无限。

推论Ⅰ.如果两个物体，它们与系统的对应部分相似且位置也相似，以类似的方式在两个成正比的时间内运动，它们的大小以及密度的比与对应部分大小以及密度的比相等，则这些物体将在成正比的时间内以类似方式维持运动，因为两个系统以及两个部分的多数情形是完全相同的。

推论Ⅱ.如果两个系统中所有相似部分的位置也相似，且这些部分相互静止，其中两个最大的部分分别在两个系统中保持对应，开始沿位置相似的直线以任意相似的方式运动，则它们将激发系统中其余部分的类似运动，并将在这些部分中以类似方式在成正比的时间内维持运动，因此将经过的距离与其直径互成正比。

命题 33 定理 27

· · ·

在同样条件下，系统中较大的部分受到的阻力正比于其速度的平方、直径的平方和密度的乘积。

因为阻力部分来自系统各部分间相互作用的向心力或离心力，部分来自各部分与较大部分间的碰撞与反弹。第一部分阻力相互间的比与产生它们的总运动力的比相等，即与总加速力和相应部分的物质的量的乘积的比相等，即（由命题可知）与速度的平方成正比，与对应部分间的距离成反比，与对应部分的物质的量成正比。因此，由于一个系统中各部分间距比另一个系统各部分的间距，与前一个系统的粒子或部分的直径比另一个系统的对应粒子或部分的直径相等，而且由于物质的量与各部分直径的立方和密度成正比，所以阻力相互间的比与速度的平方、直径的平方以及系统各部分的密度成正比。

后一种阻力与对应的反弹次数与反弹力的乘积成正比，但反弹次数的比与对应部分的速度成正比，与反弹间距成反比。而反弹力与对应部分的速度、大小和密度的乘积成正比，即与速度、直径的立方和密度的乘积成正比。所以综合所有比值，对应部分阻力间的比与速度的平方、直径的平方以及密度的乘积成正比。

推论 I . 如果这两个系统是弹性系统，与我们的空气相似，它们各部分间保持静止，而两个相似物质的大小和密度与对应的流体部分成正比，并且沿着位置相似的方向抛出，流体粒子相互作用的加速力与被抛出物质的直径成反比，与其速度的平方成正比。那么两个物体将在成正比的时间内在流体中激起相似的运动，并将经过相似的距离，分别与其直径成正比。

推论 II . 在同一种流体中快速运动的抛体遇到的阻力近似与其速度的平方成正比。因为如果远处的粒子相互作用的力随速度的平方增大，则抛体受到的阻力精确地与速度的平方成正比，所以在一种介质中，如果其各部分处于互相之间无作用的距离上，则阻力精确地与速度的平方成正比。设有三种介质 A、B、C 由相似粒子组成，且均匀分布于相等距离上。令介质 A 和 B 的各部分分别在力 T、V 的作用下相互分离，令介质 C 的部分间完全没有作用。如果四个相等的物体 D、E、F、G 进入介质中，

物体 D 和 E 分别进入介质 A 和 B，物体 F 和 G 进入介质 C。如果物体 D 的速度比物体 E 的速度，以及物体 F 的速度比物体 G 的速度，与力 T 与 V 的比值的平方根相等；则物体 D 受到的阻力比物体 E 受到的阻力，以及物体 F 受到的阻力比物体 G 受到的阻力，与速度的平方之间的比值相等。所以物体 D 受到的阻力比物体 F 受到的阻力与物体 E 受到的阻力比物体 G 受到的阻力相等。令物体 D、F 速度相等，物体 E、G 速度也相等，以任意比率增加物体 D、F 的速度，按相同比率的平方减小介质 B 的粒子的力，则介质 B 将任意趋近介质 C 的形状和条件，所以速度相等的物体 E 和 G 在这些介质中的阻力将连续趋于相等，使得其间的差最终小于任意给定值。由于物体 D、F 受到的阻力之比与物体 E、G 受到的阻力之比相等，因此它们也将以相似的方式趋于相等的比值。所以，当物体 D、F 以极快速度运动时，受到的阻力极近似于相等，因此由于物体 F 受到的阻力与速度的平方成正比，物体 D 受到的阻力也近似与同一值成正比。

推论Ⅲ. 在弹性流体中运动速度极快的物体其阻力几乎与流体各部分间没有离心力因而不相互远离，只是这要求流体的弹性来自粒子的向心力，并且物体的速度非常大，不允许粒子有足够时间相互作用。

推论Ⅳ. 在其相距较远的各部分之间没有相互远离运动的介质中，由于相等速度的物体受到的阻力与直径的平方成正比，因此相等的快速运动的物体在弹性介质中所受的阻力近似与直径的平方成正比。

推论Ⅴ. 由于相似、相等、等速的物体，在密度相同且粒子不相互远离的介质中，不论组成介质的粒子是大是小，是多是少，在相等的时间内撞击等量的物质，对这些物质施加相等的运动量，反过来（由第三运动定律可知）又受到前者等量的反作用，即受到相等的阻力。所以，也可以说，在密度相同的弹性流体中，当物体以极快速度运动时，不论流体是由较大的或细微的部分所组成，它们的阻力几乎相等。因为速度极大的抛体，其阻力并不因为介质的细微而明显减小。

推论Ⅵ. 对于弹性力来自粒子的离心力的流体，上述结论均成立。但如果弹性力来自某种其他原因，如来自粒子像羊毛球或树枝那样的膨胀，或任何其他原因，使得粒子相互间的自由运动受到阻碍，则由于介质的流体性变小，物体此时受到的阻力比上述推论大。

命题 34 定理 28

...

在由相等且自由分布于相同距离上的粒子所组成的稀薄介质中，直径相等的球和圆柱体沿柱体的轴以相等速度运动，则球的阻力仅为圆柱体阻力的一半。（图 B 7-1）

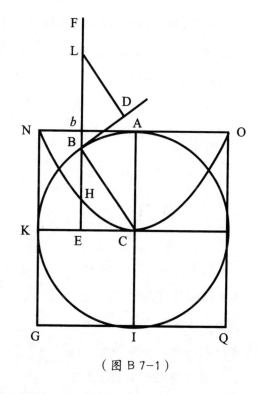

（图 B 7-1）

由运动定律推论 V 可知，不论是物体在静止介质中运动，抑或介质粒子以相同速度撞击静止物体，介质对物体的作用都是相同的。假设物体是静止的，看看它受到运动介质什么样的推力。设 ABKI 表示球体，球心为 C，半径为 CA，令介质粒子以给定速度沿平行于 AC 的直线方向作用于球体，令 FB 为这些直线中的一条。在 FB 上取 LB 与半径 CB 相等，作 BD 与球相切于 B。在 KC 和 BD 上做垂线 BE、LD，则一个介质粒子沿 FB 方向斜向地在 B 点撞击球体的力。以 ACI 为轴，做圆柱体 ONGQ，记同一个粒子与柱体 ONGQ 的撞击点垂直于 b，两次撞击的力之比与 LD 比 LB 或 BE 比 BC 相等。又因为，该力

沿其入射方向 FB 或 AC 推动球体的效率，比相同的力沿其确定方向，即沿直接撞冲球体的直线 BC 方向推动球体的效率，与 BE 比 BC 相等。连接这些比式，一个粒子沿直线 FB 方向斜向落在球体上推动该球沿其入射方向运动的效果，比同一粒子沿同一直线垂直落在柱体上推动它沿同一方向运动的效果，与 BE^2 比 BC^2 相等。所以，如果在垂直于柱体 NAO 的圆底面且与半径 AC 相等。在 bE 上取点 H，使得 bH 与 $\dfrac{BE^2}{CB}$ 相等，则 bH 比 bE 与粒子撞击球体的效果比撞击柱体的效果相等。所以，由所有直线 bH 组成的立方体比由所有直线 bE 组成的立方体与所有粒子作用于球体的效果比所有粒子作用于柱体的效果相等。但这些立方体中的前一个是抛物面，其顶点在 C，主轴为 CA，通径为 CA，而后一个立方体是一个与抛物面外切的柱体。所以，介质作用于球体的总力是它作用于柱体总力的一半。所以如果介质粒子是静止的，柱体和球体以相等速度运动，则球体的阻力为柱体阻力的一半。

附 注

用同样方法可以比较其他形状物体的阻力；并可以求出最适合在有阻力介质中维持其运动的物体形状。在以点 O 为中心，以 OC 为半径的圆形底面 $CEBH$ 上，取高度 OD，可以做一平截头圆锥体 $CBGF$，它沿轴向向点 D 方向运动所受到的阻力小于任何底面与高度均相同

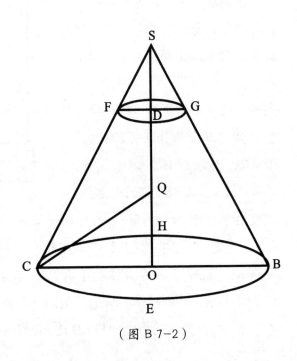

（图 B 7-2）

的平截头圆锥体。在点 Q 二等分高度 OD，延长 OQ 到点 S，使 QS 与 QC 相等，则 S 为已求出的平截头锥体的顶点。（图 B 7-2）

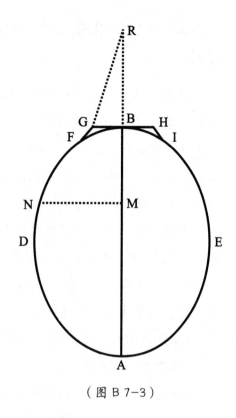

顺便指出，由于角 CSB 总是锐角，由上述可知，如果立方体 $ADBE$ 是由椭圆或卵形线 $ADBE$ 关于其轴 AB 旋转所成，而形成的图形又在点 F、B 和 I 与三条直线 FG、GH、HI 相切，使得 GH 在切点 B 与轴垂直，而 FG、HI 与 GH 的夹角 FGB、BHI 均为 135°，则由图形 $ADFGHIE$ 关于同一个轴 AB 旋转所成的立方体，其阻力小于前述立方体，当二者都沿其轴 AB 方向运动，且以各自的极点 B 为前沿时，我认为本命题在造船中有用。（图 B 7-3）

（图 B 7-3）

如果图形 $DNFG$ 是这样的曲线，当由其上任意点 N 作垂线 NM 落于轴 AB 上，且由给定点 G 作直线 GR 平行于在 N 与该图形相切的直线，与轴延长线相交于 R 时，MN 比 GR 与 GR^3 比 $4BR \times GB^2$ 相等，此图形关于其轴 AB 旋转所成的立方体，当在上述稀薄介质中由 A 向 B 运动时，所受到的阻力小于任何其他长度与宽度均相同的圆形立方体。

命题 35 问题 7

···

如果一种稀薄介质由极小的、静止的、大小相等且自由分布于相等距离处的粒子组成，求一球体在这种介质中匀速运动所受到的阻力。

情形 1. 设一有相同直径与高度的圆柱体沿其轴向在同一种介质中以相同速度运动，设介质的粒子落在球或柱体上以尽可能大的力反弹回来。由于球体的阻力（由前一命题可知）仅为柱体阻力的一半，而球体比柱体与 2 比 3 相等，且柱体把垂直落于其上的粒子以最大的力反弹回来；传递给它们的速度是其自身的二倍，可知柱体匀速运动经过其轴长的一半时，传递给粒子的运动比柱体的总运动，与介质密度比柱体密度相等，而球体在向前匀速运动经过其直径长度时，传递给粒子相同的运动量，在它匀速掠过其直径的 $\frac{2}{3}$ 的时间内，它传递给粒子的运动比球体的总运动与介质的密度比球体密度相等。所以，球遇到的阻力，与在它匀速通过其直径的 $\frac{2}{3}$ 的时间内使其全部运动被抵消或产生出来的力的比，与介质的密度比球体的密度相等。

情形 2. 设介质粒子碰撞球体或柱体后并不反弹，则与粒子垂直碰撞的柱体把自己的速度直接传递给它们，因而遇到的阻力只有前一情形的一半，而球体遇到的阻力也只有其一半。

情形 3. 设介质粒子以某种既不是最大，也不为零的平均速度自球体反弹回来，则球的阻力为第一种情形的阻力与第二种情形的阻力的比例中项。

推论 I. 如球体与粒子都是无限坚硬的，而且完全没有弹性力，因而也没有反弹力，则球体的阻力比在该球掠过其直径的 $\frac{3}{4}$ 的时间内使其全部运动被抵消或产生的力，与介质的密度比球体密度相等。

推论 II. 其他条件不变时，球体阻力与速度的平方成正比。

推论 III. 其他条件不变时，球体阻力与直径的平方成正比。

推论 IV. 其他条件不变时，球体阻力与介质的密度成正比。

推论 V. 球体阻力与速度的平方、直径的平方，以及介质的密度三者的乘积成正比。

推论Ⅵ. 因此可以这样表示球
体的运动及其阻力,(图 B 7-4)令
AB 为时间,在其中球体由于均匀
维持的阻力而失去全部运动,作
AD、BC 垂直于 AB。令 BC 为全部
运动,通过点 C,以 AD、AC 为渐
近线,作双曲线 CF。延长 AB 到
任意点 E。作垂线 EF 与双曲线相
交于 F。作平行四边形 $CBEG$,作
AF 交 BC 于 H。如果球体在任意
时间 BE 内,在无阻力介质中,以
其初始运动 BC 均匀经过由平行四
边形表示的距离 $CBEG$,则在有
阻力介质中相同时间内掠过由双

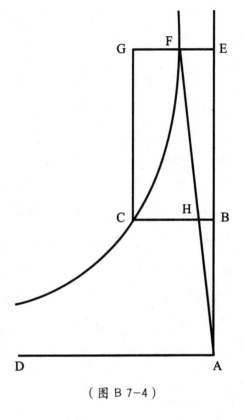

(图 B 7-4)

曲线面积表示的距离 $CBEF$,在该时间末它的运动由双曲线的纵坐标 EF
表示,失去的运动部分为 FG。在同一时间末其阻力由长度 BH 表示,失
去的阻力部分为 CH。所有这些可以由第 2 编命题 5 的推论 Ⅰ 和推论Ⅲ
导出。

推论Ⅶ. 如果在时间 T 内球体受均匀阻力 R 的作用失去其全部运动
M,则相同的球体在时间 t 内,在阻力 R 与速度的平方减小的有阻力介
质中失去其运动 M 的部分 $\frac{tM}{T+t}$ 成正比,而余下 $\frac{TM}{t+T}$ 部分,所经过的距离比
它在相同时间 t 内以均匀运动 M 所掠过的距离,与数 $\frac{T+t}{T}$ 的对数乘以数
2.302585092994 相等,比数 $\frac{t}{T}$,因为双曲线面积 $BCFE$ 比矩形 $BCGE$ 也
是该数值。

附 注

在本命题中，我已说明了在不连续介质中球形抛体的阻力及受阻滞情形，而且指出这种阻力，与在球体以均匀速度掠过其直径的 $\frac{2}{3}$ 长度的时间内能使球体总运动被抵消或产生的力的比与介质密度比球体密度相等，条件是球体与介质粒子是完全弹性的，并受到最大反弹力的作用；当球体与介质粒子无限坚硬而反弹力消失时，这种力减弱为一半。但在连续介质中，如水、热油、水银，球体在其中通过时并不直接与所有产生阻力的所有流体粒子相碰撞，而只是压迫邻近它的粒子，这些粒子压迫稍远的粒子，稍远的粒子再压迫其他粒子，如此等等；在这种介质中阻力又减小一半。在这些极富流动性的介质中，球体的阻力与在它以均匀速度掠过其直径的 $\frac{8}{3}$ 部分所用的时间内，使其全部运动被抵消或产生的力的比，与介质的密度比球体的密度相等。我将在下面证明这一点。

命题 36 问题 8

• • •

已知球自柱形桶底部孔洞中流出，求水的运动。（图 B 7-5）

令 *ACDB* 为柱形容器，*AB* 为其上端开口，*CD* 为平行于地平面的底，*EF* 为桶底中间的圆孔，*G* 为圆孔中心，*GH* 为垂直于地平面的桶轴。再设柱形冰块 *APQB* 体积与桶容积相等，并且是共轴的，以均匀运动连续下落，其各

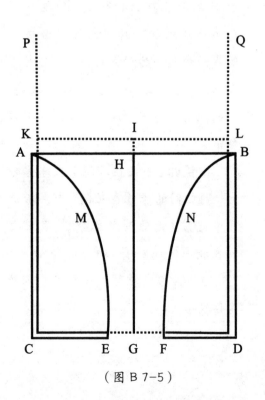

（图 B 7-5）

部分一旦与表面 *AB* 接触，即融化为水，受其重量驱使流入桶中，并且在下落中形成水柱 *ABNFEM*，通过孔洞 *EF* 并刚好将它填满。令冰块均匀下落的速度和在圆 *AB* 内的连续水流速度与水下落掠过距离相等，都等于通过距离 *IH* 所获得的速度，并且 *IH* 与 *HG* 位于同一条直线上。通过点 *I* 作直线 *KL* 平行于地平线，与冰块的两侧边相交于点 *K* 和点 *L*，则水自孔洞 *EF* 流出的速度与自 *I* 流过距离 *IG* 所获得的速度相等。所以，由伽利略定理可知，*IG* 比 *IH* 与水自孔洞流出速度比水在圆 *AB* 的流速比值的平方相等，即与圆 *AB* 与圆 *EF* 比值的平方相等。这两个圆都与在相同时间里等量通过它们并完全把它们填满的水流速度成反比。我们现在考虑的是水流向地平面的速度，不考虑与之平行使水流各部分相互趋近的运动，因为它既不是由重力产生的，也不改变重力引起的使水流向地平面的运动。我们需要假定水的各部分有些微凝聚力，它使水在下落过程中以与地平面相平行的运动相互趋近保持单一的水柱，防止它们分裂为几个水柱，但由这种内聚力产生的平行于地平面的运动不在我们讨论之列。

情形 1. 设包围着水流 *ABNFEM* 的水桶内充满了冰，水像流过漏斗那样自冰中穿过。如果水只是非常接近于冰，但不与之接触，或者等价地，如果冰面足够光滑，水虽然与它接触，却可以在其上自由滑移，完全不受到阻力，则水仍将像以前一样以相同速度自孔洞 *EF* 中穿过，而水柱 *ABNFEM* 的总重量仍是把水自孔洞挤出的动力，桶底则支撑着环绕该水柱的冰的重量。

现设桶中的冰融化为水；流出的水保持不变，因为其流速仍像从前一样不变。它之所以不变小，是因为融化了的冰也倾向于下落；它之所以不变大，是因为已成为水的冰不可能克服其他水的下落而独自上升。在流动的水中同样的力永远只产生同样的速度。

但在位于桶底的孔洞，由于流水粒子有斜向运动，必使水流速度略大于从前。因为现在水的粒子不再全部垂直地通过该孔洞，而是自桶侧边的所有方面流下，向孔洞集聚，以斜向运动通过它，并且在聚集到孔洞时汇集成一股水流，其在孔洞下侧的直径比在孔洞处直径稍微小一点，如果我的测量正确的话，它的直径与孔洞的直径的比与 5 比 6 相等，或极近于 $5\frac{1}{2}$ 比 $6\frac{1}{2}$。我制作了一块薄平板，在中间穿凿一个孔洞，圆洞直径约为 1 英寸的 $\frac{5}{8}$。为了不对流出的水加速使水流更细，我没有把这块平板固定在桶底，而是固定在桶边，使水沿平行于地平面的方向涌出。然后将桶注满水，放开孔洞使水流出，在距孔洞约半英寸处极精确地测得水流的直径为 $\frac{21}{40}$ 英寸。所以该圆洞的直径与水流的直径的比极近似地与 25 比 21 相等。所以，水流经孔洞时自所有方面收缩，在流出水桶后该聚集作用使水流变得更小，这种变小使水流加速直到距孔洞半英寸处，在该距离处水流比孔洞处小，而速度更大，其比值为（25×25）比（21×21），或非常近似等于 17 比 12，即约为 $\sqrt{2}$ 比 1。现在，由此实验可以肯定，在给定的时间内，自桶底孔洞流出的水量与在相同时间内以上述速度自另一个圆洞中自由流出的水量相等，后者与前者直径比为 21 比 25。所以，通过孔洞本身的水流的下落速度近似与一重物自桶内静止水的一半高度落下所获得的速度相等。但水在流出后更受到集聚作用的加速，在它到达约为孔洞直径的距离处时，所获得的速度与另一个速度的比约为 $\sqrt{2}$ 比 1，一个重物差不多要从桶内静止水的全部高度处下落才能获得这一速度。

所以，在以下的讨论中，水流的直径我们以称为 *EF* 的较小孔洞表示（图 B 7-6）。设另一个平面 *NW* 在孔洞 *EF* 的上方，与孔平面平行，到孔洞的距离为同一孔洞的直径，并

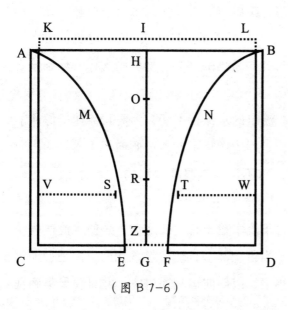

（图 B 7-6）

被凿出一个更大的洞 *ST*，其大小刚好使流过下面孔洞 *EF* 的水把它填满，所以该孔洞的直径与下面孔洞直径的比约为 25 比 21。通过这一方法，水将垂直流过下面的孔洞，而流出的水量取决于这最后一个孔洞的大小，将极近似地与本问题的解相同。可以把两个平面之间的空间与下落的水流看作是桶底。为了使解更简单和数学化，最好只取下平面为桶底，并假设水像通过漏斗那样自冰块中流过经过下平面上的孔洞 *EF* 流出水桶，并连续地保持其运动，而冰块保持静止。所以在以下讨论中令 *ST* 为以 *Z* 为中心的圆洞直径，桶中的水全部自该孔洞流出。而令 *EF* 为另一个孔洞直径，水流过它时把它全部充满，不论流经它的水是自上面的孔洞 *ST* 来，还是像穿过漏斗那样自桶冰块中间而来。令上孔洞 *ST* 的直径比下孔洞 *EF* 的直径约为 25 比 21，两个孔洞所在平面之间距离与小孔洞的直径 *EF* 相等，则自孔洞 *ST* 向下流过的水的速度，与一物体自高度 *IZ* 的一半下落到该孔洞时所获得的速度相同，而两种流经孔洞 *EF* 的水流速度，都与一物体自整个高度 *IG* 自由下落所获得的速度相等。

情形 2. 如果孔洞 *EF* 不在桶底中间，而是在其他某处，则如果孔洞大小不变，水流出的速度与从前相同。因为虽然重物沿斜线下落到同样的高度比沿垂直线下落需要的时间要长，但在这两种情形中它所获得的下落速度相同，正如伽利略所证明的那样。

情形 3. 水自桶侧边孔洞流出的速度也相同。因为，如果孔洞很小，使得表面 *AB* 与 *KL* 之间的间隔可以忽略不计，而沿水平方向流出的水流形成一抛物线图形。由该抛物线的通径可以知道，水流的速度与一物体自桶内静止水高度 *IG* 或 *HG* 下落所获得的速度相等。我通过实验发现，如果孔洞以上静止水高度为 20 英寸，而孔洞高出与地平面平行的平面也是 20 英寸，则由此孔洞喷出的水流落在此平面上的点，到孔洞平面的垂直距离极近似于 37 英寸。而没有阻力的水流应落在该平面上 40 英寸处，抛物线状水流的通径应为 80 英寸。

情形 4. 如果水流向上喷出，其速度也与上述相同。因为向上喷出的小股水流，以垂直运动上升到 *GH* 或 *GI*，即桶中静止水的高度，它所受到的微小空气阻力在此忽略不计，所以它喷出的速度与它从该高度下落获得的速度相等。静止水的每个粒子在所有方面都受到相等的压力（由第2编命题19可知），并始终屈服于该压力，倾向于以相等的力向某处涌出，不论是通过桶底的孔洞下落，还是自桶侧边的孔洞沿水平方向喷出，或是导入管道自管道上侧的小孔涌出。这一结果不仅仅是从理论推导出来的，也是由上述著名实验所证明了的，水流出的速度与本命题中所导出的结果完全相同。

情形 5. 不论孔洞是圆形、方形、三角形，或其他任何形状，只要面积与圆形相等，水流的速度都相等。因为水流速度不决定于孔洞形状，只决定于孔洞左平面 *KL* 以下的深度。

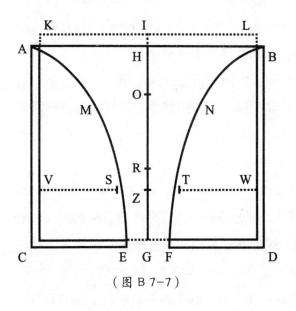

（图 B 7-7）

情形 6. 如果桶 *ABCD* 的下部被静止水淹没（图 B 7-7），且静止水在桶底以上的高度为 *GR*，在桶内的水自孔洞 *EF* 涌入静止水的速度与水自高度 *IR* 落下所获得的速度相等，因为桶内所有低于静止水表面的水的重量都受到静止水的重量的支撑而平衡，因此对桶内水的下落运动无加速作用。该情形通过实验测定水流出的时间也可以得到证明。

推论 I. 如果水的深度 *CA* 延长到 *K*，使 *AK* 比 *CK* 与桶底任意位置上的孔洞的面积与圆 *AB* 的面积的比的平方相等，则水流速度将与水自高度 *KC* 自由落下所获得的速度相等。

　　推论Ⅱ. 使水流的全部运动得以产生的力与一个圆形水柱的重量相等，其底为孔洞 EF，高度为 2Gl 或 2CK。因为在水流与该水柱时相等，它由其自身重量自高度 GI 落下所获得的速度与它流出的速度相等。

　　推论Ⅲ. 在桶 ABDC 中所有水的重量比其中驱使水流出的部分的重量，与圆 AB 与 EF 的和比圆 EF 的二倍相等。因为令 IO 为 IH 与 IG 的比例中项，则自孔洞 EF 流出的水，在水滴自点 I 下落经过高度 IG 的时间内，与以圆 EF 为底相等，2IG 为其高的柱体，即与以 AB 为底相等，2IO 为高的柱体。因为圆 EF 比圆 AB 与高度 IH 比高度 IG 的平方根相等，即与比例中项 IO 比 IG 相等。而且，在水滴自点 I 下落掠过高度 IH 的时间内，流出的水与以圆 AB 为底相等，2IH 为高的柱体相等；在水滴自点 I 下落经过 H 到 G，高度差为 HG 的时间内，流出的水，即立方体 ABNFEM 内所包含的水，与柱体的差相等，即与以 AB 为底相等，2HO 为高的柱体。所以，桶 ABDC 中的水比装在上述立方体 ABNFEM 中下落的水，与 HG 比 2HO 相等，即与 HO+OG 比 2HO，或者 IH+IO 比 2IH 相等。但装在立方体 ABNFEM 中的所有水的重量都用于把水逐出水桶；因而桶中所有水的重量比该部分使水外流的重量与 IH+IO 比 2IH 相等，所以与圆 EF 与 AB 的和比圆 EF 的 2 倍相等。

　　推论Ⅳ. 桶 ABDC 中所有水的重量比另一部分由桶底支撑着的水的重量，与圆 AB 与 EF 的和比这二者的差相等。

　　推论Ⅴ. 该桶底支撑着的部分的重量比用于使水流出的重量与圆 AB 与 EF 的差比小圆 EF 相等，或与桶底面积比孔洞的二倍相等。

　　推论Ⅵ. 重量中压迫桶底的部分比垂直压迫的总重量与圆 AB 比圆 AB 与 EF 的和相等，或与圆 AB 比圆 AB 的二倍减去桶底面积的差相等。因重量中压迫桶底的部分比桶中水的总重量与圆 AB 与 EF 的差比这二者的和（由推论Ⅳ）相等；而桶中水总重量比垂直压迫桶底的水总重量与圆 AB 比圆 AB 与 EF 的差相等。所以，将二比例式中对应项相乘，压迫桶底的重量部分比垂直压迫桶底的所有水的重量与圆 AB 比圆 AB 与 EF 的和，

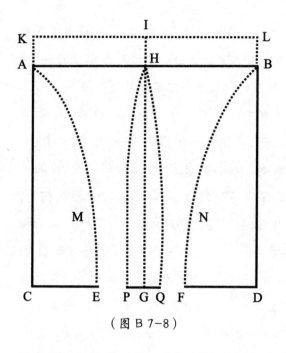

（图 B 7-8）

或比圆 *AB* 的二倍减桶底的差相等。

推论Ⅶ. 如果在孔洞 *EF* 的中间置一小圆片 *PQ*（图 B 7-8），它也以 *G* 为圆心，平行于地平面，则该小圆片支撑的水的重量大于以该小圆片为底，高为 *GH* 的水柱重量的 $\frac{1}{3}$。因为仍令 *AB-NFEM* 为下落的水柱，其轴为 *GH*，令所有对该水柱顺利而迅速地下落无影响的水都冻结，包括水柱周围的与小圆片之上的。令 *PHQ* 为小圆片之上冻结的水柱，其顶点为 *H*，高为 *GHC* 设这样的水柱因其自身重量而下落。且既不依附也不压迫 *PHQ*，而是完全没有摩擦地与之自由滑动，除在开始下落时紧挨着冰柱顶点的水柱或许会发生凹形。由于围绕着下落水柱的冻结水 *AMEC*，*BNFD*，其内表面 *AME*，*BNF* 向着该下落水柱弯曲，因而大于以小圆片 *PQ* 为底，高 *GH* 的圆锥体；即，大于底与高与相同的柱体的 $\frac{1}{3}$。所以，小圆片所支撑的水柱的重量，大于该圆锥的重量，既大于柱体的 $\frac{1}{3}$。

推论Ⅷ. 当圆 *PQ* 很小时，它所支撑的水的重量似乎小于以该圆为底，高为 *HG* 的水柱重量的 $\frac{2}{3}$。因为，在上述诸条件下，设以该小圆片为底的半椭球体，其半轴或高为 *HGo* 该图形与柱体的 $\frac{2}{3}$ 相等，被包含在冻结水柱 *PHQ* 之内，其重量为小圆片所支撑。因为水的运动虽然是直接向下的，而该柱的外表面必定与底 *PQ* 以某种锐角相交，水在其下落中被连续加速，这种加速使水流变细。所以，由于该角小于直角，该水柱的下部将位于半椭球之内。其上部则为一锐角或集于一点；因为水流是自上而下的，水在顶点的水平运动必定无限大于它流向地平线的运动。而且该圆 PQ 越小，柱体的顶部越尖锐；由于圆片无限缩小时，角 PHQ 也无限缩小，因而柱体位于半椭球之内。所以柱体小于半椭球，或小于以该小圆片为底，高为 GH 的柱体的 $\frac{2}{3}$ 部分。所以小圆片支撑的水力与该柱体的重量相等，而周围的水则被用以驱使水流出孔洞。

推论IX.（就我所知）小圆片所支撑的重量比以该小圆片为底，高为 $\frac{1}{2}CH$ 的水柱重量，与 EF^2 比 $EF^2-\frac{1}{2}PQ^2$ 相等，或非常接近于与圆 EF 比该圆减去小圆片 PQ 的一半的差相等。

引理 4
...

如果一个圆柱体沿其长度方向匀速运动，它所受到的阻力完全不因为其长度的增加或减少而改变；因而它的阻力等于一个直径相同，沿垂直于圆面方向匀速运动的圆的阻力。

因为柱体的边根本不向着运动方向；当其长度无限缩小为零时即变为圆。

命题 37 定理 29
...

如果一圆柱体沿其长度方向在被压缩的、无限的和非弹性的流体中匀速运动，则其横截面所引起的阻力比在其运动过四倍长度的时间内使其全部运动被抵消或产生的力，近似等于介质的密度比柱体密度。（图 B 7-9）

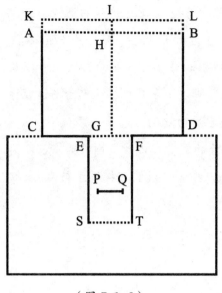

（图 B 7-9）

令桶 *ABDC* 以其底 *CD* 与静止水面接触，水自桶内通过垂直于地平面的柱形管道 *EFTS* 流入静止水；令小圆片 *PQ* 与地平面平行地置于管道中间任意处；延长 *CA* 到 *K*，使 *AK* 比 *CK* 与管道 *EF* 的孔洞减去小圆片 *PQ* 的差比圆 *AB* 的平方相等。则（由命题 36 情形 5、情形 6 和推论 I）水通过小圆片与桶之间的环形空间的流动速度与水下落经过高度 *KC* 或 *IC* 所获得的速度完全相同。

（由命题 36 推论 X）如果桶的宽度是无限的，使得短线段 *HI* 消失，高度 *IG*、*HG* 相等；则流下的水压迫小圆片的力比以该小圆片为底，高为 $\frac{1}{2}$ *IG* 的水柱的重量，非常接近于与 EF^2 比 $EF^2 - \frac{1}{2}PQ^2$ 相等。因为通过整个管道均匀流下的水对小圆片 *PQ* 的压力无论它置于管道内何处都是一样的。

现设管道口 *EF*，*ST* 关闭，令小圆片在被自所有方向压缩的流体中上升，并在上升时推挤其上方的水通过小圆片与管道壁之间的空间向下流动。则小圆片上升的速度比流下的水的速度，与圆 *EF* 与 *PQ* 的差比圆 *PQ* 相等；而小圆片上升的速度比这两个速度的和，即比向下流径上升小圆片的水的相对速度，与圆 *EF* 与 *PQ* 的差比圆 *EF* 相等，或与 $EF^2 - PQ^2$ 比 EF^2 相等。令该相对速度与小圆片不动时使上述水通过环形空间的速度相等，即与水下落掠过高度 *IG* 所获得的速度相等；则水力对该上升小圆片的作用与以前相同（由运动定律推论 V），即上升小圆片的阻力比以该小圆片为底，高为 *IG* 的水柱的重量，近似与 EF^2 比 $EF^2 - \frac{1}{2}PQ^2$ 相等。而该小圆片的速度比水下落经过高度 *IG* 所获得的速度，与 $EF^2 - PQ^2$ 比

EF^2 相等。

令管道宽度无限增大，则 EF^2-PQ^2 与 EF^2，以及 EF^2 与 $EF^2-\frac{1}{2}PQ^2$ 之间的比最后变为等量的比。所以这时小圆片的速度与水下落经过高度 IG 所获得的速度相等；其阻力则与以该小圆片为底相等，高为 IG 的一半的水柱重量，该水柱自此高度下落必能获得小圆片上升的速度；且在此下落时间内，水柱可以此速度运动过其四倍的距离。而以此速度沿其长度方向运动的柱体的阻力与小圆片的阻力相同（由引理 4），因而近似与在它掠过四倍长度时产生其运动的力相等。

如果柱体长度增加或减小，则其运动，以及掠过其四倍长度所用的时间，也按相同比例增加或减小；因而使如此增加或减小的运动得以抵消或产生的力保持不变；因为时间也按相同比例增加或减少了，所以该力仍与柱体的阻力相等，因为（由引理 4）该阻力也保持不变。

如果柱体的密度增加或减小，其运动，以及使其运动得以在相同时间内产生或抵消的力，也按相同比例增加或减小。因而任意柱体的阻力比该柱体在运动过其四倍长度的时间内使其全部运动得以产生或抵消的力，近似与介质密质比柱体密度相等。

流体必须是因压缩而连续的；之所以要求它连续和非弹性，是因为压缩产生的压力可以即时传播；而作用于运动物体上的相等的力不会引起阻力的变化。由物体运动所产生的压力在产生流体各部分的运动中被消耗掉，由此产生阻力，但由流体的压缩而产生的压力，不论它多么大，只要它是即时传播的，就不产生流体的局部运动，不会对在其中的运动产生任何改变；因而它既不增加也不减小阻力。这可以由本命题的讨论得到证明，压缩产生的流体作用不会使在其中运动物体的后部压力比前部大，因而不会使阻力减小。如果压缩力的传播无限快于受压物体的运动，则前部的压缩力不会比后部的压缩力大。而如果流体是连续和非弹性的，则压缩作用可以得到无限快的即时传播。

推论 I . 在连续的无限介质中沿其长度方向匀速运动的柱体，其阻力

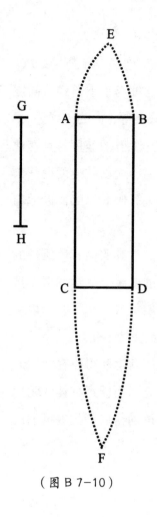

（图 B 7-10）

与速度平方、直径平方，以及介质密度的乘积成正比。

推论 II. 如果管道的宽度不无限增加，柱体沿其长度方向在管道内的静止介质中运动，其轴始终与管道轴重合，则其阻力比在它运动过其四倍长度的时间内能使其全部运动产生或被抵消的力，与 EF^2 比 $EF^2 - \frac{1}{2}PQ^2$ 相等，乘以 EF^2 比 $EF^2 - PQ^2$ 的平方，再乘以介质密度比柱体密度。

推论 III.（图 B 7-10）相同条件下，长度 L 比柱体四倍长度与 $EF^2 - \frac{1}{2}PQ^2$ 比 EF^2 乘以 $EF^2 - PQ^2$ 比 EF^2 的平方相等，则柱体阻力比柱体运动过长度 L 时间内使其全部运动得以产生或抵消的力，与介质密度比柱体密度相等。

附 注

在本命题中，我们只讨论了由柱体横截面引起的阻力，而忽略了由斜向运动所产生的阻力。因为，与命题 36 情形 1 一样，斜向运动使桶中的水自所有方向向孔洞 EF 集聚，对水自该孔洞流出有阻碍作用，在本命题中，水的各部分受到水柱前端的压力，斜向运动屈服于这种压力，向所有方向扩散，阻碍水通过水柱前端附近流向后部，迫使流体从较远处流过；它使阻力的增加，大致与它使水流出水桶的减少相等，即近似与 25 比 21 的平方相等。仍与前述命题情形 1 一样，我们令桶中所有围绕着水柱的水都冻结，使水的各部分能垂直而从容地通过孔洞 EF，而其斜向运动与无用部分都没有运动，在本命题中，则设水的各部分能尽可能直接而迅速地屈服于斜向运动并做出反应，使斜向运动得以消除，水的各部分可以自由穿过水柱，只有其横截面能够产生阻力，因为不能使柱体前端变尖，除非使其直径变小；所以必须假设作斜向和无用运动并产生阻力的流体部分，在柱体两端保持相互静止和连续，并与柱体连接在一起。令 ABCD 为一矩形，AE 和 BE 为二段抛物线弧，其轴为 AB，其通径与柱体下落以获得运动速度所掠过的空间 HG 的比，与 HG 比 $\frac{1}{2}$ AB 相等。令 DF 与 CF 为另二关于轴 CD 的抛物线弧，其通径为前者的四倍；将这样的图形关于轴 EF 旋转得到一个立方体，其中部 ABDC 是我们刚讨论过的圆柱体，其两端部分 ABE 和 CDF 则包含着相互静止的流体部分，并固化为两个坚硬物体与圆柱体的两端粘接在一起形成一头一尾。如果这样的立方体 EACFDB 沿其轴长 FE 方向向着 E 的方向运动，则其阻力近似与我们在本命题中所讨论的情形相等；即，阻力与在它匀速运动过长度 4AC 的时间内能使柱体的全部运动被抵消或产生的力的比，近似与流体密度比柱体密度相等。而且（由命题 36 推论 VI）该阻力与该力的比至少为 2 比 3。

引理 5

• • •

如果先后将宽度相等的圆柱体、球体和椭球体放入柱形管道中间，并使它们的轴与管道轴重合，则这些物体对流过管道的水的阻碍作用相等。

　　因为介于管道壁与圆柱体、球体和椭球体之间使水能通过的空间是相等的；而自相等空间流过的水相等。

如在命题 36 推论Ⅶ中已解释过的那样，本引理的条件是，所有位于圆柱体、球体，或椭球体上方的水，其流动性对于水尽可能快地通过该空间不是必要的，都被冻结起来。

引理 6
...

在相同条件下，上述物体受到流经管道的水的作用是相等的。

这可以由引理 5 和第三定律证明。因为水与物体间的相互作用是相等的。

引理 7
...

如果管道中的水是静止的，这些物体以相等速度沿相反方向在管道中运动，则它们相互间的阻力是相等的。

这可以由前一引理得到证明，因为它们之间的相对运动保持不变。

附 注

所有凸起的圆形物体，其轴与管道轴相重合，都与此情形相同。或大或小的摩擦会产生某些差别；但我们在这些引理中假设物体是十分光滑的，而介质的黏性与摩擦为零；能够以其斜向和多余运动干扰、阻碍水流过管道的流体部分，像冻结的水那样被固定起来，并以前一命题的附注中所解释的方式与物体的力和后部相粘连，相互间保持静止；因为在后面我们要讨论横截面极大的圆形物体所可能遇到的极小阻力问题。

浮在流体上的物体做直线运动时，会使流体将其前部抬起，而将其后部下沉，钝形物体尤其如此；因而它们遇到阻力略大于头尾都是尖形的物体。在弹性流体中运动的物体，如果其前后均为钝形，在其前部聚集起稍多的流体，而在其后部则使之稍稀薄；因而它所遇到的阻力也略大于头尾都是尖形的物体。但在这些引理和命题中，我们不讨论弹性流体，而只讨论非弹性流体；不讨论漂浮在流体表面的物体，而讨论深浸于其中的。一旦知道了在非弹性流体中物体的阻力，即可以在像空气那样的弹性流体中，以及在像湖泊和海洋那样的静止流体表面上，略为增加一些阻力。

命题 38 定理 30

· · ·

如果一个球体在压缩了的无限的非弹性流体中匀速运动，则其阻力比在它掠过其直径的 $\frac{8}{3}$ 长度的时间内使其全部运动被抵消或产生的力，极近似地等于流体的密度比该球体的密度。

因为球体比其外接圆柱体与 2 比 3 相等；因而在柱体经过其直径四倍长度的时间内使同一柱体全部运动被抵消的力，可以在球体经过其直径 $\frac{2}{3}$，即，其直径的 $\frac{8}{3}$ 长度的时间内，抵消球体的全部运动。现在，柱体的阻力比这个力极近似地与流体的密度比柱体或球体的密度（由命题 37）相等，而球体阻力与柱体的阻力（由引理 5、6、7）相等。

推论 I．在压缩了的无限介质中，球体阻力与速度平方、直径平方与介质密度的乘积成正比。

推论 II．球体以其相对重量在有阻力介质中下落所能获得的最大速

度，与相同重量的球体在无阻力介质中下落时所获得的速度相等，经过
的距离比其直径的 $\frac{4}{3}$ 等于与球密度比介质密度相等。因为球体以其下落所
获得的速度运动时，经过的距离比其直径的 $\frac{8}{3}$ 与球密度比流体密度相等；
而它的产生这一运动的重力比在球以相同速度经过其直径的 $\frac{8}{3}$ 的时间内，
产生同样运动的力，与流体密度比球体密度相等；因而（由本命题）重
力等于阻力，不能使球加速。

推论Ⅲ．如果给定球的密度和它开始运动时的速度，以及球在其中运
动的静止压缩流体的密度，则可以求出任意时间球体的阻力和速度，以
及它所经过的空间（命题 35 推论Ⅶ）。

推论Ⅳ．球在压缩了的静止的且密度与它自身相同的流体中运动时，
在掠过其二倍直径的长度之前已失去其运动的一半（也由推论Ⅶ）。

命题 39 定理 31
• • •

如果一球体在密封于管道中的压缩流体中运动，其阻力比在它掠
过直径的 $\frac{8}{3}$ 长度的时间内使其全部运动被抵消或产生的力，近似
等于管口面积比管口减去球大圆一半的差；与管口面积比管口减
去球大圆的差；以及流体密度比球体密度的乘积。

这可以由命题 37 推论Ⅱ，以及与前一命题相同的方法得到证明。

附 注

在以上两个命题中，我们假设（与以前在引理 5 中一样）所有在球
之前的、其流动性能使阻力作同样增加的水都已冻结。这样，如果这些

水变为流体，它将多少会使阻力增加。但在这些命题中这种增加如此之小，可以忽略不计，因为球体的凸面与水的冻结所产生的效果几乎完全相同。

命题 40 问题 9

●●●

由实验求出一球体在具有理想的流动性和压缩了的介质中运动的阻力。

令 A 为球体在真空中的重量，B 为在有阻力介质中的重量，D 为球体直径，F 为某一距离，它比 $\frac{4}{3}D$ 与球体密度比介质密度相等，即与 A 比 $A-B$，G 为球以重量 B 在无阻力介质中下落经过距离 F 所用的时间相等，而 H 为该下落所获得的速度。则由命题 38 推论 Ⅱ，H 为球体以重量 B 在有阻力介质中所能获得的最大下落速度；而当球体以该速度下落时，它遇到的阻力与其重量 B 相等；由命题 38 推论 Ⅰ 可知，以其他任意速度运动时的阻力比重量 B 与该速度与最大速度 H 的比的平方相等。

这正是流体物质的惰性所产生的阻力。由其弹性、黏性和摩擦所产生的阻力，可以由以下方法求出。

令球体在流体中以其重量 B 下落，P 表示下落时间，以秒为单位，如果 G 是以秒给定的话。求出对应于 $0.4342944819 \frac{2P}{G}$ 的对数的绝对数 N，令 L 为数 $\frac{N+1}{N}$ 的对数，则下落所获得的速度为 $\frac{N-1}{N+1}H$，所经过的高度为 $\frac{2PF}{G}$ -1.3862943611F+4.605170186LF。如果流体有足够深度，可以略去 4.605170186LF 项；而 $\frac{2PF}{G}$ -L3862943611F 为经过的近似高度。这些公式可以由第 2 编命题 9 及其推论推出，其前提是球体所遇到的阻力仅来自物质的惰性。如果它确实遇到了其他任何类型的阻力，则下落将变慢，并可由变慢时间量求出这种新的阻力的量。

为便于求得在流体中物体下落的速度，我制成了如下表格，其第一列表示下落时间；第二列表示下落所获得的速度，最大速度为100000000；第三列表示在这些时间内下落经过的距离，$2F$ 为物体在时间 G 内以最大速度经过的距离；第四列表示在相同时间里以最大速度经过的距离。第四列中的数为 $\frac{2P}{G}$，由此减去数 1.3862944-4.6051702L，即得到第三列数，要得到下落经过的距离必须将这些数乘以距离 F。此处加上第五列数值，表示物体以其相对重量的力 B 在真空中相同时间内下落所经过的距离。

时间 P	物体在流体中的下落速度	在流体中掠过的空间	以最大速度掠过的空间	在真空中下落掠过的空间
0.001G	99999$\frac{29}{30}$	0.000001F	0.002F	0.000001F
0.01G	999967	0.0001F	0.02F	0.0001F
0.1G	9966799	0.0099834F	0.2F	0.01F
0.2G	19737532	0.0397361F	0.4F	0.04F
0.3G	29131261	0.0886815F	0.6F	0.09F
0.4G	37994896	0.1559070F	0.8F	0.16F
0.5G	46211716	0.2402290F	1.0F	0.25F
0.6G	53704957	0.3402706F	1.2F	0.36F
0.7G	60436778	0.4545405F	1.4F	0.49F
0.8G	66403677	0.5815071F	1.6F	0.64F
0.9G	71629787	0.7196609F	1.8F	0.81F

时间 P	物体在流体中的下落速度	在流体中掠过的空间	以最大速度掠过的空间	在真空中下落掠过的空间
1G	76159416	0.8675617F	2F	1F
2G	96402758	2.6500055F	4F	4F
3G	99505475	4.6186570F	6F	9F
4G	99932930	6.6143765F	8F	16F
5G	99990920	8.6137964F	10F	25F
6G	99998771	10.6137179F	12F	36F
7G	99999834	12.6137073F	14F	49F
8G	99999980	14.6137059F	16F	64F
9G	99999997	16.6137057F	18F	81F
10G	99999999%	18.6137056F	20F	100F

为由实验求出阻力，我制作了一个方形木桶，其内侧长和宽均为 9 英寸，深 $9\frac{1}{2}$ 英尺，盛满雨水；又制备了一些包含有铅的蜡球，我记录了这些球下落的时间，下落高度为 112 英寸。1 立方英尺雨水重 76 镑；1 立方英寸雨水重 $\frac{19}{36}$ 盎司，或 $253\frac{1}{3}$ 谷；直径 1 英寸的水球在空气中重 132.645 谷，在真空中重 132.8 谷；其他任意球体的重量与它在真空中的重量超出其在水中重量的部分成正比。

实验 1. 一个在空气中重 $156\frac{1}{4}$ 谷的球，在水中重 77 谷在 4 秒钟内经过全部 112 英寸高度。经多次重复这一实验，该球总是需用完全相同的 4 秒钟。

该球在真空中重 $156\frac{13}{38}$ 谷；该重量超出其在水中的重量部分为 $79\frac{13}{38}$ 谷。因此球的直径为 0.84224 英寸。水的密度比该球的密度，与该出超部分比球在真空中的重量相等；而球直径的 $\frac{8}{3}$（即 2.24597 英寸）比距离 2F 也与该值相等，所以 2F 应为 4.4256 英寸。现在，该球在真空中以其全部重量 $156\frac{13}{38}$ 谷向下落，一秒钟内掠过 $193\frac{1}{3}$ 英寸；而在无阻力的水中以其重量 77 谷在相同时间内掠过 95.219 英寸；它在掠过 2.2128 英寸的 G 时刻获得它在水中下落所可能达到的最大速度 H，而时间 G 比一秒钟与距离 F2.2128 英寸与 95.219 英寸之比的平方根相等。所以时间 G 为 0.15244 秒。而且，在该时间 G 内，球以该最大速度 H 可掠过距离 $2F$，即 4.4256 英寸；所以球 4 秒钟内将掠过 116.1245 英寸的距离。减去距离 13862944F，或 3.0676 英寸，则余下 113.0569 英寸的距离，这就是球在盛于极宽容器中的水里下落 4 秒钟所经过的距离。但由于上述木桶较窄，该距离应按一比值减小，该比值为桶口比它超出球大圆的一半的差值的平方根，乘以桶口比它超出球大圆的差值，即与 1 比 0.9914 相等。求出该值，即得到 112.08 英寸距离，它是球在盛于该木桶中的水里下落 4 秒钟所应掠过的距离，应与理论计算接近，但实验给出的是 112 英寸。

实验 2. 三个相等的球，在空气和水中的重量分别为 $76\frac{1}{3}$ 和 $5\frac{1}{16}$ 谷，令它们先后下落；在水中每个球都用 15 秒钟下落掠过 112 英寸高度。

通过计算，每个球在真空中重 $76\frac{5}{12}$ 谷；该重量超出其在水中重量部分为 $71\frac{17}{48}$ 谷；球直径为 0.81296 英寸；该直径的部分为 2.16789 英寸；距离 $2F$ 为 2.3217 英寸；在无阻力水中，重 $5\frac{1}{16}$ 谷的球一秒钟内经过的距离为 12.808 英寸，求出时间 G 为 0.301056 秒。所以，一个球体以其 $5\frac{1}{16}$ 谷的重量在水中下落所能获得的最大速度，在时间 0.301056 秒内经过距离 2.3217 英寸；在 15 秒内经过 115.678 英寸。减去距离 1.3862944F，或 1.609 英寸，余下距离 114.069 英寸；所以这就是当桶很宽时球在相同时间内所应经过的距离。但由于桶较窄，该距离应减去 0.895 英寸。所以该距离余下 113.174 英寸，这就是球在这个桶中 15 秒钟内所应下落的近似距离。而实验值是 112 英寸。差别不大。

实验 3. 三个相等的球，在空气和水中分别重 121 谷和 1 谷，令其先后下落；它们分别在 46 秒、47 秒和 50 秒内通过 112 英寸的距离。

由理论计算，这些球应在约 40 秒内完成下落。但它们下落得较慢，其原因究竟是在较慢的运动中惰性力产生的阻力在其他原因产生的阻力中所占比例较小；或是由于小水泡妨碍球的运动；或是由于天气或放之下沉的手较温暖而使蜡稀疏；或者，还是因为在水中称量球体重量有未察觉的误差，我尚不能肯定。所以，球在水中重量应有若干谷，这时实验才有明确而可靠的结果。

实验 4. 我是在得到前述几个命题中的理论之前开始上述流体阻力的实验研究的。其后，为了对所发现的理论加以检验，我又制作了一个木桶，其内侧宽 $8\frac{2}{3}$ 英寸，深 $15\frac{1}{3}$ 英尺。然后又制作了四个包含着铅的蜡球，每一个在空气中重量都是 $139\frac{1}{4}$ 谷，在水中重 $7\frac{1}{8}$ 谷。把它们放入水中，并用一只半秒摆测定下落时间。球是冷却的，并在称量和放入水中之前已冷却多时；因为温暖会使蜡稀疏，进入减少球在水中的重量；而变得稀疏的蜡不会因为冷却而立即恢复其原先的密度。在放之下落之前，先把它们都没入水中，以免其某一部分露出水面而在开始下落时产生加速。当它们投入水中并完全静止后，极为小心地放手令其下落，以免受到手的任何冲击。它们先后以 $47\frac{1}{2}$、$48\frac{1}{2}$、50 和 51 次摆动的时间下落经过 15 英尺又 2 英寸的高度。但实验时的天气比称量时略寒冷，所以我后来又重做了一次；这一次的下落时间分别是 49、$49\frac{1}{2}$、50 和 53 次；第三次实验的时间是 $49\frac{1}{2}$、50、51 和 53 次摆动。经过几次实验，我认为下落时间以 $49\frac{1}{2}$ 和 50 次摆动最常出现。下落较慢的情况，可能是由于碰到桶壁而受阻造成的。

现在按我们的理论来计算。球在真空中重 $139\frac{2}{5}$ 谷；该重量超出其在水的重量 $132\frac{11}{40}$ 谷；球直径为 0.99868 英寸；该直径的 $\frac{8}{3}$ 部分为 2.66315 英寸；距离 2F 为 2.8066 英寸；重 $7\frac{1}{8}$ 谷的球在无阻力的水中一秒钟可以经过 9.88164 英寸；时为 0.376843 秒。所以，球在其重量 $7\frac{1}{8}$ 谷的力作用下，以其在水中下落所能获得的最大速度运动，在 0.376843 秒内可以经过 2.8066 英寸长的距离，一秒内可以经过 7.44766 英寸。

25 秒或 50 次摆动内，距离为 186.1915 英寸。减去距离 1.386294F，或 1.9454 英寸，余下距离 184.2461 英寸，这便是该球体在该时间内在极

352

大的桶中所下落的距离。因为我们的桶较窄，令该空间按桶口比该桶口超出球大圆的一半的平方，乘以桶口比桶口超出球大圆的比值缩小；即得到距离 181.86 英寸，这就是根据我们的理论，球应在 50 次摆动时间内在桶中下落的近似距离。而实验结果是，在 $49\frac{1}{2}$ 或 50 次摆动内，经过距离 182 英寸。

实验 5. 四个球在空气中重 $154\frac{3}{8}$，水中重 $21\frac{1}{2}$ 谷，下落时间为 $28\frac{1}{2}$、29、$29\frac{1}{2}$ 和 30 次，有几次是 31、32 和 33 次摆动，经过的高度为 15 英尺 2 英寸。

按理论计算它们的下落时间应为大约 29 次摆动。

实验 6. 五个球，在空气中重 $212\frac{3}{8}$ 谷，水中重 $79\frac{1}{2}$ 谷，几次下落时间为 15、$15\frac{1}{2}$、16、17 和 18 次摆动，经过高度为 15 英尺 2 英寸。

按理论计算它们的下落时间应为大约 15 次。

实验 7. 四个球，在空气中重 $293\frac{3}{8}$ 谷，水中重 $35\frac{7}{8}$ 谷，几个下落时间为 $29\frac{1}{2}$、30、$30\frac{1}{2}$、31、32 和 33 次摆动，经过高度为 15 英尺 $1\frac{1}{2}$ 英寸。按理论计算，它们的下落时间应为约 28 次摆动。

这些球重量相同，下落距离相同，但速度却有快有慢，我认为原因如下：当球被释放并开始下落时，会绕其中心摆动，较重的一侧最先下落，并产生一个摆动运动。较之完全没有摆动的下沉，球通过其摆动传递给水较多的运动；而这种传递使球自身失去部分下落运动；因而随着这种摆动的或强或弱，下落中受到的阻碍也就或大或小。此外，球始终偏离其向下摆动的一侧，这种偏离又使它靠近桶壁，甚至有时与之发生碰撞。球越重，这种摆动越剧烈；球越大，它对水的推力越大。所以，为了减小球的这种摆动，我又制作了新的铅和蜡球，把铅封在极靠近球表面的一侧；并且用这样的方式加以释放，在开始下落时尽可能使其较重的一侧处于最低点。这一措施使摆动比以前大为减小，球的下落时间不再如此参差不齐。如下列实验所示。

实验 8. 四个球在空气中重 139 谷，水中重 $6\frac{1}{2}$ 谷，令其下落数次，大多数时间都是 51 次摆动，再也没有超过 52 次或少于 50 次，经过高度为 182 英寸。

按理论计算，它们的下落时间应为 52 次。

实验 9. 四只球在空气中重 $273\frac{1}{4}$ 谷，水中重 $140\frac{3}{4}$ 谷，几次下落时间从未少于 12 次摆动，也从未超过 13 次。经过高度 182 英寸。

按理论计算，这些球应在约 $1\frac{1}{3}$ 次摆动中完成下落。

实验 10. 四只球，在空气中重 384 谷，水中重 $119\frac{1}{2}$ 谷，几次下落时间为 $17\frac{3}{4}$、18、$18\frac{1}{2}$ 和 19 次摆动，经过高度 $181\frac{1}{2}$ 英寸。在落到桶底之前，第 19 次摆动时，我曾听到几次它们与桶壁相撞。

按理论计算，它们的下落时间应为约 $15\frac{5}{9}$ 次摆动。

实验 11. 三只球，在空气中重 48 谷，水中重 $3\frac{29}{32}$ 谷，几次下落时间为 $43\frac{1}{2}$、44、$44\frac{1}{2}$、45 和 46 次摆动，多数为 44 和 45 次，经过高度约为 $182\frac{1}{2}$ 英寸。

按理论计算，它们的下落时间应为约 46 卷次摆动。

实验 12. 三只相等的球，在空气中重 141 谷，在水中重 $4\frac{3}{8}$ 谷，几次下落时间为 61、62、63、64 和 65 次摆动，经过空间为 182 英寸。

按理论计算，它们应在约 $64\frac{1}{2}$ 次摆动内完成下落。

由这些实验可以看出，当球下落较慢时，如第二、四、五、八、十一和十二次实验，下落时间与理论计算吻合很好；但当下落速度较快时，如第六，九和十次实验，阻力略大于速度平方。因为球在下落中略有摆动；而这种摆动，对于较轻而下落较慢的球，由于运动较弱而很快停止；但对于较大而下落较快的球，摆动持续时间较长，需要经过若干次摆动后才能为周围的水所阻止。此外，球运动越快，其后部受流体压力越小；如果速度不断增加，最终它们将在后面留下一个真空空间，除非流体的压力也能同时增加。因为流体的压力应与速度的平方增加成正比（由命题 32 和 33），以维持阻力的相同的平方比关系。但由于这是不可能的，运动较快的球其后部的压力不如其他方位的大；而这种压力的缺乏导致其阻力略大于速度的平方。

由此可知我们的理论与水中落体实验是一致的。余下的是检验空气中的落体。

实验 13.1710 年 6 月，有人在伦敦圣保罗大教堂顶上同时落下两只球，一只充满水银，另一只充气；下落经过的高度是 220 英尺。当时用一只木桌，其一边悬挂在铁钱链上，另一边由木棍支撑。两只球放在该桌面上，由一根延伸到地面的铁丝拉开木棍实现两球同时向地面落下；这样，当木棍被拉掉时，仅靠较链支撑的桌子绕着较链向下跌落，而球开始下落。在铁丝拉开木棍的同一瞬间，一只秒摆开始摆动。球的直径和重量，以及下落时间列入下表。

充满水银的球			充满空气的球		
重量	直径	下落时间	重量	直径	下落时间
谷	英寸	秒	谷	英寸	秒
908	0.8	4	510	5.1	$8\frac{1}{2}$
983	0.8	4-	642	5.2	8
966	0.8	4	599	5.1	8
747	0.75	4+	515	5.0	$8\frac{1}{4}$
808	0.75	4	483	5.0	$8\frac{1}{2}$
784	0.75	4+	641	5.2	8

不过观测到的时间必须加以修正；因为水银球（按伽利略的理论）在 4 秒时间内可掠过 257 英尺，而 220 英尺只需要 $3\frac{42}{60}$ 秒。因此，在木棍被拉开时木桌并不像它所应当的那样立即翻转；这一迟缓在开始时阻碍了球体的下落。因为球放在桌子中间，而且的确距轴而不是距木棍较近。

因此下落时间延长了约 $\frac{18}{60}$；应通过减去该时间进行修正，对大球尤其如此，由于球直径较大，在转动的桌子上停留时间较其他球更长。修正以后，六个较大球的下落时间变为 $8\frac{12}{60}$ 秒、$7\frac{42}{60}$ 秒、$7\frac{42}{60}$ 秒、$7\frac{57}{60}$ 秒、$8\frac{12}{60}$ 秒以及 $7\frac{42}{60}$ 秒。

所以充满空气的第五只球，其直径为 5 英寸，重 483 谷，下落时间 $8\frac{12}{60}$ 秒，掠过距离 220 英尺。与此球体积相同的水重 16600 谷；体积相同的空气重 $\frac{16600}{860}$ 谷，或 $19\frac{3}{10}$ 谷；所以该球在真空中重 $502\frac{3}{10}$ 谷；该重量与体积与该空气的重量的比相等，为 $502\frac{3}{10}$ 比 $19\frac{3}{10}$；而 2F 比该球直径的 $\frac{8}{3}$，即比 $13\frac{1}{3}$ 英寸，也与该值相等。因此，2F 与 28 英尺 11 英寸相等。一只以其 $502\frac{3}{10}$ 谷的全部重量在真空中下落的球，在一秒钟内可经过 $193\frac{1}{3}$ 英寸；而以重量 483 谷下落则经过 185.905 英寸；以该 483 谷重量在真空中下落，在 $57\frac{3}{60}$ 秒又 $\frac{58}{3600}$ 的时间内可经过距离 F，或 14 英尺 $5\frac{1}{2}$ 英寸，并获得它在空气中下落所能达到的最大速度。以这一速度，该球在 $8\frac{12}{60}$ 秒时间内经过 245 英尺 $5\frac{1}{3}$ 英寸。减去 L3863F，或 20 英尺 $\frac{1}{2}$ 英寸，余下 225 英尺 5 英寸。所以，按我们的理论，这一距离是球应在 $8\frac{12}{60}$ 秒内下落完成的。而实验结果为 220 英尺。差别是微不足道的。

将其他充满空气的球做类似计算，结果列于下表。

球的重量	直径	自 220 英尺高处下落时间		按理论计算所应掠过距离		差值	
谷	英寸	秒	秒下单位	英尺	英寸	英尺	英寸
510	5.1	8	12	226	11	6	11
642	5.2	7	42	230	9	10	9
599	5.1	7	42	227	10	7	0
515	5	7	57	224	5	4	5
483	5	8	12	225	5	5	5
641	5.2	7	42	230	7	10	7

实验 14.1719 年 7 月，德萨古里耶博士①曾用球形猪膀胱重做过这种实验。他把潮湿的膀胱放入中空的木球中，在膀胱中吹满空气，使之成形为球状，待膀胱干燥后取出。然后令之自同一教堂拱顶的天窗上下落，即自 272 英尺高处下落；同时令一重约 2 磅的铅球下落。与此同时，站在教堂顶部球下落处的人观察整个下落时间；另一些人则在地面观察铅球与膀胱球下落的时间差。时间是由半秒摆测量的。其中在地面上的一台计时机器每秒摆动四次；另一台制作精密的机器也是每秒摆动四次。站在教堂顶部的人中有一个也掌握着一台这样的机器；这些仪器设计成可以随心所欲地停止或开始运动。铅球的下落时间约 $4\frac{1}{2}$ 秒；加上上述时间差后即可得到膀胱球的下落时间。在铅球落地后，五只膀胱球晚落地的时间，第一次，$14\frac{3}{4}$ 秒、$12\frac{3}{4}$ 秒、$14\frac{5}{8}$ 秒、$17\frac{3}{4}$ 秒和 $16\frac{7}{8}$ 秒；第二次为 $14\frac{1}{2}$ 秒、$14\frac{1}{4}$ 秒、14 秒、19 秒和 $16\frac{3}{4}$ 秒。加上铅球下落的时间 $4\frac{1}{4}$ 秒，得到五只球下落的总时间，第一次为 19 秒、17 秒、$18\frac{7}{8}$ 秒、22 秒和 21 秒；第二次为 $18\frac{3}{4}$ 秒、$18\frac{1}{2}$ 秒、$18\frac{1}{4}$ 秒、$23\frac{1}{4}$ 秒和 21 秒。在教堂观测到的时间，第一次为 $19\frac{3}{8}$ 秒、$17\frac{1}{4}$ 秒、$18\frac{3}{4}$ 秒、$22\frac{1}{8}$ 秒和 $21\frac{5}{8}$ 秒；每两次为 19 秒、$18\frac{5}{8}$ 秒、$18\frac{3}{8}$ 秒、24 秒和 $21\frac{1}{4}$ 秒。不过膀胱并不总是直线下落，它有时在空气中飘动，在下落中左右摇摆。这些运动使下落时间延长了，有时增加半秒，有时竟增加整整一秒。在第一次实验中，第二和第四只膀胱下落最直，第二次实验中的第一和第三只也最直。第五只球有些皱纹，这使它受到一些阻碍。我用极细的线在膀胱外圆缠绕两圈测出它们的直径。在下表中我比较了实验结果与理论结果；空气与雨水的密度比取 1 比 860，并代入理论中求得球在下落中所应掠过的距离。

所以，我们的理论可以在极小的误差以内求出球体在空气和水中所遇到的阻力；该阻力对于速度与大小相同的球而言，与流体的密度成正比。

我们曾在第六章的附注里通过摆实验证明过，在空气、水和水银中运动的相等的且速度相等的球，其阻力与流体密度成正比。在此，我们通过空气和水中的落体更精确地做了证明。因为摆的每次摆动都会激起流体的运动，阻碍它的返回运动；而由于这种运动，以及悬挂摆体的细线所产生的阻力，使摆体的总阻力大于在落体实验中所得到的阻力。因为在该附注中所讨论的摆实验中，一个密度与水相同的球，在空气中掠过其半径长度时，会失去其运动的 $\frac{1}{3342}$ 部分，而由第七章中所推导并由落体实验所验证的理论，同样的球掠过同样长度所失去的运动部分为 $\frac{1}{4586}$，条件是设水与空气的密度比为 860 比 1。所以，摆实验中求出的阻力（由刚才说明的原因）大于落体实验中求出的阻力；其比值约为 4 比 3。不过，由于在空气、水和水银中摆动的阻力是出于相同的原因而增加的，因此这些介质之间的阻力比，由摆实验与由落体实验验证是同样精确的。由所有这些可以得出结论，在其他条件相同的情况下，即使在极富流动性的任意流体中运动的物体，其阻力仍与流体的密度成正比。

膀胱重量	直径	下落掠过 272 英尺所用时间	在该时间按理论所应掠过的高度		理论与实验的差	
谷	英寸	秒	英尺	英寸	英尺	英寸
128	5.28	19	271	11	-0	1
156	5.19	17	272	$0\frac{1}{2}$	+0	$0\frac{1}{2}$
$137\frac{1}{2}$	5.3	18	272	7	+0	7
$97\frac{1}{2}$	5.26	22	277	4	+5	4
$99\frac{1}{2}$	5	$21\frac{1}{2}$	282	0	+10	0

在完成了这些证明和计算之后，我们就可以来求一个在任意流体中被抛出的球体在给定时间所失去的运动部分大约是多少。令 D 为球直径，V 是它开始时的运动速度，T 是时间，在其内球以速度 V 在真空中所经过

的距离比距离 $\frac{8}{3}$ 与球密度比流体密度相等；则在该流体中被抛出的球，在另一个时间才失去其运动的 $\frac{tV}{T+t}$ 部分，余下 $\frac{TV}{T+t}$ 部分；所经过的距离比在相同时间内以相同的速度 V 在真空中经过的距离，与数 $\frac{T+t}{T}$ 的对数乘以数 2.302585093 比数 $\frac{t}{T}$ 相等。这是由命题 35 推论Ⅶ所给出的结果。运动较慢时阻力略小，因为球形物体比直径相同的柱形物体更有利于运动。运动较快时阻力略大，因为流体的弹性力与压缩力并不与速度平方增大成正比。不过我不拟讨论这微小的差别。

虽然通过将空气、水、水银以及类似的流体无限分割，可使之精细化，变为具有无限流体性的介质，但它们对抛出的球的阻力不会改变。因为前述诸命题所讨论的阻力来自物质的惰性；而物质惰性是物体的基本属性，始终与物质量成正比。分割流体的确可以减小由于黏滞性和摩擦产生的阻力部分，但这种分割完全不能减小物质量；而如果物质量不变，其惰性力也不变；因此相应的阻力也不变，并始终与惰性力成正比。要减小这项阻力，物体掠过于其中的空间的物质必须减少；在天空中，行星与彗星在其间向各方向自由穿行，完全察觉不到它们的运动变慢，所以天空中必定完全没有物质性的流体存在，除了其中也许存在着某种极其稀薄的气体与光线。

抛体在穿过流体时会激起流体运动，这种运动是由抛体前部的流体压力大于其后部流体的压力造成的；就它与各种物质密度的比例而言；这种运动在极富流动性的介质中绝不小于在空气、水和水银中。由于这种压力差与压力的量成正比，它不仅激起流体的运动，还作用于抛体，使其运动受阻；所以，在所有流体中，这种阻力与抛体在流体中所激起的运动成正比；即使在最精细的以太中，该阻力与以太密度的比值，也绝不会小于它在空气、水和水银中与这些流体密度的比值。

第8章

通过流体传播的运动

命题 41 定理 32

...

只有在流体粒子港直线排列的地方，通过流体传播的压力才会沿着直线方向。（图 B 8-1）

如果粒子 a、b、c、d、e 沿一条直线排列，压力确实可以由 a 沿直线传播到 e，但此后粒子 e 将斜向推动斜向排列的粒子 f 和 g，而位于其后的粒 h 和 k 必须支撑粒子 f 和 g，不然没有办法接受

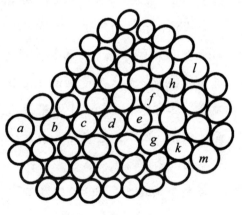

（图 B 8-1）

该传播过来的压力。但这些支撑着它们的粒子又受到它们的压力，如果得不到位于特别远的粒子 l 和 m 的支撑并随之传递压力的时候，也接受不了这项压力，按照这种方法类推直到无限。所以，但凡压力传递给不沿直线排列的粒子，它将偏移向两侧，并斜向传播到无限。在压力开始斜向传递后，在到达不沿直线排列的特别远的粒子时，再次会向两侧偏移直线方向。每当压力传播时遇到不是准确沿直线排列的粒子时，这种情形都会发生。

推论. 如果压力的任何部分在流体中由一给定点传播时，遇到任意障碍物，则其他没有受阻碍的部分将绕过该障碍物而进入其后的空间。这也可以由如下方法得以证明。（图 B 8-2）如果可能的话，令压力由点 A 沿直线方向向任意一侧传播，障碍物 NBCK 在 BC 处开孔，令全部压力受到阻挡，只有其圆锥形部分 APQ 通过圆孔 BC。令圆锥体 APQ 为横截面 de、fg、hi 分割为平截头体。当传播压力的锥体 ABC 在 de 而推动位于其后的平截头锥体 degf 时，该平截头锥体又在为面推动其后的平截头锥体启加，而该平截头锥体又推动第三个平截头锥体，一直到无限。这样，（由第三定律）当第一个平截头锥体 degf 推动并压迫第二个平截头锥体时，由于第二个平截头锥体 fgih 的反作用，它在 fg 面也受到的推动和压力大小相等。所以平截头锥体 defg 受到来自两方面，即受到锥体 Ade 与平截头锥体 fhig 的压迫，因而（由命题 19 情形 6）不能保留其形状，除非它受到来自所有方面的相等压力。所以，它向 df、eg 两侧扩展的力，与它在 de、fg 面上所受到的压力相等。而在这两侧（没有任何黏滞性与硬度，具有完全流动性）如果没有周围的流体抵抗这种扩展力，则它将向外膨胀。所以，它在 df、eg 两边以与压迫平截头锥体力以相等的力压迫周围流体。因此，压力由边 df、eg 向两侧传播人空间 NO 和 KL，其大小与由 fg 面传播向 PQ 的压力相同。

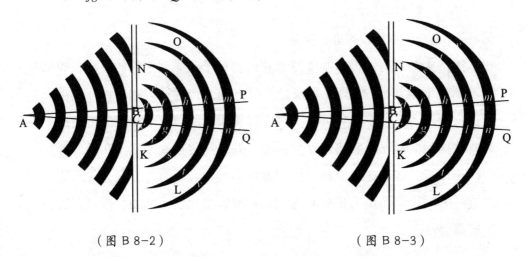

（图 B 8-2）　　　　　　　　　　（图 B 8-3）

命题 42 定理 33

···

在流体中传播的运动自直线路径扩散而进入静止空间。（图 B 8-3）

　　情形 1. 令运动通过孔 *BC* 传播的点 *A*，如果可能的话，令它在圆锥空间中沿自点 *A* 扩散的直线传播。首先设这种运动是在静止水面上的波，令各水波的顶点分别为 *de*、*fg*、*hi*、*kl* 等，互相之间由相同且一样多的波谷或凹处隔开。因波脊处的水比流体 *KL*、*NO* 的静止部分高一点，它将由这些波脊顶部 *e*、*g*、*i*、*l* 等等及 *d*、*f*、*h*、*k* 等等从两侧向着 *KL* 和 *NO* 流下，由于在波谷的水比流体 *KL*、*NO* 的静止部分低一点，这些静止水将流向波谷。在第一种流体中波脊向两侧扩大，向 *KL* 和 *NO* 传播。因为由波脊连续流向紧挨着它们的波谷带动的是由 *A* 向 *PQ* 的波运动，所以不可能比向下流动的速度快一点，而两侧向 *KL* 和 *NO* 流下的水肯定也以相同的速度行进。因此，水波向 *KL* 和 *NO* 两边的传播速度，与它们由 *A* 直接传播向 *PQ* 的速度相等。所以指向 *KL* 和 *NO* 两侧的整个空间中将充满膨胀波 *rfgr*、*shis*、*tklt*、*vmnv* 等。

　　所有人都可以在静止水面上以实验证明这一情形。

　　情形 2. 设在弹性介质中由点 *A* 相继向外传播的脉冲由 *de*、*fg*、*hi*、*kl*、*mn* 表示。设通过介质的相继压缩与舒张实验传播的是脉冲，每个脉冲密度最大的部分呈球面分布，*A* 为球心，相邻脉冲的间隔相等。令通过孔 *BC* 传播的脉冲的最大密度的部分由直线 *de*、*fg*、*hi*、*kl* 等表示，因为这里的介质密度比指向 *KL* 和 *NO* 两侧的空间大，介质将与向脉冲之间的稀薄间隔扩充一样也向指向 *KL* 和 *NO* 两个方向的空间扩展，因此，介质始终在脉冲处密集，而在间隔处稀疏，进而参与脉冲运动。而因为由介质的密集部分向毗邻的稀薄间隔连续舒张引起的是脉冲运动的传播，由于脉冲沿两侧向介质的静止部分 *KL* 和 *NO* 以相似的速度舒张，所以脉冲自身向全部方向膨胀而进入静止部分 *KL* 和 *NO*，其速度基本上与由中心

A 直接向外传播相同，所以将填满整个空间 *KLON*。

这也可以由实验证明，我们能隔着山峰听到声音，而且，如果这声音通过窗户进入室内，扩散到屋内的全部部分，则可以在任何角落听到。这不是由对面墙壁反射回来的，而是由窗户直接传入的，可以由我们的感官判别的。

情形 3. 最后，设随意一种运动自 *A* 通过孔 *BC* 传播。由于邻近中心 *A* 的介质部分扰动并压迫较远的介质部分所造成的原因是由这种运动传播导致的，而且流体是由于被压迫的部分，因而运动沿任何方向向受压迫较小的空间扩散，它们将由于随后的扩散而传向静止介质的任何部分，在指向 *KL* 和 *NO* 两个方向上与之前指向直线方向 *PQ* 的相同。由此，全部的运动但凡通过孔 *BC*，将自行开始扩散，并将与在其源头与中心一样，由此直接向任何方向传播。

命题 43 定理 34

· · ·

每个在弹性介质中颤动的物体都沿直线向所有方向传播其脉冲，在非弹性介质中，则激发出圆运动。

情形 1. 物体颤动的各部分，交叉地前后运动，在向前运动时压迫并驱使最靠近其前面的介质部分，并通过脉冲使之紧紧地聚在一起，在向后运动时则又使这些紧紧聚在一起的介质又重新舒张开来，发生膨胀。因此靠着颤动物体的介质部分也往复运动，其方式与物体颤动的各部分相同。而由于该物体的各部分推动介质相同的原因，介质中受到相似推动颤动的部分也转而推动接近它们的其他介质部分，这些其他部分又以相似方式推动更远的部分，直到无限。与第一部分介质在向前时被压缩，在向后时又与舒张方式相同，介质的其他部分也在向前时被压缩，向后时膨胀。所以它们并不是实实在在一瞬间里向前或向后同时运动（因为如果是这样的话它们将维持互相之间的特定距离，根本不会发生交叉的压缩和舒张），而是由于在被压缩的地方互相之间接近，舒张的地方互相远离，所以当它们一部分向前运动时另一部分向后运动，一直到无限。这种向前运动产生的压缩作用，就是脉冲，因为它们在传播运动中会冲击阻挡前面的障碍物，物体颤动随后所产生的脉冲将沿直线方向传播，而且由于每次颤动间隔的时间是相等的，在传播过程中又在近似相等的距离上形成不同脉冲。虽然物体颤动的各部分的往复运动是沿特定的而确定的方向进行的，但由上述命题，颤动在介质中引起的脉冲却是向任何方向扩展的，并将自物体颤动像颤动的手指在水面激起的水波那样，沿共心的近似球面向任何方向传播，水波不仅随着手指的运动而前后推移，还沿环绕着手指的共心圆向各个方向传播。因为水的重力起到了弹性力的作用。

情形 2. 如果介质是非弹性的，则由于其各部分不能因物体颤动的振动部分所产生的压力而压缩，运动将即时地向着介质中最容易屈服的部分传播，即向着物体颤动所留下空洞的部分传播。这种情况与抛体在任何介质中的运动相同。屈服于抛体的介质不向无限远处移动，而是以圆运动绕向抛体后部的空间。所以一旦物体颤动移向某一部分，屈服于它的介质即以圆运动接近它留下的空洞部分，而且物体回到其原来的位置时，介质又被它从该位置逐开，回到自己原先的位置。虽然物体颤动并不牢固坚硬，而是十分柔软的，尽管它不能通过其颤动而推动不屈服于它的介质，却依旧维持其给定的大小，则离开物体受压部分的介质始终以圆运动绕向屈服于它的部分。

推论. 因此，那种认为火焰通过周围介质沿直线方向传播其压力的看法是错误的。这种压力根本不会只来自火焰部分的推力，而是来自整体的扩散。

命题 44 定理 35

...

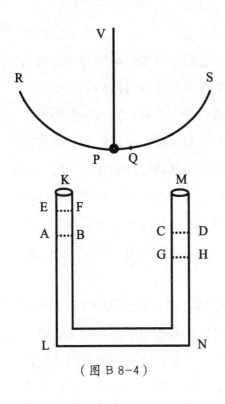

（图 B 8-4）

在管道或水管中，如果水交替地沿竖直管子 KL、MN 上升和下降，一只摆，其在悬挂点与摆动中心之间的摆长等于水在管道中长度的一半，则水的上升与下落时间与摆的摆动时间相等。（图 B 8-4）

沿管道及其竖直管子的轴测出水的长度，并使之与这些轴长的和相等，忽略不计水摩擦管壁所引起的阻力。所以，令竖直管子中水的平均高度由 AB、CD 表示，当水在管子 KL 中上升到高度 EF 时，在管子 MN 中的水将下降到高度 GH。令摆体为 P，悬线为 VP，悬挂点为 V，摆掠过的摆线为 RPQS，其最低点为 P，pQ 为与高度 AE 相等的一段弧长。使水的运动交叉加速和变慢的力，与一只管子中水的重量减去另一只管子中水的重量相等，因此，当管子 KL 中的水上升到 EF 时，另一只管子中的水下降到 GH，上述力是水 EABF 的重量的二倍，因而水的总重量与 AE 或 PQ 比 VP 或 PR 相等。而使物体 P 在摆线上任何位置 Q 加速或变慢的力，（由第 1 编命题 51 推论）比其总重量与它到最低点 P 的距离 PQ 比摆线长 PR 相等。所以，经过相等距离 AE、PQ 的水和摆的运动力，与被运动的重成正比，所以，如果开始时水和摆是静止的，则这些力将使它们作相等时间运动，并且是共同往返的交叉运动。

推论 I．水升降往复始终在相等时间内进行的，不论这种运动是强烈或微弱。

推论Ⅱ. 如果管道中水的总长度为 $6\frac{1}{9}$ 尺（法国单位），则水下降时间为一秒，而上升时间也为一秒，循环往复直到无限，因此在该计量单位下 $3\frac{1}{18}$ 尺长的摆摆动时间为 1 秒。

推论Ⅲ. 如果水的长度增大或减小，则往复时间与长度比的平方根成正比增加或缩短。

命题 45 定理 36
...

波速的变化正比于波宽的平方根。

这可以从下一个命题得到证明。

命题 46 问题 10
...

求波速。

做一只摆，其悬挂点与摆动中心间距与波的宽度相等，在摆完成一次摆动的时间内，波前进的距离约与其波宽相等。

所谓的波宽，指横截面上波谷的最深处的间距，或波脊顶部的间距。令在静止水面上相继起伏的波由 ABCDEF 表示，令波峰为 A、C、E 等，间隔的波谷为 B、D、F 等。因为波运动是由水的互相之间起伏实现的，所以其中的 A、C、E 等点在某一时刻是最高点，随后即变为最低点，而使最高点下降或最低点上升的运动力，就是被抬起的水的重量，因此这种交替起伏接近于管道中水的往复运动，遵循相同的上升和下降的时间规律，所以（由命题44），如果波的最高点 A、C、E 和最低点 B、D、F 的间距与任意摆长的二倍相等，则最高点 A、C、E 将在一次摆动时间内变为最低点，而另一次摆动时间内又升到最高点。所以每通过一个波，摆将发生两次摆动，即波在二次摆动的时间里经过其宽度，但对于四倍于该长度的摆，其摆长与波宽相等，则在该时间内摆动一次。

推论 I. 波宽与 $3\frac{1}{18}$ 法国尺相等，则波在一秒时间内通过其波宽的距离，因此一分钟内将推进 $183\frac{1}{3}$ 尺的距离，而一小时约为 11000 尺。

推论 II. 大的或小的波，其速度与波宽的平方根成正比而增大或减小。

上述结论以水各部分沿直线起伏为前提，但实际上，这种起伏更表现为圆，所以在本命题中给出的时间只是近似值。

命题 47 定理 37

...

如果脉冲在流体中传播，则作交替最短往复运动的流体粒子，总是按摆动规律被加速或减速。

令相继脉冲的相等距离由 AB、BC、CD 等表示，相继脉冲由 A 传播到 B 的直线运动方向为 ABC，直线 AC 上静止介质的三个间距相等的物理点为 E、F、G，三个极小的相等距离为 Ee、Ff、Gg，上述三点在每次振动中交替往返于其间。ε、φ、γ 为相同点的任意中间位置，EF、FG 为物理短线，或这些点与随后移入的处所 εφ、φγ 和 ef、fg 力之间的介质的线性部分，作直线 PS 与直线 Ee 相等。在 O 点将它二等分，并以 O 为圆心，OP 为半径作圆 SIPi。令一次振动的总时间，及其成正比的部分，这样来由该圆的周长及其成正比的部分表示。使得当任意时间 PH 或 PHsh 结束时，如果作 HL 或 hl 的垂线 PS，并取 Ee 与 PL 和 Pl 相等则物

理点 E 位于 ε。这样，按该规律作往复运动的点 E，在由 E 经过 ε 到 e，再通过 ε 回到 E 的过程中，将在一次摆动时间内完成一次振动，而且加速与减速程度相同。我们现在要证明介质的不同物理点会受到这种运动的推动。那么，让我们设种介质中有这样一种受激于任意原因的运动，看看会发生什么情况。

在圆 $PHSh$ 上取相等的弧 HI、IK 或 hi、ik，它们与圆周长的比，与直线 EF、FG 比整个脉冲间隔 BC 相等，作垂线 IM、KN 或 im、kn。因为点 E、F、G 受到相继的推动做相似运动，在脉冲由 B 移动到 C 的同时，它们完成一次往复振动。如果 PH 或 $PHSh$ 为 E 点开始运动后的时间，则 PI 或 $PHSi$ 为点 F 开始运动以后的时间，而 PK 或 $PHSk$ 为点 G 开始运动以后的时间。所以，当点前移时 $E\varepsilon$、$F\phi$、$G\gamma$ 分别与 PL、PM、PN 相等，而当点返回时，又分别与 Pl、Pm、Pn 相等。所以，当点前移时，$\varepsilon\gamma$ 或 $EG+G\gamma-E\varepsilon$ 与 $EG-LN$ 相等，而当它们返回时，则与 $EG+ln$ 相等但 $\varepsilon\gamma$ 是处所 $\varepsilon\gamma$ 的介质宽度或 EG 部分的膨胀。因此在前移时该部分的膨胀比其平均膨胀与 $EF-LN$ 比 EG 相等，而在返回时，则与 $EG+ln$ 或 $EG+LN$ 比 EG 相等。所以，由于 LN 比 KH 与 IM 比半径 OP 相等，而 KH 比 EG 与周长 $PHShP$ 比 BC 相等，即如果以 V 代表周长与脉冲间隔 BC 的圆的半径相等，则上述比与 OP 比 V 相等，将比例式对应项相乘，得到 LN 比 EG 与 IM 比 V 相等。EG 部分的膨胀，或位于处所 $\varepsilon\gamma$ 的物理点 F 的伸展范围，比其在原先处所 EG 相同部分的平均膨胀，在前移时与 $V-IM$ 相等，而在返回时与 $V+im$ 比 V 相等。因此，点 F 在处所 $\varepsilon\gamma$ 的弹性力比其在处所 EG 的平均弹性力，在前移时与 $\frac{1}{V-IM}$ 比 $\frac{1}{V}$ 相等，而在返回时与 $\frac{1}{V-im}$ 比 $\frac{1}{V}$ 相等。由相同理由可得，物理点 E 和 G 与平均弹性力的比，在前移时与 $\frac{1}{V-HL}$ 和 $\frac{1}{V-KN}$ 比 $\frac{1}{V}$ 相等，力的差与介质平均弹性力的比与 $\frac{1}{VV-V\times HL-V\times KN+HL\times KN}$ 比 $\frac{1}{V}$ 相等，即与 $\frac{HL-KN}{VV}$ 比 $\frac{1}{V}$ 相等，或与 $HL-KN$ 比 V 相等。如果我们设（因为振动范围极小）HL 和 KN 无限小于量 V 的话。所以，由于给定的量 V，力差与 $HL-KN$ 成正比，即（因为

HL-KN 与 HK 成正比，而 OM 与 OI 或 OP 成正比，HK 和 OP 是给定的），与 OM 成正比，即如果在 Ω 二等分 Ff，则与 Ωφ 成正比。由相同的理由可得，物理点 ε 和 γ 上弹性的差，在物理短线 εγ 返回时，与 Ωφ 成正比。而该差（即点 ε 的弹性超出点 γ 的弹性力部分）。刚好是使其间的介质 εγ 物理短线叮在前移时被加速，以及返回时被减速的力，所以物理短线 εγ 的加速力与它到振动中间位置 Ω 的距离成正比。所以（由第 1 编命题 38）弧 PI 准确地表达了时间，而介质的线性部分 εγ 则按照上述规律运动，即按照摆振动规律运动，这种情形，对于组成介质的全部线性部分都是相同的。

推论. 由此可知，传播的脉冲数与颤动物体的振动次数相同，在传播过程中没有增加。因为物理短线门 εγ 一旦回到其原先位置即处于静止，在物体颤动的脉冲，或该物体传播而来的脉冲到达它之前，将不再运动。所以，一旦脉冲不再由物体颤动传播过来，它将回到静止状态，不再运动。

命题 48 定理 38

• • •

设流体的弹性力正比于其密度，则在弹性流体中传播的脉冲速度正比于弹性力的平方根，反比于密度的平方根。

情形 1. 如果在均匀介质中，介质中脉冲间距相等，但在一种介质中其运动比在另一种介质中强，则对应部分的收缩与舒张与该运动成正比，不过这种正比关系不是非常准确。然而，如果收缩与舒张不是特别大，误差很难发现的，所以该比例可认为是物理精确的。这样，弹性运动力与收缩与舒张成正比，而相同时间内相等部分所产生的速度与该力成正比。所以脉冲的相对的对应部分同时往返，通过的距离与其收缩与舒张成正比，速度则与该空间成正比。因此脉冲在一次往返时间内前进的距离与其宽度相等，并始终紧接着其前一个脉冲进入它所遗留的位置，由于距离相等，脉冲在两种介质中以相等速度行进。

情形 2. 如果脉冲的距离或长度在一种介质中比另一种介质大，设对应的部分在每次往复运动中所经过的距离与脉冲宽度成正比，则它们的收缩和舒张是相等的。也就是说，如果介质是均匀的，则以往复运动推动它们的运动力也是相等的。现在这种介质受该力的推动与脉冲宽度成正比，每次往返所通过的距离比例也相同，并且一次往返所用时间与介质的平方根与距离的平方根的乘积成正比，所以与距离成正比。而脉冲在一次往返的时间内所通过的距离与其宽度相等，即它们掠过的距离与时间成正比，因此速度相同。

情形 3. 在密度与弹性力相等的介质中，全部脉冲速度相同。如果介质的密度或弹性力增大，则由于运动力与弹性力同比例增大，物质的运动与密度同比例增大，产生像从前一样的运动所需的时间与密度的平方根成正比增大，却又与弹性力的平方根成正比减小。所以脉冲的速度仍与介质密度的平方根成反比，与弹性力的平方根成正比。

本命题可以在以下问题的求解中得到进一步澄清。

命题 49 问题 11

···

已知介质的密度和弹性力，求脉冲速度。

设介质像空气一样受到其上部的重量的压迫。令均匀介质的高度为 A，其重量与其上部的重量相等，密度与传播脉冲的压缩介质相同。做一只摆，自悬挂点到摆动中心的长度是 A，在摆完成一次往复全摆动的时间内，脉冲行进的距离与半径为 A 的圆周长相等。

370

因为，在命题 47 的作图和证明中，如果在每次振动中掠过距离 PS 的任意物理短线 EF，在每次往返的端点 P 和 S 都受到与其重量的弹性力相等的作用，则它的振动时间，与它在长度与 PS 的摆线上摆动的时间相等相同，这是因为相等的力在相同或相等的时间内推动相等的物体通过相等的距离。所以，由于摆动时间与摆长的平方根成正比，而摆长与摆线的半弧相等，一次振动的时间比长度为 A 的摆摆动时间，与长度 $\frac{1}{2}PS$ 或 PO 与长度 A 的比的平方根相等。但推动物理短线 EG 的弹性力，当它位于端点 P、S 时，（在命题 47 的证明中）比其弹性力，与 $HL\text{-}KN$ 比 V 相等，即（由于这时 K 落在 P 上）与 HK 比 V 相等。所有的这种力，或相同地压迫短线 EG 的上部重量，比短线的重量，与上部重量的高度比短线的长度 EG 相等，所以取对应项的乘积，则使短线 EG 在点 P 和 S 受到作用的力比该短线的重量与 $HK \times A$ 比 $V \times EG$ 相等，或与 $PO \times A$ 比 VV 相等，因为 HK 比 EG 与 PO 比 V 相等。所以，由于推动相等的物体通过相等的距离所需的时间与力的平方根成反比，受弹性力作用而产生的振动时间，比受重量冲击而产生的振动时间，与 VV 与 $PO \times A$ 的比的平方根相等，而比长度为 A 的摆摆动时间，与 VV 与 POA 的比的平方根相等，与 PO 与 A 的比的平方根的乘积相等，即与 V 比 A 相等。而在摆的一次往复摆动中，脉冲行进的空间与其宽度 BC 相等，所以脉冲通距离 BC 的时间比摆的一次往复摆动时间与 V 比 A 相等，即与 BC 比半径为 A 的圆周长相等。但脉冲通过距离 BC 的时间比它通过与该圆周的长度相等的也为相同比值，所以在这样的一次摆动时间内，脉冲行进的长度与该圆周长相等。

推论 I．脉冲的速度等于，一个重物体在相同加速运动的下落中，落下高度 A 的一半时所获得的速度。因为如果脉冲以该下落获得的速度行进，则在该下落时间内，经过的距离与整个高度 A 相等。所以，在一次往复摆动中，脉冲行进的距离与半径为 A 的圆周长相等，因为下落时间比摆动时间与圆半径比其周长相等。

推论Ⅱ. 由于高度 A 与流体的弹性力成正比，与其密度成反比，脉冲速度与密度的平方根成反比，与弹性力的平方根成正比。

命题 50 问题 12

...

求脉冲距离。

在任何给定时间内，求出生产脉冲的颤动物体的振动次数。以该数除在相同时间内脉冲所通过的距意，得到的商即一个脉冲的宽度。

附　注

上述几个命题适用于光和声音的运动。因为光是沿直线传播的，它肯定不能只包括一个孤立的作用（由命题 41 和 42）。至于声音，由于它们是由颤动物体产生的，肯定是在空气中传播的空气脉冲，这可以通过响亮而低沉的声音激励附近的物体振动得到证实，像我们听鼓声所体验的那样，因为快速而短促的颤动不易于激发。而大家都知道的事实是，声音落在绷张在发声物体上的同音弦上时，可以激发这些弦的颤动。这还可以由声音的速度证实。因为雨水与水银的比重互相之间的比约为 1 比 $13\frac{2}{3}$，当气压计中的水银高度为 30 英寸时，空气与水的比重比值为约 1 比 870，所以空气与水银的比重比值为 1 比 11890。所以，当水银高度为 30 英寸时，均匀空气的重量应足以把空气压缩到我们所看到的密度，其高度肯定与 356700 英寸或 29725 相等，这就是在前一命题作图中称之为 A 的那个高度。半径为 29725 英尺的圆其周长为 186768 英尺。而由于长 $39\frac{1}{5}$ 英寸的摆完成一次往复摆动的时间为 2 秒，这个事实意味着长 29725

英尺，或 356700 英寸的摆，做一次同样的摆动需 $190\frac{3}{4}$ 秒。所以，在该时间内，声音可行进 186768 英尺，因而一秒内传播 979 英尺。

但在此计算中，没有考虑空气粒子的大小，而它们是即时传播声音的。因为空气的重量比水的重量与 1 比 870 相等，而盐的密度约为水的 2 倍。如果设空气粒子的密度与水或盐相同，而空气的稀薄状况系由粒子间隔所致，则一个空气粒子的直径比粒子中心间距约与 1 比 9 或 10 相等，而比粒子间距约为 1 比 8 或 9。所以，根据上述计算，声音在一秒内传播的距离，应在 979 英尺上再加 $\frac{979}{9}$，或约 109 英尺，以补偿空气粒子体积的作用，则声音在一秒时间行进约 1088 英尺。

此外，空气中飘浮的蒸汽是另一种情形不同的根源，如果要从根本上考虑声音在真实空气中的传播运动，它还很少被计入在内。如果蒸汽保持静止，则声音的传播运动在真实空气中变快，该加快部分与物质缺乏的平方根成正比。因而，如果大气中含有十成真正的空气，一成蒸汽，则声运动与 11 比 10 的平方根成正比加快，或比它在十一成真实空气中的传播极近似于 21 比 20。所以上面求出的声音运动应加入该比值，这样得出声音在一秒时间里行进 1142 英尺。

这些情形可以在春天和秋天看到，那时空气由于季节的温暖而稀薄，这使得其弹性力较强。在冬天，寒冷使空气密集，其弹性力略为减弱，声运动与密度的平方根成正比变慢，在夏天时则变快。

实验测定的声音在一秒时间内行进 1142 英尺，或 1070 法国尺单位。

知道了声音速度，也可以知道其脉冲间隔。M. 索维尔通过他做的实验发现，一根长约 5 巴黎尺的开口管子发出的声音，其音调与每秒振动 100 次的提琴弦的声调相同。所以在声音一秒时间内通过的 1070 巴黎尺的空间中，有大约 100 个脉冲。因此一个脉冲占据约 $10\frac{7}{10}$ 巴黎尺的空间，即约为管长的二倍。由这些可以得出，所有开口管子发出的声音，其脉冲宽度很可能都与管长的二倍相等。

此外，命题 47 的推论还解释了声音为什么随着发声物体的停止运动而很快消失，以及为什么在距发声物体很远处听到的声音并不比在近处持续更长久。还有，由前述原理，还使我们容易理解声音是怎样在话筒里得到极大增强的，因为任何的往复运动在返回时都被发声机制所增强。而在管子内部，声音的扩散受到阻碍，其运动衰减较慢，反射较强，因此在每次返回时都得到新的运动的推动而增强。这些都是声音的主要现象。

第9章
流体的圆运动

假设

...

由于流体各部分缺乏润滑而产生的阻力，在其他条件不变的情况下，正比于使该流体各部分相互分离的速度。

命题 51 定理 39

...

如果一根无限长的固体圆柱体在均匀而无限的介质中，沿一位置给定的轴均匀转动，且流体只受到该柱体的冲击而转动，流体各部分在运动中保持均匀，则流体各部分的周期正比于它们到柱体的轴的距离。

令关于轴 S 均匀转动的圆柱体为 AFL，令同心圆 BGM、CHN、DIO、EKP 等把流体分为无数个厚度一样的同心柱形固体层。因为流体是均匀的，相邻的层相互间的压力（由假设）与它们相互间的移动成正比，也与产生该压力的相邻接的表面成正比。如果任意一层对其内侧的压力比其外侧的压力大于或小于，则较强的压力将有优势，并对该层的运动产生加速或减速，这决定于它与该层的运动方向是一致还是相反。所以，每一层的运动都能保持均匀，两侧的压力相等而方向相反。所以，由于压力与邻接表面成正比，动将与表面成反比，即与该表面到轴的距离成反比。但关于轴的角运动差与该移动除以距离成正比，或与该移动成正比而与该移动除以距离成反比，即将这两个比式相乘，与距离的平方成反比。所以，如果作无数无限直线 *SABCDEQ* 不同部分上的垂线 *Aa*、*Bb*、*Cc*、*Dd*、*Ee* 等，则与 *SA*、*SB*、*SC*、*SD*、*SE* 等的平方成反比，设一条双曲线通过这些垂线的端点，则这些差的和，即总角运动，将与对应线段 *Aa*、*Bb*、*Cc*、*Dd*、*Ee* 的和成正比，即（如果无限增加层数而减小其宽度，以构成均匀介质的流体）与该和相似的双曲线面积 *AaQ*、*BbQ*、*CcQ*、*DdQ*、*EeQ* 等成正比，时间则与角运动成反比，也与这些面积成反比。所以，任何粒子 *D* 的周期，与面积 *DdQ* 成反比，即（由已知的曲线求面积法）与距离 *SD* 成正比。

推论 I. 流体粒子的角运动与它们到柱体轴的距离成反比，而绝对速度相等。

推论 II. 如果流体盛在无限长柱体容器中，流体内又置一柱体，两柱体绕公共轴转动，且它们的转动时间与直径成正比，流体各部分保持其运动，则不同部分的周期时间与到柱体轴的距离成正比。

推论 III. 如果在柱体和这样运动的流体上增加或减去任何共同的角运动量，则因为这种新的运动不改变流体各部分间的相互摩擦，各部分间的运动也不变。因为各部分间的移动取决于摩擦，两侧的摩擦方向相反，各部分的加速并不比减速多，将维持其运动。

推论 IV. 如果从整个柱体和流体的系统中除去外层圆柱的全部角运动，即得到静止柱体内的流体运动。

推论 V. 如果流体与外层圆柱体是静止的，内侧圆柱体均匀转动，则会把圆运动传递给流体，并逐渐传遍整个流体，运动将逐渐增加，直至流体各部分都获得推论 IV 中求出的运动。

推论VI. 因为流体倾向于把它的运动传播得特别远，其冲击将会带动外层圆柱与它一同运动，而且该柱体受反向力作用，它的运动一直要加速到两个柱体的周期相等。但如果外柱体受力而固定不动，则它产生阻碍流体运动的作用，而且内柱体受某种作用于其上的外力推动而维持其运动，它将逐渐停留。

所有这些可以通过在静止深水中的实验加以证实。

命题 52 定理 40

···

如果在均匀无限流体中，固体球绕一已知的方向的轴均匀转动，流体只受这种球体的冲击而转动，且流体各部分在运动中保持均匀，则流体各部分的周期正比于它们到球心的距离。

情形 1. 令绕轴 S 均匀转动的球为 AFL，共心圆 BGM、CHN、DIO、EKP 等把流体分为无数个等厚的共心球层。设这些球层是固体的。因为流体是均匀的，邻接球层间的压力（由前提）与相互间的移动成正比，以及受该压力的邻接表面，如果任一球层对其内侧的压力比外侧的压力大于或小于，则较大的压力将占优势，使球层的速度被加速或减速，这决定于该力与球层运动方向一致或相反。所以每一球层都保持其均匀运动，其必要条件是球层两侧压力相等，方向相反。所以，由于压力与邻接表面成正比，还与相互间的移动成正比，而移动又与表面成反比，即与表面到球心距离的平方成反比。但关于轴的角运动差与移动除以距离成正比，或与移动成正比与距离成反比，即将这些比式相乘，与距离的立方成反比。所以，如果在无数直线 $SABCDEQ$ 的不同部分作垂线 Ab、Bb、Cc、Dd、Ee 等，与差的和 SA、SB、SC、SD、SE 等即全部角运动的立方成反比，则将与对应线段 Aa、Bb、Cc、Ee 该和的双曲线面积 AaQ、

BbQ、CcQ、DdQ、EeQ 等成正比，其周期则与角运动成反比，还与这些面积成反比。所以，任意球层 DIO 的周期时间与面积 DQQ 成反比，即（*由已知求面积法*），与距离 SD 的平方成正比。

这正是首先要证明的。

情形 2. 由球心作大量无限长直线，它们与轴所成角为给定的，相互间的差相等。设这些直线绕轴转动，球层被分割为无数圆环，则每一个圆环都有四个圆环与它相邻接触，即其内侧一个，外侧一个，两边还各有一个。现在，这些圆环不能受到相等的力推动，内环与外环的摩擦方向相反，除非运动的传递按情形 1 所证明的规律进行。这可以由上述证明得出。所以任何一组由球沿直线向外延伸的圆环，都将按情形 1 的规律运动，如果假设它受到两边圆环的摩擦，但根据该规律，运动中不存在这种情况，所以不会阻碍圆环按该规律运动。假设到球的距离相等的圆环在极点的转动比在黄道点快或慢，如果慢，相互摩擦使其加速；如果快，则使其减速，致使周期时间逐渐接近于相等，这可以由情形 1 推知。所以这种摩擦完全不阻碍运动按情形 1 的规律进行，因此该规律是成立的，即不同圆环的周期时间与它们到球心的距离的平方成正比。这是要证明的第二点。

情形 3. 现在假设每个圆环又被横截面分割为无数构成绝对均匀流体物质的粒子，因为这些截面与圆运动规律没有关系，只起产生流体物质的作用，圆运动规律将像以前一样保持不变。所有非常小的圆环都不因这些截面而改变其大小和相互摩擦，或者作相同的变化。所以，原因的比例不变，效果的比例也保持不变，即运动与周期时间的比例不变。

如果由此而产生的与圆运动的向心力成正比，在黄道点比极点大，则肯定有某种原因发生作用，把各粒子维系在其轨道上，否则在黄道上的物质始终飞离中心，并在涡旋外侧绕极点转动，再由此以连续环绕沿轴回到极点。

推论 I. 因此流体各部分绕球轴的角运动与到球心的距离的平方成反

比，其绝对速度与同一平方除以到轴的距离成反比。

推论 II . 如果球在相似而无限的且匀速运动的静止流体中绕位置给定的轴均匀转动，则它传递给流体的转动运动跟涡旋的运动相似，该运动将向无限逐渐传播，并且该运动将在流体各部分中逐渐增加，直到各部分的周期时间与到球距离的平方成正比。

推论 III . 因为涡旋内部由于其速度比较大而持续压迫并推动外部，并通过该作用把运动传递给它们，与此同时外部又把相同的运动量传递给更远的部分，并保持其运动量持续不变，很容易理解该运动逐渐由涡旋中心向外围转移，直到它相当平复并消失于其周边无限延伸的边际。任何两个与该涡旋共心的球面之间的物质肯定不会被加速，因为这些物质始终把它由靠近球心处所得到的运动传递给靠近边缘的物质。

推论 IV . 所以，为了保持涡旋的相同运动状态，球体需要从某种动力来源获得与它连续传递给涡旋物质的相等的运动量。没有这一来源，不断把其运动向外传递的球体和涡旋内部，肯定将逐渐地减慢运动，最后不再旋转。

推论 V . 如果另一只球在距中心某距离处漂浮，与此同时受某力作用相同的给定的倾斜轴均速转动，则该球将激起流体像涡旋一样地转动。起初这个新的小涡旋将与其转动球一同绕另一中心转动，同时它的运动传播得越来越远，逐渐向无限延伸，方式与第一个涡旋相同。出于相同原因，新涡旋的球体被卷入另一个涡旋的运动，而另一个涡旋的球又被卷入新涡旋的运动，使得两只球都围绕某个中间点转动，并由于这种圆运动而相互远离，除非有某种力维系着它们。此后，如果使二球维持其运动的不变作用力中止，则一切将按力学规律运动，球的运动将逐渐停止（由推论Ⅲ和Ⅳ谈到的原因），涡旋最后将完全静止。

推论 VI . 如果在给定位置的几只球以给定速度绕位置已知的轴均匀转动，则它们激起相同多的涡旋并伸展至无限。因为根据与任意一个球把其运动传向无限远处的相同的道理，每个分离的球都把其运动向无限远传播，这使得无限流体的每一部分都受到所有球的运动的作用而运动。所以各涡旋之间没有明确分界，而是逐渐相互介入。由于涡旋的相互作用，球将逐渐离开其原先位置，就像前一推论所述，它们相互之间也不可能维持一确定的位置关系，除非有某种力维系着它们。但如果持续作用于球体使之维持运动的力中止，涡旋物质（由推论Ⅲ和Ⅳ中的理由）将逐渐停止，不再做涡旋运动。

推论Ⅶ. 如果类似的流体储藏于球形容器内，并由于位于容器中心处的球的均匀转动而形成涡旋，球与容器关于同一根轴同向转动，周期与半径的平方成正比，则流体各部分在其周期实现与到涡旋中心距离的平方成正比之前，不会做既不加速也不减速的运动。除了这种涡旋，由其他方式构成的涡旋都不能维持时间很长。

推论Ⅷ. 如果这个盛有流体和球的容器保持其运动，另外还绕一给定轴作共同角运动转动，则因为流体各部分间的相互摩擦不会因为这种运动而改变，各部分之间的运动也不改变。因为各部分之间的移动取决于这种摩擦。每一部分都将保持这种运动，来自一侧阻碍它运动的摩擦与来自另一侧加速它运动的摩擦相等。

推论Ⅸ. 所以，如果容器是静止的，已知球的运动，则可以求出流体运动。因为设一平面通过球的轴，并作反向运动，且该转动与球转动时间的和比球转动时间与容器半径的平方比球半径的平方相等，则流体各部分相对于该平面的周期时间将与它们到球心距离的平方成正比。

推论Ⅹ. 所以，如果容器关于球相同的轴运动，或以已知速度绕不同的轴运动，则流体的运动也可以求出。因为，如果由整个系统的运动中减去容器的角运动，由推论Ⅷ知，则余下的所有运动保持互相之间不变，并可以由推论Ⅺ求出。

推论Ⅺ. 如果容器与流体是静止的，球以均匀运动转动，则该运动将逐渐由全部流体传递给容器，容器则被它带动而转动，假设它被固定住，流体和容器则被逐渐加速，直到其周期时间与球的周期时间相等。如果容器受某力阻止或受不变力均匀运动，则介质将逐渐地接近于推论Ⅷ、Ⅸ、Ⅹ所讨论的运动状态，而肯定不会维持在其他状态。但如果这种使球和容器以确定运动转动的力中止，则整个系统将按力学规律运动，容器和球体在流体的中介作用下，将相互作用，不断把其运动通过流体传递给对方，直到它们的周期时间相等，整个系统犹如一个固体一样地运动。

附 注

以上所有讨论中，都假定流体由密度和流体性均匀的物质组，所说的流体是这样的，不论球体位于其中何处，都可以以其自身的相同运动，在相同的时间间隔内，向流体内相同距离连续传递相似且相等的运动。物质的圆运动使它倾向于离开涡旋轴，因而压迫全部在它外面的物质。这种压力使摩擦增大，各部分的分离非常困难，导致物质流动性的减小。又，如果流体位于任意一处的部分密度比其他部分大，则该处流体性减小，因为此处能相互分离的表面较少。在这些情形中，假定所缺乏的流体性为这些部分的润滑性或柔软性，或其他条件所补足，否则流体性较小处的物质将联结比较紧，惰性更大，因而获得的运动更慢，并传播得比上述比值更远。如果容器不是球形，粒子将不沿圆周而是沿对应于容器外形的曲线运动，其周期时间将近似于与到中心的平均距离的平方成正比。在中心与边缘之间，空间较宽处运动较慢，而较窄处较快，否则流体粒子将由于其速度较快而不再趋向边缘，因为它们经过的弧线曲率比较小，离开中心的倾向随该曲率的减小而减小，其程度与随速度的增加而增加相同。当它们由窄处进入较宽空间时，稍稍远离了中心，但同时也减慢了速度，而当它们离开较宽处而进入较窄空间时，又被再次加速。因此每个粒子都被反复减速和加速。这就是发生在坚硬容器中的情形，至于无限流体中的涡旋的状态，已在本命题推论Ⅵ中熟知。

之所以在本命题中研究涡旋的特性，目的在于想了解天体现象是否可以通过它们做出解释。这些现象是这样的，卫星绕木星运行的周期与它们到木星中心距离的 $\frac{3}{2}$ 次幂成正比，行星绕太阳运行也遵从相同的规律。就已获得的天文观测资料来看，这些规律是高度精确的。所以如果卫星和行星是由涡旋携带绕木星和太阳运转的，则涡旋肯定也遵从这一规律。但我们在此发现，涡旋各部分周期与到运动中心距离的平方成正比，该比值不能减小并化简为 $\frac{3}{2}$ 次幂，除非涡旋物质距中心越远其流动性越大，或流体各部分缺乏润滑性所产生的阻力（与使流体各部分相互分离的行进速度成正比），以大于速度增大比率的比率增大。但这两种假设好像是不合理的。粗糙而流动着的部分如果不受中心的吸引，肯定倾向于边缘。在本章开头，虽然为了证明的方便，曾假设阻力与速度成正比，但事实上，阻力与速度的比很可能小于这一比值。证明与此，涡旋各部分的周期将比与到中心距离平方的比值大。如果像某些人所设想的那样，涡旋在近中心处运动较快，在某一界限处较慢，而在近边缘处又较快，则不仅得不到 $\frac{3}{2}$ 次幂关系，也得不到其他任何确定的比值关系。还是让哲学家去考虑怎样由涡旋来说明 $\frac{3}{2}$ 次幂的现象吧。

命题 53 定理 41

· · ·

为涡旋所带动的物体，若能在不变轨道上环绕，则其密度与涡旋相同，且其速度与运动方向遵从与涡旋各部分相同的规律。

如果设涡旋的一小部分是固定的，其粒子或物理点相互间维持既定的位置关系，则这些粒子仍然按原先的规律运动，因为密度、惯性及形状都没有发生改变。又，如果涡旋的一个固定或固体部分的密度与其余部分一样，并被融化为流体，则该部分也仍然遵从之前的规律，其变得有流动性的粒子间相互运动除外。所以，由于粒子间相互运动完全不影响整体运动，可以忽略不计，则整体的运动与原先一样。而这一运动，与涡旋中位于中心另一侧距离相等处的部分的运动一样，因为现融为流体的固体部分与该涡旋的另一部分完全相似。所以，如果一块固体的密度与涡旋物质相同，则与它所处的涡旋部分作一样的运动，与包围着它的物质保持相对静止。如果它密度较大，则它比原先更倾向于离开中心，并将克服把它维系在其轨道上并保持平衡的涡旋力，离开中心，沿螺旋线运行，不再回到一样的轨道上。由同等的理由，如果它密度较小，则将趋向中心。所以，如果它与流体密度不同，则肯定不会沿不变轨道运动。而我们在此情形中，也已经证明它的运行规律与流体到涡旋中心距离相同或相等的部分一样。

推论Ⅰ.在涡旋中转动，并始终沿相同轨道运行的固体，与携带它运动的流体保持相对静止。

推论Ⅱ.如果涡旋是密度均匀的，则同一个物体可以在距涡旋中心任何远处转动。

附 注

由此看来，行星的运动并非由物质涡旋所携带。因为，根据哥白尼的假设，行星沿椭圆绕太阳运行，太阳在其公共焦点上，由行星指向太阳的半径所掠过的面积与时间成正比。但涡旋的各部分肯定不会做这样的运动。因为，令 *AD*、*BE*、*CF* 表示三个绕太阳 *S* 的轨道，其中最外的圆 *CF* 与太阳共心，令里面两圆的远日点为 *A*、*B*，近日点为 *D*、*E*。这样，沿轨道 *CF* 运动的物体，其伸向太阳的半径所掠过的面积与时间成正比，做匀速运动。根据天文学规律，沿轨道 *BE* 运动的物体，在远日点 *B* 较慢，在近日点 *E* 较快。而根据力学规律，涡旋物质在 *A* 和 *C* 之间的较窄空间里的运动应当比在 D 和 F 之间较宽的空间快一点，即在远日点较慢而在近日点较快。这两个结论是互相矛盾的。以火星的远日点室女座为起点标记，火星与金星轨道间的距离比以双鱼座为起点标记的相同轨道间的距离，大约为 3 比 2。因此这两个轨道之间的物质，在双鱼座起点处的速度应比在室女座起点处大，比值为 3 比 2。因为在一次环绕中，相同的物质量在相同时间里所通过的空间越窄，则在该空间里的速度越大。所以，如果地球与携带它运转的天体物质是相对静止的，并共同绕太阳转动，则地球在双鱼座起点处的速度比在室女座起点处的速度，也应为 3 比 2。所以太阳的周日运动，在室女座起点处应比 70 分钟长，在双鱼座的起点处则应比 48 分钟短。然而，经验观测结果恰好相反，太阳在双鱼座起点的运动却比在室女座起点快，所以地球在室女座起点的运动比在双鱼座起点的运动快。这使得涡旋假说与天文现象严重对立，不仅无助于解释天体运动，反而把事情弄糟。这些运动究竟是怎样在没有涡旋的自由空间中进行的，可以在第 1 编中找到解答，我将下一编中对此做进一步论述。

第

3

编

宇宙体系
（使用数学的论述）

导读

　　在前面两编中，我已经展示给各位自然哲学注的原理，这些原理不是哲学性质的，而是严格从数学定义出发的——也就是说，自然哲学的研究可以建立在这些原理的基础上。这些原理是运动和力的法则和条件，特别是与自然哲学有关的法则和条件。但是，为了防止这些原理看起来毫无成效，我用一些哲学著作（例如，论述自然哲学的著作）对它们进行了说明，论述了一些一般性的、似乎是最基本的哲学论题，例如物体的密度和阻力、虚无空间，以及光和声音的运动。我们仍然需要依靠这些原理来展示宇宙的体系。关于这个问题，我以通俗的形式写了第3编的早期版本，以便它能被更广泛地阅读。但是，那些没有充分掌握前文阐述的原理的读者，肯定难以认识到结论的重要性，也不会抛弃他们多年来习惯地先入为主的观念。因此，为了避免冗长的争论，我把早期版本的主要内容以数学定义来规范，只有掌握了前文的原理，读者才能继续阅读。

　　但是，由于在第1编和第2编中出现了大量命题，即使对于精通数学的读者来说，研究这些命题也可能过于费时，因此我不愿意建议任何人逐个研究这些命题。仔细阅读定义、运动定律和第1编的前三章就足够了，然后即可翻到关于宇宙体系的第3编，若有疑问可随意参考第1编和第2编的其他命题。

注：这里的自然哲学指的是"研究自然的力量、自然物体的性质及其相互作用的科学"，也就是如今的"自然科学"。

研究自然哲学的法则

法则 1

...

寻求自然界中事物的原理应遵循以下两点：真实存在、现象能够被解释。

　　如哲学家所言，自然之功不多不少，过多是徒劳。简洁明了才是万物真理，大自然无需用华丽复杂的辞藻来解释。

法则 2

...

因此，对于同类的自然现象我们应尽可能寻找相同的原理去阐释。

　　例如，人与野兽的呼吸，在欧洲或美洲掉落的石块，炊火之光、日光，或是地球和其他行星反射的光芒。

法则 3

...

如果事物的属性不会凭空出现或消失（或者说不会增加或减少），并

且在实验所及范围内适用于所有物体，则应当认为是所有事物的普遍属性。

因为我们只能通过实验来认识事物的属性，所以与实验普遍相符的属性应被认为是万物具有的一般属性，并且不能消失也不能减少。显然我们不应该不顾后果地捏造空想来反对实验的证据，我们也不应该脱离自然来类比，因为自然总是简单而自我一致的。我们仅能通过感官来认识事物的延展属性，而总有事物会超越这些感官可以感知的范围，但是由于在所有可感知事物中都能找到如此延展，我们还是可以将其归为普遍属性。根据感知我们知道一些物体是坚硬的。进一步推理，物体整体的坚硬来自其部分的坚硬，因此我们推论出不仅我们感知到的物体中不可分粒子是坚硬的，其他所有物体中的也是。我们由感知而非推理认为所有物体都是不可穿透的。当我们发现我们手持的物体是不可穿透的时，我们总结不可穿透性是一种普遍属性。根据我们看到的物体的性质我们可以推断，所有物体都是可运动的，可以通过某种力（我们称之为惯性力）保持运动或静止。整体的延展性、坚硬程度、不可穿透性、可运动性和惯性都来自其部分的延展性、坚硬程度、不可穿透性、可运动性和惯性，故我们总结出整体的任一部分都具有上述属性。这便是自然哲学之基础。此外通过观察，我们知道物体中可被划分的相接部分可以互相分离，并且从数学证明可知，这些未分开的部分仍可以被分割为更小的部分。但是，以这种方式区分的那些尚未被分割的部分，是否真的能被自然之力分割开来还是不确定的。然而，哪怕是一个实验都能证明，坚硬固体破碎的过程中，只要任何不可分割的粒子都经历了分裂，那么我们就应根据法则 3 得出这样的结论：不仅分裂的部分是可分的，而且不可分割的部分也可以无限分割。

最后，实验和天文观测普遍显示地球周围的所有物体受地心引力的吸引，且这样的吸引力正比于物体所含的物质的量。同样，月球也受地心引力的吸引，其吸引力正比于月球含物质的量，而海洋也会受到月球的吸引，并且所有行星之间也互相有吸引，彗星与太阳之间也存在类似的吸引关系，因此根据法则 3，我们可以总结万物之间存在引力。事实上，于万有引力而言，对此的猜疑要比对于物体不可穿透性的疑问更强烈，显然对于天体，我们找不到任何实验，甚至没有任何观测去证明。然而，我绝非在断言引力是物体的根本属性。我所说的固有力，只指惯性力。这是不变的。当物体远离地球时，引力就会减弱。

法则 4

...

在实验哲学中，我们认为由现象归纳出的命题是准确或基本正确的，无论存在何种否定的假设，除非出现了其他可以使之更加精确的，或是可以推翻原有结论的命题之时。

我们必须遵循这一法则，从而使归纳出的结论不受其他假设所扰。

现象

现象 1
...

木星诸卫星与木星中心连线为半径，卫星围绕木星旋转扫过的面积正比于运行的时间；设背景恒星静止不动，旋转周期正比于半径的 $\frac{3}{2}$ 次幂。

我们通过天文观测得知了这一点。因为这些卫星的轨道虽然不是与木星共心的正圆，但也相差无几，它们在这些近圆轨道上的运动大体上是均匀的。所有天文学家都认为它们旋转周期正比于轨道半径的 $\frac{3}{2}$ 次幂。下表可以佐证这一点。

卫星	木卫一	木卫二	木卫三	木卫四	
博雷利的观测	$5\frac{2}{3}$	$8\frac{2}{3}$	14	$24\frac{2}{3}$	单位为木星半径，例如 $5\frac{2}{3}$ 表示木卫一到木星的距离是 $5\frac{2}{3}$ 个木星半径的长度
唐利用千分仪观测	5.52	8.78	13.47	24.72	
卡西尼用望远镜观测	5	8	13	23	
卡西尼通过卫星交食来观测	$5\frac{2}{3}$	9	$14\frac{23}{60}$	$25\frac{3}{10}$	
由旋转周期推算	5.667	9.017	14.384	25.299	
旋转周期	1 天 18 时 27 分 34 秒	3 天 13 时 13 分 42 秒	7 天 3 时 42 分 36 秒	16 天 16 时 32 分 9 秒	

　　庞德先生曾利用精确千分仪测出木星的半径以及木星与其卫星之间的角距离。在考虑地球与木星的平均距离后，他通过 15 英尺长的望远镜中的千分仪测出木卫四到木星中心的最大角距离为 8′ 16″，通过 123 英尺长的望远镜中的千分仪测出木卫三到木星中心的最大角距离为 4′ 42″。基于旋转周期，他推出剩余两颗卫星的最大角距离为 2′ 56″ 47 和 1′ 51″ 6。

　　通过 123 英尺长的望远镜中的千分仪反复测量木星视直径，在考虑地球与木星的平均距离后，得到的结果总是小于 40″，从不小于 38″，通常为 39″。在更短的望远镜中测得的结果为 40″ 或 41″。因为木星的光线会由于其不均匀性和折射而稍有扩散，这种扩散的大小在更长且更精良的望远镜中与木星实际视直径之比更小。

　　木卫一与木卫三通过木星盘面的时间，从凌入外切开始到凌出外切结束，从凌入内切开始到凌出内切结束，借助更长的望远镜也可测得。由木卫一凌星计算得在平均距离上木星的视直径是 $37\frac{1}{8}″$，由木卫三凌星计算得 $37\frac{3}{8}″$。他同样观测了木卫一在木星上投下的影子通过木星盘面的时间，由此计算出木星的视直径约为 37″。我们假设木星的视直径是 $37\frac{1}{4}″$，那么木卫一到木卫四与木星的最大角距离应分别是木星半径的 5.965 倍、9.494 倍、15.141 倍和 26.63 倍。

现象 2

...

土星诸卫星与木星中心连线为半径，卫星围绕土星旋转扫过的面积正比于运行的时间；设背景恒星静止不动，旋转周期正比于半径的 $\frac{3}{2}$ 次幂。

　　事实上卡西尼通过自己的观测建立了土星各颗卫星到土星中心的最大角距离和旋转周期的表格，表格如下。

卫星注	土卫三	土卫四	土卫五	土卫六	土卫八	单位为土星半径。
观测得到	$1\frac{19}{20}$	$2\frac{1}{2}$	$3\frac{1}{2}$	8	24	
由旋转周期推算	1.93	2.47	3.45	8	23.35	
旋转周期	1 天 21 时 18 分 27 秒	2 天 17 时 41 分 22 秒	4 天 12 时 25 分 12 秒	15 天 22 时 41 分 14 秒	79 天 7 时 48 分 00 秒	

注：除土卫六（泰坦）最早由惠更斯发现外，当时卡西尼另外发现了四颗卫星，并按照与土星的距离由近及远命名为土卫一至土卫五（泰坦即当时的土卫四），但随着赫歇尔在原土卫一更内侧发现土卫一和土卫二，对它们的命名也随之改变。

　　观测显示土卫六到土星中心的最大角距离非常接近 8 倍土星半径。但是由最早发现这颗卫星的惠更斯借助 123 英尺长度的望远镜中的精确千分仪测得的结果为 $8\frac{7}{10}$ 倍土星半径。而根据观测和旋转周期推算，五颗卫星距离土星中心的距离分别为 2.1、2.69、3.75、8.7 和 25.35 倍土星半径。在同一望远镜中观测，土星直径与土星环直径之比为 3∶7，而在 1719 年 5 月 28 日至 29 日的观测中土星环的视直径为 43″，考虑土星与地球的平均距离，土星环的视直径为 42″，而土星的视直径为 18″。这是由当时最长且最精良的望远镜测得的结果，因为通过更长的望远镜观测，这些天体的视星等受天体边缘的光的扩散影响的比例相比更短的望远镜更大。如果我们去除这些不确定的光线（如散射光）的影响，土星的视直径不会超过 16″。

现象 3

· · ·

水星、金星、火星、木星和土星五大行星的公转轨道是环绕太阳的。

　　水星和金星环绕太阳旋转的事实可以通过观测其相位（类似于月相）来证明。当行星的盘面全部被照亮，处于满相的位置时，它们在太阳之上（即上合的位置，或者说远端）；当处于上下弦时，它们在太阳两侧；当处于蛾眉相（残相）时，它们在靠近地球的一侧；它们（在下合时）有时会穿越太阳盘面，如同（即凌日）。火星在与太阳相合的时候是完整的圆面，在上下弦时是盈凸的，这显然说明火星围绕太阳旋转。我们同样也能证明木星和土星是围绕太阳旋转的，因为它们相位永远是满的；并且这两颗行星的卫星在穿越其盘面时投下的影子可以说明它们自身不发光，而是来自太阳光。

现象 4

···

设背景恒星静止不动，五颗行星围绕太阳旋转的周期和地球围绕太阳旋转（或太阳围绕地球）的周期，正比于它们到太阳的相对距离的 $\frac{3}{2}$ 次幂。

　　这一比率最初由开普勒观测得到，现已被世人认可。事实上，无论是地球围绕太阳旋转，还是太阳围绕地球旋转，旋转的时间周期和轨道尺寸都是相同的。并且其他天文学家测量旋转周期的结果都是一致的。不过相比之下开普勒和波利奥观测轨道尺度得到的数据更加精确，由旋转周期根据以上比率计算得到的平均距离与两位天文学家观测的结果相差无几，差值也基本上在观测结果之间，如下表所示。

　　设背景恒星静止，地球与各大行星围绕太阳旋转的周期，以天数（地球日）来计算

土星	木星	火星	地球	金星	水星
10759.275	4332.514	686.9785	365.2565	224.6176	87.9692

地球与各大行星到太阳的平均距离

	土星	木星	火星	地球	金星	水星
开普勒的观测结果	951000	519650	152350	100000	72400	38806
波利奥的观测结果	954198	522520	152350	100000	72398	38585
根据旋转周期计算的结果	954006	520096	152369	100000	72333	38710

对于水星和金星到太阳的距离无须争论，因为可以通过测量它们与太阳的最大角距离得到。而至于外行星到太阳的距离，借由木星卫星的交食也足以统一意见。因为通过这些交食能获得木星投下影子的位置，从而能算出木星的黄经。再对比黄经和赤经，即可算出木星到太阳的距离。

现象 5

···

大行星与地球连线为半径，扫过的面积不与时间成正比，但它们与太阳连线为半径，围绕太阳旋转扫过的面积正比于运行的时间。

以地球的视角观测，这些行星可能会顺行，可能会留，可能会逆行；但以太阳的视角观测，它们永远是朝同一方向运动的，并且基本上是匀速运动——当然在近日点附近稍快，在远日点附近稍慢，这样才能保证相同时间内扫过相等的面积。这是一项所有天文学家都烂熟于心的命题，特别是可以由木星卫星的交食证明，如前文所述，通过交食可以算出行星的黄经，进而算出其到太阳的距离。

现象 6

...

月球与地心连线为半径，月球围绕地球旋转扫过的面积正比于运行的时间。

由月球的视运动与其视直径相对比可以轻易得到这一结论。实际上，月球的运动在一定程度上也会受到太阳的影响，但是在总结这些现象时我暂且忽略了这些无关紧要的误差。

命题

命题 1 定理 1

...

持续将木星卫星从直线运动中拉回，使其保持在恰当的轨道中运行的力指向木星中心，其大小反比于卫星到木星中心距离的平方。

这一命题的前半部分可由现象 1 和第 1 编的命题 2、3 证明，后半部分可由现象 1 和第 1 编的命题 4 推论Ⅵ证明。

根据现象 2 也可对土星卫星的运行得出相同的结论。

命题 2 定理 2

...

持续将行星从直线运动中拉回，使其保持在恰当的轨道中运行的力指向太阳中心，其大小反比于行星到太阳中心距离的平方。

这一命题的前半部分可由现象 5 和第 1 编的命题 2 证明，后半部分可由现象 4 和第 1 编的命题 4 证明。但是命题的后半部分可以根据行星远日点是静止的这一事实来精确证明。因为偏离平方反比的微小误差（由第 1 编的命题 45 推论Ⅰ）必然会导致每一次绕转中远日点的明显运动，而多次绕转后两者位置差距会变得非常大。

命题 3 定理 3

· · ·

使月球保持在恰当的轨道中运行的力指向地球，其大小反比于月球到地球中心距离的平方。

　　这一命题的前半部分可由现象 6 和第 1 编的命题 2、3 证明，后半部分可根据月球远地点的缓慢运动得知。月球每一次绕转中远地点都仅前进 3° 3′，似乎可以忽略。因为（根据第 1 编的命题 45 推论 I）假设月球到地心的距离与地球半径之比为 D 比 1，则引起该运动的力反比于 $D^{2\frac{4}{243}}$，即反比于 D 的幂，幂指数为 $2\frac{4}{243}$。这说明力与距离的反比关系比平方反比略大，但相比于立方反比要更接近平方反比 $59\frac{3}{4}$ 倍。而远地点的这一运动是由太阳作用导致的（我们将在后面讨论），因此在这里会被忽略。太阳将月球拉离地球的作用几乎等同于月球到地球的距离，因此（根据第 1 编的命题 45 推论 II）这一作用力比上月球受到的向心力约为 2 比 357.45，或 1 比 $178\frac{29}{40}$。如果将太阳如此小的作用力排除掉，那么使得月球保持在轨道上的作用力则符合平方反比律，即反比于 $D2$。并且如果将该作用力与命题 4 中的地心引力相比较，这一结论将会更加明确。

　　推论. 如果维持月球在轨道中的平均向心力从 1 比 $177\frac{29}{40}$ 增大到 1 比 $178\frac{29}{40}$，而地球半径与月心到地心的平均距离之平方比不变，结果将是月球在地球表面时受到的向心力大小，这个力在下降到地球表面的过程中以高度降低的平方反比的比率增大。

命题 4 定理 4

· · ·

月球受地球引力吸引，这个力持续将月球从直线运动中拉回，并

使之保持现有轨道。

在朔望点时，月球到地球的平均距离，根据托勒密和多数天文学家观测的结果为 59 倍地球半径，根据范德林和惠更斯为 60 倍地球半径，根据哥白尼为 $60\frac{1}{3}$ 倍地球半径，根据斯特里特为 $60\frac{2}{5}$ 倍地球半径，根据第谷为 $56\frac{1}{2}$ 倍地球半径。但是第谷和所有参考他那张折射表的人都认为太阳光和月光的折射（完全不同于光的本质）比恒星的更大——事实上大到超过 4 到 5 角分——这就使月球的视差增大了几角分，足有原视差大小的 $\frac{1}{12}$ 或 $\frac{1}{15}$。在修正这个错误之后，地月距离约为 $60\frac{1}{2}$ 倍地球半径，接近其他天文学家测量的结果。现在我们假设朔望点的地月距离为 60 倍地球半径，同时假设月球相对于背景恒星绕转一圈的时间是 27 天 7 小时 43 分（即一个恒星月的长度），天文学家们普遍认可这一周期时间，而地球的周长为 123249600 巴黎尺，这一数据由法国人测得。如果假设月球停止一切运动，本应使其维持轨道的力将作用其落向地球（由命题 3 的推论），一分钟时间内它会下落 $15\frac{1}{12}$ 巴黎尺。这是由第 1 编的命题 36 或是（同样道理）第 1 编的命题 4 推论 IX 推导而出。因为月球从 60 倍地球半径的距离下落时，每分钟掠过的弧的正弦曲线的平均长度约为 $15\frac{1}{12}$ 巴黎尺，或更准确来说是 15 尺 1 寸 $1\frac{4}{9}$ 分（或 $\frac{1}{12}$ 寸）。且因为随着接近地球，作用力反比于距离平方，月球在地球表面所受的力是原轨道的 60×60 倍，因此如果地表附近一个物体落向地球，在一分钟的时间内将下落 $60\times60\times15\frac{1}{12}$ 巴黎尺，在一秒钟的时间内将下落 $15\frac{1}{12}$ 巴黎尺，或更准确来说 15 尺 1 寸 $1\frac{4}{9}$ 分。而重物也确实会受此作用力而下落。如惠更斯的观测，在巴黎的纬度的秒摆摆长为 3 巴黎尺 $8\frac{1}{2}$ 分。重物在一秒钟内下落的距离与半个摆长之比，是圆的周长与其直径之比的平方（惠更斯也曾证明过），即 15 巴黎尺 1 寸 $1\frac{7}{9}$ 分。因而使得月球保持轨道的作用力，将月球从轨道上拉向地球时，等同于作用在地表的重力，因此（由法则 1 和 2）前者即是重力。因为如果重力与这个作用力不同，那么两个力的叠加会使物体以两倍的速度下落，在一秒的时间内会下落 $30\frac{1}{6}$ 巴黎尺的距离，这与事实经验完全相悖。

　　这一计算是建立在地球静止不动的基础之上的。因为如果地球和月球都围绕太阳旋转，并且两者相互之间也围绕公共的重心旋转，那么引力定律保持不变，月心与地心之间的距离约为 $60\frac{1}{2}$ 倍地球半径，显然与大多数人计算的结果一致。这一计算可参考第 1 编题 60。

附 注

　　这一命题的证明还可以用以下几种方式详细说明。假设有多个月球围绕地球旋转，类似于土星和木星的行星系统，它们的旋转周期（**通过归纳论证**）将遵循开普勒发现的行星之间的运行规律，因此由本编命题 1 可得，作用在它们之上的向心力将反比于它们到地心的距离的平方。如果其中轨道高度最低的一个很小，且高度仅仅略高于最高的山峰，则维持它在轨道上的向心力（**根据之前的计算可得**）应几乎等同于在山顶上的物体受到的重力。如果小卫星停下轨道上的所有运动，这一维持小卫星轨道的向心力将把小卫星拉向地球——当然这是离心力缺失的结果——这一作用产生的速度与重物从山上落下的速度一致，因为这两个力是等同的。而如果使得轨道最低的小卫星下落的作用力与其受到的重力不同，这颗小卫星仍然会像重物一样下落，两个力叠加作用的结果会使下落速度变为两倍大小。因此，既然两个力都指向地球中心，并且两者相似，大小相等，（**由法则 1 和 2 可知**）它们应当是同源的。否则那颗山顶上的小卫星要么缺少重力的影响，要么相比通常的重物会以两倍的速度下落。

命题 5 定理 5

···

木星卫星受木星引力吸引，土星卫星受土星引力吸引，大行星受太阳引力吸引，并且因为引力它们会被从直线运动中拉回，保持在圆形轨道中运行。

无论是木星卫星围绕木星旋转，还是土星卫星围绕土星旋转，抑或是水星、金星和其他行星围绕太阳旋转，这些现象都与月球围绕地球旋转的现象同属一类，因此（由法则2）它们的原理一定相同，尤其是我们已经证明维持木星卫星运转的作用力指向木星、土星和太阳的中心，并随着距离增大以同样比率减小（木星、土星和太阳的情况可类比于地球的重力）。

推论Ⅰ. 因此，所有行星都普遍具有引力。因为毫无疑问，金星、水星，和其他所有行星及卫星，都是如同木星和土星一样的天体。因为根据运动第三定律，所有的吸引力都是相互的，木星对其卫星施以引力，土星对其卫星施以引力，地球对月球施以引力，太阳对所有大行星施以引力。

推论Ⅱ. 指向每颗行星的引力都反比于所在位置到行星中心的距离的平方。

推论Ⅲ. 根据推论Ⅰ和Ⅱ，所有行星和卫星之间都会互相吸引。因此当木星和土星在相合的位置时，因两者会互相吸引，它们明显互相干扰了对方的运动，而太阳会干扰月球的运动，太阳和月球会干扰海洋的运动，这一点我们会在稍后解释。

附 注

将天体维持在轨道上的力至此我们称其为"向心力"。由上文可知这一作用力是引力，那么下文我们都将其称为引力。因为根据法则 1、2 和 4，使得月球保持在轨道上的向心力应可以推广到所有行星上。

命题 6 定理 6

• • •

所有物体都会受到每一个天体的吸引，并且在距离任意一个天体中心的指定位置受天体的引力大小正比于该物体含有物质的量。

长久以来，人们已经观察到各种重物在相同时间内向地球下落相等距离的现象（这里请忽略掉空气阻力造成的各不相同的减速），用钟摆来做实验，我们能够以极高精度测出时间的相等性。我曾尝试用金、银、铅、玻璃、沙子、食盐、木头、水和小麦来测试。我使用两个大小相同的圆形木盒子作为振荡摆的摆锤，其中一个用木头填充，另一个用同等重量的金子填充（尽可能精准）。用 11 英尺长的线吊起两个木盒，这样就做成了两个重量、形状和所受阻力几乎相当的摆。随后我将两者贴近放置（并使其都处于振荡状态），发现它们在很长一段时间内都保持着相同的前后振荡的运动。所以金子的物质的量（根据第 2 编的命题 24 推论 I 和 VI）与木头的物质的量是等同的，对金子施加的动力的大小与对木头施加的动力的大小也是等同的——也就是说，两者的重量是相等的。对于其他所有物质也是如此。用这些相同重量的物体做实验，我发现不同种类的物质之间的差异不到 $\frac{1}{1000}$。毫无疑问，其他行星具有的引力与地球具有的引力本质上是一样的。如果将地球上的物体升高到月球轨道的高度，并让其与停下所有运动的月球一同下落，它们会同时落到地面。如上文所述，地球上的物体在相同时间内会和月球划出一样的下落轨迹，因此该物体所含物质的量与月球之比，等于两者的重量之比。进一步来说，因为木星卫星的旋转周期正比于其到木星中心距离的 $\frac{3}{2}$ 次幂，那么它们受到木星吸引的加速引力将反比于距离的平方，这样的话在相同的距离受到的力也是相等的。因此从相同高度下落（向木星）会划出相同的轨迹，正如地球上的重物下落时一样。同样对于大行星而言，从相同的距离落向太阳，在相同时间内会下落同等的轨迹。此外，这些不相同的天体受到的加速度是等同的，它们所受的引力正比于它们所含物质的量。再进一步说，木星及其卫星受到太阳的引力大小正比于它们各自所含物质的量，根据第 1 编的命题 65 推论Ⅲ，从卫星的规律运动来看也是显而易见的。因为如果其中的一些卫星受到太阳引力的影响更大这些卫星的运动（参见第 1 编的命题 65 推论Ⅱ）受太阳吸引的扰动会不尽相等。当与太阳处于相同的距离时，一些卫星会因所含物质的量更多而显得更重，相比木星受太阳引力影响更大，设两者的比率为 d 比 e，那么太阳中心到卫星中心的距离应一直大于太阳中心到木星中心的距离，两者之比应为 d 比 e 的平方根，正如我之前计算得到的结果那样。如果卫星受到太阳的引力更轻，以 d 比 e 的比例计算，那么太阳中心到卫星中心的距离应一直小于太阳中心到木星中心的距离，两者之比应为 d 比 e 的平方根。同样，如果与太阳的距离相同，那么任何受太阳引力加速影响的卫星大于或小于木星受太阳引力加速度的 $\frac{1}{1000}$，与太阳的距离应大于或小于木星与太阳距离的 $\frac{1}{2000}$，也就是木星最远卫星到木星中心距离的 $\frac{1}{5}$，这会导致卫星轨道的偏心率明显增加。而实际上木星卫星的轨道是与木星共心的，因此木星及其卫星受到太阳引力加速的影响应是同样大小的。这样的论述也适用于土星及其卫星与太阳之间的关系，在与太阳距离相等的情况下所含物质的量也相当。对于地球和月球一样如此，根据命题 5 推论Ⅰ和Ⅲ，它们受太阳的引力影响正比于它们的质量。

另外，每颗行星指向其他行星的重力大小与其他行星各自部分的物质的量成正比。因为如果一些部分重力与物质的量之比更大或更小，那么整颗行星的重力就会大于或小于它总的物质的量的比例，无论这些部分是在外部还是在内部。因为如果我们假设地球上的物体升高到月球轨道的高度，然后与月球上的物体相比较，如果它受到重力的大小与月球外部某物体的物质的量相当，而比月球内部某部分的物质的量的比率更大或更小，那么它应比月球整体受到重力的大小的比率更大或更小，这与上文所述相悖。

推论Ⅰ.因此，物体的重量与其形状或构造无关。因为如果重量会随着形状的变化而变化，那么在其所含物质的量不变的情况下重量会增大或减小，这与事实经验完全相悖。

推论Ⅱ.地球附近的物体受到指向地球的引力而吸引，所有含有相同物质的量的物体受到的重力在距离地球中心相同的位置是相等的。这一性质适用于有事实经验的所有物体，根据法则 3，可以推广到一切物体之上。如果是以太或者其他失去重量的物体，或者它们受到的重力小于与它们所含物质的量的正比关系，则因为（根据亚里士多德、笛卡尔等人的说法）这些物体和其他物体除了形状以外并无差别，如果不断改变它的形状，它最终一定会变为那些按照物质的量的比例受到重力作用最大的物体，而这些最重的物体在改变形状时也会失去重力。也就是说重力会随着形状的改变而改变，这与推论Ⅰ证明的结论相悖。

推论Ⅲ.所有空间包含的物质的量都不相等。因为如果所有空间包含的物质的量是相等的，那么空气中的流体因其密度极大，它的重量就不会比诸如水银、金子等密度极大的物体更大，金子等其他物体就不可能在空气中下落。因为物体只有具有更大重量时才能够在流体中下落。但是如果给定空间中的物质的量通过稀释减小了，那么它为什么不能无限减小呢？

推论Ⅳ.如果所有物体的固体粒子都具有相同的密度，并且必须通过孔洞来稀释，那么真空一定存在。而我说的相同密度的物体是指那些受到惯性力（或者说质量）大小与体积之比相同者。

推论Ⅴ.引力和磁力是两种不同形式的作用力。磁力大小并不正比于它吸引的物质（的量）。一些物体受（磁体）吸引的（所含物质的量的）

比例更大，一些则更小，而绝大多数物体不受（磁体）吸引。一个物体的磁力可以增加或减少，有时会远大于所含物质的量而受到的引力

命题 7 定理 7

...

对于一切物体存在着一种引力，它正比于各物体所包含的物质的量。

我们以前已证明，所有行星互相之间有吸引力，还证明过，当它们互相分离时，指向每个行星的引力与由各行星的位置到该行星距离的平方成反比。因此（由第 1 编命题 69 及其推论）指向所有行星的引力与它们所包含的物质成正比。

此外，任意一个行星 A 的所有部分都受到另一个行星 B 的吸引，其每一部分的引力比整体的引力与该部分的物质比总体的物质相等。而（由定律Ⅲ）每个作用都有一个相等的反作用，因此反过来看，行星 B 也受到行星 A 所有部分的吸引，其指向任一部分的引力比指向总体的引力与该部分的物质比总体的物质相等。

推论Ⅰ. 指向任意一颗行星全体的引力由指向其各部分的引力复合而成。磁和电的吸引为我们提供了这方面的例子，因此指向各部分的吸引力合成指向总体的所有吸引力。如果我们设想一颗较大的行星是由许多较小的行星组合成球体形成的，则引力方面的情况也不是很难理解，因为在此很明显整体的力可定是由各组成部分的力合成的。如果有人提出反对，认为根据这一规律，地球上所有的物体肯定都是互相吸引的，但却不曾在任何地方发现这种引力，我的答案是，因为指向这些物体的引力比指向整个地球的引力与这些物体比整个地球相等，因而指向物体的引力肯定比能为我们的感官所察觉的程度远小的很多。

推论 II．指向任意物体的各个相同粒子的引力，与到这些粒子距离的平方成反比。这可以由第 1 编命题 74 推论 III 证明。

命题 8 定理 8

• • •

在两个相互吸引的球体内，如果到球心相等距离处的物质是相似的，则一个球相对于另一个球的重量反比于两球的距离的平方。

我在发现指向整个行星的引力由指向其各部分的引力复合而成，而且指向其各部分的引力与到该部分距离的平方成反比之后，仍不能确定，在合力由如此之多的分力组成的情况下，究竟距离的平方反比关系是准确成立，还是近似如此。因为有可能这一在较大距离上足够精确成立的比例关系在行星表面附近时会失效，在该处粒子间距离是不相等，而且位置也不相似。但借助于第 1 编命题 75、76 及其推论，我最后满意地证明了本命题的真实性，如我们现在所看到的。

推论 I．由此我们可以求出并比较各物体相对于不同行星的重量。因为沿圆轨道绕行星转动的物体的重量（由第 1 编命题 4 推论 II）与轨道直径成正比与周期的平方成反比，而它们在行星表面，或在距行星中心任意远处的重量（由本命题）将与距离的平方成正比而变大或变小。金星绕太阳运动周期为 224 天 $16\frac{3}{4}$ 小时；木卫四绕木星周期为 16 天 $16\frac{8}{15}$ 小时；惠更斯卫星绕土星周期为 15 天 $22\frac{2}{3}$ 小时；而月球绕地球周期为 27 天 7 小时 43 分。将金星到太阳的平均距离与木卫四到木星中心的最大距角 8′ 16″，惠更斯卫星到土星中心距角 3′ 4″；以及月球到地球距角 10′ 33″ 做比较，通过计算，我发现相等物体在到太阳、木星、土星和地球的中心相等距离处，其重量之间的比分别是 1、$\frac{1}{1067}$、$\frac{1}{3021}$ 和 $\frac{1}{169282}$。因为重量随着距离的增大或减小按平方关系减小或增大，相等的物体相对于太阳、木星、土星和地球的重量，在到它们的中心距离为 10000、997、791 和 109 时，即物体恰好在它们的表面上时，分别与 10000、943、529 和 435 成正比。这一重量在月球表面上为多少，将在以后求出。

推论 II. 用类似方法可以求出各行星物质的量。因为它们的物质的量在到其中心距离相等处与引力成正比，即在太阳、木星、土星和地球上，分别与 1、$\frac{1}{1067}$、$\frac{1}{3021}$ 和 $\frac{1}{169282}$ 成正比，如果太阳视差大于或小于 $10''\, 30'''$，则地球的物质量肯定与该比值的立方成正比增大或减小。

推论 III. 我们也可以求出行星的密度。因为（由第 1 编命题 72）相等且相似的物体相对于相似球体的重量，在该球体表面上，与球体直径成正比，因此相似球体的密度与该重量除以球直径成正比。而太阳、木星、土星和地球直径互相之间的比为 10000、997、791 和 109，指向它们的重量比分别为 10000、943、529 和 435。所以，它们的密度比为 100、$94\frac{1}{2}$、67 和 400。在计算中，地球密度不是取决于太阳视差，而是由月球视差求出的，因此是可靠的。所以，太阳密度略大于木星，木星大于土星，而地球密度是太阳的四倍。因为太阳很热，处于一种稀薄状态。以后将会看到，月球密度比地球大。

推论 IV. 其他条件不变时，行星越小，其密度即按比率越大，因为这样可以使它们各自的表面引力接近相等。类似地，在其他条件相同时，它们距太阳越近，密度越大，所以木星密度大于土星，而地球大于木星。因为各行星被分置于到太阳不同距离处，使得它们按其密度的程度，享受太阳热量的较大或较小比例。地面上的水，如果送到土星轨道的地方，则会变为冰，但在水星轨道处，则会变为蒸汽而飞散。因为阳光与太阳热度成正比，在水星轨道处是我们的七倍，我曾用温度计发现，七倍于夏日阳光的热会使水沸腾。毋庸置疑，水星物质肯定适应其热度，因此其密度大于地球物质。这是由于对于较密的物质，自然的作用需要更强的热。

命题 9 定理 9

...

在行星表面以下，引力近似正比于到行星中心的距离减小。

　　如果行星由均匀密度的物质构成，则本命题精确成立（由第 1 编命题 73）。因此，其误差不会大于密度均差所产生的误差。

命题 10 定理 10

...

行星在天空中的运动将持续极长的时间。

　　在第 2 编命题 40 的附注中，我之前证明冻结成冰的水球，在空气中自由运动时，经过其半径的长度时空气阻力使其失去总运动的 $\frac{1}{4586}$ 部分。同样的比率适用于任何球，不论它有多大，速度多快。但地球的密度比它仅由水组成要大得多，我的证明如下。如果地球只是由水组成的，则凡是密度小于水的物体，因其比重较小，将漂浮在水面上。根据这一理由，如果一个由地球物质组成的球体四周被水包围，则由于它的密度小于水，将会在某处漂浮起来，而水则下沉聚集到相反的一侧。而我们地球的情况是，其表面很大部分为海洋所包围。如果地球密度不大于水，则应在海洋中漂浮起来，并根据它稀疏的程度，在洋面上或多或少地露出，而海洋中的水则流向相反的一侧。由同样的理由可知，太阳的黑斑漂浮在发光物质的上面，轻于这种物质，而不论行星是如何构成的，只要它是流体物质，全部更重的物质都将沉入中心。所以，由于我们地球表面上的普通物质为水的重量的二倍，在较深处的矿井中，物质约重三倍，或四倍，甚至五倍，所以，地球总物质量约比它由水构成时重五倍或六倍。尤其是，我已证明过地球密度约比木星大四倍。所以，如果木星密度比水略大，则在 30 天里，在木星经过 459 个半径长度的空间内，它在与空气密度相同的介质中约失去其运动的 $\frac{1}{10}$ 部分。但由于介质阻力与其重量或密度成正比减小，使得比水银轻 $13\frac{3}{5}$ 倍的水其阻力也比水银小相同倍数。而空气又比水轻 860 倍，其阻力也小同样多倍，所以在天空中，由于行星于其中运动的介质的重量非常小，其阻力接近于零。

在第 2 编命题 22 的附注中，曾证明在地面以上 200 英里高处，空气密度比地面空气密度小，其比值为 30 比 0.0000000000003998，或近似与 75000000000000 比 1 相等，所以如果木星在密度与该上层空气密度的介质中运动相等，则 100 万年中，介质阻力只使它失去百万分之一部分的运动。在地球附近的空间中，阻力仅仅由空气、薄雾和蒸汽产生。如果用装在容器底部的空气泵仔细地抽去，则在容器内下落的重物是完全自由的，没有任何可察觉的阻力。实验证明，金与最轻的物体同时下落，速度是相等的，虽然它们通过的空间长达 4、6 或 8 英尺，却在同时到达瓶底。所以，在天空中完全没有空气和雾气，行星和彗星在这样的空间中不受明显的阻力作用，将在其中运动极长的时间。

假设 1

···

宇宙体系的中心是不动的。

所有人都承认这一点。只不过有些人认为是地球，而另一些认为是太阳处于这个中心。让我们来看看由此会导致什么结果。

命题 11 定理 11

...

地球、太阳以及所有行星的公共重心是不动的。

因为（由运动定律推论 IV）该重心是静止的，或做匀速直线运动。若该重心由于是运动的，所以宇宙的重心也运动，这与假设相矛盾。

命题 12 定理 12

...

太阳受到一个连续运动的推动，但从来不会远离所有行星的公共重心。

因为（由命题 8 推论 II）太阳的物质量比木星的物质量与 1067 比 1 相等，木星到太阳的距离比太阳半径比该比率稍微大一点，所以木星与太阳的共同重心将落在位于太阳表面以内的一点上。由同样理由，太阳物质量比土星物质量与 3021 比 1 相等，土星到太阳的距离比太阳半径略小于该比率，所以土星与太阳的公共重心位于太阳内略靠近表面的一点上。应用相同的计算原理，我们会发现，即使地球与全部的行星都位于太阳的同侧，全体的公共重心到太阳中心的距离也很难超出太阳直径。而在其他情形中，这两个中心间距始终更小，所以，由于该重心保持静止，太阳会因为行星的不同位置而游移不定，但肯定不会远离该重心。

推论. 因此，地球、太阳以及所有行星的公共重心，可以看作是宇宙的中心。因为地球、太阳和所有的行星相互吸引，因而像运动定律所说的那样，根据各自吸引力的大小而持续地互相推动，很容易理解，它们的运动中心不能看作是宇宙的静止中心。如果把某物置于该中心，能使其他物体受它的吸引最大（根据常识），则优先权非太阳莫属。但因为太阳本身也在运动，固定点只能选在太阳中心相距最近处，而且当太阳密度和体积变大时，该距离会变得更小，因而使太阳运动更小。

命题 13 定理 13

• • •

行星沿椭圆轨道运动，其公共焦点位于太阳中心，而且，伸向该中心的半径所掠过的面积正比于运行时间。

我们之前在现象一节中已讨论过这些运动。我们既然已经知道这些运动所依据的原理，那么就由这些原理推算天空中的运动。因为行星相对于太阳的重量与它们到太阳中心距离的平方成反比，如果太阳静止，各行星间无相互作用，则行星轨道为椭圆，太阳在其一个焦点上。由第 1 编命题 1、11，以及命题 13 推论 I 可知，它们经过的面积与运行时间成正比。但行星之间的相互作用非常之小，可以忽略不计。由第 1 编命题 66，这种相互作用对行星绕运动着的太阳运动的干扰，小于假设太阳处于静止时所造成的影响。

实际上，木星对土星的作用不能忽略。因为指向木星的引力比指向太阳的引力（在相等距离处，命题 8 推论 II）与 1 比 1067 相等，且土星到木星的距离比土星到太阳的距离约与 4 比 9 相等，所以在木星和土星的交会点，土星指向木星的引力比土星指向太阳的引力与 81 比 16×1067 相等，或约与 1 比 211 相等。由此在土星与木星交会点产生的土星轨道摄动是非常明显的，令天文学家们迷惑不解。由于土星在交会点的位置的变化，它的轨道偏心率有时增大，有时减小；它的远日点有时顺行，有时逆行，而且其平均运动交替地加速和放慢。然而它绕太阳运动的总误差，虽然是由如此之大的力产生的，却几乎可以通过把它的轨道的低焦点置于木星与太阳的公共重心（根据第 1 编命题 67）上而完全避免（平均运动除外），所以该误差在最大时很少超过 2 分钟，且在平均运动中，最大误差则很少超过每年 2 分钟。但在木星与土星交会点处，太阳指向土星，木星指向土星，以及木星指向太阳的加速引力，相互间的比值约为 1618 和 $\frac{16\times81\times3021}{25}$ 或 156609，因而太阳指向土星与木星指向土星的引力差，比木星指向太阳的引力约为 65 比 156609，或为 1 比 2409。但土星干扰木星运动的最大能力与这个差成正比，所以木星轨道的摄动远小于土星。其指行星的轨道，除了地球轨道受月球的明显干扰外，其摄动都远小得多。地球与月球的公共重心沿以太阳为焦点的椭圆运动，其所向太阳的半径所经过的面积与运动时间成正比。而地球又绕该重心作每月一周的运动。

命题 14 定理 14

• • •

行星轨道的远日点和交点是不动的。

远日点不动可以由第 1 编命题 11 证明，轨道平面不动可以由第 1 编命题 1 证明。如果轨道平面是固定的，其交点肯定也是固定的。实际上行星与彗星在环绕运动中的相互作用会造成移动，但它们极小，在此可以不予考虑。

推论Ⅰ．恒星是不动的，因为观测表明它们与行星的远日点和轨道交点保持不变位置。

推论Ⅱ．由于在地球年运动中看不到恒星的视差，它们肯定由于相距极远而不对我们的宇宙产生任何明显的作用。更不用说恒星无处不在地分布于整个天空，由第 1 编命题 70 可知，它们的反向吸引作用与相互作用互相抵消。

附 注

由于接近太阳的行星（即水星、金星、地球和火星）如此之小，致使相互间的作用力很小，因此它们的远日点和交点肯定是固定的，除非受到木星和土星以及更远物体作用的干扰。由此我们可以用引力理论求得，行星远日点相对恒星的微小前移，它与各行星到太阳距离的 $\frac{3}{2}$ 幂成正比。这样，如果火星的远日点在 100 年时间里相对于恒星前移 33′ 20″，则地球、金星和水星的远日点在 100 年里分别前移 17′ 40″、10′ 53″ 和 4′ 16″。由于这些运动很不明显，所以在本命题中可以忽略了。

命题 15 问题 1

···

求行星轨道的主径。

由第 1 编命题 15，它们与周期的 $\frac{3}{2}$ 幂成正比，而根据该编命题 60，它们各自按太阳与行星物质量的和的三次方根与太阳质量的三次方根的比而增大。

命题 16 问题 2

···

求行星轨道的偏心率和远日点。

本问题可以由第 1 编命题 18 求解。

命题 17 定理 15

...

行星的周日运动是均匀的，月球的天平动是由这种周日运动产生的。

本命题可以由第一运动定律和第 1 编命题 66 推论XXII证明。在现象一节中已指出，木星相对于恒星的转动为 9 小时 56 分，火星为 24 小时 39 分，金星约为 23 小时，地球为 23 小时 56 分，太阳为 $25\frac{1}{2}$ 天，月球为 27 天 7 小时 43 分。太阳表面黑斑回到日面相同位置的时间，相对于地球为 $27\frac{1}{2}$ 天，所以相对于恒星，太阳自转需 $25\frac{1}{2}$。但因为由月球均匀自转而产生的太阳日长达一个月，即与它在轨道上环绕一周的时间相等，所以月球朝向轨道上焦点的面基本上总是相同的。但随着该焦点位置的变化，该面也朝一侧或另一侧偏向处于低焦点的地球，这就是月球的经度天平动，而纬度天平动是由月球纬度以及自转轴对黄道平面的倾斜所引起的。这一月球天平动理论，N.默卡特先生在 1676 年初出版的《天文学》一书中，已根据我写给他的信做了详尽阐述。土星最外层的卫星似乎也与月球一样地自转，始终以相同的一面朝向土星，因为它在环绕土星运动中，每当接近轨道东部时，即很难发现，并逐渐完全消失。正如 M.卡西尼所注意到的那样，这可能是由于此时朝向地球的一面上有些黑斑所致。木星最远的卫星似乎也做类似的运动，因为在它背向木星的一面上有一个黑斑，而每当该卫星在木星与我们眼睛之间通过时，它看上去始终像在木星上似的。

命题 18 定理 16

...

行星的轴小于与该轴垂直的直径。

行星各部分相等的引力，如果不使它产生自转，则肯定使它成为球形。自转运动使远离轴的部分在赤道附近隆起。如果行星物质处于流体状态，则这种向赤道的隆起使那里的直径增大，并使指向两极的轴缩短。所以木星直径（根据天文学家们公认的观测）在两极方向小于东西方向。由同样理由，如果地球在赤道附近不高于两极，则海洋将在两极附近下沉，在赤道隆起，并将那里的一切位于水下。

命题 19 问题 3

· · ·

求行星的轴与垂直于该轴的直径的比例。

1635 年，我们的同胞诺伍德先生测出伦敦与约克之间的距离为 905751 英尺，纬度差为 2° 28′，求出一度长为 367196 英尺，即 57300 巴黎托瓦兹。M. 皮卡德测出亚眠与马尔瓦新之间的子午线弧为 22′ 55″，推算出每度弧长为 57060 巴黎托瓦兹。老 M. 卡西尼测出罗西隆的科里乌尔镇到巴黎天文台之间的子午线距离，他的儿子把这一距离由天文台延长到敦刻尔克的西塔德尔。总距离为 486156 $\frac{1}{2}$ 托瓦兹，科里乌尔与敦刻尔克之间的纬度差为 8° 3′ 16 $\frac{5}{6}$″。因此每度弧长为 57061 巴黎托瓦兹。由这些测量可以得出地球周长为 123249600，半径为 19615800 巴黎尺，假设地球为球形。

在巴黎的纬度上，前面已说过，重物一秒时间内下落距离为 15 巴黎尺 1 寸 1 $\frac{7}{9}$ 分，即 2173 $\frac{7}{9}$ 分。物体的重量会由于周围空气的阻力而变轻。设由此损失的重量占总重量的 $\frac{1}{11000}$，则该重物在真空中下落时一秒钟内经过 2174 分。

在时长为 23 小时 56 分 4 秒的恒星日中，物体在距中心 19615800 英尺处作匀速圆周运动，每秒钟经过弧长 1433.6 英尺，其正矢为

0.05236516 英尺，或 7.54064 分。所以，在巴黎纬度上，使物体下落的力比物体在赤道上由于地球周日运动而产生的离心力与 2174 比 7.54064 相等。

物体在赤道的离心力比在巴黎 48° 50′ 10″ 的纬度上使物体沿直线离开的力，与半径与该纬度的余弦的比的平方相等，即与 7.54064 比 3.267 相等。把这个力叠加到在巴黎纬度使物体由其重量而下落的力上，则在该纬度上，物体受未减小的引力作用而下落，一秒钟将经过 2177.267 分，或 15 巴黎尺 1 寸 5.267 分。在该纬度上的总引力比物体在地球赤道处的离心力与 2177.269 比 7.54064 相等，或与 289 比 1 相等 o

所以，如果 APBQ 表示地球形状，它不再是球形的，而是由绕短轴 PQ 的转动而形成椭球。注满水的管道用 ACQqca 表示，由极点 Qq 经过中心 Cc 通向赤道 Aa，则在管道的 ACca 段中水的重量比在另一段 QCcq 中水的重量与 289 比 288 相等，因为自转运动产生的离心力维持并抵消了 $\frac{1}{289}$ 的重量（在一段之中），另外 288 份的水维持着其余重量。通过计算（由第 1 编命题 91 推论 Ⅱ）发现，如果地球物质都是均匀的，而且没有运动，其轴 PQ 比直径 AB 与 100 比 101 相等，Q 处指向地球的引力，比 Q 处指向以 PC 或 QC 为半径、以 C 为球心的球体的重力，与 126 比 125 相等。由相同理由，A 处指向由椭圆 APBQ 关于轴 AB 转动所形成的椭球的引力，比 A 处指向半径为 AC 球心为 C 的球体的引力，与 125 比 126 相等。而 A 处指向地球的引力是指向该椭球体与指向该球体的引力的比例中项。因为当球直径 PQ 按 101 比 100 的比例减小时，即变为地球的形状，而这样的形状，其垂直于两个直径 AB 和 PQ 的第三个直径也按相同比例减小，即变为所说的椭球形状。在这种情形中，A 处的引力都按近似相同的比例减小。所以，A 处指向球心为 C、半径为 AC 的球体的引力，比 A 处指向地球的引力，与 126 比 125 $\frac{1}{2}$ 相等；而 Q 处指向以 C 为球心、以 QC 为半径的球体的引力，比 A 处指向以 C 为球心、以 AC 为半径的球体的引力，与直径的比相等（由第 1 编命题 72），即与 100 比 101

416

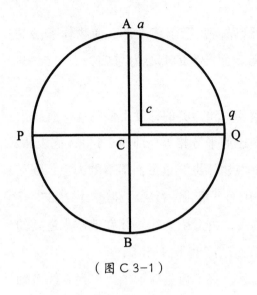

（图 C 3-1）

相等。所以，如果把三个比例，126 比 125、126 比 $125\frac{1}{2}$，以及 100 比 101 连乘，即得到 Q 处指向地球的引力比 A 处指向地球的引力，与 $126\times126\times100$ 比 $125\times125\frac{1}{2}\times101$ 相等，或与 501 比 500 相等。（图 C 3-1）

由于（第 1 编命题 91 推论 Ⅲ）在管道的任意一段 ACca 或 QCcq 中，引力与由其位置到地球中心的距离成正比，如果这两段由平行等距的横截面加以分割，生成的部分与总体成正比，则在 ACca 段中任意一个部分的重量比另一段中相同数目的部分的重量，与它们的大小乘以加速引力的比相等，即与 101 比 100 乘以 500 比 501 相等，或与 505 比 501 相等。所以，如果 ACca 段中每一部分的由自转产生的离心力，比相同部分的重量，与 4 比 505 相等，使得在被分为 505 等份的每一部分的重量中，离心力可以抵消其中 4 份，则余下的重量在两段管道中保持相等，因此流体可以维持平衡而静止。但第一部分的离心力比同一部分的重量与 1 比 289 相等，即应占 $\frac{4}{505}$ 的离心力，实际中占 $\frac{1}{289}$。所以，我认为，由比例的规则，如果 $\frac{4}{505}$ 的离心力使得管道 ACca 段中水的高度比 QCcq 段中水的高度能高出其总高度的 $\frac{1}{100}$，则 $\frac{1}{289}$ 的离心力将只能使 AC 次段中水的高度比另一段 QCcq 中水的高度高出 $\frac{1}{289}$，所以地球在赤道的直径比它在两极的直径为 230 比 229。根据皮卡德的测算，地球的平均直径为 19615800 巴黎尺，或 3923.16 英里（5000 英尺为 1 英里），所以地球在赤道处比在两极处高出 85472 英尺，或 $17\frac{1}{10}$ 英里。赤道处高约 19658600 英尺，而两极处约 19573000 英尺。

如果在自转中密度与周期保持不变，则大于或小于地球的行星，其离心力比引力的比值，以及两极直径和赤道直径，也都保持不变。但如果自转运动以任何比例加快或减慢，则离心力近似地以同一比例的平方增大或减小，因此直径的差也极其近似地以同一比率的平方增大或减小。如果行星的密度以任何比例增大或减小，则指向它的引力也以同样比例增大或减小；相反地，直径的差与引力的增大成正比减小，与引力的减小成正比增大。所以，由于地球相对于恒星的自转时间为 23 小时 56 分，而木星为 9 小时 56 分，它们的周期的平方比为 29 比 5，密度比为 400 比 94$\frac{1}{2}$，木星的长直径比其短直径为 $\frac{29}{5} \times \frac{400}{94\frac{1}{2}} \times \frac{1}{229}$ 比 1，或近似为 1 比 9$\frac{1}{3}$。所以木星的东西直径比其两极直径约为 10$\frac{1}{3}$ 比 9$\frac{1}{3}$。所以，由于它的最大直径为 37″，其两极间的最小直径为 33″ 25$\frac{1}{6}$‴。加上大约 3″ 的光线不规则折射，该行星的视在直径为 40″ 和 36″ 25‴，互相之间的比值极近似于 11$\frac{1}{6}$ 比 10$\frac{1}{6}$。在此，假定木星星体的密度是均匀的，但如果该行星在赤道附近的密度大于在两极附近的密度，其直径比可能为 12 比 11，或 13 比 12，也许为 14 比 13。

1691 年，卡西尼发现木星的东西向直径约比另一直径大$\frac{1}{15}$。庞德先生在 1719 年用他的 123 英尺望远镜配以优良的千分仪，测得木星两种直径如下。

时间		最大直径	最小直径	直径的比
日	时	部分	部分	
一月 28	6	13.40	12.28	12 比 11
二月 6	7	13.12	12.20	13$\frac{3}{4}$ 比 12$\frac{3}{4}$
三月 9	7	13.12	12.08	12$\frac{2}{3}$ 比 11$\frac{2}{3}$
四月 9	9	13.32	11.48	14$\frac{1}{2}$ 比 13$\frac{1}{2}$

所以本理论与现象是一致的。因为该行星在赤道附近受太阳光线的加热较强，因而其密度比两极处略大。

此外，地球的自转会使引力减小，因而赤道处的隆起比两极高一点（设地球物质密度均匀），这可以由与下述命题相关的摆实验证实。

命题 20 问题 4

• • •

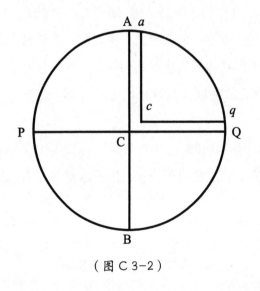

（图 C 3-2）

求地球上不同区域处物体的重量并加以比较。（图 C 3-2）

因为在不等长管道段中的水 *ACQqca* 的重量相等，各部分的重量与整段的重量成正比，且位置相似者，相互间重量比与总重量比相等，因此它们的重量相等。在各段中位置相似的相等重量部分，与管道长成反比，即与 230 比 229 成反比。这种情形适用于所有位置相似的均匀物体。它们的重量与管长成反比，即与物体到地心的距离成反比。所以，如果物体位于管道最顶端，或位于地球表面，则它们的重量的比与它们到地心距离成反比。同理可证，位于地球表面任意其他位置的物体，其重量与到地球中心的距离成反比。所以，只要假设地球是椭球体，该比值即已给定。

由此即得到定理，由赤道移向两极的物体其重量增加近似与二倍纬度的正矢成正比。或者，与之同等地，与纬度正弦的平方成正比；而子午线上纬度弧长也大致按相同比例增大。所以，由于巴黎纬度为 48° 50′，赤道纬度为 00° 00′，两极纬度为 90°；这些弧的二倍的正矢为 11334、00000 和 20000，半径为 10000；极地引力比赤道引力为 230 比 229，极地引力大于赤道引力的部分比赤道引力与 1 比 229 相等；巴黎纬度的引力大于赤道引力的部分比赤道引力为 $1 \times \frac{11334}{20000}$ 比 229，或 5667 比 2290000。该处总引力比另一处总引力与 2295667 比 2290000 相等。所以，由于时间相等的摆长与引力成正比，在巴黎纬度上秒摆摆长为 3 巴黎尺 $8\frac{1}{2}$ 分，或考虑到空气的重量，摆长为 3 尺 $8\frac{5}{9}$ 分，而在赤道，时间相同的摆长要短 1.087 分。用类似的计算可制成下表。

位置纬度	摆长	每度子午线长度	位置纬度	摆长	每度子午线长度
度	尺分	托瓦兹	度	尺分	托瓦兹
0	37.468	56637	6	38.461	57022
5	37.482	56642	7	38.494	57035
10	37.526	56659	8	38.528	57048
15	37.596	56687	9	38.561	57061
20	37.692	56724	50	38.594	57074
25	37.812	56769	55	38.756	57137
30	37.948	56823	60	38.907	57196
35	38.099	56882	65	39.044	57250
40	38.261	56945	70	39.162	57295
1	38.294	56958	75	39.258	57332
2	38.327	56971	80	39.329	57360
3	38.361	56984	85	39.372	57377
4	38.394	56997	90	39.387	57382
45	38.428	57010			

此表表明，每度子午线长的不均匀性极小，因此在地理学上可把地

球形状视为球形。如果地球密度在赤道平面附近略大于两极处的话，则尤其如此，

今天，有些到遥远的国家做天文观测的天文学家发现，摆钟在赤道附近的确比在我们这里走得慢些。首先是在 1672 年，M.里歇尔在凯恩岛注意到了这一点。当时是 8 月份，他正观测恒星沿子午线的移动，他发现他的摆钟相对于太阳的平均运动每天慢 2 分 28 秒。于是他制作了一只时间为秒的单摆，用一只优良的钟校准，并测量该单摆的长度。在整整 10 个月里他坚持每星期测量。回到法国后，他把这只摆的长度与巴黎的摆长（长 3 巴黎尺 8 $\frac{3}{5}$ 分）做了比较，发现它短了 1 $\frac{1}{4}$ 分。

后来，我们的朋友哈雷博士，约在 1677 年到达圣赫勒拿岛，他发现与伦敦制作相同的摆钟到那里后变慢了。他把摆杆缩短了 $\frac{1}{8}$ 寸，或 1 $\frac{1}{2}$ 分多，由于在摆杆底部的螺纹失效，他在螺母和摆锤之间垫了一只木圈。

后来，在 1682 年，法林和德斯海斯发现，在巴黎皇家天文台摆动时间为 1 秒的单摆长度为 3 尺 8 $\frac{5}{9}$ 分。而用相同的手段在戈雷岛测量时，等时摆的长度为 3 尺 6 $\frac{5}{9}$ 分，比前者短了二分。同一年里，他们又在瓜达罗普和马丁尼古岛发现，在这些岛的等时摆长为 3 尺 6 $\frac{1}{2}$ 分。

1697 年 7 月，小 M.库普莱在巴黎皇家天文台把他的摆钟与太阳的平均运动校准，使之在相当长时间里与太阳运动吻合。次年 11 月，他到里斯本，发现他的钟在 24 小时里比原先慢 2 分 13 秒，次年 3 月，他到达帕雷巴，发现他的钟比在巴黎 24 小时里慢 4 分 12 秒；他断定在里斯本的秒摆要比巴黎短 2 $\frac{1}{2}$ 分，比帕雷巴短 3 $\frac{2}{3}$ 分。如果他计算的差值为 1 $\frac{1}{3}$ 分和 2 $\frac{5}{9}$ 分的话，他的工作将更出色，因为这些差值才对应于时间差 2 分 13 秒和 4 分 12 秒，但这位先生的观测太粗糙了，使我们无法相信。

后来在 1699 年和 1700 年，M.德斯海斯再次航行美洲，他发现在凯恩和格林纳达岛秒摆比 3 尺 6 $\frac{1}{2}$ 分稍微短一点，而在圣克里斯托弗岛是 3 尺 6 $\frac{3}{4}$ 分，在圣多明戈岛为 3 尺 7 分。

1704 年，弗勒在美洲的皮尔托贝卢发现，那里的秒摆仅为 3 巴黎尺

又 $5\frac{7}{12}$ 分，比在巴黎几乎短 3 分。但这次观测是失败的，因为他后来到达马丁尼古岛时，发现那里的等时摆长为 3 巴黎尺又 $5\frac{10}{12}$ 分。

帕雷巴在南纬 6° 38′，皮尔托贝卢为北纬 9° 33′，凯恩、戈雷、瓜达罗普、马丁尼古、格林那达、圣克里斯托弗和圣多明戈诸岛分别为北纬 4° 55′、14° 40′、15° 00′、14° 44′、12° 06′、17° 19′ 和 19° 48′，巴黎秒摆的长度比在这些纬度上的等时摆所超出的长度比在上表中所求出的值稍微大一点。所以，地球在赤道处应比上述推算稍微高一点，地心处的密度应比地表稍微大一点，除非热带地区的热也许会使摆长增加。

因为 M. 皮卡德曾发现，在冬季冰冻天气下长 1 英尺的铁棒，放到火中加热后，长度变为 1 英尺 $\frac{1}{4}$ 分。后来，M. 德拉希尔发现在类似严冬季节长 6 英尺的铁棒放到夏季阳光下曝晒后伸长为 6 英尺 $\frac{2}{3}$ 分。前一种情形中的热比后一种强，而在后一情形中也热于人体表面，因为在夏日阳光下曝晒的金属能获得相当可观的热度。但摆钟的杆从未受过夏日阳光的曝晒，也未获得过与人体表面相等的热，因此，虽然 3 尺长的摆钟杆在夏天的确会比冬天略长一些，但差别很难超过 $\frac{1}{4}$ 分。所以，在不同环境下等时摆钟摆长的差别不能解释为热的差别。法国天文学家并没有错。虽然他们的观测之间一致性并不理想，但其间的误差是可以忽略的。他们的一致之处在于，等时摆在赤道比在巴黎天文台短，差别不小于 $1\frac{1}{4}$ 分，不大于 $2\frac{2}{3}$ 分。M. 里歇尔在凯恩岛给出的观测是，差为 $1\frac{1}{4}$ 分。这一差值被 M. 德斯海斯的观测所纠正，变为 $1\frac{1}{2}$ 分或 $1\frac{3}{4}$。其他精度较差的观测结果约为 2 分。这种不一致可能部分由于观测误差，部分由于地球内部部分的不相似性，以及山峰的高度，还有部分来自空气温度的差异。

我用的一根 3 尺长的铁棒，在英格兰，冬天比夏天短 $\frac{1}{6}$。因为在赤道处酷热，从 M. 里歇尔的观测结果 $1\frac{1}{4}$ 分中减去这个量，尚余 $1\frac{1}{12}$ 分，这与我们先前在本理论中得到的 $1\frac{87}{1000}$ 高度符合。整整 10 个月里，每周 M. 里歇尔都在凯恩岛重复实验，并把他所发现的摆长与记在铁棒上的在法国的长度相比较。这种勤勉与谨慎似乎就是其他观测者所缺乏的。我

们如果采用这位先生的观测，则地球在赤道比在极地处高，差值约为 17
英里，这证实了上述理论。

命题 21 定理 17

...

**二分点总是后移的，地轴通过公转运动中的章动，每年两次接近
黄道，两次回到原先的位置。**

本命题通过第 1 编命题 66 推论 XX 证明。而章动的运动肯定极小，的
确难以察觉。

命题 22 定理 18

...

**月球的一切运动，及其运动的一切不相等性，都是以上述诸原理
为原因的。**

根据第 1 编命题 65，较大行星在绕太阳运动的同时，可以使较小的
卫星绕它们自己运动，这些较小的卫星必定沿椭圆运动，其焦点在较大
行星的中心。但它们的运动受到太阳作用的若干种方式的干扰，并像月
球那样使运动的相等性遭到破坏。月球（由第 1 编命题 66 推论 Ⅱ、Ⅲ、Ⅳ
和 Ⅴ）运动越快其伸向地球的半径同时所经过的面积越大，则其轨道的弯
曲越小，因而它在朔望点较在方照点距地球更近，除非这些效应受到偏
心运动的阻碍。因为（由第 1 编命题 66 推论 Ⅸ）当远地点位于朔望点时，
偏心率最大，而在方照点时最小，所以月球在近地点的运动，在朔望点
较在方照点运动更快，距我们更近，而在远地点的运动，在朔望点较在

方照点运动更慢且距我们更远。此外，远地点是前移的，而交会点则是后移的，但这并不是规则的，而是由不相等运动造成的。因为（由第 1 编命题 66 推论Ⅶ和Ⅷ）远地点在朔望点时前移较快，在方照点时后移较慢，这种顺行与逆行的差造成年度前移。而交会点情况相反（由第 1 编命题 66 推论ⅩⅠ），它在朔望点是静止的，在方照点后移最快。还有，月球的最大黄纬（由第 1 编命题 66 推论Ⅹ）在月球的方照点比在朔望点大。月球的平均运动在地球的近日点相较在其远日点慢。这些都是天文学家已注意到的（月球运动的）基本不相等性。

但还有一些不相等性不为上述天文学家所发现，它们对月球运动造成的干扰至今我们尚无法纳入某种规律支配之下。因为月球远地点和交会点的速度或每小时的运动及其均差，以及在朔望点的最大偏心率与在方照点的最小偏心率的差，还有我们称之为变差的不相等性，是（由第 1 编命题 66 推论ⅩⅥ）在一年时间内与太阳的视在直径的立方成正比而增减的。此外（第 1 编引理 10 推论Ⅰ和Ⅱ，以及命题 66 推论ⅩⅥ）变差是与在朔望之间的时间的平方几乎成正比增减的。但在天文学计算中，这种不相等性一般都归入月球中心运动的均差之中。

命题 23 问题 5

···

由月球运动导出木星和土星卫星的不相等运动。

运用下述方法，可以运用第 1 编命题 66 推论ⅩⅥ，由月球运动推算出木星卫星的对应运动。木星最外层卫星交会点的平均运动比月球交会点的平均运动，正比于地球绕日周期，与木星绕日周期的比的平方乘以木卫星绕木星的周期比月球绕地球的周期。所以，这些交会点在 100 年时间里后移或前移 8° 24′。由同一个推论，内层卫星交会点平均运动比外层卫星交会点的平均运动等于后者的周期比前者的周期，因而也可以求出。而每个卫星上回归点的前移运动比其交会点的后移运动与月球远地点的运动比其交会点的运动相等（由同一推论），因而也可以求出，但由此求出的回归点运动肯定得按 5 比 9 或 1 比 2 减小，其原因我不能在此详细地解释。每个卫星的交会点最大均差和上回归点的最大均差，分别比月球的交会点最大均差和远地点最大均差，与在前一均差的环绕时间内卫星的交会点和上回归点的运动比在后一均差的环绕时间内，月球的交会点和远地点的运动相等。木星上看其卫星的变差比月球的变差，由同一推论，与这些卫星和月球分别在环绕太阳（由离开到转回）期间的总运动的比相等，所以最外层卫星的变差不会超过 5.2 秒。

命题 24 定理 19

...

海洋的涨潮和落潮是由于太阳和月球的作用引起的。（图 C 3-3）

　　由第 1 编命题 66 推论 XIX 或 XX 可知，海水在每天都涨落各 2 次，月球日与太阳日也一样。而且在开阔而幽深的海洋里的海水应在日、月球到达当地子午线后 6 小时以内达到最大高度，地处法国与好望角之间的大西洋和埃塞俄比亚海东部海域就是如此，还有在南部海洋的智利和秘鲁沿岸。在这些海岸上涨潮约发生在第 2、第 3 或第 4 小时，

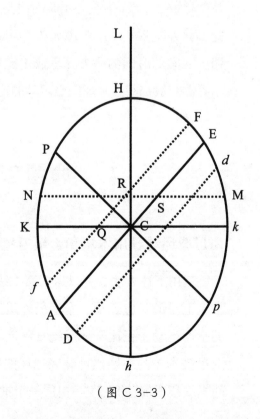

（图 C 3-3）

除非来自深海的潮水运动受到海湾浅滩的导引而流向某些特殊去处，延迟到第5、第6或第7小时，甚至更晚。我所说的小时是由日、月抵达当地子午线，或正好低于或高于地平线时起算的。月球日是月球通过其视在周日运动经过一天后再次回到当地子午线所需的时间，小时是该时间的 $\frac{1}{24}$。日、月到达当地子午线时海洋涨潮力最大，但此时作用于海水的力会持续一段时间，并由于新的虽然较小但仍作用于它的力的加入而不断增强。这使洋面越来越高，直到该力衰弱到再也无法举起它为止，此时洋面达到最大高度。这一过程也许要持续1或2小时，而在浅海沿岸，常会持续约3小时，甚至更久。

太阳和月球引起的2种运动并没有明显区别，却在二者之间合成一个复合运动。在日、月的会合点或对冲点，它们的力合并在一起，形成最大的涨潮和退潮。在方照点，太阳举起月球的落潮，或使月球的涨潮退落，它们的力的差造成最小的潮。因为（如经验告诉我们的那样）月球的力比太阳的力大，水的最大高度约发生在第3个月球小时。除朔望点和方照点外，单独由月球力引起的最大潮应发生在第3个月球小时，单独由太阳引起的最大潮应发生在第3个太阳小时，这二者复合力引起的潮应发生在一个中间时间，且距第3个月球小时较近。所以，当月球由朔望点移向方照点时，在此期间第3个太阳小时领先于第3个月球小时，水的最大高度也早于第3月球小时到达，并以最大间隔稍落后于月球的八分点；而当月球由方照点移向朔望点时，最大潮又以相同间隔落后于第3月球小时。这些情形发生于辽阔海面上，在河口处最大潮晚于海面的最大高度。

不过，太阳和月球的影响取决于它们到地球的距离。因为距离较近时影响较大，距离较远时影响较小，这种作用与它们视在直径的立方成正比。所以在冬季时太阳位于近地点，其影响较大，且在朔望点时影响更大，而在方照点时则较夏季时影响为小。每个月里，当月球处于近地点时，它引起的海潮大于此前或此后15天位于远地点时的情形。由此可知两个最大的海潮并不接连发生于两个紧连着的朔望点之后。

类似地，太阳和月球的影响还取决于它们相对于赤道的倾斜程度和距离。因为，如果它们位于极地，则对水的所有部分吸引力不变，其作用没有涨落变化，也不会引起交替运动。所以当它们与赤道倾斜而趋向某一极点时，它们将逐渐失去其作用力，由此知它们在朔望点激起的海潮在夏至和冬至时小于春分和秋分时。但在"二至"方照点引起的潮大于在"二分"方照点；因为这时月球位于赤道，其作用力超出太阳最多。所以最大的海潮发生于这样的朔望点，最小的海潮发生于这样的方照点，它们与"二分"点差不多同时。经验也告诉我们，朔望大潮之后总是紧跟着一个方照小潮。但因太阳在冬季距地球较夏季为近，所以最大和最小的潮常常出现在春分之前而不是之后，秋分之后而不是之前。

此外，日月的影响还决定于纬度位置。令覆盖着深水的地球用 $ApED$ 表示，地心为 C，两极为 P、p，赤道为 AE。赤道外任一点为 F，平行于该点的直线为 Ff，Dd 为赤道另一侧的对称平行线，L 为三小时前月球的位置，H 为正对着 L 的地球上的点，h 为反面对应点，K、R 为 90 度处的距离，CH、Ch 为海洋到地心的最大高度，CK、Ck 为最小高度。如果以 HA、Kk 为轴作椭圆，并使该椭圆绕其长轴 Hh 旋转形成椭球 $HPKhpk$，则该椭球近似表达了海洋形状，而 CF、Cf、CD、Cd 则表示海洋在 Ff、Dd 处的高度。再者，在椭圆旋转时，任意点 N 画出圆 NM 与平行线 Ff、Dd 相交于任意位置 R、S、T，与赤道 AE 相交于 S，则 CN 表示位于该圆上所有点 R、S、T 上的海洋高度。所以，在任意点 F 的周日运动中，最大潮水发生于 F，月球由地平线上升到子午线之后 3 小时。此后，最大落潮发生于 Q 处，月球落下 3 小时后，然后最大潮水又出现在了月球落下地平线到达子午线后 3 小时。最后，又是在 Q 处的最大落潮，发生于月球升起后的 3 小时；在 f 处的后一次大潮小于在 F 的前一次大潮。因为整个海洋可以分为二个半球形潮水，半球 KHk 在北半球，而 Khk 跟则在另一侧，我们不妨称之为北部海潮和南部海潮。这两个海潮始终相反的，以 12 个月球小时为间隔交替地到达所有地方的子午线。北部国家受北部海潮影响较大，南部国家受南部海潮影响较大，由此形成海洋潮汐，在日月升起和落下的赤道以外的所有地方交替地由大变小，又由小变大。最大的潮发生于月球斜向着当地的天顶，到达地平线以上子午线之后 3 小时之时；而当月球改变位置，斜向着赤道另一侧时，较大的潮也变为较小的潮。最大的潮差发生在 2 至 6 时，当月球上升的交会点在白羊座第一星附近时尤其如此。所以经验告诉我们冬季的朝潮大于晚潮，而在夏季时晚潮大于朝潮；科勒普赖斯和斯多尔米曾观察到，在普利茅斯这种高差为 1 英尺，而在布里斯托为 15 英寸。

　　但以上所讨论的海潮运动会因交互作用力而发生某种改变，水一旦发生运动，其惯性会使这种运动持续一小段时间。因而，虽然天体的作用已经消失，但海潮还能持续一段时间。这种保持压缩运动的能力减小了交替的潮差，使紧随着朔望大潮的海潮变大，也使方照小潮之后的小潮变小。因此，普利茅斯和布里斯托的交替海潮差不至于超过 1 英尺或 15 英寸，而且这两个港口的最大潮不是发生在朔望后的第一天，而是在第三天。此外，由于潮水运动在浅水海峡中受到阻碍，使得某些海峡和河口处的最大潮发生于朔望后的第四或第五天。

　　还有这种情况，来自海洋的潮通过不同海峡到达同一港口，而且通过某些海峡的速度比通过其他海峡快。在这种情形中，同一个海潮分为两个或更多相继而至的潮水，并复合为一种不同类型的新的运动。假设二股相等的潮水自不同位置涌向同一港口，一个比另一个晚 6 小时，第一股潮水发生于月球到达该港口子午线后第三小时。如果月球到达该子午线时正好在赤道上，则该处每 6 小时交替出现相等的潮，它们与同样多的相等落潮相遇，结果相互间保持平衡，这一天的水面平静安宁。如果随后月球斜向着赤道，则海洋中的潮如上所述交替地时大时小，这时，两股较大、两股较小的潮水将先后交替地涌向港口，两股较大的潮水将使水在介于它们中间的时刻达到最大高度。而在大潮与小潮的中间时刻，水面达到一平均高度，在两股小潮中间时刻水面只升到最低高度。这样，在 24 小时里，水面只像通常所见到的那样，不是两次，只是一次达到最大高度，一次达到最低高度。而且，如果月球斜向着上极点，则最大潮位发生于月球到达子午线后第 6 或第 30 小时；当月球改变其倾角时，即转为落潮。哈雷博士曾根据位于北纬 20° 50′ 的敦昆王国的巴特绍港水手的观察，为我们提供了一个这样的例子。在这个港口，在月球通过赤道之后的一天内，水面是平静的；当月球斜向北方时，潮水开始涨落，并且不像在其他港口那样一天两次，而是每天只有一次。涨潮发生于月落时刻，而退潮则在月亮升起时。这种海潮随着月球的倾斜而增强，直到第七或第八天，随后的七八天则按增强的比率逐渐减弱，在月球改变倾斜度，经过赤道向南时消失。此后潮水立即转为退潮。落潮发生在月落时刻，而涨潮则在月升时刻，直到月球再次通过赤道改变其倾斜度。有两条海湾通向该港口和邻近水路，一条来自介于大陆与吕卡尼亚岛之间的中国海，另一条来自介于大陆与波尔诺岛之间的印度洋。但两股潮水是否真的通过这二条海湾而来，一条在 12 小时内由印度洋而来，另一条在 6 小时内由中国海而来，使得在第 3 和第 9 月球小时汇合在一起，产生这种运动，还是由于这些海洋的其他条件造成的，我留待邻近海岸的人们去观测判断。

这样，我已解释了月球运动与海洋运动的原因。现在可以考虑与这些运动的量有关的问题了。

命题 25 问题 6

···

求太阳干扰月球运动的力。（图 C 3-4）

假设 S 表示太阳，T 表示地球，P 表示月球，$CADB$ 为月球轨道。在

SP 上取 SK 等于 ST，令 SL 比 SK 等于 SK 与 SP 的比的平方。作 LM 平行于 PT。如果设 ST 或 SK 表示地球向着太阳的加速引力，则 SL 表示月球向着太阳的加速引力。但这个力是由 SM 和 LM 二部分合成的，其中 SM 部分由 TM 表示，它干扰月球运动，正如我们曾在第 1 编命题 66 及其推论所证明过的那样。由于地球和月球是绕它们的公共重心转动的，地球绕该中心的运动也受到类似力的干扰。但我们可以把这两个力的和与这两种运动的和当作发生于月球上来考虑，以线段 TM 和 ML 表示力的和，它与这二者都相似。力 ML（其平均大小）比使月球在距离 PT 处沿其轨道绕静止地球运动的向心力，与月球绕地球运动周期与地球绕太阳运动周

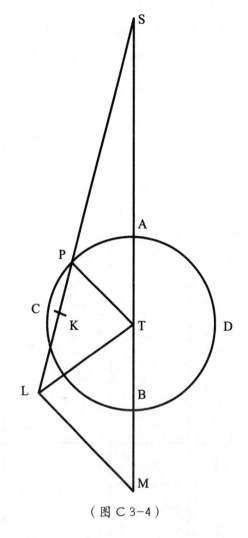

（图 C 3-4）

期的比的平方相等（由第 1 编命题 66 推论 XXII），即与 27 天 7 小时 43 分比 365 天 6 小时 9 分的平方相等，或与 1000 比 178725 相等，或与 1 比 178$\frac{29}{40}$ 相等。但在该编命题 4 中我们曾知道，如果地球和月球绕其公共重心运动，则其中一个到另一个的平均距离约为 60$\frac{1}{2}$ 个地球平均半径；而使月球在距地球 60$\frac{1}{2}$ 个地球半径的距离 PT 上沿其轨道绕静止地球转动的力，比使它在相同时间里在 60 个半径距离处转动的力，与 60$\frac{1}{2}$ 比 60 相等，这个力比地球上的重力非常近似于 1 比 60×60。所以，平均力 ML 比地球表面上的引力与 1×60$\frac{1}{2}$ 比 60×60×60×178$\frac{29}{40}$ 相等，或与 1 比

638092.6 相等；因此，由线 *TM*、*ML* 的比例也可以求出力 *TM*，而它们就是太阳干扰月球运动的力。

命题 26 问题 7

...

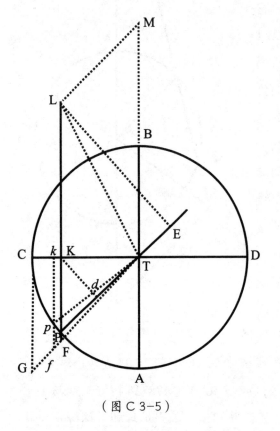

（图 C 3-5）

求月球沿圆形轨道运动时其伸向地球的半径所掠过面积的每小时增量。（图 C 3-5）

我们在前面证明过，月球通过其伸向地球的半径经过的面积与运行的时间成正比，除非月球运动受到太阳作用的干扰。在此，我们拟求出其变化率的不相等性，或者，受到这种干扰的面积或运动的每小时增量。为使计算简便，设月球轨道为圆形，除现在要考虑的情况外其余不相等性一概予以忽略，又因为太阳距离极远，可进一步设直线 *SP* 和 *ST* 是平行的。这样，力 *LM* 始终可以用其平均量 *TP* 代替，力 *TM* 也可以由其平均量 3*PK* 代替。这些力（由运动定律推论Ⅱ）合成力 *TL*，通过在半径 *TP* 上做垂线 *LE*，这个力又可以分解为力 *TE*、*EL*。其中力 *TE* 的作用沿半径 *TP* 的方向保持不变，对于半径 *TP* 经过的面积 *TPC* 既不加速也不减速，但 *EL* 沿垂直方向作用在半径 *TP* 上，它使经过面积的加速或减速与它使月球的加速或减速成正比。月球的这一加速，在其由方照点 C 移向会合点 A 过程中，在每一时刻都与生成加速力 EL 成正比，即与 $\frac{3PK \times TK}{TP}$ 成正比，令时间由月球的平均运动，或（等价地）由角 CTP，或甚至由弧 CP 来表示。作 CG 垂直于 CT 与 CT 相等，设直角弧 AC 被分割为无限多个相等的部分等，这些部分表示同样无限多个相等的时间部分。作供垂直于 CT、TG 与 KP、kp 的延长线相交于 F、f，则 FK 与 TK 相等，而 Kk 比 PK 与 Pp 比 Tp 相等即，比值是给定的；所以 $FK \times Kh$ 或面积 $FKkf$，将与 $\frac{3PK \times TK}{TP}$ 成正比，即与 EL 成正比。合成以后，总面积 $GCKF$ 将与在整个时间 CP 中作用于月球的所有力 EL 的和而变化成正比，所以也与该总和所产生的速度成正比，即与经过面积 CTP 的加速度成正比，或与其变化率的增量成正比。使月球在距离 TP 上绕静止地球以 27 天 7 小时 43 分的周期 $CADB$ 运行的力，应使落体在时间 CT 内经过长度 $\frac{1}{2} CT$，同时获得一个与月球在其轨道上相等的速度。这已由第 1 编命题 4 推论Ⅸ证明过。但由于 TP 上的垂线 Kd 仅为 EL 的 $\frac{1}{3}$，在八分点处与 TP 或 ML 的一半相等，所以在该八分点处力 EL 最大，超出力 ML 的比率为 3 比 2；所以它比使月球绕静止地球的其周期运行的力，与 100 比 $\frac{2}{3} \times 17872 \frac{1}{2}$ 相等，或 11915；在时间 CT 内所产生的速度与月球速度的 $\frac{100}{11915}$ 部分相等；而在时间 CPA 内则按比率 CA 比 CT 或 TP 产生一个更大的速度。令在八分点处最大的 EL 力以面积 $FK \times Kk$，或与之相等的矩形 $\frac{1}{2} TP \times Pp$ 表示，则该最大力在任意时间 CP 内所产生的速度比另一个较小的力 EL 在相同时间所产生的速度，与矩形 $\frac{1}{2} TP \times CP$ 比面积 $KCGF$ 相等，而在整个时间 CPA 内所产生的速度互相之间的比与矩形 $\frac{1}{2} TP \times CA$ 比三角形 TCG 相等，或与直角弧 CA 比半径 TP 相等。所以，在全部时间内所产生的后一速度与月球速度的 $\frac{100}{11915}$ 部分成正比。在这个与面积的平均变化率的月球速度上成正比（设该平均变化率以数 11915 表示），加上或减去另一个速度的一半，则和 11915+50 或 11965 表示在朔望点 A 面积的最大变化率，而差 11915-50 或 11865 表示在方照点的最小变化率。所以，在相等的时间里，在朔望点与在方照点所经过的面积的比与 11965 比 11865 相等。如果在最小变化率 11865 上再加上一个变化率，它比前两个变化率的差 100，与四边形 *FKCG* 比三角形 *TCG* 相等，或等价地，与正弦 *PK* 的平方比半径 *TP* 的平方相等（即等于 Pd 比 TP），则所得到的和表示月球位于任意中间位置 *P* 时的面积变化率。

但上述结果仅在假设太阳和地球静止时才成立，这时的月球会合周期为 27 天 7 小时 43 分。但由于月球的实际会合周期为 29 天 12 小时 44 分，变化率增量肯定按与时间相同的比率扩大，即按 1080853 比 1000000 增大。这样，原为平均变化率 $\frac{100}{11915}$ 部分的总增量，现在变为 $\frac{100}{11023}$ 部分，所以月球在方照点的面积变化率比在朔望点的变化率与 11023-50 比 11023+50 相等，或与 10973 比 11073 相等。至于比月球在任意中间位置 *P* 的变化率，则与 10973 比 10973+Pd 相等，即假设 *TP* = 100。

所以，月球伸向地球的半径在每个相等的时间小间隔内经过的面积，在半径为一的圆中，近似地与数 219.46 与月球到最近的一个方照点的二倍距离的正矢的和成正比。在此设在八分点的变差为其平均量。但如果在该处的变差较大或较小，则该正矢也必须按相同比例增大或减小。

命题 27 问题 8

...

由月球的小时运动求它到地球的距离。

月球通过其伸向地球的半径所经过的面积，在每一时刻都与月球的小时运动与月球到地球距离平方的乘积成正比。所以月球到地球的距离与该面积的平方根成正比，与其小时运动的平方根而变化成反比。

推论 I. 因此可以求出月球的视在直径，因为它与月球到地球的距离成反比。请天文学家验证这一规律与现象的一致程度。

推论Ⅱ.因此也可以由该现象求出月球轨道,比迄今为止所做的更加精确。

命题 28 问题 9

• • •

求月球运动的无偏心率轨道的直径。(图 C 3-6)

如果物体沿垂直于轨道的方向受到吸引,则它经过的轨道,其曲率与该吸引力成正比,与速度的平方成反比,我取曲线曲率相互间的比,与相切角的正弦或正切与相等的半径的最后的比相等,在此设这些半径是无限缩小的。月球在朔望点对地球的吸引,是

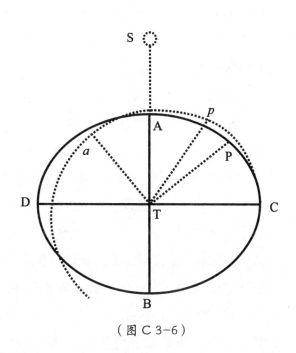

(图 C 3-6)

它对地球的引力减去太阳引力 2PK 后的剩余(见命题 25 插图),后者则为月球与地球指向太阳的加速引力的差。而在方照点时,该吸引力是月球指向地球的引力与太阳力 KT 的和,后者使月球趋向于地球。设 N 与 $\frac{AT+CT}{2}$ 相等,则这些吸引力近似与 $\frac{178725}{AT^2} - \frac{2000}{CT \times N}$ 和 $\frac{178725}{CT^2} + \frac{1000}{AT \times N}$ 成正比,或与 $178725N \times CT^2 - 2000AT^2 \times CT$,和 $178725N \times AT^2 + 1000CT^2 \times AT$ 成正比。(图 C 3-6)因为,如果月球指向地球的加速引力可以数 178725 表示,则把月球拉向地球的,在方照点为 PT 或 TK 的平均力 ML,即为 1000,而在朔望点的平均力 TM 即为 3000。如果由这个力中减去平

均力 ML，则余下 2000，这正是我们在前面称之为 $2PK$ 的在朔望点把月球自地球拉开的力。但月球在朔望点 A 和 B 的速度比其在方照点 C 和 D 的速度与 CT 比 AT 成正比，与月球由伸向地球的半径在朔望点经过面积的变化率，比在方照点经过面积的变化率的乘积，即与 $11073CT$ 比 $10973AT$ 相等。将该比式倒数的平方乘以前一个比式，则月球轨道在朔望点的曲率比其在方照点的曲率，与 $120406729 \times 178725AT^2 \times CT^2 \times N$-$120406729 \times 2000AT^4 \times CT$ 比 $122611329 \times 178725AT^2 \times CT^2 \times N$+$122611329 \times 1000CT^4 \times AT$ 相等，即与 $2151969AT \times CT \times N$-$24081AT^3$ 比 $2191371AT \times CT \times N$+$12261CT^3$ 相等。

　　因为月球轨道形状是未知的，我们可以先设它为椭圆 $DBCA$，地球位于它的中心，且长轴 DC 在方照点之间，短轴 AB 在朔望点之间。由于该椭圆平面以一个角运动绕地球转动，我们要求其曲率的轨道应在一个不含这种运动的平面上面出，我们应考虑月球在这一平面上运动时画出的轨道的形状，也就是说，应考虑图形 cpa，其上的每一个点 p 应这样求得：设 P 为椭圆上表示月球位置的点，作 Tp 与 TP 相等，并使得角 PTp 与太阳自最后一个方照点 C 以来的视在运动相等，或者（等价地）使得角 CTp 比 CTD 与月球的会合环绕时间比它环绕周期相等，或与 29 天 12 小时 44 分比 27 天 7 小时 43 分相等。所以，如我们取角 CTa 比直角 CTA 与该比值相等，并取 Ta 长度与 TA 相等，即可使 a 位于轨道 Cpa 的上回归点，C 位于上回归点。但我通过计算发现，该轨道 Cpa 在顶点 a 的曲率与以 TA 为间隔，以 T 为中心的圆的曲率的差，比该椭圆在顶点 A 的曲率与同一个的曲率的差，与角 CTP 与角 CTp 的比的平方相等，而椭圆在 A 的曲率比圆的曲率与 TA 比 TC 的比值的平方相等；该圆的曲率比以 T 为心以 TC 为半径的圆的曲率与 TC 比 TA 相等；但后一圆的曲率比椭圆在 C 的曲率与 TA 与 TC 的比的平方相等；而椭圆在顶点 C 的曲率与后一圆的曲率的差，比图形 Tpa 在顶点 C 的曲率与同一个圆的曲率的差，与角 CTp 与角 CTP 的比的平方相等。所有这些关系都易于从切角及其差的正弦导出。但对这些比式做比较，我们即发现，图形 Cpa 在 a 处的曲率比其 C 处的曲率与 AT^3 - $\frac{16824}{100000}$ $CT^3 \times AT$ 比 CT^3 - $\frac{16824}{100000}$ $AT^3 \times CT$ 相等，在此，数 $\frac{16824}{100000}$ 表示角 CTP 与 CTp 的平方差再除以较小的角 CTP 的平方，或表示（等价地）时间 27 天 7 小时 43 分与 29 天 12 小时 44 分的平方差除以时间 27 天 7 小时 43 分的平方。

所以，由于 a 表示月球的朔望点，C 表示方照点，上述比值肯定与上面求出的月球轨道在朔望点的曲率与在方照点的曲率的比值相等。所以，为求出比值 CT 比 AT，可将所得到比式的外项与中项相乘，再除以 $AT \times CT$，得到如下方程：$2062.79CT^4$ - $2151969N \times CT^3$ + $368676N \times AT \times CT^2$ + $36342AT^2 \times CT^2$ - $362047N \times AT^2 \times CT$ + $2191371N \times AT^3$ + $4051.4AT^4 = 0$。如果令项 AT 与 CT 的和 N 的一半为 l，x 是它们的差的一半，则 $CT = l+x$，$AT = l\text{-}X$。把这些值代入方程，求解以后得 $x = 0.00719$；因此，半径 $CT = 1.00719$，半径 $AT = 0.99281$，这两个数的比大约与 $70\frac{1}{24}$ 比 $69\frac{1}{24}$ 相等。所以月球在朔望点到地球的距离比其在方照点的距离（不考虑偏心率）与 $69\frac{1}{24}$ 比 $70\frac{1}{24}$ 相等；或者取整数比，与 69 比 70 相等。

命题 29 问题 10

...

求月球的变差。

这种不相等性部分地归因于月球轨道的椭圆形状，部分地归因于由月球伸向地球的半径所经过面积变化率的不相等性。如果月球 P 沿椭圆 $DBCA$ 绕处于该椭圆中心的静止地球转动，其伸向地球的半径 TP 经过的面积 CTP 与运行时间成正比；椭圆的最大半径 CT 比最小半径 TA 与 70 比 69 相等，则角 CTP 的正切比由方照点 C 起算的平均运动角的正切，

与椭圆半径 *TA* 比其半径 *TC* 相等，或与 69 比 70 相等。但月球由方照点行进到朔望点所经过的面积 *CTP*，应以这种方式被加速，使得月球在朔望点的面积变化率比在方照点的面积变化率与 11073 比 10973 相等；而在任意中间点 *P* 的变化率与在方照点变化率的差则应与角 *CTP* 的正弦的成正比。如果将角 *CTP* 的正切按数 10973 与数 11073 的比的平方根减小，即按 6868777 比 69 减小，则可以足够精确地求出它。因此，角 *CTP* 的正切比平均运动的正弦与 68.6877 比 70 相等；在八分点处，平均运动等于 45°，角 *CTP* 将为 44° 27′ 28″，当从 45° 的平均运动中减去它后，将剩下最大变差 32′ 32″。所以，如果月球是由方照点到朔望点的，应当仅掠过 90° 的角 *CTA*。但由于地球的运动造成太阳视在前移，月球在赶上太阳之前需经过一个大于直角的角 *CTa*，它与直角的比与月球的会合周期比自转周期相等，即与 29 天 12 小时 44 分比 27 天 7 小时 43 分相等。因此所有绕中心 *T* 的圆心角都要按相同比例增大；而原为 32′ 32″ 的最大变差，按该比例增大后，变为 35′ 10″。

这就是在太阳到地球的平均距离上，月球的变差，在此未考虑大轨道曲率的差别，以及在新月和月面呈凹形时太阳对月球的作用大于满月和月面呈凸形时。在太阳到地球的其他距离上，最大变差是一个比值复合，它与月球会合周期的平方成正比（在一年中的月份是已知的），与太阳到地球距离的立方成反比。所以，在太阳的远地点，如果太阳的偏心率比大轨道的横向半径为 16$\frac{15}{16}$ 比 1000，则最大变差为 33′ 14″，而在近地点，则为迄今我们研究了无偏心率的轨道变差，在其中月球在八分点到地球的距离刚好是它到地球的平均距离。如果月球由于其轨道偏心率的存在而致使到地球的距离时远时近，则其变差也会时大时小。我将变差的这种增减留给天文学家们通过观测做出推算。

命题 30 问题 11

···

求在圆轨道上月球交会点的每小时运动。（图 C 3-7）

令 S 表示太阳，T 为地球，P 为月球，NPn 为月球轨道，Npn 为该轨道在黄道平面上的投影，N、n 为交会点，nTNa 为交会点连线的不定延长线，PI、PK 是直线 ST、Qq 上的垂线，Pp 是黄道面上的垂线，A、B 是月球在黄道面上的朔望点，AZ 是交会点连线 Nn 上的垂线，Q、g 是月球在黄道

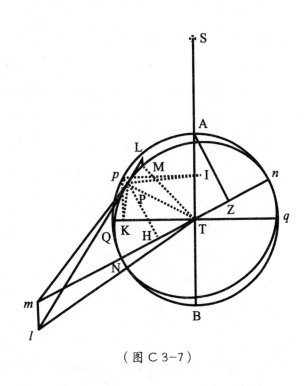

（图 C 3-7）

面上的方照点，PK 是方照点连线 Qq 上的垂线。太阳干扰月球运动的力（由命题 25）由两部分组成，一部分与直线 LM 成正比，另一部分与直线 MT 成正比；前一个力使月球被拉向地球，而后一力则把它拉向太阳，方向是平行于连接地球与太阳的连线 ST。前一个力 LM 的作用沿着月球轨道平面的方向，因而对月球在轨道上的位置变化无作用，在此不予考虑；后一个力 MT 使月球轨道平面受到干扰，其作用与力 3PK 或 3IT 相同。而且这个力（由命题 25）比使月球沿圆轨道绕静止地球在其周期时间内以匀速转动的力，与 3IT 比该圆半径乘以数 178.725 相等，或与 IT 比半径乘以 59.575 相等。但在此处，以及以后的所有计算中，我都假设月球到太阳的连线与地球到太阳的连线相平行，因为这两条连线的倾斜在某种情况下足以抵消一切影响，如同在另一些情况下使之产生一样；我们

现在是在研究交会点的平均运动，不考虑这些不重要的却只会使计算变得繁杂的细节。

设 PM 表示在最小时间间隔内经过的弧段，ML 为一短线，月球在相同时间内在上述的力 3IT 的冲击下可经过它的一半；连接 PL、MP，并把它们延长到 m 和 l 并与黄道平面相交，在 Tm 上做垂线 PH。由于直线 ML 与黄道面平行，所以绝不会与该平面内的直线力 ml 相交，因此它们也平行，因而三角形 LMP、lmp 相似。又因 MPm 在轨道平面内，当月球在位置 P 处运动时，点 m 落在通过轨道交会点 N, n 的直线 Nn 上。而因为使小线段 LM 的一半得以产生的力，若全部同时作用于点 P，则可以产生整个线段，使月球沿以 LP 为弦的弧运动，也就是说，可以使月球由平面 MPmT 进入平面 LPlT，所以该力使交会点产生的角运动与角 mTl 相等。但 ml 比 mP 与 ML 比 MP 相等；而由于给定时间，也给定 MP，因此 ml 与 ML×mP 成正比，即，与矩形 IT×mP 成正比。如果 Tml 是直角，角 mTl 与 $\frac{ml}{Tm}$ 成正比，所以与 $\frac{IT \times mP}{Tm}$ 成正比，即（因为 Tm 与 mP，TP 与 PH 是正比的），与 $\frac{IT \times mP}{Tm}$ 成正比；所以，因为给定 TP，与 IT×PH 成正比。但如果角 Tml 或 STN 不是直角，则角 mTl 将更小，与角 STN 的正弦比半径，或 AZ 比 AT 成正比。所以，交会点的速度与 IT×PH×AZ 成正比，或与三个角 TPI、PTN 和 STN 正弦的乘积成正比。

如果这些角是直角，像交会点在方照点，月球在朔望点样，小线段 ml 将移到无限远处，角 mTl 与角 mPl 相等。但在这种情形中，角 mPl 比月球在相同时间内绕地球的视在运动所成的角 PTM，与 1 比 59.575 相等。因为角 mPl 与角 LPM 相等，即与月球偏离直线路径的角度相等；如果月球引力消失，则该角可以由太阳力 3IT 在该给定时间内单独产生，而角 PTM 与月球偏直线路径的角相等；如果太阳力 3IT 消失，则这个角也可以由停留在其轨道上的月球在相同时间内单独生成。这两个力（如上所述）相互间的比与 1 比 59.575 相等。所以由于月球的平均小时运动（相对于恒星）为 $32^m 56^s 27^{th} 12\frac{1}{2}^{iv}$，在此情形中的交会点运动将为 $33^s 10^{th} 33^{iv} 12^v$

但在其他情形中，小时运动比 $33^s10^{th}33^{iv}12^v$ 与三个角 TPI、PTN 和 STN 正弦（或月球到方照点的距离，月球到交会点的距离，以及交会点到太阳的距离）的乘积比半径的立方相等。而且每当某一个角的正弦由正变负，或由负变正时，逆行运动肯定变为顺行运动，而顺行运动肯定变为逆行运动。因此，只要月球位于任意一个方照点与距该方照点最近的交会点之间，交会点总是顺行的。在其他情形中它都是逆行的，而由于逆行大于顺行，交会点逐月后移。（图 C 3-8）

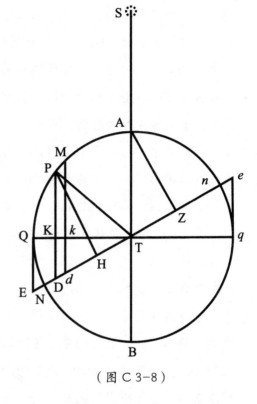

（图 C 3-8）

推论 I．因此，如果由短弧 PM 的端点 P 和 M 向方照点连线 Qq 作垂线 PK、Mk，并延长与交会点连线 Nn 相交于 D 和 d，则交会点的小时运动将与面积 $MPDd$ 乘以直线 AZ 的平方成正比。因为令 PK、PH 和 AZ 为上述的三个正弦，即 PK 为月球到方照点距离的正弦，PH 为月球到交会点距离的正弦，AZ 为交会点到太阳距离的正弦；交会点的速度与乘积 $PK \times PH \times AZ$ 成正比。但 PT 比 PK 与 PM 比 Kk 相等；所以，因为 PT 和 PM 是给定的，Kk 与 PK 成正比。类似地，AT 比 PD 与 AZ 比 $\times PH$ 相等，所以 PH 与矩形 $PD \times AZ$ 成正比；将这些比式相乘，$PK \cdot PH$ 与立方容积 $Kk \times PD \times AZ$ 成正比，而 $PK \times P \times AZ$ 与 $Kk \times PD \times AZ^2$ 成正比；即与面积 $PDdM$ 与 AZ^2 的乘积成正比。

推论 II．在交会点的任意给定位置上，它们的平均小时运动为在朔望点月球小时运动的一半，所以比 $16^s35^{th}16^{iv}36^v$ 与交会点到朔望点距由正弦的平方比半径的平方相等，或与 AZ^2 比 AT^2 相等。因为，如果月球以

均匀运动经过半圆 QAq，则在月球由 Q 到 M 的时间内，所有面积 $PDdM$ 的和，将构成面积 $QMdE$，它以圆的切线 QE 为界；当月球到达点时，这些面积的和又构成直线 PD 所经过的面积 $EQAn$，但由于当月球打制前由 n 移到 q 时，直线 PD 将落在圆外，经过以圆切线 qe 为界的面积 nqe，因为交会点原先是逆行的，现在变为顺行，该面积必须从前一个面积中减去，而由于它与面积 QEN 相等，所以剩下的是半圆 $NQAn$。所以，当月球掠过半圆时，所有的面积 $PDdM$ 的和也与该半圆相等；当月球经过一个整圆时，这些面积的和也与该整圆面积相等。但当月球位于朔望点时，面积 $PDdM$ 与弧 PM 乘以半径 PT 相等；而所有的与之相等的面积的总和，在月球经过一个整圆的时间内，与整个圆周乘以圆半径相等；这个乘积在圆面积增大一倍时，变为前一个面积的和的二倍。所以，如果交会点以其在月球朔望点所获得的速度匀速运动，则它们经过的距离为实际上的二倍；如果它们是匀速运动的，则其平均运动所经过的距离与它们实际上以不均匀运动所经过的距离相等，但仅仅为它们以在月球朔望点获得的速度所经过的距离的一半。因此，如果交会点在方照点，由于其最大小时运动为 $33^{s}10^{th}33^{iv}12^{v}$ 对应的平均小时运动为 $16^{s}35^{th}16^{iv}36^{v}$ 而由于交会点的小时运动处处与 AZ^{2} 与面积 $PDdM$ 的乘积成正比，所以，在月球的朔望点，交会点的小时运动也与 AZ^{2} 与面积 $PDdM$ 的乘积成正比，即（因为在朔望点掠过的面积 $PDdM$ 是给定的），与 AZ^{2} 成正比，所以，平均运动也与 AZ^{2} 成正比；当交会点不在方照点时，该运动比 $16^{s}35^{th}16^{iv}36^{v}$ 与 AZ^{2} 比 AT^{2} 相等。

命题 31 问题 12

• • •

求月球在椭圆轨道上的交会点小时运动。（图 C 3-9）

令 *Qpmaq* 表示一个椭圆，其长轴为 *Qq*，短轴为 *ab*，*QAqB* 是其外切圆，*T* 是位于这两个圆的公共中心的地球；*S* 是太阳，*p* 是沿椭圆运动的月球，*pm* 是月球在最小时间间隔内经过的弧长；*N* 和 *n* 是交会点，其连线为 *Nn*；*pK* 和 *mk* 为轴 *Qg* 上的垂线，向两边的延长线与圆相交于 *P* 和 *M*，与交会点连线相交于 *D* 和 *d*。如果月球伸向地球的半径经过的面积与运行时间成

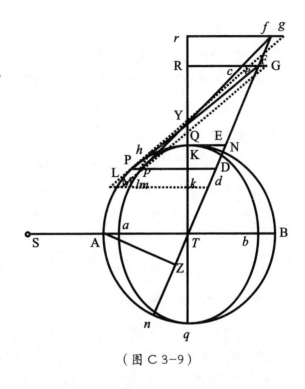

（图 C 3-9）

正比，则椭圆交会点的小时运动将与面积 *pDdm* 与 *AZ2* 的乘积成正比。

因为，令 *PF* 与圆相切于 *P*，延长后与 *TN* 相交于 *F*；*pf* 与椭圆相交于 *p*，延长后与同一个 *TN* 相交于 *f*，两条切线在轴 *TQ* 上相交于 *Y*；令 *ML* 表示在月球沿圆转动经过弧 *PM* 的时间内，月球在上述力 3*IT* 或 3*PK* 作用下横向运动所经过的距离；而 *ml* 表示在相同时间内月球受相同的力 3*IT* 或 3*PK* 作用沿椭圆转动的距离；令 *LP* 和幼延长与黄道面相交于 *G* 和 *g*，作 *FG* 和力，其中 *FG* 的延长线分别在 *c*、*e* 和 *R* 分割 *pf*、*pg* 和 *TQ*；*fg* 的延长线在 *r* 分割 *TQ*。因为圆上的力 3*IT* 或 3*PK* 比椭圆上的力 3*IT* 或 3*pK* 与 *PK* 比 *pK* 相等，或与 *AT* 比 *aT* 相等，前一个力产生的距离 *ML* 比后一个力产生的距离 *ml* 与 *PK* 比 *pK* 相等，即因为图形 *PYKp* 与 *FYRc* 相似，与 *FR* 比 *cR* 相等。但（因为三角形 PLM、PGF 相似）*ML* 比 *FG* 与 *PL* 比 *PG* 相等，即（由于 LK、PK、GR 相平行），与 *pl* 比 *pe* 相等，即比（因为三角形 plm、cpe 相似）与 *lm* 比 *ce* 相等；其反比与 *LM* 比 *lm* 相等，或

与 FR 比 cR 相等，FG 比 ce 也是如此。所以，如果 fg 比 ce 与 fy 比 cY 相等，即与 fr 比 cR 相等（即与 fr 比 FR 乘以 FR 比 cR 相等，与 fT 比 FT 乘以 FG 比 ce 相等），因为两边的 FG 比 ce 消去，余下 fg 比 FG 和 fT 比 FT，所以 fg 比 FG 与 fT 比 FT 相等，因此，由 FG 和 fg 在地球 T 上所划分的角相等。但这些角（由我们在前述命题中所证明的）就是与月球在圆上经过弧 PM，在椭圆上经过弧 pm 的同时，交会点的运动，因而交会点在圆上与在椭圆上的运动相等。因此，可以说，如果 fg 比 ce 与 fY 比 cY 相等，即，如果 fg 与 $\frac{ce \times fY}{cY}$ 相等，即有如此结果。但因为三角形 fgp、cep 相似，fg 比 ce 与 fg 比 cp 相等，所以 fg 与 $\frac{ce \times fp}{cp}$ 相等，因此，实际上由 fg 划分的角比由 FG 所划分的前一个角，即是说，交会点在椭圆上的运动比其在圆上的运动，等于 fg 或 $\frac{ce \times fp}{cp}$ 比前一个 fg 或 $\frac{ce \times fY}{cY}$，即与 $fg \times cY$ 比 $fY \times cp$ 相等，或与 fP 比 fY 乘以 cY 比 cp 相等；即，如果 ph 平行于 TN，与 FP 相交于 h，则与 Fh 比 FY 乘以 FY 比 FP 相等；即，与 Fh 比 FP 或 Dp 比 DP 相等，所以与面积 $Dpmd$ 比面积 $DPMd$ 相等。所以，由于（由命题 30 推论 I）后一个面积与 AZ^2 的乘积与交会点在圆上的小时运动成正比，则前一个面积与 AZ^2 的乘积将与交会点在椭圆上的小时运动成正比。

推论．所以，由于在交会点的任意给定位置上，在与月球由方照点运动到任意位置 m 的时间内，所有的面积 $pDdm$ 的和，就是以椭圆的切线 QE 为边界的面积 $mpQEd$；且在一次环绕中，所有这些面积的和，就是整个椭圆的面积；交会点在椭圆上的平均运动比交会点在圆上的平均运动与椭圆比圆相等，即与 Ta 比 TA，或 69 比 70 相等。所以，由于（由命题 30 推论 II）交会点在圆上的平均小时运动比 $16^s 35^{th} 16^{iv} 36^v$ 与 AZ^2 比 AT^2 相等，如果取角 $16^s 21^{th} 3^{iv} 30^v$ 比角 $16^s 35^{th} 16^{iv} 36^v$ 与 69 比 70 相等，则交会点在楠圆上的平均小时运动比 $16^s 21^{th} 3^{iv} 30^v$ 与 AZ^2 比 AT^2 相等，即与交会点到太阳距离的正弦的平方比半径的平方相等。

但月球伸向地球的半径在朔望点经过面积的速度比其在方照点大，因此在朔望点时间被压缩了，而在方照点则延展了；把整个时间合起来交会点的运动作了类似的增加或减少，但在月球的方照点面积变化率比在月球的朔望点面积变化率与 10973 比 11073 相等。因此在八分点的平均变化率比在朔望点的出超部分，以及比在方照点的不足部分，与这两个数的和的一半比它们的差的一半相等，即 11023 比 50。因此，由于月球在其轨道上各相等的小间隔上的时间与它的速度成反比，在八分点的平均时间比在方照点的出超时间，以及比在朔望点的不足时间，近似与 11023 比 50 相等。但是我发现在由方照点到朔望点的面积变化率之差，近似与月球到该方照点距离的正弦的平方成正比，所以在任意位置的变化率与在八分点的平均变化率的差，与月球到该方照点距离正弦的平方成正比，与 45° 正弦平方，或半径平方的一半的差；而在八分点与方照点之间各位置上时间的增量，与在该八分点到朔望点之间各位置上时间的减量，有相同比值。但在月球经过其轨道上各相等小间隔的同时，交会点的运动与该时间加速或减速成正比。这一运动，当月球掠过 PM 时，（等价地）与 ML 成正比，而 ML 与时间的平方变化成正比。因此，交会点在朔望点的运动，在月球经过其轨道上给定的小间隔的同时，与数 11073 与数 11023 的比值的平方而减小成正比，而其减量比剩余运动与 100 比 10973 相等，它比总运动近似与 100 比 11073 相等。但在八分点与朔望点之间的位置上的减量，与在该八分点与方照点之间的位置上的增量，比该减量近似等于在这些位置上的总运动比在朔望点的总运动，乘以月球到该方照点距离正弦的平方与半径平方的一半的差，比半径平方的一半。所以，如果交会点在方照点，我们可在交会点两侧分别取一个位置，它们到八分点的距离相等，又和到朔望点和方照点的距离也相等，并由在朔望点和八分点之间的两个位置的运动减量上，减去在该八分点与方照点之间的另两个位置的运动增量，则余下的减量将与在朔望点的减量相等，这可以由计算而简单地证明；所以，平均减量应该从交会点平均运动中减去，它与在朔望点减量的 $\frac{1}{4}$ 相等。交会点在朔望点的总小时运动（设此时月球伸向地球的半径所经过的面积与时间成正比）为

$32^s 42^{th} 7^{iv}$。并且，我们已经证明交会点运动的减量，在与月球以较大速度经过相同的空间的时间内，比该运动与 100 比 11073 相等，所以这一减量为 $17^{th} 43^{iv} 11^v$ 由上面求出的平均小时运动 $16^s 21^{th} 3^{iv} 30^v$ 中减去其 $\frac{1}{4}$，即 $4^{th} 25^{iv} 48^v$，余下 $16^s 16^{th} 37^{iv} 42^v$，这就是它们的平均小时运动的正确值。

如果交会点不在方照点，设两个点分别在其一侧和另一侧，且到朔望点距离相等，则当月球位于这些位置时，交会点运动的和，比当月球在相同位置而交会点在方照点时它们的运动的和，与 AZ^2 比 AT^2 相等。而由于刚才论述的原因而产生的运动减小量，其相互间的比，以及余下的运动相互间的比，与 AT^2 比 AT^2 相等；而平均运动与余下的运动成正比。所以，在交会点的任意给定位置，它们的实际平均小时运动比 $16^s 16^{th} 37^{iv} 42^v$ 与 AZ^2 比 AT^2 相等；即，与交会点到朔望点距离正弦的平方比半径的平方相等。

命题 32 问题 13

...

求月球交会点的平均运动。
（图 C 3-10）

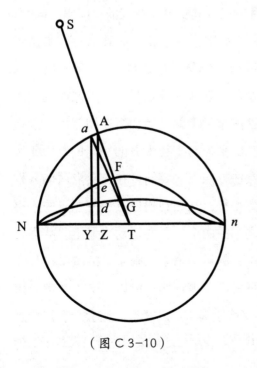

（图 C 3-10）

年平均运动是一年中所有平均小时运动的和。设交会点位于 N，并每经过一个小时后都回到其原先的位置，使得它尽管有这样的运动，却相对于恒星保持位置不变；而与此同时，太阳 S 由于地球的运动看上去像是离开交会点，以均匀运动行进直到完成其视在年运动。令 *Aa* 表示给定短弧，它由总是伸向太阳的直线 *TS* 与圆 *NAn* 的交点在给定时间间隔内经过；则平均小时运动（由上述证明）与 AZ^2 成正比，即（因为 AZ 与 ZY 成正比）与 AZ 与 ZY 的乘积成正比，也就是说，与面积 *AZYa* 成正比；而从一开始算起的所有平均小时运动的和与所有面积 *aYZA* 的和成正比，即与面积 *NAZ* 成正比。但最大的 *AZYa* 与弧 *Aa* 与圆半径的乘积相等，所以，在整个圆上所有这样的乘积的和与所有最大乘积的和的比，与整个圆的面积比整个圆周长与半径的乘积相等，即与 1 比 2 相等。但对应于最大乘积的小时运动是 $16^s16^{iii}37^{iv}42^v$，而在一个恒星年的 365 天 6 小时 9 秒中，总和为 39° 38′ 7″ 50‴，所以其一半为 19° 49′ 3″ 55‴，就是对应于整个圆的交会点平均运动。在太阳由 *N* 运动到 *A* 的时间内，交会点的运动比 19° 49′ 3″ 55‴ 与面积 *NAZ* 比整个圆相等。

　　这一结果是以交会点每经过一个小时都回到其原先位置为前提的，这样，经过一次完全环绕后，太阳在年终时又出现在它曾在年初时离开的同一个交会点上。但是，因为交会点的运动是同时进行的，所以太阳肯定要提前与交会点相遇；现在我们来计算所缩短的时间。由于太阳在一年中要移动 360°，同一时间里交会点以其最大运动而移动 39° 38′ 7″ 55‴ 或 39.6355°；在任意位置 *N* 的交会点平均运动比其在方照点的平均运动，与 AZ^2 比 AT^2 相等；太阳运动比交会点在 *N* 处的平均运动与 $360AT^2$ 比 $39.6355AZ^2$ 相等，即与 $9.0827646AT^2$ 比 AZ^2 相等。所以，如果我们设整个圆的周长 *NAn* 分割成相等的小部分 *Aa*，则当圆静止时，太阳经过短弧 *Aa* 的时间，比当圆交会点一起绕中心 *T* 转动时太阳掠过同一短弧的时间，与 $9.0827646AT^2$ 与 $9.0827646AT^2+AZ^2$ 的反比相等。因为时间与经过短弧的速度成反比，而该速度又是太阳与交会点速度的和，所以，如果以扇形 *NTA* 表示太阳在交会点不动时经过弧 *NA* 的时间，而该扇形的无限小部分 *ATa* 表示它经过短弧 *Aa* 的小时间间隔，且（作 *aY* 的垂线 *Nn*）如果在 *AZ* 上取 *dZ* 为这样的长度，使得 *QZ* 与 *ZY* 的乘积比扇形的极小部分 *ATa* 与 AZ^2 比 $9.0827646AT^2+AZ^2$ 相等；也就是说，dZ 比 $\frac{1}{2}AZ$ 与 AT^2 比 $9.0827646AT^2+AZ^2$ 相等，则 QZ 与 ZY 的乘积将表示在弧 Aa 被经过的同时，由于交会点的运动而造成的时间减量。如果曲线 $NdGn$ 是点 d 的轨迹，则曲线面积 NdZ 在整个面积 NA 被经过的同时将与总的时间流量成正比，所以，扇形 NAT 超出面积 NdZ 的部分与总时间成正比。但因为在短时间内的交会点运动与时间的比值亦较小，面积 $AaYZ$ 也必须按相同比例减小；这可以在 AZ 上取线段 cZ 为这样的长度，使它比 AZ 的长度与 AZ^2 比 $9.0827646AT^2+AZ^2$ 相等。因为这样的话 eZ 与 ZY 的乘积比面积 $AZYa$ 与经过弧 Aa 的时间减量比交会点静止时经过它的总时间相等，所以该乘积与交会点运动的减量成正比。如果曲线 $NeFn$ 是点 e 的轨迹，则这种运动的减量的总和，总面积 NeZ 将与在掠过弧 AN 的时间内的总减量成正比，而余下的面积 NAe 与余下的运动成正比，这一运动正是在太阳与交会点以其复合运动经过整个弧 NA 的时间内交会点的实际运动。现在，半圆面积比图形 $NeFn$ 的面积由无限级数方法求出约为 793 比 60。而对应于或与整个圆的运动为 19° 49′ 3″ 55‴成正比；因而对应于二倍图形 $NeFn$ 的运动为 1° 29′ 58″ 2‴，把它从前一运动中减去后余下 18° 19′ 5″ 53‴，这就是交会点在它与太阳的两个会合点之间相对于恒星的总运动；从太阳的年运动 360° 中减去这项运动，余下 341° 40′ 54″ 7‴，这是太阳在相同会合点之间的运动。但这一运动比 360° 的年运动，与刚才求出的交会点运动 18° 19′ 5″ 53‴比其年运动相等，因此它为 19° 18′ 1″ 23‴；这就是一个回归年中交会点的平均运动。在天文表中，它为 19° 21′ 21″ 50‴。差别不足总运动的赤部分，它似乎是由于月球轨道的偏心率，以及它与黄道面的倾斜引起的。这个轨道的偏心率使交会点运动的加速过大；在另一方面，轨道的倾斜使交会点的运动受到某种阻碍，因而获得适当的速度。

命题 33 问题 14

• • •

求月球交会点的真实运动。（图 C 3-11）

在与面积 *NTA-NdZ*（在前一个图中）的时间成正比内，该运动与面积 *NAe* 成正比，因而是给定的；但因为计算太困难，最好是使用下述作图求解。以 *C* 为中心，取任意半径 *CD* 作圆 *BEFD*；延长 *DC* 到 *A* 使 *AB* 比 *AC* 与平均运动比交会点位于方照点的平均真实运动相等，即与 19° 18′ 1″ 23‴ 比 19° 49′ 3″ 55‴ 相等；因而 *BC* 比 *AC* 与这些运动的差 0° 31′ 2″ 32‴ 比后一运动 19° 49′ 3″ 55‴ 相等，即与 1 比 38 $\frac{3}{10}$ 相等。然后通过点 *D* 作不定直线 *Gg*，与圆相切于 *D*。如果取角 *BCE* 或 *BCF* 与太阳到交会点距离的二倍相等，它可以通过平均运动求出，并作 *AE* 或 *AF* 与垂线 *DG* 相交于 *G*，取另一个角，使它比在朔望之间的交会点总运动（即比 9° 11′ 3″）等于切线 *DG* 比圆 *BED* 的总周长，并在它们由方照点移向朔望点时，在交会点的平均运动中加上这后一个角（可用角 *DAG*），而在它们由朔望点移向方照点时，由平均运动中减去这个角，即得到它们的实际运动。因为由此求出的实际运动与设时间与面积 *NTA-NdZ* 成正比，且交会点运动与面积 *NAe* 所求出的真实运动近似吻合成正比。任何人通过验算都会发现，这就是交会点运动的半月均

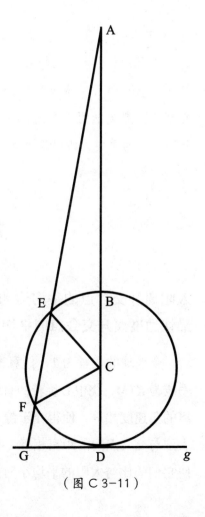

（图 C 3-11）

差。但还有一个月均差，只是它在求月球黄纬时是不必要的；因为既然月球轨道相对于黄道面倾斜的变差受两方面不等性的支配，一个是半月的，另一个是每月的，而这一变差的月不等性与交会点的月均差，能够互相抵消校正，所以在计算月球的黄纬时二者都可以略去不计。

推论. 由本命题和前一命题可知，交会点在朔望点是静止的，而在方照点是逆行的，其小时运动为 $16^s19^{th}26^{iv}$；在八分点交会点运动的均差为 $1°\ 30'$。所有这些都与天文现象精确吻合。

附 注

马金先生、格列山姆教授和亨利·彭伯顿博士分别用不同方法发现了月球交会点运动。本方法的论述曾见诸其他场合。他们的论文，就我所看到的，都包括两个命题，而且互相之间完全一致，马金先生的论文最先到达我的手中，所以收录如下。

命题 34
· · ·

太阳离开交会点的平均运动由太阳的平均运动与太阳在方照点以最快速度离开交会点的平均运动的几何中项决定。（图 C 3-12）

令地球的位置为 T，任意给定时刻的月球交会点连线为 Nn，其上的垂线为 KTM，绕中心旋转的直线为 TA，其角速度与太阳与交会点互相分离的角速度相等，使得介于静止直线 Nn 与旋转直线 TA 之间的角始终与太阳与交会点间的距离相等。如果把任意直线 TK 分为 TS 和 SK 两部分，使它们的比与太阳的平均小时运动比交会点在方照点的平均小时运动相等，再取直线 *TH* 与 *TS* 部分与整个线段 *TK* 的比例中项相等，则该直线与太阳离开交会点的平均运动成正比。（图 C 3-12）

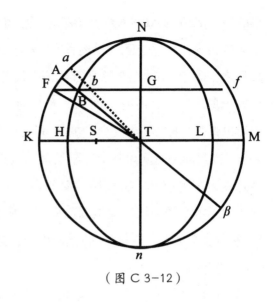

（图 C 3-12）

因为以 *T* 为中心，以 *TK* 为半径作圆 *NKnM*，并以同一个中心，以 *TH* 和 *TN* 为半轴作椭圆 *NHnL*；在太阳离开交会点通过弧 *Na* 的时间内，如果作直线 *Tba*，则在相同时间内太阳与交会点的运动的和用扇形面积 *NTa* 表示。所以，令极小弧 *aA* 为直线 *Tba* 按上述规律在给定时间间隔内匀速转动所经过，则极小扇形 *TAa* 与在该时间内太阳与交会点向两个不同方向运动的速度的和成正比。太阳的速度几乎是均匀的，其不等性非常之小，不会在交会点的平均运动中造成最小的不等性。这个和的另一部分，即交会点速度的平均量，在离开朔望点时按它到太阳距离正弦的平方增大（由本编命题 31 推论），并在到达方照点同时太阳位于 *K* 时有最大值，它与太阳速度的比与 *SK* 比 *TS* 相等，即与 *TK* 比 *TH* 的平方差，或 *KH* × *HM* 比 TH^2 相等。但椭圆 *NBH* 将表示这两个速度的和的扇形 *ATa* 分为 *ABba* 和 *BTb* 两部分，且与速度成正比。延长 *BT* 到圆交于 β，由点 *B* 向长轴作垂线 *BG*，它向两边延长与圆相交于点 *F* 和 *f*，因为空间 *ABba* 比扇形 *TBb* 与 *AB* × *Bβ* 比 BT^2 相等（该直线与 TA 和 TB 的平方差相等，因为直线 AB 在 T 被等分，而在 B 未被等分），所以当空间 *ABba* 在 *K* 处为最大时，该比值与 *KHM* 比 HT^2 相等。但上述交会点的最大平均速度与太阳速度的比也与这一比值相等；因而在方照点扇形 *ATa* 被分割成与速度的部分成正比。又因为 *KHM* 比 HT^2 与 *FBf* 比 BG^2 相等，且 *AB* × *Bβ* 与 *FB* × *Bβ* 相等，所以在 *K* 处也是最大的小面积 *ABba* 比余

下的扇形 TBb 与 $AB \times B\beta$ 比 BG^2 相等。但这些面积的比始终与 $AB \times B\beta$ 比 BT^2 相等；所以位于 A 处时面积 $ABba$ 比它在方照点的对应面积小，且面积之比等于 BG 与 BT 的平方比值，即等于太阳到交会点距离的正弦的平方比值。所以，所有小面积的和，即空间 ABN，与在太阳离开交会点后经过弧 NA 的时间内交会点的运动成正比；而余下的空间，即椭圆扇形 NTB，则与同一时间里的太阳平均运动成正比。而因为交会点的平均年运动是在太阳完成其一个周期的时间内完成的，交会点离开太阳的平均运动比太阳本身的平均运动与圆面积比椭圆面积相等，即与直线 TK 比直线 TH 相等，后者是 TK 与 TS 的比例中项，或者相同地，与比例中项 TH 比直线 TS 相等。

命题 35

...

已知月球交会点的平均运动，求其真实运动。（图 C 3-13）

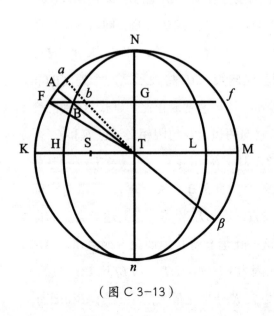

（图 C 3-13）

令太阳到交会点平均位置的距离为角 A，或太阳离开交会点的平均运动。如果取角 B，其正切比角 A 的正切与 TH 比 TK 相等，即与太阳的平均小时运动与太阳离开交会点的平均小时运动的比的平方根相等，则当交会点位方照点时，太阳到交会点的真实距离为角 B。因为连接 FT，由前一命题的证明，太阳到交会点平均位置的距离为角 FTN，

而太阳到交会点真实位置的距离为角 *ATN*，这两个角的正切的比与 *TK* 比
TH 相等。

推论. 因此，月球交会点的均差为角 *FTA*，该角的正弦，其在八分点
的最大值比半径与 *KH* 比 *TK+TH* 相等。但在其他任意位置 *A* 该均差的正
弦比最大正弦与角 *FTN+ATN* 的和的正弦比半径相等，即近似与太阳到交
会点平均位置的二倍距离（即 *2FTN*）的正弦比相等。

附 注

如果交会点在方照点的平均小时运动为 $16'' 16''' 37^{iv}42^{v}$，即在一个恒
星年中为 $39°38'7''50'''$，则 *TH* 比 *TK* 与数 9.0827646 与数 10.0827646
的比的平方根相等，即与 18.6524761 比 19.6524761 相等。所以，*TH* 比
HK 与 18.6524761 比 1 相等；即，与太阳在一个恒星年中的运动比交会点
的平均运动 $19°18'1''23\frac{2}{3}'''$相等。

但如果月球交会点在 20 个儒略年中的平均运动为 $186°50'16''$，如
由观测运用月球理论所推算的那样，则交会点在一个恒星年中的平均运
动为 $19°20'31''58'''$，*TH* 比 *HK* 与 360° 比 $19°20'31''58'''$ 相等，即与
18.61214 比 1 相等，由此交会点在方照点的平均小时运动为 $16''18'''48^{iv}$。
交会点在八分点的最大均差为 $1°29'57''$。

命题 36 问题 15
...

求月球轨道相对于黄道平面的倾斜的每小时变差。（图 C 3-14）

令 *A* 和 *a* 表示朔望点；*Q* 和 *q* 为方照点；*N* 和 *n* 为交会点；*P* 为月球

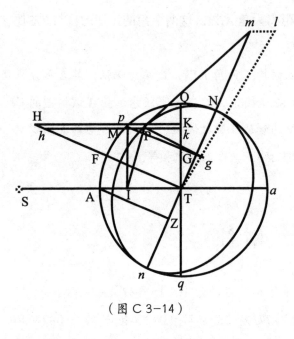

在其轨道上的位置；p 为该位置在黄道面上的投影；mTL 与上述相同，为交会点的即时运动。如果在 Tm 上做垂线 PG，连接 pG 并延长与 Tl 相交于 g，再连接 Pg，则角 PGg 为月球在 P 时月球轨道相对于黄道面的倾角，角 Pgp 为经过一个短时间间隔后的同一个倾角，所以角 GDg 就是倾角的

（图 C 3-14）

即时变差。但角 GPg 比角 GTg 与 TG 比 PG 的值乘以 Pp 比 PG 的值相等。所以，如果设时间间隔为一小时，则由于角 GTg（由命题 30）比角 $33'' 10''' 33^{iv}$ 与 $IT \times PG \times AZ$ 比 AT^3 相等，角 GPg（或倾角的小时变差）比角 $33'' 10''' 33^{iv}$ 与 $IT \times AZ \times TG \times \frac{Pp}{PG}$ 比 AT^3 相等

在此假设月球沿圆形轨道匀速运动。但如果轨道是椭圆的，交会点的平均运动将按短轴与长轴的比而减小，如前面所证明的那样，而倾角的变差也将按相同比例减小。

推论 I . 在上做垂线 TF，令 pM 为月球在黄道面上的小时运动，在 QT 上作垂线 pK、Mk，并延长与 TF 相交于 H 和 h，则 IT 比 AT 与 Kk 比 Mp 相等；而 TG 比 Hp 与 TZ 比 AT 相等，所以 $IT \times TG$ 与 $\frac{Kk \times Hp \times TZ}{Mp}$ 相等，即与面积 $HpMh$ 乘以 $\frac{TZ}{Mp}$ 相等，所以倾角的小时变差比 $33'' 10''' 33^{iv}$ 与面积 $HpMh$ 乘以 $AZ \times \frac{TZ}{Mp} \times \frac{Pp}{PG}$ 比 AT^3 相等。

推论 II . 如果地球和交会点每经过一小时都被从新的位置拉回并立即回到其原先的位置，使得其位置在整个周期月内都是已知的，则在这个月里倾角的总变差比 $33'' 10''' 33^{iv}$ 与在点 p 转动一周的时间内

（考虑到要计入它们的符号 + 或 -）产生的所有的面积 $HpMh$ 的和，乘以 $AZ \times TZ \times \dfrac{Pp}{PG}$ 比 $Mp \times AT^3$，即与整个圆 $QAqa$ 乘以 $AZ \times TZ \times \dfrac{Pp}{PG}$ 比 $2Mp \times AT^2$ 相等。

推论Ⅲ．在交会点的给定位置上，平均小时变差（如果它均匀保持一整个月，即可以产生月变差）比 $33'' 10''' 33^{iv}$ 与 $AZ \times TZ \times \dfrac{Pp}{PG}$ 比 $2AT^2$ 相等，或与 $Pp \times \dfrac{AZ \times TZ}{\frac{1}{3}AT}$ 比 $PG \times 4AT$ 相等，即（因为 Pp 比 PG 与上述倾角的正弦比相等，而 $\dfrac{AZ \times TZ}{\frac{1}{2}AT}$ 比 $4AT$ 与二倍角 ATn 比四倍半径相等），与同一个倾角的正弦乘以交会点到太阳的二倍距离的正弦比四倍的半径平方相等。

推论Ⅳ．当交会点在方照点时，由于倾角的小时变差（由本命题）比角 $33'' 10''' 33^{iv}$ 与 $IT \times AZ \times TG \times \dfrac{Pp}{PG}$ 比相等，即，与 $\dfrac{IT \times TG}{\frac{1}{2}AT} \times \dfrac{Pp}{PG}$ 比 $2AT$ 相等，即与月球到方照点二倍距离的正弦乘以 $\dfrac{Pp}{PG}$ 比二倍半径相等，而在交会点的这一位置上，在月球由方照点移动到朔望点的时间内（即在走完此段距离所需的 $177\frac{1}{6}$ 小时内），所有小时变差的和比同样多的 $33'' 10''' 33^{iv}$ 角的和或比 $5878''$，与月球到方照点所有二倍距离的正弦的和乘以比同样多的直径的和相等，即与直径乘以 $\dfrac{Pp}{PG}$ 比周长相等，即如果倾角为 $5° 1'$，则与 $7 \times \dfrac{874}{10000}$ 比 22 相等，或与 278 比 10000 相等。所以，在上述时间内，由所有小时变差组成的总变差为 $163''$ 或 $2' 43''$。

命题 37 问题 16

• • •

求在给定时刻月球轨道相对于黄道平面的倾角。（图 C 3-15）

令最大倾角的正弦为 AD，最小倾角的正弦为 AB。在 C 二等分 BD，

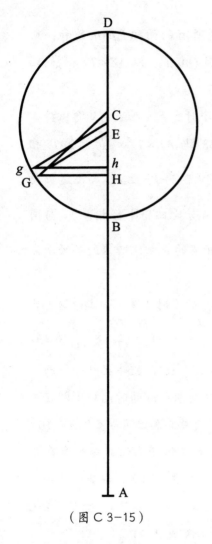

（图 C 3–15）

以 C 为中心，BC 为半径作圆 BGD。在 AC 上取 CE 比 EB 与 EB 比二倍 BA 相等。如果在给定时刻取角 AEG 与交会点到方照点的二倍距离相等，并在 AD 上做垂线 GH，则 AH 即为所求的倾角的正弦。

因为 GE^2 等于 $GH^2 + HE^2 = BH \times HD + HE^2 = HB \times BD + HE^2 - BH^2 = HB \times BD + BE^2 - 2BH \times BE = BE^2 + 2EC \times BH = 2EC \times AB + 2EC \times BH = 2EC \times AH$；所以，由于 $2EC$ 是已知的，GE^2 与 AH 成正比。现在令 AEg 表示在任意时间间隔之后交会点到方照点的二倍距离，则由于角 GEg 是已知的，弧 Gg 与距离 GE 成正比。但 Hh 比 Gg 与 GH 比 GC 相等，所以，Hh 与 $GH \times Gg$ 成正比，或与 $GH \times GE$ 成正比，即与 $\dfrac{GH}{GE} \times CE^2$ 成正比，或与 $\dfrac{GH}{GE} \times AH$ 成正比，即与 AH 与角 AEG 的正弦的乘积成正比。所以，如果在任意一种情况下，倾角的正弦为 AH，则它与倾角的正弦以相同的增量增大（由前一命题推论Ⅲ），因而始终与该正弦相等。而当点 G 落在点 B 或点 D 上时，AH 与这一正弦相等，所以它始终与之相等。

在本证明中，我没表示交会点到方照点二倍距离的角 BEG 均匀增大，因为我无法详细地考查每一分钟的不等性。现在设直角是 BEG，在此情形中，交会点到太阳二倍距离的小时增量为 Gg；则（由前一命题推论Ⅲ）在同一情形中倾角的小时变差比 $33'' 10''' 33^{iv}$ 与倾角的正弦 AH 乘以交会点到太阳的二倍距离直角 BEG 的正弦比半径的平方相等，即与平均倾角的正弦 AH 比四倍半径相等；即，由于平均倾角约为 $5° 8\frac{1}{2}'$，与其正弦 896 比四倍半径 40000 相等，或与 224 比 100000 相等，但对应于 BD 的总变差，即两个正弦的差，比该小时变差与直径 BD 比弧 Gg 相等，即与直径 BD 比半圆周长 BGD 相等，乘以交会点由方照点移动到朔望点的时间 $2079\frac{1}{10}$ 小时比一小时，即与 7 比 11 乘以 $2079\frac{1}{10}$ 比 1 相等。所以把所有这些比式复合，得到总变差 BD 比 $33'' 10''' 33^{iv}$ 与 $224 \times 7 \times 2079\frac{1}{10}$ 比 110000 相等，即与 29645 比 1000 相等；由此得出变差 BD 为 $16' 23\frac{1}{2}''$。

这就是不考虑月球在其轨道上位置时的倾角的最大变差。因为，如果交会点在朔望点，倾角不因月球位置的变化而受影响。但如果交会点位于方照点，则月球在朔望点时的倾角比它在方照点时小 2′ 43″，如我们以前所证明的那样（前一命题推论Ⅳ）；而当月球在方照点时，由总平均变差 BD 中减去上述差值的一半 $1' 21\frac{1}{2}''$，即余下 15′ 2″；而月球在朔望点时加上相同值，即变为 17′ 45″。所以，如果月球位于朔望点，交会点由方照点移动到朔望点的总变差为 17′ 45″；而且，如果轨道倾角为 5° 17′ 20″ 时交会点位于朔望点，则当交会点位于方照点而月球位于朔望点时，倾角为 4° 50′ 35″。所有这些都得到了观测的证实。

当月球位于朔望点，而交会点位于它们与方照点之间时，如果要求轨道的倾角，可令 AB 比 AD 与 4° 50′ 35″ 的正弦比 5° 17′ 20″ 的正弦相等，取角 AEG 与交会点到方照点的二倍距离相等，则所要求的倾角的正弦就是 AH。当月球到交会点的距离为 90° 时，这一轨道倾角与这一轨道倾角的正弦是相等的。在月球的其他位置上，由于倾角的变差而引起的这种月份不等性，在计算月球黄纬时得到平衡，并可以通过交会点运动的月份不等性（像以前所说的那样）予以消除，因而在计算黄纬时可以忽略不计。

附 注

通过对月球运动的上述计算，我希望能证明运用引力理论可以由其物理原因推算出月球的运动。运用同一个理论我进一步发现，根据第 1 编命题 66 推论 Ⅳ，月球平均运动的年均差是因为月球轨道受到变化着的太阳作用的影响所致。这种作用力在太阳的近地点较大，它使月球轨道发生扩散，而在太阳的远地点较小，这时轨道得以收缩。月球在扩散的轨道上运动较慢，而在收缩的轨道上运动较快；调节这种不等性的年均差，在太阳的远地点和近地点都为零。在太阳到地球的平均距离上，它达到约在其他与太阳中心均差的距离成正比上，在地球由远日点移向近日点时，它叠加在月球的平均运动上，而当地球在另外半圆上运行时，它应从其中减去。取大轨道半径为 1000，地球偏心率 $16\frac{7}{8}$，则该均差取最大值时，按引力理论计算，为 11′ 49″。但地球的偏心率似乎应再大些，均差也应以与偏心率相同的比例增大。如果设偏心率为 $16\frac{11}{12}$，则最大均差为 11′ 51″。

我还发现，在地球的近日点，由于太阳的作用力较大，月球的远地点和交会点的运动比地球在远日点时要快，它与地球到太阳距离的立方成反比，由此得出这些与太阳中心均差的运动年均差成正比。现在，太阳运动与地球到太阳距离的平方成反比而变化，这种不等性所产生的最大中心均差为 1° 56′ 20″，它对应于上述太阳的偏心率 $16\frac{11}{12}$。但如果太阳运动与距离的平方成反比，则这种不等性所产生的最大均差为 2° 54′ 30″，所以，由月球远地点和交会点的运动不等性所产生的最大均差比 2° 54′ 30″ 与月球远地点的平均日运动和它的交会点的平均日运动比太阳的平均日运动相等。因此，其远地点平均运动的最大均差为 19′ 43″，交会点平均运动的最大均差为 9′ 24″。当地球由其近日点移向远日点时，前一项均差是增大的，后一项是减小的；而当地球位于另外半个圆上时，则情况相反。

通过引力理论我还发现，当月球轨道的横向直径穿过太阳时，太阳对月球的作用比该直径垂直于地球与太阳的连线之时稍微大一点，因此月球的轨道在前一种情形中比后一种情形大。由此产生出月球平均运动的另一种均差，它取决于月球远地点相对于太阳的位置，该值在当月球远地点位于太阳的八分点时最大，当远地点到达方照点或朔望点时为零；当月球远地点由太阳的方照点移向朔望点时，该均差叠加在平均运动上，而当远地点由朔望点移向方照点时，则应从中减去。我将称这种均差为半年均差，当远地点位于八分点时为最大，就我根据现象的推算，约达 3′ 45″，这就是它在太阳到地球的平均距离上的量值。但它与太阳距离的立方成反比而增大或减小，所以当距离为最大时约 3′ 34″，距离最小时约 3′ 56″。而当月球远地点不在八分点时，它即变小，与其最大值的比与月球远地点到最近的朔望点或方照点的二倍距离的正弦比半径相等。

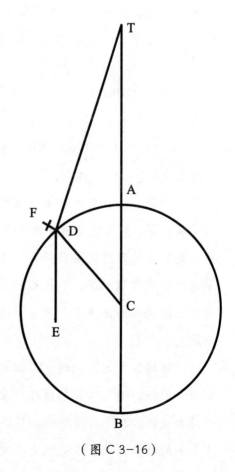

按同样的引力理论，当月球交会点连线通过太阳时，太阳对月球的作用略大于该连线垂直于太阳与地球的连线时；由此又产生出一种月球平均运动的均差，我称之为第二半年均差，该值在交会点位于太阳的八分点时为最大，在交会点位于朔望点或方照点时为零；在交会点的其他位置上，它与两个交会点之一到最近的朔望点或方照点的二倍距离正成正比。如果太阳位于距它最近的交会点之后，它叠加在月球的平均运动上，而位于其前时则应从中减去。我由引力

（图 C 3-16）

理论推算出，在有最大值的八分点，在太阳到地球的平均距离上，它达到 47″。在太阳的其他距离上，交会点位于八分点的最大均差与太阳到地球的距离的立方成反比，所以在太阳的近地点它达到约 49″，而在远地点约为 45″。（图 C 3-16）

由相同的引力理论，月球的远地点位于与太阳的会合处或相对处时，以最大速度顺行，而在与太阳成方照位置时为逆行。在前一种情形中，偏心率获得最大量，而在后一种情形有最小值，这可以由第 1 编命题 66 推论Ⅶ、Ⅷ和Ⅸ证明。这些不等性，由这几个推论可知，是非常大的，并产生出我称之为远地点半年均差的原理；就我根据现象所做的近似推算，这种半年均差的最大值可达约 12° 18′。我们的同胞霍罗克斯最先提出月球沿椭圆运动，地球位于其下焦点的理论。哈雷博士做了改进，把椭圆中心置于一个中心绕地球均匀转动的本轮之上，该本轮的运动产生了上述远地点的顺行和逆行，以及偏心率的不等性。设月球到地球的平均距离分为 100000 等份，令 T 表示地球，TC 为占 5505 等份的月球平均偏心率。延长 TC 到 B，使得最大半年均差 12° 18′ 的正弦比半径 TC 与 CB 成正比；以 C 为中心，CB 为半径，作圆 BDA，它即是所说的本轮，月球轨道的中心位于其上，并按字母 BDA 的顺序转动。取角 BCD 与二倍年角差相等，或与太阳真实位置到月球远地点一次校正的真实位置的二倍距离相等，则月球远地点的半年均差为 CTD，其轨道偏心率为 TD，它所指向的远地点位置现已得到二次校正。但由于月球的平均运动，其远地点的位置和偏心率，以及轨道长轴为 200000 均为已知，由这些数据，通过人所共知的方法即可求出月球在其轨道上的实际位置以及它到地球的距离。

在地球位于近日点时，太阳的作用力最大，月球轨道中心运动比在远日点时快，它与太阳到地球距离的立方成反比。但是，因为太阳中心的均差是包含在年角差中的，月球轨道中心在本轮 BDA 上运动较快，与太阳到地球距离的平方成反比。所以，如果设它与到轨道中 D 的距离成反比，则运动更快，作直线 DE 指向经一次校正的月球远地点，即与 TC 平行。取角 EDF 与上述年角差减去月球远地点到太阳的顺行近地点距离的差相等；或者，相同地，取角 CDF 与太阳实际近点角在 360° 中的余角相等；令 DF 比 DC 与大轨道偏心率的二倍高度比太阳到地球的平均距离相等，与太阳到月球远地点的平均日运动比太阳到其自己的离地点的平均日运动的乘积，即与 $33\frac{7}{8}$ 比 1000 乘以 $52'\,27''\,16'''$ 比 $59'\,8''\,10'''$ 相等，或与 3 比 100 相等。设月球轨道的中心位于 F，绕以 D 为中心以 DF 为半径的本轮转动，同时点 D 沿圆 $DABD$ 运动。因为用这样的方法，月球轨道的中心即绕点 C 掠过某种曲线，其速度近似于与太阳到地球距离的立方成正比，一如它所应当的那样。

计算这种运动很困难，但用以下近似方法可变得容易些。像前面一样，设月球到地球的平均距离为 100000 个等份，偏心率 TC 为 5505 个等份，则 CB 或 CD 为 $1172\frac{3}{4}$，而 DF 为 $35\frac{1}{5}$ 等份，该线段在距离 TC 处对着地球上的张角，是由轨道中心自 D 向 F 运动时所产生的；将该线段 DF 沿平行方向延长一倍，在由月球轨道上焦点到地球的距离上相对于地球的张角与 DF 的张角相同，该张角是由上焦点的运动产生的；但在月球到地球的距离，这一两倍线段 $2DF$ 在上焦点处，在与第一个线段 DF 相平行的位置，相对于月球的张角，它是由月球的运动所产生的，因而可称之为月球中心的第二均差；在月球到地球的平均距离上，该均差近似正比于由直线 DF 与点 F 到月球连线所成夹角的正弦，其最大值为 $2'\,55''$。但由直线 DF 与点 F 到月球连线所成的夹角，既可以由月球的平均近点角减去角 EDF 求得，也可以在月球远地点到太阳远地点的距离上叠加月球到太阳的距离求得；而且半径比这个角的正弦与 $2'\,55''$ 比第二中心均差相等。如果上述和小于半圆，则应加上；而如果大于半圆，则应减去。由这一经过校正的月球在其轨道上的位置，可以求出日月球在其朔望点的黄纬。

地球大气高达 35 或 40 英里，它折射了太阳光线。这种折射使光线

460

散射并进入地球的阴影；这种在阴影边缘附近的弥散光展宽了阴影。因此，我在月食时，在这一由视差求出的阴影上增加了 1 或 $1\frac{1}{2}$ 分。

不过，月球理论应得到现象的检验和证实，首先是在朔望点，其次是在方照点，最后是在八分点；愿意在格林尼治皇家天文台做这项工作的人，无论是谁，都会发现，在旧历 1700 年 12 月的最后一天下午假设太阳和月球的下述平均运动是绝无错误的。太阳的平均运动为 20° 43′ 40″，其远地点为 7° 44′ 30″；月球的平均运动为 15° 21′ 00″，其远地点为 8° 20′ 00″，其上升交会点为 27° 24′ 20″；而格林尼治天文台与巴黎皇家天文台之间的子午线差为 9′ 20″，但月球及其远地点的平均运动尚无法足够精确地获得。

命题 38 问题 17

···

求太阳使海洋运动的力。

太阳干扰月球运动的力 *ML* 或 *PT*（由命题 25），在月球方照点，比地表重力，与 1 比 638092.6 相等；而在月球朔望点，力 *TM-LM* 或 *2PK* 是该量值的两倍。但在地表以下，这些力与到地心距离而减小成正比，即与 $60\frac{1}{2}$ 比 1 成正比；因而前一个力在地表上比重力与 1 比 38604600 相等，这个力使与太阳相距 90° 处的海洋受到压迫。但另一个力比它大一倍，使不仅正对着太阳，而且正背着太阳处的海洋都被托起；这两力的和比重力与 1 比 12868200 相等。因为相同的力激起相同的运动，无论它是在距太阳 90° 处压迫海水，或是在正对着或正背着太阳处托起海水，上述力的和就是太阳干扰海洋的总力，它所起的作用与全部用以在正对着或正背着太阳处托起海洋，而在距太阳 90° 处对海洋完全不发生作用，是相同的。

这正是太阳干扰任意给定位置的海洋的力。与此同时太阳位于该处的顶点，并处于到地球的平均距离上。在太阳的其他位置上，该托起海洋的力与太阳在当地地平线上两倍高度的正矢成正比，与到地球距离的立方成反比。

推论. 由于地球各处的离心力是由于地球周日自转引起的，它比重力与 1 比 289 相等，它在赤道处托起的水面比在极地处高 85427 巴黎尺，这已经在命题 19 中证明过，因而太阳的力比重力与 1 比 12868200 相等，比该离心力与 289 比 12868200 相等，或与 1 比 44527 相等，它在正对着和正背着太阳位置能托起的海水高度，比距太阳 90° 处的海面仅高出 1 巴黎尺又 113$\frac{1}{30}$寸；因为该尺度比 85472 尺与 1 比 44527 相等。

命题 39 问题 18

•••

求月球使海洋运动的力。

月球使海洋运动的力可以由它与太阳的作用力的比求出，该比值可以由受动于这些力的海洋运动求出。在布里斯托下游 3 英里的阿文河口处，春秋天日月朔望时水面上涨的高度（根据萨缪尔·斯多尔米的观测）达 45 英尺，但在方照时仅为 25 英尺。前一个高度是由这些力的和造成的，后一高度则由其差造成。所以，如果以 S 和 L 分别表示太阳和月球位于赤道且处于到地球平均距离处的力，则有 L+S 比 L-S 与 45 比 25 相等，或与 9 比 5 相等。

在普利茅斯（根据萨缪尔·科里普莱斯的观测）潮水的平均高度约为 16 英尺，春秋季朔望时比方照时高 7 或 8 英尺。设最大高差为 9 英尺，则 L+S 比 L-S 与 20$\frac{1}{2}$比 11$\frac{1}{2}$相等，或与 41 比 23 相等，这一比例与前一比例吻合。但因为布里斯托的潮水很大，我们宁可以斯多尔米的观测为依据，所以，在获得更可靠的观测之前，还是使用 9 比 5 的比值。

因为水的往复运动，最大潮并不发生于日月朔望之时，而是像我们以前所说过的那样，发生于朔望后的第三小时，或（自朔望起算）紧接着月球在朔望后越过当地子午线第三小时，或宁可说是（如斯多尔米的观测）新月或满月那天后的第三小时，更准确地说，是新月或满月后的第十二小时，因而落潮发生在新月或满月后的第四十三小时。不过在这个港口落潮约发生在月球到达当地子午线后的第七小时，在月球距太阳或其方照点提前 18° 或 19° 时，最大潮紧接着月球到达子午线。所以，夏季和冬季中高潮并不发生在二至时刻，而发生于移出至点其整个行程的约 $\frac{1}{10}$ 时，即约 36° 或 37° 时。由相同方法，最大潮发生于月球到达当地子午线之后，月球超过太阳或其方照点约自一个最大潮到紧接其后的另一个最大潮之间总行程的 $\frac{1}{10}$ 时。设该距离为约 $18\frac{1}{2}°$，在该月球到朔望点或方照点的距离上，太阳的作用力使受月球运动影响而产生的海洋运动的增加或减少，比在朔望点或方照点时要小，其比例与半径比该距离二倍的余弦相等，或比 37° 角的余弦；即比例为 10000000 比 7986355；所以，在前面的比式中，S 的位置必须由 $0.7986355S$ 来代替。

还有，月球在方照点时，由于它倾斜于赤道，它的力肯定减小；因为月球在这些方照点上，或不如说在方照点后 $18\frac{1}{2}°$ 上，相对于赤道的倾角为 23° 13′；太阳与月球驱动海洋的力都随其相对于赤道的倾斜而约与倾角余弦的平方成正比减小；所以在这些方照点上月球的力仅为 $0.8570327L$；因此我们得到 $L+0.7986355S$ 比 $0.8570327L-0.7986355S$ 与 9 比 5 相等。

此外，月球运动所沿的轨道直径，不考虑其偏心率，相互比为 69 比 70；因此月球在朔望点到地球的距离，比其在方照点到地球的距离，在其他条件不变的情况下，与 69 比 70 相等；而它越过朔望点 $18\frac{1}{2}°$，激起最大海潮时到地球的距离，以及它越过方照点 $18\frac{1}{2}°$，激起最小海潮时到地球的距离，比平均距离，与 69.098747 和 69.897345 比 69 $\frac{1}{2}$

相等。但月球驱动海洋的力与其距离的立方变化成反比，因此在这些最大和最小距离上，它的力比它在平均距离上的力，分别与 0.9830427 比 1 和 1.017522 比 1 相等。由此我们又得到 1.017522L × 0.7986355S 比 0.9830427 × 0.8570327L - 0.7986355S 与 9 比 5 相　等；S 比 L 与 1 比 4.4815 相等。由于太阳的作用力比重力与 1 比 12868200 相等，月球力比重力与 1 比 2871400 相等。

推论 I . 由于海水受太阳的作用力的吸引能升高 1 英尺 11 $\frac{1}{30}$ 英寸，月球力可使它升高 8 英尺 7 $\frac{5}{2}$ 英寸，这两个力合起来可以使水升高 10 $\frac{1}{2}$ 英尺；当月球位于近地点时可高达 12 $\frac{1}{2}$ 英尺，尤其是当风向与海潮方向相同时更是如此。这样大的力足以产生所有的海洋运动，并与这些运动的比例吻合。因为在那些由东向西自由而开阔的海洋中，如太平洋，以及位于回归线以外的大西洋和埃塞俄比亚海上，海水一般都可以升高 6、9、12 或 15 英尺；但据说在极为幽深而辽阔的太平洋上，海潮比大西洋和埃塞俄比亚海的要大，因为要使海潮完全隆起，海洋自东向西的宽度至少需要 90°。在埃塞俄比亚海上，回归线以内的水面隆起高度小于温带，因为在非洲和南美洲之间的洋面宽度较窄。在开阔海面的中心，当其东西两岸的水面未同时下落时不会隆起，尽管如此，在我们较窄的海域里，它们还是应交替起伏于沿岸，因此在距大陆很远的海岛上一般只有很小的潮水涨落。相反，在某些港口，海水轮流流入和流出海湾，波涛汹涌地奔突往返于浅滩之上，涨潮与落潮必定比一般情形大，如在英格兰的普利茅斯和切斯托·布里奇，诺曼底的圣米歇尔山和阿弗朗什镇，以及东印度的坎贝和勃固。这些地方潮水汹涌，有时淹没海岸，有时又退离海岸数英里。海潮的涨落受海水流入和流出的作用力总要使水面升高或下落 30、40 或 50 英尺以上才停止。同样的道理可说明狭长的浅滩或海峡的情况，如麦哲伦海峡和英格兰附近的浅滩。在这些港口和海峡中，由于海水流入和流出的作用力使海潮得到极大增强。但面向幽深而辽阔海洋的陡峭沿岸，海潮不受海水流入和流出的冲突影响而可以自由涨落，潮位比关系与太阳和月球力相吻合。

推论 II . 由于月球驱动海洋的力比重力与 1 比 2871400 相等，很显然这种力在静力学或流体静力学实验，甚至在摆实验中都是微不足道的。仅仅在海潮中这种力才表现出明显的效应。

推论 III . 球使海洋运动的力比太阳的类似的力为 4.4815 比 1，而这些力（由第 1 编题 66 推论 XIV）又与太阳和月球的密度与它们的视在直径立方的乘积成正比，所以月球密比太阳密度与 4.4815 比 1 相等，而与月球直径的立方比太阳直径的立方成反比，由于月球与太阳平均视在直径为 32′ 16 $\frac{1}{2}$″ 和 32′ 12″，所以与 4891 比 1000 相等。但太阳密度比地球密度与 1000 比 4000 相等，因此月球密度比地球密度与 4891 比 4000 相等，或与 11 比 9 相等。所以月球比重大于地球比重，而且上面陆地较多。

推论 IV . 根据天文学家的观测，由于月球的实际直径比地球的实际直径与 100 比 365 相等，所以月球物质的质量比地球物质的质量与 1 比 39.788 相等。

推论 V. 月球表面的加速引力约是地球表面的加速引力的 $\frac{1}{3}$。

推论 VI . 月球中心到地球中心的距离比月球中心到地球与月球的公共重心的距离为 40.788 比 39.788。

推论 VII . 因为地球的最大半径为 19658600 巴黎尺，地球与月球中心的平均距离为 60 $\frac{2}{5}$ 个地球最大半径，与 1187379440 巴黎尺相等，所以月球中心到地球中心的平均距离与地球最大半径的 60 $\frac{2}{5}$ 倍成正比，这一距离（由前一推论）比月球中心到地球与月球公共重心的距离为 40.788 比 39.788，因此后一距离为 1158268534 尺。又由于月球相对于恒星的环绕周期为 27 天 7 小时 43 $\frac{4}{9}$ 分，月球在一分钟时间内掠过的角度的正矢为 12752341 比半径 1000000000000000，所以该半径比该正矢与 1158268534 尺比 14.7706353 尺相等。所以，月球在使之停留在其轨道上的力作用下落向地球时，一分钟时间内可经过 14.7706353 尺；如果把这个力按

$178\frac{29}{40}$ 比 $177\frac{29}{40}$ 的比例增大，则可由命题 3 的推论求得在月球轨道上的总引力；月球在这个力的作用下，一分钟时间内可下落 14.8538067 尺。在月球到地球距离的 $\frac{1}{60}$ 处，即在距离地球中心 197896573 尺处，物体因其重量而在一秒钟时间内可下落 14.8538067 尺。所以，在 19615800 尺的距离，即在一个平均地球半径处，重物体在相同时间内可下落 15.11175 尺，或 15 尺 1 寸 4 $\frac{1}{11}$ 分。这是在 45° 纬度处物体下落的情形。由命题 20 中列出的表格可知，在巴黎纬度上物体下落的距离约略长 $\frac{2}{3}$ 分。所以，通过这些计算，重物在巴黎纬度上的真空中一秒钟内可下落距离极接近于 15 巴黎尺 1 寸 4 $\frac{25}{33}$ 分。如果从引力中减去由于地球自转而在该纬度上产生的离心力从而使之减小，则重物一秒内可下落 15 尺 1 寸 1 $\frac{1}{2}$ 分。这正是我们以前在命题 14 和 19 中得到的重物在巴黎纬度上实际下落速度。

推论Ⅷ. 在月球的朔望点，地球中心与月球中心的平均距离与 60 个地球最大半径相等，再减去约 $\frac{1}{30}$ 个半径；而在月球的方照点，相同的中心距离为 60 $\frac{2}{6}$ 个地球半径；由命题 28，这两个距离比月球在八分点的平均距离与 69 和 70 比 69 $\frac{1}{2}$ 相等。

推论Ⅸ. 在月球的朔望点，地球与月球中心的平均距离是 60 $\frac{1}{10}$ 个平均地球半径；而在月球的方照点，相同的平均中心距离为 61 $\frac{29}{30}$ 个平均地球半径。

推论Ⅹ. 在月球的朔望点，其平均地平视差在 0°、30°、38°、45°、52°、60°、90° 的纬度上分别为 57′ 20″、57′ 16″、57′ 14″、57′ 12″、57′ 10″、57′ 8″、57′ 4″。

在上述计算中，我未考虑地球的磁力吸引，因为其量值极小而且未知。一旦能把它们求出来，对于子午线的度数、不同纬度上等时摆的长度、海洋的运动规律，以及太阳和月球的视在直径求月球视差，都可以通过观测结果更准确地测定，我们也就有可能使这些计算更加精确。

命题 40 问题 19

···

求月球形状。

如果月球是与我们的海水一样的流体，则地球托起其最近点与最远点的力比月球使地球上正对着与正背着月球的海面被托起的力，与月球指向地球的加速引力比地球指向月球的加速引力相等，再乘以月球直径比地球直径，即与 39.788 比 1 的值乘以 100 比 365 相等，或与 1081 比 100 相等。所以，由于我们的海洋被托起 $8\frac{3}{5}$ 尺，月球流体即应被地球的作用力托起 93 尺，因此月球形状应是椭球，其最大直径的延长线应通过地球中心，并比与它垂直的直径长 186 尺。所以，月球的这一形状，肯定是从一开始就具备了的。

推论. 因此，这正是月球指向地球的一面始终呈现出相同形状的原因。月球球体上其他任何位置上的部分都不能是静止的，而是始终处于恢复到这一形状的运动之中；但是，这种恢复运动，肯定进行得极慢，因为激起这种运动的力极弱，这使得永远指向地球的一面，根据命题 17 中的理由，在被转向月球轨道的另一个焦点时，不能被立即拉回来而转向地球。

引理 1

···

如果 *APEp* 表示密度均匀的地球，其中心为 *C*，两极点为 *P*、*p*，赤道为 *AE*；如果以 *C* 为中心，*CP* 为半径，作球体 *Pape*，并以 *QR* 表示一个平面，它与由太阳中心到地球中心的连线成直角；再设位于该球外侧的地球边缘部分 *PapAPepE* 上的各粒子，都倾

向于离开平面 QR 的一侧或
另一侧，离开的力与粒子到
该平面的距离成正比。首先，
位于赤道 AE 上，以及均匀
分布于地球之外并以圆环形
式环绕着地球的所有粒子的
合力和作用，促使地球绕其
中心转动，比赤道上距平面
QR 最远的点 A 处同样多的
粒子的合力和作用，促使地
球绕其中心做类似的转动，
与 1 比 2 相等。该圆运动是
以赤道与平面 QR 的公共交
线为轴而进行的。（图 C 3-17）

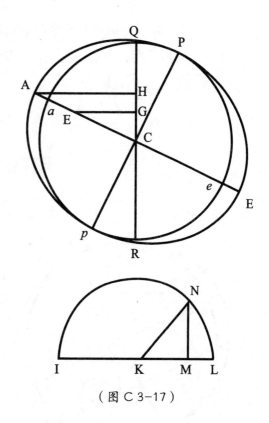

（图 C 3-17）

　　以 K 为 中 心，IL 为 直 径，
作半圆 INL。设半圆周 INL 被分割为无数相等部分，由各部分 N 向直径
IL 作正弦 NM。则所有正弦 NM 的平方的和与正弦 KM 的平方的和相等，
而这两个和加在一起与同样多个半径 KN 的平方的和相等，所以所有正弦
NM 的平方和仅为同样多个半径 KN 的平方和的一半。

　　现在设圆周 AE 被分割为同样多个小的相等部分，从每一个这样部
分 F 向平面 QR 作垂线 FG，也从点 A 作垂线 AH，则使粒子 F 离开平面
QR 的力（由题设）与垂线 FG 成正比，这个力乘以距离 CG 则表示粒子 F
推动地球绕其中心转动的作用力。所以，一个粒子位于 F 的作用力比位
于 A 的作用力与 FG×GC 比 AH×HC 相等，即与 FC^2 比 AC^2 相等，因此
所有粒子 F 在其适当位置 F 的总能力，比相同数量粒子位于 A 的力，与
所有的 FC^2 的和比所有 AC^2 的和相等，即（由以上所证明过的）与 1 比 2
相等。

　　因为这些粒子是沿着离开平面 *QR* 的垂线方向发生作用的，并且在平面的两侧是相等的，它们将推动赤道圆周与坚固的地球球体一同以平面 *QR* 和赤道的交线为轴转动。

引理 2

···

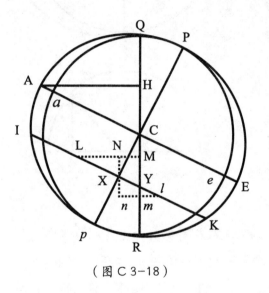

（图 C 3-18）

　　设相同的条件，其次，分布于球体各处的所有粒子推动地球绕上述轴转动的合力或能力，比以圆环形状均匀分布于赤道圆周 *AE* 上的同样多的粒子推动整个地球做类似转动的合力，等于 2 比 5。（图 C 3-18）

　　因为，令 *IK* 为任意平行于赤道 *AE* 的小圆，令 *Ll* 为该圆上两个相等粒子，位于球体 *Pape* 之外；在垂直于指向太阳的半径的平面 *QR* 上，作垂线 *LM*、*lm*，则这两个粒子离开平面 *QR* 的合力与垂线 *LM*、*lm* 成正比。作直线 *Ll* 平行于平面 *Pape*，并在 *X* 处二等分之；再通过点 *X* 作 *Nn* 平行于平面 *QR*，与垂线 *LM*、*lm* 相交于 *N* 和 *n*；在平面 *QR* 上做垂线 *XY*。则推动地球沿相反方向转动的粒子 *L* 和 *l* 的相反的力分别与 *LM×MC* 和 *lm×mC* 成正比，即与 *LN×MC+NM×MC* 和 *LN×mC-nm×mC*，或 *LN×MC+NM×MC* 和 *LN×mC-NM×mC* 成正比，而这二者的差 *LN×Mm-NM×*（*MC+mC*）正是两个粒子推动地球转动的合力。这个差的正数部分 *LN×Mm* 或 *2LN×NX*，比位于 *A* 的两个同样大小的粒

子的力 $2AH \times HC$，与 LX^2 比 AC^2 相等；其负数部分 $NM \times$（MC+mC）或 $2XY \times CY$，比位于 A 的两个相同粒子的力 $2AH \times HC$，等于 CX^2 比 AC^2。因此，这两部分的差，即两个粒子 L 和 l 推动地球转动的合力，比上述位于位置 A 的两个粒子推动地球做类似转动的力，与 LX^2-CX^2 比 AC^2 相等。但如果设圆 IK 的周边 IK 被分割为无数个相等的小部分 L，则（由引理 1）所有的 LX^2 比同样多的 IX^2 与 1 比 2 相等；而比同样多的 AC^2 则与 IX^2 比 $2AC^2$ 相等；而同样多的 CX^2 比同样多的 AC^2 与 $2CX^2$ 比 $2AC^2$ 相等。因此，在圆 IK 周边上所有粒子的合力比在 A 处同样多粒子的合力与 IX^2-$2CX^2$ 比 $2AC^2$ 相等，所以（由引理 1）比圆 AE 周边上同样多粒子的合力与 IX^2-$2CX$ 比 AC^2 相等。

现在，如果设球直径被分割为无数个相等部分，在其上对应有同样多个圆 IK，则每个圆周 IK 上的物质与 IX^2 成正比，因此这些物质推动地球的力与 IX^2 乘以 IX^2-$2CX^2$ 成正比；如果同样物质的力位于圆周 AE 上，则与 $IX^2 \times AC^2$ 成正比。所以，分布于球外所有圆环上所有物质粒子的总力，比位于最大圆周 AE 上同样多粒子的总力，与所有的 IX^2 乘以 IX^2-$2CX^2$ 比同样多的 IX^2 乘以 AC^2 相等，即与所有 AC^2-CX^2 乘以 AC^2-$3CX^2$ 比同样多的 AC^2-CX^2 乘以 AC^2 相等，即等于所有 AC^4-$4AC^2 \times CX^2$+$3CX^4$ 比同样多的 AC^4-$AC^2 \times CX^2$，即与流数为 AC^4-$4AC^2 \times CX^2$+$3CX^4$ 的总流积量比流数为 AC^4-$AC^2 \times CX^2$ 的总流积量相等；所以，运用流数方法知，与 $AC^4 \times CX$-$\frac{4}{3} AC^2 \times CX^3$+$\frac{3}{5} CX^5$ 比 $AC^4 \times CX$-$\frac{1}{3} AC^2 \times CX^3$ 相等，即如果以 Cp 或 AC 代替 CX，则与 $\frac{4}{15} AC^5$ 比 $\frac{2}{3} AC^5$ 相等，即等于 2 比 5。

引理 3

···

设相同条件，第三，由所有粒子的作用而使整个地球绕上述轴的转动的总运动，比上述圆环绕相同轴转动的运动，等于地球的物质比环的物质，再乘以四分之圆周弧的平方的三倍比该圆直径平方的二倍，即等于物质与物质的比，乘以数 925275 比数 1000000。

因为，柱体绕其静止轴的转动比与它一同旋转的内切球体的运动，与四个相等的正方形的平方比这些平方中三个的内切圆相等，而该柱体的运动比环绕着球与柱体的公共切线的极薄的圆环的运动，与二倍柱体物质比三倍环物质相等；而均匀连续围绕着柱体的环的运动，比同一个环绕其自身直径作周期相等的均匀转动运动，与圆的周长比其二倍直径相等。

假设 II

···

如果地球的其他部分都被除去，仅留下上述圆环单独在地球轨道上绕太阳公转，同时它还绕其自身的轴作自转运动，该轴与黄道平面倾角为 $23\frac{1}{2}°$，则不论该环是流体的，或是由坚硬而牢固物质所组成的，其二分点的运动都保持不变。

命题 41 问题 20

···

求二分点的岁差。

当交会点位于方照点时，月球交会点在圆轨道上的中间小时运动为 $16'' 35''' 16^{iv} 36^{v}$ 其一半 $8'' 17''' 38^{iv} 18^{v}$（出于前面解释过的理由）为交会点在这种轨道上的平均小时运动，这种运动在一个恒星年中为 20° 11′ 46″。所以，由于月球交会点在这种轨道上每年后移 20° 11′ 46″，则如果有多个月球，每个月球的交会点的运动（由第 1 编命题 66 推论 XVI）将与其周期时间成正比，如果一个月球在一个恒星日内沿地球表面环绕一周，则该月球交会点的年运动比 20° 11′ 46″ 与一个恒星日 23 小时 56 分相等，比月球周期 27 天 7 小时 43 分，即与 1436 比 39343 相等。围绕着地球的月球环交会点也是如此，不论这些月球是否相互接触，是否为流体而形成连续环，是否为坚硬不可流动的固体环。

那么，让我们令这些环的物质量与位于球体 Pape 以外（见引理 2 插图）的地球整个外缘 PapAPepE 相等，因为该球体比地球外缘部分与 aC^2 比 AC^2-aC^2 相等，即（由于地球的最小半径 PC 或 aC 比地球的最大半径 AC 与 229 比 230 相等），与 52441 比 495 相等；如果该环沿赤道环绕地球，并一同环绕直径转动，则环运动（由引理 3）比其内的球运动与 459 比 52441 再乘以 1000000 比 925275 相等，即与 4590 比 485223 相等；因此环运动比环与球体运动的和与 4590 比 489813 相等。所以，如果环是固着在球体上的，并把它的运动传递给球体，使其交会点或二分点后移，则环所余下的运动比前一运动与 4590 比 489813 相等；由此，二分点的运动将按相同比例减慢。所以，由环与球体所组成的物体的二分点的年运动，比运动 20° 11′ 46″ 与 1436 比 39343 再乘以 4590 比 489813 相等，即与 100 比 292369 相等。但由于许多月球的交会点的运动所产生的力（由于上述理由），使环的二分点后移的力（即在命题 30 插图中的力 3IT），在各粒子中都与这些粒子到平面 QR 的距离成正比，这些力使粒子远离该平面。因此（由引理 2），如果环物质扩散到整个球的表面，形成 PapAPepE 的形状，构成地球外缘部分，则所有粒子推动地球绕赤道的任意直径转动，进而推动二分点运动的合力，按 2 比 5 的比例减小。所以，现在二分点的年度逆行比 20° 11′ 46″ 与 10 比 73092 相等，即应为 9″ 56‴ 50^{iv}。

　　但因为赤道平面与黄道平面是斜交的，这一运动还应按正弦 91706（即 23 $\frac{1}{2}$° 的余弦）比半径 100000 的比值减小，余下的运动为 9″ 7‴ 20^{iv}。这就是由太阳的作用力产生的二分点年度岁差。

　　但月球驱动海洋的力比太阳驱动海洋的力约为 4.4815 比 1，月球驱动二分点的力比太阳的作用力也为相同比例。因此，月球力使二分点产生的年度岁差为 40″ 52‴ 52^{iv}，二者的合力造成的总岁差为 50″ 00‴ 12^{iv}，这一运动与现象是吻合的，因为天文学观测给出的二分点岁差为约 50″。

　　如果地球在其赤道处高于两极处 17 $\frac{1}{6}$ 英里，则其表面附近的物质较中心处稀疏；而二分点的岁差则随高差增大而增大，又随密度增大而减小。

　　至此我们已讨论了太阳、地球、月球和诸行星系统的情形，以下需要研究的是彗星。

引理 4

...

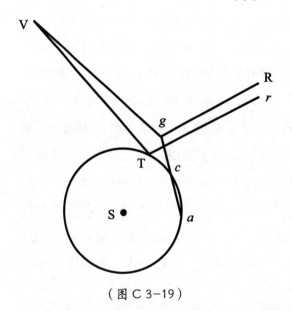

（图 C 3-19）

彗星远于月球，位于行星区域。（图 C 3-19）

　　天文学家们认为彗星位于月球以外，是因为看不到彗星的日视差，而其年视差表明它们落入行星区域。因为一方面，所有彗星按各星座顺序沿直线路径运动时，如果地球位于它们与太阳之间，则在其显现的后期比正常情况运行得慢或逆行；而如果地球相对于它们处在太阳的对面，则又比正常情况快。另一方面，所有彗星沿各星座顺序做逆向运动时，如果地球介于它们与太阳之间，则在其显现的后期快于正常情况；如果地球在其轨道的另一侧，则又太慢或逆行。这些现象主要是由地球相对于其运动路径的不同位置决定的，与行星的情形相同，行星运动看起来有时逆行，有时很慢，有时很快且顺行，这要由地球运动与行星运动的方向相同或相反来决定。如果地球与行星运动方向相同，但由于地球绕太阳的角运动较快，使得由地球伸向彗星的直线会聚于彗星以外部分，又由于彗星运动较慢，在地球上看来，彗星是逆行的；甚至即使地球慢于彗星，在减去地球的运动之后，彗星的运动至少也显得慢了。但如果地球与彗星运动方向相反，则彗星运动将因此而明显加快；由这些加速、变慢或逆行运动，可以用下述方法求出彗星的距离。

令 rQA、rQB、rQC 为观测到彗星初次显现时的黄纬（图 C 3-20），QrF 为其消失前所最后测出的黄纬。作直线 ABC，其上由直线 QA 和 QB，QB 和 QC 所截开的部分 AB、BC 相互间的比于前三次观测之间的两段时间的比相等。延长 AC 到 G，使 AG 比 AB 与第一次和最后一次观测之间的时间比第一次和第二次观测之间的时间相等；连接 QG。如果彗星的确沿直线匀速运动，而地球或是静止不动，或是也类似地沿直线做匀速运动，则角 rQG 为最后观测到彗星的黄纬，因

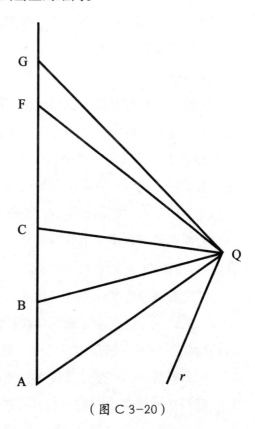

（图 C 3-20）

此，彗星与地球运动的不等性即产生表示黄纬差的角 FQG，如果地球与彗星反向运动，则该角叠加在角 rQG 上，彗星的视在运动加速；但如果彗星与地球同向运动，由它应从中减去，彗星运动或是变慢，或可能变为逆行，像我们刚才解释过的那样。所以，这个角主要由地球运动而产生，可恰当地视为是彗星的视差，在此忽略不计彗星在其轨道上不相等运动所引起的增量或减量。由该视差可以这样推算出彗星距离。令 S 表示太阳（图 C 3-19），acT 表示大轨道，a 为第一次观测时地球的位置，C 为第三次观测时地球的位置，T 为最后一次观测彗星时地球的位置，Tr 为作向白羊座首星的直线。取角 rTV 与角 rQF 相等，即与地球位于 T 时彗星的黄纬相等；连接 ac 并延长到 g，使 ag 比 ac 与 AG 比 AC 相等；则如果地球沿直线 ac 匀速运动，g 为最后一次观测时所达到的位置。所以，如果作 gr 平行于 Tr，并使角与角 rQG 相等，则该角 rgV 与由位置 g 所看到的彗星的黄纬相等，而角 TVg 则为地球由位置 g 移到位置 T 所产生的视差，所以位置 V 为彗星在黄道平面上的位置。一般而言这个位置 V 低于木星轨道。

由彗星路径的弯曲度也可求出相同的结果。因为这些星体几乎沿大圆运动，而且速度极大，但在它们路径的末端，当其由视差产生的视在运动部分在其总视在运动中占很大比例时，它们一般都偏离这些大圆，这时地球在一侧，而它们偏向另一侧。因为相对于地球的运动，这些偏折必定主要是由视差所产生的；偏折量如此之大，按我的计算，彗星隐没位置尚远低于木星。由此可推知，当它们位于近地点和近日点而接近我们时，通常低于火星和内层行星的轨道。

彗星头部的亮度也可进一步证实彗星的接近。因为天体的光是受之于太阳的，在远离时与距离的四次幂而减弱成正比，即由于其到太阳距离的增加而与平方成正比，又由于其视在直径的减小而与平方成正比。所以，如果彗星的亮度与其视在直径是给定的，则其距离就可以取彗星到一颗行星的距离与它们的直径成正比与亮度的平方根成反比而求出。

在 1682 年出现的彗星，弗莱姆斯蒂德先生使用 16 英尺望远镜配置千分仪，测出它的最小直径为 2′；但位于其头部中央的彗核或星体不超过这一尺度的 $\frac{1}{10}$，所以其直径只有 11″ 或 12″；但它的头部的亮度却超过 1680年的彗星，与第一或第二恒星差不多。设土星及其环的亮度为彗星的四倍，因为环的亮度几乎与其内部的星体相等，星体的视在直径约为 21″，所以星体与环的复合亮度与一个直径 30″ 的星体相等，由此推知该彗星的距离比土星的距离与 1 比 $\sqrt{4}$ 成反比，与 12″ 比 30″ 成正比，即与 24 比 30或 4 比 5 相等。另外，海威尔克告诉我们，1665 年 4 月的彗星，亮度几乎超过所有恒星，甚至比土星的光彩更加生动，因为该彗星比前一年年终时出现的另一颗彗星更亮，与第一星等的恒星差不多。其头部直径约6′，但通过望远镜观测发现，其彗核仅与行星差不多，比木星还小，较之土星环内的星体，它有时略小，有时与之相等。所以，由于彗星头部直径很少超过 8′ 或 12′，而其慧核部分的直径仅为头部的 $\frac{1}{10}$ 或 $\frac{1}{15}$，这似乎表明彗星的视在尺度一般与行星相当。但由于它们的亮度常常与土星相近，而且有时还超过它，很明显所有的彗星在其近日点时或是低于土星，或在其上不远处；有人认为它们差不多与恒星一样远，实在荒谬之至，因为如果真是如此，则彗星得自太阳的光亮肯定不会超过行星得自恒星的光亮。

至此为止我们尚未考虑彗星由于其头部为大量浓密的烟尘所包围而显得昏暗，彗头在其中就像在云雾中一样始终暗淡无光。然而，物体越是为这种烟尘所笼罩，它肯定越能接近太阳，这使得它所反射的亮度与行星不相上下。因此彗星很可能落到远低于土星轨道的地方，像我们通过其视差所证明的那样。但最重要的是，这一结论可以由彗尾加以证明，彗尾必定或是由彗星产生的烟尘在以太中扩散而反射阳光形成的，或是由其头部的光所形成的。如果是第一种情形，我们必须缩短彗星的距离，否则只能承认彗头产生的烟尘能以不可思议的速度在巨大的空间中传播和扩散；如果是后一情形，彗头和彗尾的光只能来自彗核。但是，如果设想所有这些光都集聚在其核部之内，则核部本身的亮度肯定远大于木星，尤其是当它喷射出巨大而明亮的尾部时。所以，如果它能以比木星小的视在直径反射出比木星多的光，则它肯定受到多得多的阳光照射，因此距太阳极近。这一理由将使彗头在某些时候进入金星的轨道之内，即在这时，彗星淹没在太阳的光辉之中，像它们有时所表现的那样，喷射出像火焰一样的巨大而明亮的彗尾；因为，如果所有这些光都集聚到一颗星体上，它的亮度不仅有时会超过金星，还会超过由许多金星所合成的星体。

最后，由彗头的亮度也能推出相同结论。当彗星远离地球趋近太阳时其亮度增加，而在由太阳返向地球时亮度减少。因此，1665 年的彗星（根据海威尔克的观测），从它首次被发现时起，一直在失去其视在运动，所以已通过其近地点；但它头部的亮度却逐日增强，直至淹没在太阳光之中，彗星消失。1683 年的彗星（根据海威尔克的观测），约在 7 月底首次出现，其速度很慢，每天在其轨道上只前进约 40′ 或 45′，但从那时起，其日运动逐渐增快，直到 9 月 4 日，达到约 5°，因此，在这整个时间间隔里，该彗星是趋近地球的。这也可以由以千分仪对其头部直径的测量来证明；在 8 月 6 日，海威尔克发现它只有 6′ 5″，这还包括彗发，而到 9 月 2 日，他发现已变为 97′ 7″，因此在其运动开始时头部远小于结束时，虽然在开始时，由于接近太阳，其亮度远大于结束时，正像海威尔克所指出的那样。所以在这整个时间间隔里，由于它是离开太阳的，尽管在靠近地球，但亮度却在减小。1618 年的彗星，约在 12 月中旬，1680 年的彗星，约在同一个月底，达到其最大速度，因而是位于近地点的，但它们的头部最大亮度，却出现在两周以前，当时它们刚从太阳光中显现，彗尾的最大亮度出现得更早些，那时距太阳更近。前一颗彗星的头部（根据赛萨特的观测），12 月 1 日超过第一星等的恒星；12 月 16 日（位于近地点），其大小基本不变，但其亮度和光芒却大为减小。1 月 7 日，开普勒由于无法确定其彗头而放弃观测。12 月 12 日，弗莱姆斯蒂德先生发

现，后一颗彗星的彗头距太阳只有 9°，亮度不足第三星等。12 月 15 日和
17 日，它达到第三星等，但亮度由于落日的余晖和云雾而减弱。12 月 26
日，它达到最大速度，几乎位于其近地点，出现在近于飞马座口的地方，
亮度为第三星等。1 月 3 日，它变为第四星等。1 月 9 日，第五星等。1
月 13 日，它被月光淹没，当时月光正在增强。1 月 25 日，它已不足第七
星等。如果我们取在近地点两侧相等的时间间隔做比较，就会发现，在
两个时间间隔很大但到地球距离相等时，彗头的所表现的亮度是相等的，
在近地点趋向太阳的一侧时达到最大亮度，在另一侧消失。所以，由一
种情况与另一种情况的巨大的亮度差，可以推断出，在太阳附近的大范
围里出现的彗星属于前一种情况，因为其亮度呈规则变化，并在彗头运
动最快时最大，因而位于近地点，除非它因继续靠近太阳而增大亮度。

推论 I．彗星的光芒来自对太阳光的反射。

推论 II．由上述理由可类似地解释为什么彗星始终频繁出现在太阳附
近而在其他区域很少出现。如果它们在土星以外是可见的，则应更频繁
地出现于背向太阳一侧；因为在距地球更近的一些地方，太阳会使出现
在其附近的彗星受到遮盖或淹没。然而，我通过考查彗星历史，发现在
面向太阳的一侧出现的彗星四倍或五倍于在背向太阳的一侧；此外，被
太阳光辉所淹没的彗星无疑也绝不是少数，因为落入我们的天区的彗星，
既不射出彗尾，又不为阳光所映照，无法为我们的肉眼所发现，直到它
们距我们比距木星更近时为止。但是，在以极小半径绕太阳画出的球形
天区中，远为更大的部分位于地球面向太阳的一侧；在这部分空间里彗
星一般受到强烈照射，因为它们在大多数情况下都接近太阳。

推论 III．因此很明显，天空中没有阻力存在；因为虽然彗星是沿斜
向路径运行的，并有时与行星方向相反，但它们的运动方向有极大自由，
并可以将运动保持极长时间，甚至在与行星逆向运动时也是如此。如果
它们不是行星中的一种，沿着环形轨道作连续运动的话，则我的判断必
错无疑。按某些作者的观点，彗星只不过是流星而已，其根据是彗星在

不断变化，但是证据不足；因为彗头为巨大的气团所包围，该气团底层的密度肯定最大，所以我们所看到的只是气团，而不是彗星星体本身。这和地球一样，如果从行星上看，毫无疑问，只能看到地球上云雾的辉光，很难透过云雾看到地球本身。这也和木星带一样，它们由木星上云雾组成，因为它们相互间的位置不断变化，我们很难透过它们看到木星实体；而彗星实体必定更是深藏在其浓厚的气团之内。

命题 42 定理 20

...

彗星沿圆锥曲线运动，其焦点位于太阳中心，由彗星伸向太阳的半径掠过的面积正比于时间。

本命题可以由第 1 编命题 13 推论 I 与第 3 编命题 8、12、13 相比较而得证。

推论 I. 如果彗星沿环形轨道运动，则轨道是椭圆；而周期时间比行星的周期与它们主轴的 $\frac{3}{2}$ 次幂相比相等。因而彗星在其轨道上绝大部分路程中都较行星为远，因而其长轴更长，完成环绕时间更长。因此，如果彗星轨道的主轴比土星轨道轴长四倍，则彗星环绕时间比土星环绕时间，即比 30 年，与 $4\sqrt{4}$（或 8）比 1 相等，因而为 240 年。

推论 II. 彗星轨道与抛物线如此接近，以至于以抛物线代替之没有明显误差。

推论 III. 由第 1 编命题 16 推论 VII，每颗彗星的速度，比在相同距离处沿圆轨道绕太阳旋转的行星的速度，近似与行星到太阳中心的二倍距离与彗星到太阳中心距离的比的平方根相等。设大轨道的半径或地球椭圆轨道的最大半径包含 100000000 个部分，则地球的平均日运动经过

1720212 个部分，小时运动为 $71675\frac{1}{2}$ 个部分。因而彗星在地球到太阳的平均距离处，以比地球速度与 $\sqrt{2}$ 比 1 的速度运动时相等，日运动经过 2432747 个部分，小时运动为 $101364\frac{1}{2}$ 个部分。而在较大或较小距离上，其日运动或小时运动比这一日运动或小时运动与其距离的平方根的反比相等，因而也是给定的。

推论 IV. 所以，如果该抛物线的通径四倍于大轨道半径，而该半径的平方设为包括 100000000 个部分，则彗星由其伸向太阳的半径每天经过的面积为 $1216373\frac{1}{2}$ 个部分，小时运动的面积为 $50682\frac{1}{2}$ 个部分。但是，如果其通径以任何比例增大或缩小，则日运动或小时运动的面积将与该比值的平方根成反比减小或增大。

引理 5
···

求通过任意一个已知点的抛物线类曲线。（图 C 3-21）

设这些点为 A、B、C、D、E、F 等，它们到任意给定直线 HN 的位置是给定的，作同样多个垂线 AH、BI、CK、DL、EM、FN 等。

情形 1. 如果点 H、I、K、L、M、N 等的间隔 HI、IK、KL 等是相等的，取 b、$2b$、$3b$、$4b$、$5b$ 等为垂线 AH、BI、CK 等的一次差，其二次差为

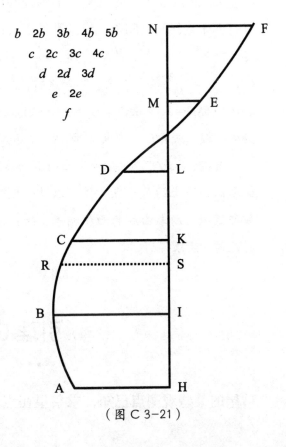

（图 C 3-21）

c、$2c$、$3c$、$4c$ 等，三次差为 d、$2d$、$3d$、$4d$ 等，即 $AH\text{-}BI = b$，$BI\text{-}CK =$ $2b$，$CK\text{-}DL = 3b$，$DL+EM = 4b$，$-EM+FN = 5b$ 等；于是，$b\text{-}2b = c$，以此类推，直至最后的差，在此为 f。然后，作任意垂线 RS，它可看作是所求曲线的纵坐标，为求该纵坐标长度，设间隔 HI、IK、KL、LM 等为单位长度，令 $AH = a$，$-HS = p$，$\frac{1}{2}$ 乘以 $-IS = q$，$\frac{1}{3}$ 乘以 $+SK = r$，$\frac{1}{4}$ r 乘以 $+SL$ $= s$，$\frac{1}{5}$ s 乘以 $+SM = t$；将这一方法不断使用直至最后一根垂线 ME，并在由 S 到 A 的诸项 HS、IS 等的前面加上负号；而在点 S 另一侧诸项 SK、SL 等的前面加上正号；正负号确定以后，$RS = a+bp+cq+dr+es+ft+\cdots\cdots$

情形 2. 如果点 H、I、K、L 等的间隔 HI、IK 等不相等，取垂线 AH、BI、CK 等的一次差 b、$2b$、$3b$、$4b$、$5b$ 等，除以这些垂线间的间隔；再取它们的二次差 c、$2c$、$3c$、$4c$ 等，除以每两个垂线间的间隔；再取三次差 d、$2d$、$3d$ 等，除以每三个垂线间的间隔；再取四次差 e、$2e$ 等除以每四个垂线间的间隔，依次类推下去；即按这种方法进行，$b = \frac{AI\text{-}BI}{HL}$，$2b = \frac{BI\text{-}CK}{IK}$，$3b = \frac{CK\text{-}DL}{KL}$ 等，则 $c = \frac{b\text{-}2b}{HK}$，$2c = \frac{2b\text{-}3b}{IL}$，$3c = \frac{3b\text{-}4b}{KM}$ 等，而 $d = \frac{c\text{-}2c}{HL}$，$2d = \frac{2c\text{-}3c}{IM}$ 等。求出这些差之后，令 $AH = a$，$-HS = p$，p 乘以 $-IS = q$，q 乘以 $+SK = r$，r 乘以 $+SL = s$，s 乘以 $+SM = t$；将这一办法一直使用到最后一根垂线 ME；则纵坐标 $RS = a+bp+cq+dr+es+ft+\cdots\cdots$

推论. 由此可以近似地求出所有曲线的面积。因为只要求得了欲求其面积的曲线上的若干点，并可以设一抛物线通过这些点，该抛物线的面积即近似与所求曲线的面积相等，而抛物线的面积始终可以用众所周知的几何方法求得的。

引理 6

· · ·

彗星的某些观测点已知，求彗星在点间任意给定时刻的位置。

令 *HI*、*IK*、*KL*、*LM*（图 C 3-21）表示各次观测的时间间隔；*HA*、*IB*、*KC*、*LD*、*ME* 为彗星的五次观测经度；*HS* 为由第一次观测到所求经度之间的给定时间。则如果设规则曲线 *ABCDE* 通过点 *A*、*B*、*C*、*D*、*E*，由上述引理可以求出纵坐标 *RS*，而 *RS* 即为所求的经度。

用同样的方法，由五个观测可以求出彗星在任意给定时刻的经度。

如果观测经度的差很小，比如只有 4° 或 5°，则三或四次观测即足以求出新的经度和纬度；但如果差别很大，如有 10° 或 20°，则应取五次观测。

引理 7

···

通过给定点 *P* 作直线 *BC*，其两部分为 *PB*、*PC*，两条位置已定的直线 *AB*、*AC* 与它相交，则 *PB* 与 *PC* 的比可以求出。（图 C 3-22）

设任意直线 *PD* 通过给定点 *P* 与二条已知直线中的一条 *AB* 相交；把它向另一条已知直线 *AC* 一侧延长到 *E*，使 *PE* 比 *PD* 为给定比值。令 *EC* 平行于 *AD*。作 *CPB*，则 *PC* 比 *PB* 与 *PE* 比 *PD* 相等。

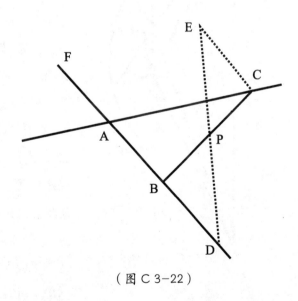

（图 C 3-22）

引理 8

· · ·

令 ABC 为一抛物线，其焦点为 S。在 I 点被二等分的弦 AC 截取扇形 $ABCA$，其直径为 $I\mu$，顶点为 μ。在加的延长线上取 μO 等于 $I\mu$ 的一半，连接 OS，并延长到 ξ，使 $S\xi$ 等于 $2SO$。设一彗星沿 CBA 运动，做出 ξB，交 AC 于 E，则点 E 在弦 AC 上截下的一段近似正比于时间。

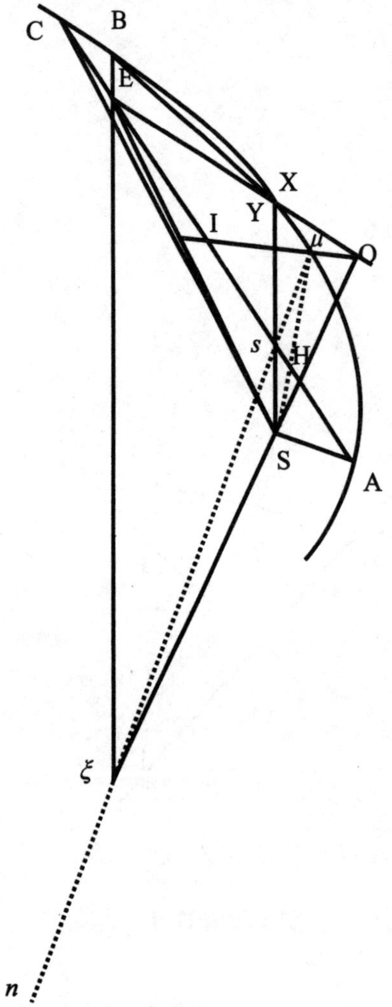

（图 C 3-23）

如果连接 EO，与抛物线弧 ABC 相交于 Y，再作 μX 与同一段弧相切于顶点 μ，与 EO 相交于 X，则曲线面积 $AEX\mu A$ 比曲线面积 $ACY\mu A$ 与 AC 比 AC 相等；由于三角形 ASE 比三角形 ASC 也为同一比值，整个面积 $ASEX\mu A$ 比整个面积 $ASC\mu A$ 与 AE 比 AC 相等。但因为 ξO 比 SO 与 3 比 1 相等，而 EO 比 XO 为同一比值，SX 平行于 EB；连接 BX，则三角形 SEB 与三角形 XEB 相等。所以，如果面积 $ASEX\mu A$ 叠加上三角形 EXB，再在得到的和中减去三角形 SEB，余下的面积 $ASBX\mu A$ 仍与面积 $ASEX\mu A$ 相等，因此面积 $ASBX\mu A$ 比面积 $ASCY\mu A$ 与 AE 比 AC 相等。但面积 $ASBY\mu A$ 近似与面积 $ASBX\mu A$ 相等，而该面积 $ASBY\mu A$ 比面积 $ASCY\mu A$ 与经过弧 AB 的时间比经

（图 C 3-23）

过整个 AC 弧的时间相等，所以，AE 比 AC 近似地为时间的比。

推论. 当点 B 落在抛物线顶点从上时，AE 比 AC 精确地与时间的比相等。

附 注

如果连接 $\mu\xi$ 与 AC 相交于 s，在其上取 ξn，使得 ξn 比 μB 与 $27Ml$ 比 $16M\mu$ 相等，作 Bn 分割弦 AC 比以前更精确地与时间成正比；但点 n 取在点 ξ 的外侧或内侧，应根据点 B 组抛物线顶点较点 μ 远或近来决定。

引理 9
...

直线 $I\mu$ 和 μM，以及长度 $\frac{AI^2}{4S\mu}$ 相互之间相等。

因为 $4S\mu$ 是属于顶点 μ 的抛物线的通径。

引理 10
...

延长 $S\mu$ 到 N 和 P，使 μN 比 μI 的 $\frac{1}{3}$，SP 比 SN 等于 SN 比 $S\mu$；在彗星掠过弧 $A\mu C$ 的时间内，如果设它的运动速度为等于 SP 的高度，则它掠过的长度等于弦 AC。（图 C 3-24）

如果彗星在上述时间内在点 μ 的速度为假设它沿与抛物线相切于

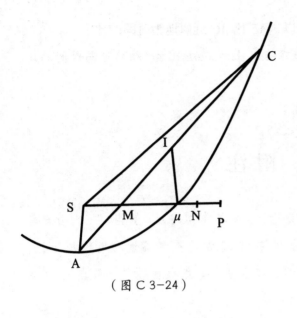

点 μ 的直线匀速运动的速度，则它以伸向点 S 的半径所经过的面积与抛物线面积 $ASC\mu A$ 相等；因此由所掠过切线的长度与长度 $S\mu$ 所围成的面积比长度 AC 和 SM 围成的面积，与面积 $ASC\mu A$ 比三角形 ASC 相等，即与 SN 比 SM 相等。所以 AC 比在切线上经过的长度与 $S\mu$ 比 SN 相等。但由于

（图 C 3-24）

彗星的速度 SP（由第 1 编命题 16 推论 VI）比速度 $S\mu$，反比于 SP 与 $S\mu$ 的平方根相等，即与 $S\mu$ 比 SN 相等，因而以该速度经过的长度比在相同时间内在切线上经过的长度，与 $S\mu$ 比 SN 相等。由于 AC，以及以这个新速度所经过的长度与在切线上掠过的长度有相同比值，它们之间也肯定相等。

推论. 所以，彗星以高度为 $S\mu + \frac{2}{3}I\mu$ 的速度运动时，在同一时间内可近似经过弦 AC。

引理 11
···

如果彗星失去其所有运动，并由高度 SN 或 $S\mu + \frac{1}{3}I\mu$ 处向太阳落下，并且在下落中始终受到太阳的均匀而持续的拉力，则在等于它沿其轨道捻过弧 AC 所用的时间内，它下落的空间等于长度 $I\mu$。

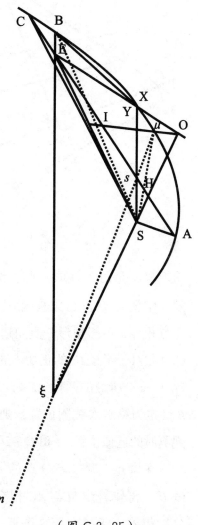

因为在与彗星经过抛物线弧 AC 相等的时间内,它应(由前一引理)以高度 SP 处的速度掠过弦 AC;因此(由第 1 编命题 16 推论 VII),如果设它在相同时间内在其自身引力作用下沿一半径为 SP 的圆运动,则它在该圆上掠过的长度比抛物线弧 AC 的弦应与 1 比 $\sqrt{2}$ 相等。所以,如果它以在高度 SP 处被吸引向太阳的重量自该高度落向太阳,则它(由第 1 编命题 16 推论 IX)应在上述的一半时间内经过上述弦的一半的平方,再除以四倍的高度,即它应掠过空间 $\frac{AI^2}{4SP}$。但由于彗星在高度 SN 处指向太阳的重量比它在 SP 处指向太阳的重量与 SP 比 Sμ 相等,彗星以其在高度 SN 处的重量由该高度落向太阳时,应在相同时间内经过距离 $\frac{AI^2}{4SP}$,即经过与长度 Iμ 或 μM 的距离相等。

命题 43 问题 21

···

由三个给定观测点求沿抛物线运动的彗星轨道。

这一问题极为困难,我曾尝试过许多解决方法;在第 1 编的问题中,有几个就是我专门为此而设置的,但后来我发现了下述解法,它比较简单。

选择三个时间间隔近似相等的观测点,但应使彗星在一个时间间隔里的运动快于在另一间隔里,即使得时间的差比时间的和与时间的和比 600

(图 C 3–25)

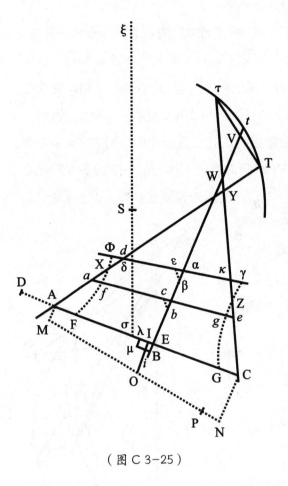

（图 C 3–25）

天相等，或使点 E 落在点 M 附近指向 I 而不是指向 A 的一侧。如果手头上没有这样的直接观测点，必须由引理 6 求出一个新的。（图 C 3-25）

令 S 表示太阳；T、t、τ 表示地球在地球轨道上的三个位置；TA、tB、TC 为彗星的三个观测经度；V 为第一次与第二次观测的时间间隔；W 为第二与第三次的时间间隔；X 为在整个时间 $V+W$ 内彗星以其在地球到太阳的平均距离上运动的速度所经过的长度，该长度可以由第 3 编命题 40 推论出求出；tV 为落在弦 $T\tau$ 上的垂线。在平均观测经度 tB 上任取一点 B 作为彗星在黄道平面上的位置；由此处向太阳 S 作直线 BE，它比垂线 tV 与 SB 与 St^2 的乘积比一直角三角形斜边的立方相等，该三角形一直角边为 SB，另一直角边为彗星在第二次观测时纬度相对于半径 tB 的正切。通过点 E（由引理 7）作直线 AEC，其由直线 TA 和 τC 所截的两段 AE 与 EC 相互间的比，与时间 V 比 W 相等，如果 B 设定为第二次观测位置，则 A 和 C 为彗星在黄道平面上第一和第三次观测时的近似位置。（图 C 3-26）

在以点 I 为二等分点的 AC 上，作垂线 Ii，通过点 B 作 AC 的平行线 Bi，再作直线 Si 与 AC 相交于 λ，完成平行四边形 $iI\lambda\mu$。取 $I\sigma$ 与 $3I\lambda$ 相等；通过太阳 S 作直线 $\sigma\xi$ 等于 $3S\sigma+3i\lambda$。删去点 A、E、C、

I, 由点 B 向点 ξ 作新的直线 BE, 使它比原先的直线 BE 等于距离 BS 比量 $S\mu + \frac{1}{3}i\lambda$ 的值的平方。通过点 E 再按与先前一样的规则作直线 AEC, 使得 AE 比 EC 与观测间隔 V 比 W 相等。这样, A 和 C 即为彗星更准确的位置。

在以 I 为二等分点的 AC 上做垂线 AM、CN、IO, 其中 AM 和 CN 为第一和第三次观测纬度比半径 TA 和 τC 的正切。连接 MN, 交 IO 于点 O。像先前一样作矩形 $iI\lambda\mu$。在 IA 延长线上取 ID 与 $S\mu + \frac{2}{3}i\lambda$ 相等, 再在 MN 上向着 N 一侧取 MP, 使它比以上求得的长度 X 与地球到太阳的平均距离（或地球轨道的半径）比距离 OD 的值的平方根相等。如果点 P 落在点 N 上, 则点 A、B 和 C 为彗星的三个位置, 通过它们可以在黄道平面上做出彗星轨道。但如果 P 不落在点 N 上, 则在直线 AC 上取 CG 与 NP 相等, 使点 G 和 P 位于直线 NC 的同侧。

用设定点 B 求点 E、A、C、G 相同的方法, 可以任意设定其他点 b 和 β 求出新的点 e、a、c、g 和 ε、α、k、γ。再通过 G、g 和 γ 作圆 $Gg\gamma$, 与直线 τC 相交于点 Z, 则 Z 为彗星在黄道平面上的一个点。在 AC、ac、αk 上取 AF、af、$\alpha\phi$, 分别与 CG、cg、$k\gamma$ 相等; 通过点 F、f 和 ϕ 作圆 $Ff\phi$, 交直线 AT 于 X, 则点 X 为彗星在黄道平面上的另一点, 再在点 X 和 Z 上向半径 TX 和 τZ 作彗星的纬度切线, 则彗星在其轨道上的两个点确定。最后, 如果（由第 1 编命题 19）作一条以 S 为焦点的抛物线通过这两个点, 则该抛物线就是彗星轨道。

本问题作图的证明是以前述诸引理为前提的, 因为根据引理 7, 直线 AC 在点 E 按时间比例分割, 像它在引理 8 中那样; 而由引理 11, BE 是黄道平面上直线 BS 或 $B\xi$ 介于弧 ABC 与弦 AEC 之间的部分; 引理 10 推论, MP 是彗星在其轨道上在第一和第三次观测之间经过的弦长, 在此设定 B 是彗星在黄道平面上的一个真实位置, 那么 MP 与 MN 相等。

然而, 如果点 B、b、β 不是任意选取的, 而是接近真实的, 则较为方便。如果可以粗略知道黄道平面上的轨道与直线的交角 AQt, 以该角

关于 Bt 作直线 AC，使它比 $\frac{4}{3}T\tau$ 与 SQ 比 St 的值的平方根相等；再作直线 SEB 使其 EB 与长度 Vt 相等，则点 B 可以确定，我们把它用于第一次观测。然后，删除直线 AC，再根据前述作图法重新画出 AC，进而求出长度 MP。并在 tB 上按下述规则取点 b，如果 TA 与 TC 相交于 Y，则距离 Yb 比距离 YB 与 MP 比 MN 的值再乘以 SB 比 Sb 的值的平方根相等。如果愿意把相同的操作再重复一次的话，即可以求出第三个点 β；但如果按这一方法，一般两个点就足够了。因为如果距离 Bb 极小，则可在点 F、f 和 G、g 求出后作直线 Ff 和 Gg，它们与 TA 和 TC 的交点即点 X 和 Z。

例

· · ·

我们来研究 1680 年的彗星。下表是由弗拉姆斯蒂德观测记录的运动情况，并由他本人做出推算，哈雷博士根据该观测记录又做了校正。

	时间		太阳经度	彗星	
	视在的	真实的		经度	北纬
	h m	h m s	° ′ ″	° ′ ″	° ′ ″
1680 年 12 月 12	4.46	4.46.0	♑1.51.23	♑6.32.30	8.28.0
21	6.32 $\frac{1}{2}$	6.36.59	11.06.44	♒5.8.12	21.42.13
24	6.12	6.17.52	14.09.26	18.49.23	25.23.5
26	5.14	5.20.44	16.09.22	28.24.13	27.00.52
29	7.55	8.3.02	19.19.43	♓13.10.41	28.09.58
30	8.2	8.10.26	20.21.09	17.38.20	28.11.53
1681 年 1 月 5	5.51	6.1.38	26.22.18	♈8.48.53	26.15.7
9	6.49	7.00.53	♒0.29.02	18.44.04	24.11.56

（续表）

10	5.54	6.6.10	1.27.43	20.40.50	23.43.52
13	6.56	7.8.55	4.33.20	25.5948	22.17.28
25	7.44	7.85.42	16.45.36	♉9.35.0	17.56.30
30	8.7	8.21.53	21.49.58	13.19.51	16.42.18
1684 年 2 月　2	6.20	6.34.51	24.46.59	15.13.53	16.04.1
5	6.50	7.4.41	27.49.51	16.59.06	15.27.3

这些观测数据是用 7 英尺望远镜配以千分仪，准线调在望远镜的焦点上观测到的；我们用这些仪器测定了恒星的相互位置，以及彗星相对于恒星的位置。令 A 表示英仙座左侧的第四颗亮星（拜尔 o 星），B 表示左侧第三颗亮星（拜尔 ξ 星），C 表示同侧第六颗星（拜尔 n 星），D、E、F、G、H、I、K、L、M、N、O、Z、a、β、γ、δ 表示同侧的其他较小的星，令 p、P、Q、R、S、T、V、X 表示对应于上述观测的彗星位置，设 AB 的距离为 $80\frac{7}{12}$ 份，AC 为 $52\frac{1}{4}$ 份，BC 为 $58\frac{5}{6}$，AD 为 $57\frac{5}{12}$，BD 为 $82\frac{6}{11}$，CD 为 $23\frac{2}{3}$，AE 为 $29\frac{4}{7}$，CE 为 $57\frac{1}{2}$，DE 为 $49\frac{11}{12}$，AI 为 $27\frac{7}{12}$，BI 为 $52\frac{1}{6}$，CI 为 $36\frac{7}{12}$，DI 为 $53\frac{5}{11}$，AK 为 $38\frac{2}{3}$，BK 为 43，CK 为 $31\frac{5}{9}$，FK 为 29，FB 为 23，FC 为 $36\frac{1}{4}$，AH 为 $18\frac{6}{7}$，DH 为 $50\frac{7}{8}$，BN 为 $46\frac{5}{12}$，CN 为 $31\frac{1}{3}$，BL 为 $45\frac{5}{12}$，NL 为 $31\frac{5}{7}$，　而 HO 比 HI 与 7 比 6 相等，把它延长，自恒星 D 和 E 之间穿过，使得恒星 D 到该直线距离为 $\frac{1}{6}$ CD。LM 比 LV 与 2 比 9 相等，延长之并通过恒星 H。这样恒星间的相互位置得到确定。（图 C 3-27）

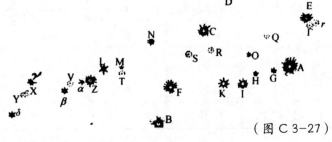

（图 C 3-27）

此后，庞德先生又再次观测了这些恒星的相互位置，得到的经度和纬度如下表。

	视在时间	彗星	
		经度	北纬
	h m	°′″	°′″
1681 年 2 月 25	8.30	♉26.18.35	12.46.46
27	8.15	27.4.30	12.36.12
3 月 1	11.0	27.52.42	12.23.40
2	8.0	28.12.48	12.19.38
5	11.30	29.18.0	12.3.16
7	9.30	♊0.4.0	11.57.0
9	8.30	0.43.4	11.45.52

观测得到的彗星相对于上述恒星的位置确定如下表。

恒星	经度	北纬	恒星	经度	北纬
	°′″	°′″		°′″	°′″
A	♉26.41.50	12.8.36	L	♉29.33.34	12.7.48
B	28.40.23	11.17.54	M	29.18.54	12.7.20
C	27.58.30	12.40.25	N	28.48.29	12.31.9
E	26.27.17	12.52.7	Z	29.44.48	11.57.13
F	28.28.37	11.52.22	α	29.52.3	11.55.48
G	26.56.8	12.4.58	β	♊0.8.23	11.48.56
H	27.11.45	12.2.1	γ	0.40.10	11.55.18
I	27.25.2	11.53.11	δ	1.3.20	11.30.42
K	27.42.7	11.53.26			

旧历 2 月 25 日，星期五，下午 8 点 30 分，彗星位于 p 处，到 E 星的距离小于 $\frac{3}{13} AE$，大于 $\frac{1}{5} AE$，因此近似等于 $\frac{3}{14} AE$，角 ApE 稍钝，但几乎为直角。因为由 A 向 pE 作垂线，彗星到该垂线的距离为 $\frac{1}{5} pE$。

同一晚 9 点 30 分，彗星位于 P，到 E 星距离大于 $\frac{1}{4\frac{1}{2}} AE$，小于 $\frac{1}{5\frac{1}{4}} AE$，因此近似为 $\frac{1}{4\frac{7}{8}} AE$，或 $\frac{8}{39} AE$。但彗星到由 A 作向 PE 的垂线距离为 $\frac{4}{5} PE$。

2 月 27 日，星期日，下午 8 点 15 分，彗星位于 Q 处，到 O 星的距离等于 O 星与 H 星的距离；QO 的延长线自 K 和 B 星之间穿过。由于云雾的干扰，我无法很准确地测定恒星位置。

3 月 1 日，星期二，晚上 11 点，彗星位于 R 处，恰好位于 K 和 C 星的连线上，这使得直线 CRK 的 CR 部分略大于 $\frac{1}{3} CK$，略小于 $\frac{1}{3} CK + \frac{1}{8} CR$，因此 $= \frac{1}{3} CK + \frac{1}{16} CR$，或 $\frac{16}{45} CK$。

3 月 2 日，星期三，下午 8 点，彗星位于 S 处，距 C 星约 $\frac{4}{9} FC$；F 星到直线 CS 的延长线距离为 $\frac{1}{24} FC$；B 星到同一条直线的距离为 F 星距离的 5 倍；直线 NS 的延长线自 H 和 I 之间穿过，距 H 星的距离约是 I 星的 5 或 6 倍。

3 月 5 日，星期六，下午 11 点 30 分，彗星位于 T 处，直线 MT 等于 $\frac{1}{2} ML$，直线 LT 的延长线自 B 和 F 间穿过，距 F 比距 B 近 4 或 5 倍，在 BF 上 F 一侧截下 $\frac{1}{5}$ 或 $\frac{1}{6}$；MT 的延长线自空间 BF 以外 B 一侧通过，距 B 星较距 F 星近四倍。M 是颗很小的星，很难被望远镜发现，但 L 星很暗，大约为第八星等。

3 月 7 日，星期一，下午 9 点 30 分，彗星位于 V 处，直线 $V\alpha$ 的延长线自 B 和 F 之间穿过，在 BF 上 F 一侧截下 BF 的 $\frac{1}{10}$，比直线 $V\beta$ 等于 5 比 4。彗星到直线 $\alpha\beta$ 的距离为 $\frac{1}{2} V\beta$。

3 月 9 日，星期三，下午 8 点 30 分，彗星位于 X 处，直线 γX 与 $\frac{1}{4} \gamma\delta$ 相等，由 δ 星作向直线 γX 的垂线为 $\gamma\delta$ 的 $\frac{2}{5}$。

同一晚 12 点，彗星位于 Y 处，直线 γY 与 $\gamma \delta$ 的 $\frac{1}{3}$ 相等，或略小一点为 $\gamma \delta$ 的 $\frac{5}{16}$；由 δ 星作向直线 γY 的垂线约与 $\gamma \delta$ 的 $\frac{1}{6}$ 或 $\frac{1}{7}$ 相等。但由于彗星极接近地平线，很难辨认，因此其位置的确定精度不如以前的高。

我根据这些观测，通过作图和计算推算出彗星的经度和纬度，庞德先生通过校正恒星的位置也更准确地测定了彗星的位置，这些准确位置都已在前面的表中列出。我的千分仪虽然不是最好的，但其在经度和纬度方面的误差（由我的观测推算）很少超过一分。彗星（根据我的观测）的运动，在末期开始由它在 2 月底时经过的平行线向北方明显的倾斜。

现在，为了由上述观测数据中推算出彗星的轨道，我选择了弗拉姆斯蒂德的三次观测（12 月 21 日，1 月 5 日和 1 月 25 日）。设地球轨道半径为 10000 份，求出 St 为 9842.1 份，Vt 为 455 份。然后，对于第一次观测，设 tB 为 5657 份，求得 SB 为 9747，第一次观测时 BE 为 412，$S\mu$ 为 9503，$i\lambda$ 为 413；第二次观测时 BE 为 421，OD 为 10186，X 为 8528.4，PM 为 8450，MN 为 8475，NP 为 25；由此，在第二次计算中得到，距离仍为 5640，我最后算出距离 TX 为 4775，TZ 为 11322。根据这些数值求出的轨道，我发现，彗星的下降交会点位于 ♋，上升交会点位于 ♑ 1° 53′；其轨道平面相对于黄道平面的倾角为 61° 21 $\frac{1}{3}$′，顶点（或彗星的近日点）距交会点 8° 38′，位于 ♐ 27° 34′，南纬 7° 34′。通径为 236.8；由彗星伸向太阳的半径每天经过的面积，在设地球轨道半径的平方为 100000000 时，为 93585；彗星在该轨道上沿着星座顺序方向运动，在 12 月 8 日 00 时 04 分到达其轨道顶点或近日点。所有这些，是我使用直尺和罗盘，在一张很大的图上获得的，为适合地球轨道的半径（包含 10000 个部分），该图取该半径与 16 $\frac{1}{3}$ 英寸相等；各角的弦是在自然正弦表上求得的。

最后，为检验彗星是否确定在这一求出的轨道上运动，我用算术计算配合以直尺和罗盘，求出了它在该轨道上对应于观测时间的位置，结果列于下表。

彗星							
	到太阳距离	计算经度	计算纬度	观测经度	观测纬度	经度差	纬度差
12 月 12	2792	♑6° 32′	8° 18$\frac{1}{2}$	♑6° 31$\frac{1}{2}$	8° 26	+1	-7$\frac{1}{2}$
12 月 29	8403	♊13.13$\frac{2}{3}$	28.0	♊13.11$\frac{3}{4}$	28.10$\frac{1}{12}$	+2	-10$\frac{1}{12}$
2 月 5	16669	♉17.00	15.29$\frac{2}{3}$	♉16.59$\frac{7}{8}$	15.27$\frac{2}{5}$	+0	2$\frac{1}{4}$
3 月 3	21737	29.19$\frac{3}{4}$	12.4	29.20$\frac{6}{7}$	12.3$\frac{1}{2}$	-1	+$\frac{1}{2}$

但后来哈雷博士以算术计算法求出了比作图法精确得多的彗星轨道；其交会点在 ♋ 和 ♑1° 53′ 之间摆动，轨道平面向黄道平面的倾角为 61° 20$\frac{1}{3}$′，彗星也是在 12 月的 8 日 00 时 04 分到达其近日点，他发现近日点到彗星轨道的下降交会点距离为 9° 20′。如果设太阳到地球的平均距离为 100000 份，那么抛物线的通径为 2430 份；由这些数据通过精确的算术计算，他求出对应于观测时间的彗星位置，列于下表。

真实时间	彗星			误差	
	到太阳距离	计算经度	计算纬度	经度	纬度
d h m		° ′ ″	° ′ ″	′ ″	′ ″
12 月 12.4.46	28028	♑6.29.25	8.26.0 北	-3.5	-2.0
21.3.37	61076	♒5.6.30	21.43.20	-1.42	+1.7
24.6.18	70008	18.48.20	25.22.40	-1.3	-0.25
26.5.20	75576	28.22.45	27.1.36	-1.28	+0.44
29.8.3	84021	♊13.12.40	28.10.10	+1.59	+0.12
30.8.10	86661	17.40.5	28.11.20	+1.45	-0.33

真实时间	彗星			误差	
	到太阳距离	计算经度	计算纬度	经度	纬度
d h m		° ' "	° ' "	' "	' "
1月　5.6.1½	101440	♈8.49.49	26.15.15	+0.56	+0.8
9.7.0	110959	18.44.36	24.12.54	+0.32	+0.58
10.6.6	113162	20.41.0	23.44.10	+0.10	+0.18
13.7.9	120000	26.0.21	22.17.30	+0.33	+0.2
25.7.59	145370	♉9.33.40	17.57.55	-1.20	+1.25
30.8.22	155303	13.17.41	16.42.7	-2.10	-0.11
2月　2.6.35	160951	15.11.11	16.4.15	-2.42	+0.14
5.7.4½	166686	16.58.55	15.29.13	-0.41	+2.10
25.8.41	202570	26.15.46	12.48.0	-2.49	+1.14
3月　5.11.39	216205	29.18.35	12.5.40	+0.35	+2.2

　　这颗彗星早在 11 月时已出现，在萨克森的科堡，哥特弗里德·基尔希先生于旧历这个月的 4 日、6 日和 11 日都做过观测；由于科堡与伦敦的经度差 11°，再考虑到庞德先生观测的恒星位置，哈雷博士推算出彗星的位置如下：

　　11 月 3 日 17 时 2 分，彗星出现在伦敦，位于 ♌29° 51′，北纬1° 17′ 45″。

　　11 月 5 日 15 时 58 分，彗星位于 ♍ τ 3° 23′，北纬 1° 6′。

　　11 月 10 日 16 时 31 分，彗星距位于 ♍ 的两颗星距离相等，按拜尔的表示为 δ 和 τ；但它还没有完全到达二者的连线上，而与该线十分接近。在弗拉姆斯蒂德的星表中，当时 δ 星位于 ♍14° 15′，约北纬 1° 41′，而 τ 是位于 ♍17° 3½′，南纬 0° 33½′；这两颗的中点为

♏15° 39 $\frac{1}{4}'$，北纬 0° 33 $\frac{1}{2}'$。令彗星到该直线的距离为约 10′ 或 12′，则彗星与该中点的经度差为 7′，纬度差为 7 $\frac{1}{2}'$；因此，该彗星位于 ♏15° 32′，约北纬 26′。

第一次观测到的彗星相对于某些小恒星的位置具有所期望的所有精度；第二次观测也足够精确；第三次观测精度最低，误差可能达 6′ 或 7′，但不会更大。该彗星的经度在第一次也是最精确的观测中，按上述抛物线轨道计算，位于 ♌29° 30′ 2″，其北纬为 1° 25′ 7″，到太阳的距离为 115546。

哈雷博士进一步指出，考虑到有一颗奇特的彗星以每 575 年的时间间隔出现过四次（即，尤利乌斯·恺撒被杀后的 9 月份，531 年兰帕迪乌斯和奥里斯特斯执政时期，1106 年的 2 月，以及 1680 年底。它每次出现都有很长很明亮的尾巴，只是在恺撒死后那一次，由于地球位置不方便，它的尾部没有这样惹人注目），他推算出它的椭圆轨道，如果地球到太阳的平均距离分为 10000 份，其长轴应为 1382957 份；在该轨道上，彗星运行周期应为 575 年；其上升交会点在 ♋2° 2′ 轨道平面与黄道平面交角为 61° 6′ 48″，彗星在该平面上的近日点为 ♐22° 44′ 25″，到达该点时间为 12 月 7 日 23 时 9 分，在黄道平面上近日点到上升交会点的距离为 9° 17′ 35″，其共轭轴为 18481.2，据此，他推算出彗星在这椭圆轨道上的运动。由观测得到的，以及由该轨道计算出的彗星位置，都在下表中列出。

真实时间		观测经度	观测纬度	计算经度	计算纬度	经度误差	纬度误差
	dhm	o ′ ″	o ′ ″	o ′ ″	o ′ ″	′ ″	′ ″
11 月	3.16.47	♌29.51.00	1.17.45	♌29.51.22	1.17.32N	+0.22	-0.13
	5.15.37	♏3.23.00	1.6.0	♏3.24.32	1.6.9	+1.32	+0.9
	10.16.18	15.32.00	0.27.0	15.33.2	0.25.70	+1.2	-1.53

真实时间		观测经度	观测纬度	计算经度	计算纬度	经度误差	纬度误差
	dhm	o ′ ″	o ′ ″	o ′ ″	o ′ ″	′ ″	′ ″
	16.17.0			♒8.16.45	0.53.7S		
	18.21.34			18.52.15	1.26.54		
	20.17.0			28.10.36	1.53.35		
	23.17.5			♏13.22.42	2.29.0		
12月	12.4.46	♑6.32.30	8.28.0	♑6.31.20	8.29.6N	-1.10	+1.6
	21.6.37	♒5.8.12	21.42.13	♒5.6.14	21.44.42	-1.58	+2.29
	24.6.18	18.49.23	25.23.5	18.47.30	25.23.35	-1.53	+0.30
	26.5.21	28.24.13	27.0.52	28.21.42	27.2.1	-2.31	+1.9
	29.8.33	♓13.10.41	28.10.58	♓13.11.14	28.10.38	+0.33	+0.40
	30.8.10	17.38.0	28.11.53	17.38.27	28.11.37	+0.7	-0.16
1月	5.6.1½	♈8.48.53	26.15.7	♈8.48.51	26.14.57	-0.2	-0.10
	9.7.10	18.44.4	24.11.56	18.43.51	24.12.17	-0.13	+0.21
	10.6.6	20.40.50	23.43.32	20.40.23	23.43.25	-0.27	-0.7
	13.7.9	25.59.48	22.17.28	26.0.8	22.16.32	+0.20	-0.56
	25.7.59	♉9.35.0	17.56.30	♉9.34.11	17.56.6	-0.49	-0.24
	30.8.22	13.19.51	16.42.18	13.18.28	16.40.5	-1.23	-2.13
2月	2.6.35	15.13.53	16.4.1	15.11.59	16.2.17	-1.54	-1.54
	5.7.4½	16.59.6	15.27.3	16.59.17	15.27.0	+0.11	-0.3
	25.8.41	26.18.35	12.46.46	26.16.59	12.45.22	-1.36	-1.24
3月	1.11.10	27.52.42	12.23.40	27.51.47	12.22.28	+0.55	-1.12
	5.11.39	29.18.0	12.3.16	29.20.11	12.2.50	+2.11	-0.26
	9.8.38	♊0.43.4	11.45.52	♊0.42.43	11.45.35	-0.21	-0.17

　　对这颗彗星的观测，自始至终都与在刚才所说的轨道上计算出的彗星运动完全吻合，一如行星运动与由引力理论推算出的运动相吻合，这种一致性明白无误地显示出每次出现的都是同一颗彗星，而且它的轨道也已正确地得出。

　　在上表中我们略去了 11 月 16 日，18 日，20 日和 23 日的几次观测，因为它们不够精确。在这几次时间里，许多人都在观测这颗彗星。旧历 11 月 17 日，庞修和他的同事在罗马于早晨 6 时（即伦敦 5 时 10 分）将准线对准恒星，测出彗星位于 ♒8° 30′，南纬 0° 41′。他们的观测记录可以在庞修发表的一篇关于这颗彗星的论文中找到。切里奥当时在场，他在给卡西尼的一封信中说，该彗星在同一时刻位于 ♒8° 30′，南纬 0° 30′。伽列特在阿维尼翁于同一时刻（即在伦敦早晨 5 时 42 分）发现它位于 ♒8°，纬度 0°。但根据理论计算，当时该彗星应位于 ♒8° 16′ 45″，南纬 0° 53′ 7″。

　　11 月 18 日，在罗马早晨 6 时 30 分（即伦敦 5 时 40 分），庞修观测到彗星位于 ♒13° 30′，南纬 1° 20′；而切里奥发现在 ♒13° 30′，南纬 1° 00′。但在阿维尼翁的早晨 5 时 30 分，伽列特看到它在 ♒13° 00′，南纬 1° 00′；在法国的拉弗累舍大学，早晨 5 时（即伦敦的 5 时 9 分），安果发现它位于两颗小恒星中间，其中一颗是室女座南肢右侧三颗星中位于中间的一颗，即拜尔 ψ 星；另一颗是该股上最靠外的一颗，即拜尔 θ 星，因此，彗星当时位于 ♒12° 46′，南纬 50′。哈雷博士告诉我，在新英格兰位于北纬 $42\frac{1}{2}$° 的波士顿，当天早晨 5 时（即伦敦早晨 9 时 44 分），该彗星位于约 ♒14°，南纬 1° 30′。

　　11 月 19 日早晨 4 时 30 分，在剑桥发现，该彗星（根据一位年轻人的观测）距角宿一 ♍用约西北 2°。当时角宿一位于 ♒19° 23′ 47″，南纬 2° 1′ 59″。同一天早晨 5 时，在新英格兰的波士顿，彗星距角宿一 ♍1°。纬度差为 40′，同一天，在牙买加岛，它距角宿一 ♍1°。同一天，阿瑟·斯多尔在弗吉尼亚地区的马里兰，位于亨丁·克里克附近的北纬 $38\frac{1}{2}$°的帕图森河边，早晨 5 时（即伦敦 10 时），看到彗星刚好在角宿一 ℏ 之上，几乎与它重合，相互间距离约为 $\frac{3}{4}$°。比较这些观测后，我认为，在伦敦 9 时 44 分时，彗星位于 ♎18° 50'，南纬约 1° 25'。而理论则给出 ♎18° 52' 15"，南纬 1° 26' 54"。

11 月 20 日，帕多瓦的天文学教授蒙特纳里，在威尼斯早晨 6 时（即伦敦 5 时 10 分）看到彗星位于 ♏23°，南纬 1° 30'。同一天在波士顿，它距角宿一 ℏ 偏东 4°，因此大约位于 ♎23° 24'。

11 月 21 日，庞修及其同事在早晨 $7\frac{1}{4}$ 时观测到彗星位于 ♒27° 50'，南纬 1° 16'；切里奥发现在 ♒28°；安果在早晨 5 时发现在 ♒27° 45'；蒙特纳里发现在 ♒27° 51'。同一天，在牙买加岛，它位于 ♏ 起点处，纬度大约与角宿一 ℏ 相同，即 2° 2'。同一天，在东印度巴拉索尔的早晨 5 时（即伦敦的前一天夜里 11 时 20 分），彗星位于角宿一 ℏ 以东 7° 35'，在角宿一与天秤座的连线上，因此位于 ♒26° 58'，南纬 1° 11'；5 时 40 分以后（即伦敦早晨 5 时），它位于 ♒28° 12'，南纬 1° 16'。根据理论计算，它应位于 ♒28° 10' 36"，南纬 1° 53' 35"。

11 月 22 日，蒙特纳里发现彗星在 ♏2° 33'；但在新英格兰的波士顿发现它约在 ♏3°，纬度几乎与以前相同，即 1° 30'。同一天，在巴拉索尔早晨 5 时，观测到彗星位于 ♏1° 50'，所以在伦敦的早晨 5 时，彗星约在 ♏3° 5'。同一天早晨 6 时 30 分，胡克博士发现它约在 ♏3° 30'，位于角宿一 ℏ 和狮子座的连线上，但没有完全重合，而是略偏北一点。这一天，以及随后的几天，蒙特纳里也发现，由彗星向角宿一 ℏ 所做的直线自狮子座南侧很近处通过。狮子座与角宿一 ℏ 的连线在 ♏43° 46' 处以 2° 25' 角与黄道平面相交；如果彗星位于该直线上的 ♏3° 处，则它的纬度应为 2° 26'；但由于胡克和蒙特纳里都认为彗星位于该直线偏北一点，其纬度必定还要小些。在 20 日，根据蒙特纳里的观测，它的纬度几乎与角宿一 ℏ 相同，即约 1° 30'，但胡克、蒙特纳里和安果又都认为，这一纬度是连续增加的，因此在 22 日，它应明显大于 1° 30′；取 2° 26′ 和 1° 30′ 这两个极限值的中间值，则纬度应为 1° 58′。胡克和蒙特纳里同意彗尾指向角宿一 ♏，但胡克认为略偏向该星南侧，而蒙特纳里认为略偏北侧；因此，其倾斜很难发现；而彗尾应平行于赤道，相对于对日点略偏北。

旧历 11 月 23 日，纽伦堡早晨 5 时（即伦敦早晨 4 时 30 分），齐默尔曼先生由恒星位置推算彗星位于 ♏8° 8′，南纬 2° 31′。

11 月 24 日日出之前，蒙特纳里发现彗星位于狮子座与角宿一 ♏ 连线北侧的 ♏12° 52′，因此其纬度略小于 2° 38′；前面已说过，由于蒙特纳里、安果和胡克都认为这一纬度是连续增加的，所以在 24 日应略大于 1° 58′，取其平均值，当为 2° 18′，没有明显误差。庞修和切里奥则认为纬度是减小的；而伽列特以及在新英格兰的观测者认为其纬度保持不变，即约为 1° 或 1 $\frac{1}{2}$°。庞修和切里奥的观测较粗糙，在测地平经度与纬度时尤其如此，伽列特的观测也一样。蒙特纳里、胡克、安果和新英格兰的观测者们采用的测量彗星相对于恒星位置的方法比较好，庞修和切里奥有时也用这种方法。同一天，在巴拉索尔早晨 5 时，彗星位于 ♏11° 45′；因此在伦敦早晨 5 时，它约在 ♏13°，而根据理论计算，彗星这时应在 ♏13° 22′ 42″。

11 月 25 日日出之前，蒙特纳里看到彗星约在 17 $\frac{3}{4}$°；而切里奥同时发现彗星位于室女座右侧亮星与天秤座南端的连线上；这条直线与彗星路径相交于 ♏18° 36′，而理论值为约在用 ♏18 $\frac{1}{3}$°。

由此能够看出，这些观测在其相互吻合的水准上而言，与理论也是一致的；这种一致性表明自 11 月 4 日至 3 月 9 日所出现的是同一颗彗星。该彗星的轨迹两次越过黄道平面，因此不是一条直线。它不是在天空中相对的位置上，而是在室女座末端与摩羯座起点上与黄道平面相交，间隔弧度约 98°，所以该彗星路径极大地偏离大圆轨道。因为在 11 月里，它向南偏离黄道平面至少为 3°；而在随后的 12 月时则向北倾斜达 29°；根据蒙特纳里的观测，彗星在其轨道上落向太阳与自太阳处扬起的相互间视在倾角在 30° 以上。这个彗星掠过九个星座，即自 ♌ 末端到 ♊ 首端，它在掠过 ♌ 之后开始被发现；任何其他理论都无法解释彗星在如此大的天空范围内进行的规则运动。这一彗星的运动还是极不相等的。因为约在 11 月 20 日时，它每天掠过约 5°；然后在 11 月 26 日到 12 月 12 日之间速度放慢，在 15 天半的时间里，它只掠过 40°；但随后它的速度又加快了，每天约掠过 5°，直至其运动再次减速。一个能在如此之大的空间范围内恰如其分地描述如此不相等的运动，又与行星理论具有相同定律，而且得到精确的天文学观测印证的理论，绝不可能是别的什么，而只能是真理。

我绘制了一张插图，在彗星轨道的平面上表示出这一彗星的实际轨道，以及它在若干位置上喷射出的尾巴，这样做应该没有什么不妥之处。在这张图中，*ABC* 表示彗星轨道，*D* 为太阳，*DE* 为轨道轴，*DF* 为交会点连线，*GH* 为地球轨道球面与彗星轨道平面的交线；*I* 为彗星在 1680 年 11 月 4 日的位置，*K* 为同年 11 月 11 日位置，*L* 为 11 月 19 日位置，*M* 为 12 月 12 日位置，*N* 为 12 月 21 日位置，*O* 为 12 月 29 日位置，*P* 为次年 1 月 5 日位置，*Q* 为 1 月 25 日位置，*R* 为 2 月 5 日位置，*S* 为 2 月 25 日位置，*T* 为 3 月 5 日位置，*V* 为 3 月 9 日位置。为了确定其彗尾长度，我进行了如下观测。（图 C 3-28）

11 月 4 日 和 6 日，彗尾未出现；11 月 11 日，彗尾刚刚出现，但

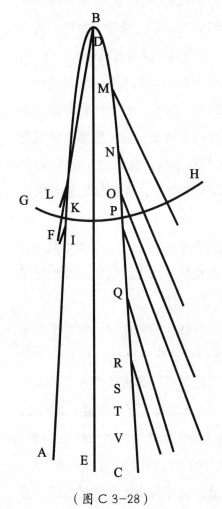

（图 C 3-28）

在 10 英尺望远镜中长度不超过 $\frac{1}{2}$；11 月 17 日，庞修发现彗尾长超过 15°；11 月 18 日，在新英格兰看到彗尾长达 30°，并直指太阳，延伸到位于 ♍9° 54′ 的火星；11 月 19 日，在马里兰看到彗尾长为 15° 或 20°；12 月 10 日，根据弗拉姆斯蒂德的观测，彗尾自蛇夫座蛇尾与天鹰座南翼的 δ 星之间穿过，停在拜尔星表上的 A、ω、b 星附近。因此彗尾末梢在 ♑19 $\frac{1}{2}$°，北纬约 34 $\frac{1}{4}$°；12 月 11 日，它上升到天箭座头部（拜耳的 α、β 星），即 ♑26° 43′，北纬 38° 34′；12 月 12 日，彗尾通过天箭座中部，没有延伸很远，尾端约在 ♒4°，北纬 42 $\frac{1}{2}$°。不过读者必须清楚，这些都是彗尾中最亮的部分的长度。因为在晴朗的夜空里，也可能观测到较暗的光，12 月 12 日 5 时 40 分，根据庞修在罗马的观测，彗尾一直延伸到天鹅座尾星以上 10°，彗尾边缘距这颗星 45′，指向西北，但在这前后彗尾上端的宽度约 3°，因此其中部约在该星南方 2° 15′，其上端位于 ♓22°，北纬 61°，因此彗尾长约 70°；12 月 21 日，它几乎延伸到仙后座，与 β 星到王良四星的距离相等，并且这两个星中分别到它的距离，与这两个星之间的距离也相等，因此彗尾末端在 ♈24°，纬度为 47 $\frac{1}{2}$°；12 月 29 日，彗尾与室宿二左侧接触，填满介于仙女座北部两足间的空间，长达 54°，因此尾端位于 ♉19°，纬度为 35°；1 月 5 日，它触及仙女座右胸处的 π 星和左腰间的 μ 星，根据我们的观测，长约 40°，但已开始弯曲，凸部指向南方，并在彗头附近与通过太阳和彗头的圆成 4° 夹角，而在彗尾则与该圆成 10° 或 11° 夹角，彗尾的弦与该圆夹角为 8°；1 月 13 日，彗尾位于天大将军一与大陵五之间，亮度仍足以看到；但位于英仙座帝 κ 星的末端已暗淡。彗尾末端到通过太阳与彗星的圆的距离为 3° 50′，彗尾的弦与该圆夹角为 8 $\frac{1}{2}$°；1 月 25 日和 26 日，彗尾亮度微弱，长约 6° 或 7°；经过一或二个夜晚后，在晴朗的天空下，它延伸长度为 12° 或更多，亮度很暗，很难看到，它的轴仍精确指向御夫座东肩上的亮星，因此偏离对日点北侧 10°。最后，2 月 10 日，我在望远镜中只看到 2° 长的彗尾，因为更弱的光无法通过玻璃。但庞修写道，他在 2 月 7 日看到彗尾长达 12°。2 月 25 日，彗星失去彗尾直到消失。

现在，如果回顾一下前面讨论的彗星轨道，并充分顾及该彗星的其他现象，则人们应对彗星是像行星一样的坚硬、紧密、牢固和持久的星体的说法感到满意；如果它们仅是地球、太阳和其他行星形成的气体，当它在太阳附近通过时便立即消散，因为太阳的热与其光线的密度成正比，即与受照射处所到太阳距离的平方成反比。所以，在 12 月 8 日，彗星位于其近日点，它到太阳的距离与地球到太阳的距离的比，约为 6 比 1000，这时太阳给彗星的热比太阳给我们的热与 1000000 比 36，或 28000 比 1。我试验过，沸腾的水的热是夏天阳光晒干土壤水分的热约三倍；红热的铁的热（如果我的猜测正确的话）又是沸腾的水的热约三或四倍。所以，当彗星位于近日点时，晒干其土壤的太阳热约 2000 倍于红热的铁的热。在如此强烈的热中，蒸汽和薄雾，以及所有的挥发性物质，都会立即发散而消失。

所以，这颗彗星肯定从太阳得到了极大的热量，并能保持很长的时间；因为直径一英寸的铁球烧至红热后暴露在空气中，一小时内很难失去所有的热；而更大的球将正比于其直径而保持更长的时间，因为其表面（与之接触的周围空气冷却速度即正比于它）与所含热物质的比值较小；所以，与我们的地球同样大的红热铁球，即直径约 40000000 英尺的球体，将很难在相同的天数里，或在多于 50000 年的时间里冷却。不过我推测由于某些尚不明了的原因，热量保持时间的增加要小于直径增大的比例，我期待着能用实验给出实际比值。

还应进一步考虑到，在 12 月里，彗星刚受到太阳加热之后，的确比在 11 月里未到达近日点时射出长得多也亮得多的彗尾；一般而言，最长且最明亮的彗尾始终出现在刚刚通过邻近太阳之处。所以，彗星接受的热导致了巨大的彗尾。由此，我想我可以推出，彗尾不是别的，正是极细微的蒸汽，它由于彗头或彗核接收的热而喷射出来。

不过，关于彗尾有三种不同的看法。有些人认为它只不过是太阳光通过被认为是透明的彗头后射出的光束；另一些人提出，彗尾是由彗头射向地球的光发生折射形成的；最后，还有一些人则设想，彗尾是由彗头所不断产生的云雾或蒸汽，它们始终向背对着太阳的方向放出。第一种看法不能为光学所接受。因为在暗室中看到的太阳光束，只不过是光束在弥漫于空气中的尘埃和烟雾粒子上反射的结果，因此，在浓烟密布的空气中，这种光束以很强的亮度显现，并对眼睛产生强烈作用；在比较纯净的空气中，光束亮度较弱，不易于被察觉；而在天空中，根本没有可以反射阳光的物质，因此绝不可能看到光束，光不是因为它成为光束，而是因为它被反射到我们的眼睛，才被看到的；因为视觉只有光线落到眼睛上才得以产生，所以，在我们看见彗尾的地方，肯定有某种反射光的物质存在，不然的话，由于整个天空是受太阳的光同等地照亮的，它任何一部分都不可能显得比其他部分更亮些。第二种看法面临许多困难。我们看到的彗尾从来都不像常见的折射光那样带有斑斓的色彩，由恒星和行星射向我们的纯净的光表明天空介质完全不具备任何折射能力，因为正像人们所指出的那样，埃及人有时看到恒星带有彗发，这种情况很罕见，我们宁可把它归因于云雾的折射；而恒星的跳耀与闪烁则应归因于眼睛与空气二者的折射，因为当把望远镜放在眼睛前时，这种跳耀与闪烁便立即消失，由于空气与蒸腾的水汽的颤动，光线交替地在眼睛瞳孔狭小的空间里摆动，但望远镜物镜口径很大，不会发生这种事情；因此，闪烁是由于前一种情形造成的，在后一情形中则不存在；在后一情形中闪烁的消失证明通过天空正常照射过来的光没有经过任何可察觉的折射。可能会有人提出异议，说有的彗星看不到彗尾，因为它受到的光照很弱，而次级光则更弱，不能为眼睛所知觉，正因为如此，恒星的尾部不会出现，我们的回答是，利用望远镜可以使恒星的光增加 100 倍，但还是看不到尾巴；而行星的光更亮，也还是没有尾巴；但彗星有时有着巨大的彗尾，同时彗头却暗淡无光。这正是 1680 年彗星所发生的情形，当时，在 12 月里，它的亮度尚不足第二星等，但却射出明亮的尾巴，延伸长度达 40°、50°、60° 或 70°，甚至更长。其后，在 1 月 27 日和 28 日，当彗头变为第七星等的亮度时，彗尾却（仍像上述的那样）清晰可辨，虽然已经暗淡了，但仍长达 6° 或 7°，如果计入更难以看到的弱光，它甚至长达 12° 以上。在 2 月 9 日和 10 日，肉眼已看不到彗头，我在望远镜中还看到 2° 长的彗尾。再者，如果彗尾是由于天体物质的颤动引起的，并根据其在天空中的位置偏向背离太阳的一侧，则在天空中的相同位置上彗尾的指向应当相同。但 1680 年的彗星，在 12 月 28 日 8 时 30 分时，在伦敦看到位于 ⯒8° 41′，北纬 28° 6′，当时太阳在 ♑18° 26′。而 1577 年的彗星，在 12 月 29 日位于 ⯒8° 41′，北纬 28° 40′ 太阳也大约在 ♑18° 26′。在这二次情形里，地球在天空的位置相同；但在前一情形彗尾（根据我的以及其他人的观测）相对太阳向北偏离 $4\frac{1}{2}°$；而在后一情形里（根据第谷的观测）却向南偏离 21°。所以，天体物质颤动的说法得不到证明，彗尾现象肯定只能通过其他反光物质来解释。

彗尾所遵循的规律，也进一步证明彗尾由彗头产生，并指向背着太阳的部分，彗尾处在通过太阳的彗星轨道平面上，它们始终偏离太阳而指向彗头沿轨道运动时所留下的部分。对于位于该平面内的旁观者而言，彗尾出现在正对着太阳的部分；但当旁观者远离该平面时，这种偏离即明显起来，而且日益增大。在其他条件不变的情况下，彗尾对彗星轨道的倾斜较大，以及当彗头接近太阳时，这种偏离较小，尤其在彗头附近取这种偏离角时更是如此。没有偏离的彗尾看上去是直的，而有偏离的彗尾则以某种曲率弯折。偏离越大，曲率越大，而且在其他条件相同情况下，彗尾越长，曲率越大，因较短的彗尾其曲率很难察觉。在彗头附近偏离角较小，但在彗尾的另一端则较大，这是因为彗尾的凸侧对应着产生偏离的部分，位于自太阳引向彗头的无限直线上。而且位于凸侧的彗尾，比凹侧更长更宽，亮度更强，更鲜艳夺目，边缘也更清晰。由这些理由就能明白彗尾的现象取决于彗头的运动，而不取决于彗头在天空被发现的位置，所以，彗尾并不是由天空的折射所产生的，而是彗头提供了形成彗尾的物质。和在我们的空气中一样，热物体的烟雾，或是在该物体静止时垂直上升，或是当该物体斜向运动时沿斜向上升，在天空中也是如此，所有的物体被吸引向太阳，烟雾和水汽肯定（像我们已说过的那样）自太阳方向升起，或是当带烟物体静止时垂直上升，或是当物体在其整个运动过程中不断离开烟雾的上部或较高部分原先升起的位置时而斜向上升；烟雾上升速度最快时斜度最小，即在放出烟雾的物体邻近太阳时，其附近的烟雾斜度最小。但因为这种斜度是变化的，烟柱也随之弯曲；又因为在前面的烟雾放出较晚，即自物体上放出的时间较晚，所以其密度较大，肯定反射的光较多，边界也更清晰。许多人描述过彗尾的突发性不确定摆动，以及其不规则形状，关于此我不拟讨论，因为可能是由于我们的空气的对流，以及云雾的运动部分遮掩了彗尾所致，也可能是由于当彗星通过银河时把银河的某部分误认为是彗尾的一部分所致。

至于为什么彗星的大气能提供足够多的蒸汽充满如此巨大的空间，我们不难由地球大气的稀薄性得到理解。因为在地表附近的空气占据的空间是相同重量的水的 850 倍，因此 850 英尺高的空气柱的重量与宽度相同但仅 1 英尺高的水柱相等，若重量与 33 英尺高水柱相等的空气柱，其高度将伸达大气顶层，所以，如果在这整个空气柱中截去其下部 850 英尺高的一段，余下的上半部分重量与 32 英尺水柱相等，由此（以及由得到多次实验验证的假设，即空气压力与周围大气的重量成正比，而重力与到地球中心距离的平方成反比），运用第 2 编命题 22 的推论加以计算，我发现，在地表以上一个地球半径的高度处，空气比地表处稀薄的程度，远大于土星轨道以内空间与一个直径 1 英寸的球形空间的比；因此，如果我们的大气球层仅厚 1 英寸，稀薄程度与地表以上一个地球半径处相同，则它将可以充满整个行星区域，直至土星轨道，甚至更远得多。所以，由于极远处的空气极为稀薄，彗发或彗星的大气到其中心一般十倍高于彗核表面，而彗尾上升得更高，因此必极为稀薄；虽然由于彗星的大气密度很大，星体受到太阳的强烈吸引，空气和水汽粒子也同样相互吸引，在天空与彗尾中的彗星空气并没有极度稀薄到这种程度，但由这一计算来看，极小量的空气和水汽足以产生出彗尾的所有现象，是不足为奇的，因为由透过彗尾的星光即足以说明它们的稀薄。地球的大气在太阳光的照耀下，虽然只有几英里厚，却不仅足以遮挡和淹没所有星辰的光，甚至包括月球本身；而最小的星星也可以透过同样被太阳照耀的厚度极大的彗星并为我们所看到，而且星光没有丝毫减弱。大多数彗尾的亮度，一般都不大于我们的 1~2 英寸厚的空气，在暗室中对由百叶窗孔进入的太阳光束的反射亮度。

我们可以很近似地求出水汽由彗头上升到彗尾末端所用的时间，方法是由彗尾末端向太阳作直线，标出该直线与彗星轨道的交点；因为位于尾端的水汽如果是沿直线从太阳方向升起的，肯定是在彗头位于该交点处时开始其上升的。的确，水汽并没有沿直线升离太阳，但保持了在它上升之前从彗星所得到的运动，并将这一运动与它的上升运动相复合，沿斜向上升；因此，如果我们作一平行于彗尾长度直线相交于其轨道，或干脆（因为彗星做曲线运动）作一稍稍偏离彗尾直线或长度方向的直线，则可以得到这一问题的更精确的解。运用这一原理，我算出 1 月 25 日位于彗尾末端的水汽，是在 12 月 11 日以前由彗头开始上升的，整个上升过程用了 45 天；而 12 月 10 日所出现的整个彗尾，在彗星到达其近日点后的两天时间内已停止其上升。所以，蒸汽在邻近太阳处以最大速度开始上升，其后受其重力影响以不变的减速度继续上升；它上升得越高，就使彗尾加长得越多，持续可见的彗尾差不多全是由彗星到达其近日点以后升腾起的蒸汽形成的；原先升起的蒸汽形成彗尾末端，直到距我们的眼睛，以及距使它获得光的太阳太远以前，都是可见的，而那以后即不可见。同样道理，其他彗星的彗尾较短，很快消失，这些彗尾不是自彗头快速持续地上升而形成的，而是稳定持久的蒸汽和烟尘柱体，以持续许多天的缓慢运动自彗头升起，而且从一开始就加入了彗头的运动，随之一同通过天空。在此我们又有了一个理由，说明天空是自由的，没有阻力的，因为在天空中不仅行星和彗星的坚固星体，而且像彗尾那样极其稀薄的蒸汽，都可以以极大自由维持其高速运动，并且持续极长时间。

开普勒把彗尾上升归因于彗头大气，而把彗尾指向对日点归因于与彗尾物质一同被拖曳的光线的作用；在如此自由的空间中，像以太那样微细的物质屈服于太阳光线的作用，这想象起来并不十分困难，虽然这些光线由于阻力太大而不能使地球上的大块物质明显的运动。另一位作者猜想有一类物质的粒子具有轻力原理，如同其他物质具有重力一样，彗尾物质可能就属于前一种，它从太阳升起就是轻力在起作用；但是，考虑到地球物体的重力与物体的物质成正比，对于相同的物质量既不会太大也不会太小，我倾向于相信是由于彗尾物质很稀薄造成的。烟囱里的烟的上升是由它混杂于其间的空气造成的。热气上升致使空气稀薄，因为它的比重减小了，进而在上升中裹携飘浮于其中的烟尘一同上升；为什么彗尾就不能以同样方式升离太阳呢？因为太阳光线在介质中除了发生反射和折射外，对介质不产生别的作用，反射光线的粒子被这种作用加热，进而使包含于其中的以太物质也加热。它获得的热使物质变得稀薄，而且，因为这种稀薄作用使原先落向太阳的比重减小，进而上升，并将组成彗尾的反光粒子一同上升。但蒸汽的上升又进一步受到环绕太阳运动的影响，其结果是，彗尾升离太阳，同时太阳的大气与其天空物质或者都保持静止，或者只是随着太阳的转动而以慢速度绕太阳运动。这些正是彗星在太阳附近时，其轨道弯度较大，彗星进入太阳大气中密度较大、重量较重的部分，致使彗星上升的原因。根据这一解释，彗星肯定放出有巨大长度的彗尾，因为这时升起的彗尾还保持着自身的适当运动，同时还受到太阳的吸引，肯定与彗头一样沿椭圆绕太阳运动，而这种运动又使它总是追随着彗头，又自由地与彗头相连接。因为太阳吸引蒸汽脱离彗头而落向太阳的力并不比彗头吸引它们自彗尾下落的力更大。它们肯定只能在共同的重力作用下，或是共同落向太阳，或是在共同的上升运动中减速，所以，（无论是出于上述原因或是其他原因）彗尾与彗头轻易地获得并自由地保持了相互间的位置关系，完全不受这种共同重力的干扰或阻碍。

所以，在彗星位于近日点时升起的彗尾将追随彗头伸延至极远处，并与彗头一同经过许多年的运动之后再次回到我们这里，或者干脆在此过程中逐渐稀薄而完全消失。因为在此之后，当彗头又落向太阳时，新而短的彗尾又会以缓慢运动而自彗头放出，而这彗尾又会逐渐地剧烈增长，当彗星位于近日点而落入太阳大气低层时尤其如此。因为在自由空间中的所有蒸汽始终处在稀薄和扩散的状态中，所以所有彗星的彗尾在其末端都比头部附近宽。而且，也不是不可能，逐渐稀薄扩散的蒸汽最终在整个天空中弥漫开来，又一点一点地在引力作用下向行星集聚，汇入行星大气。这与我们地球的构成绝对需要海洋一样，太阳热使海洋蒸发出足够量的蒸汽，集结成云雾，再以雨滴形式落回，湿润大地，使作物得以滋生繁茂；或者与寒冷一同集结在山顶上（正如某些哲学家所合理猜测的那样），再以泉水或河流形式流回。看来对于海洋和行星上流体的保持来说彗星似乎是需要的，通过它的蒸发与凝结，行星上流体因作物的繁衍和腐败被转变为泥土而损失的部分，可以得到持续的补充和产生，因为所有的作物的全部生长都来自流体，以后又在很大程度上腐变为干土，在腐败流体的底部始终能找到一种泥浆，正是它使固体的地球的体积不断增大，而如果流体得不到补充，肯定持续减少，最终干涸殆尽。我还进一步猜想，正是主要来自彗星的这种精气，是我们空气中最小最精细也是最有用的部分，也是维持与我们同在的一切生命所最需要的。

彗星的大气，在脱离彗星进入彗尾进而落向太阳时，是无力而且收缩的，因此变得狭窄，至少在面对太阳的一面是如此；而在背离太阳的一面，当少量大气进入彗尾后，如果海威克尔所证述的现象准确的话，又再次扩张。但它们在刚受太阳最强烈的加热后看上去最小，因此射出的彗尾最长也最亮；也许在同一时刻，彗核被其大气底层又浓又黑的烟尘所包围，因为强烈的热所生成的烟都是既浓且黑。因此，上述彗星的头部在其到太阳与地球距离相等处，在通过其近日点后显得比以前暗，12月里，彗星亮度一般为第三星等，但在 11 月里它为第一或第二星等，这使得看见这两种现象的人把前者当作比后者大的另一颗彗星。因为在 11月 19 日，剑桥的一位年轻人看见了这颗彗星，虽然暗淡无光，但也与室女座角宿一相同，它这时的亮度还是比后来为亮。而在旧历 11 月 20 日，蒙特纳里发现它超过第一星等，尾长超过 2°。斯多尔先生（在写给我的一封信中）说 12 月里彗尾体积最大也最亮，但彗头却小了，而且比 11 月日出前所见小得多，他推测这一现象的原因是，彗头原先有较大的物质量，而以后则逐渐失去了。

我又由相同的理由发现，其他彗星的头部，在使其彗尾最大且最亮的同时，自己显得既暗又小。因为在巴西，新历 1668 年 3 月 5 日，下午 7 时，瓦伦丁·艾斯坦瑟尔在地平线附近看到彗星，在指向西南方处彗头小得难以发现，但其上扬的彗尾之亮，足以使站在岸上的人看到其倒影；它像一簇火焰自西向南延伸达 23°，几乎与地平线平行。但这一非常的亮度只持续了三天，以后即日渐减弱，而且随着彗尾亮度的减弱，其体积却在增大。有人在葡萄牙也发现它跨越天空的 $\frac{1}{4}$，即 45°，横贯东西方向，极为明亮，虽然在这些地方还看不到整个彗尾，因为彗头尚潜藏在地平线以下，由其彗尾体积的增加和亮度的减弱来看，它当时正在离开太阳，而且距其近日点很近，与 1680 年彗星相同。我们还在《撒克逊编年史》中读到，类似的彗星曾出现于 1106 年，该彗星又小又暗（与 1680 年彗星相同），但其尾部却极为明亮，像一簇巨大的火焰自东向北划过天空，海威尔克也从达勒姆的修道士西米昂那里看到相同的记录。这颗彗星出现在 2 月初傍晚的西南方天空，由其彗尾的位置，我们推断其彗头在太阳附近。马太·帕里斯说："它距太阳约一腕尺远，自 3 点到 9 点，伸出很长的尾巴。"亚里士多德在《气象学》第 6 章第一节中描述过绚丽的彗星："看不到它的头部，因为它位于太阳之前，或者至少隐藏在阳光之中，但次日也有可能看到它了，因为它只离开太阳很小一段距离，刚好落在它后面一点。头部散出的光因（尾部的）辉光太强而遮挡，还是无法看到。但以后（如亚里士多德所说）（尾部的）辉光减弱，彗星（的头部）恢复了其本来的亮度，现在（尾部的）辉光延伸到天空的 $\frac{1}{3}$（即 60°）。这一现象发生于冬季（第 101 届奥林匹克运动会的第四年），并上升到猎户座的腰部，在那里消失。"1618 年的彗星正是这样，它从太阳光下直接显现出来，带着极大的彗尾，亮度超过或者等于第一星等。但后来，许多的其他彗星比它还亮，但彗尾却短，据说其中有些大如木星，还有的大如金星，甚至大如月球。

我们已指出彗星是一种行星，沿极为偏心的轨道绕太阳运动，而且与没有尾部的行星一样，一般地，较小的星体沿较小的轨道运动，距太阳也较近，彗星中其近日点距太阳近的很可能一般较小，它们的吸引力对太阳作用不大。至于它们的轨道横向直径，以及环绕周期，我留待它们经过长时间间隔后沿同一轨道回转过来时再比较求出。与此同时，下述命题会对这一研究有所助益。

命题 42 问题 22

...

修正以上求得的彗星轨道。

　　方法 1. 设轨道平面的位置是根据前一命题求出的，由极为精确的观测选出彗星的三个位置，它们相互间距离很大。设 A 表示第一次与第二次观测之间的时间间隔，B 为第二与第三次之间的时间，如果在其中一段时间内，彗星位于近日点或远日点附近，或至少距它不太远，运算会更方便。由所发现的这些视在位置，运用三角法计算，求出彗星在所设轨道平面上的实际位置，再由这些求得的位置，以太阳的中心为焦点，根据第 1 编命题 21，运用算术计算画出圆锥曲线。令由太阳伸向所求出的位置的半径所掠过的曲线面积为 D 和 E，即第一次观测与第二次之间的面积为 D，第二与第三次之间的面积为 E；再令 T 表示由第 1 编命题 16 求出的以彗星速度经过整个面积 $D+E$ 所需的总时间。

方法 2. 保持轨道平面对黄道平面的倾斜不变，令轨道平面交会点的经度增大 20′ 或 30′，新的夹角为 P。再由彗星的上述三个观测位置求出在这一新的平面上的实际位置（方法与以前一样），并且也求出通过这些位置的轨道，在两次观测间由同一半径经过的面积，称为 d 和 c，令经过整个面和 $d+e$ 所需的总时间用 t 表示。

方法 3. 保持方法 1 中的交会点经度不变，令轨道平面对于黄道平面的倾角增加 20′ 或 30′，新的角称为 Q。再由彗星的上述三个视在位置求出它在这一新平面上的位置，并且也求出通过它们的轨道在几次观测之间经过的两个面积，称为 δ 和 ε，令 τ 表示经过总面积 $\delta + \varepsilon$ 所用的总时间。

然后，取 C 比 1 与 A 比 B 相等，G 比 1 与 D 比 E 相等，g 比 1 与 d 比 e 相等；γ 比 1 与 δ 比 ε 相等。令 S 为第一次与第三次观测之间的真实时间，适当选择符号 + 和 -，求出数 m 和 n，使得 $2G\text{-}2C = mG\text{-}mg+nG\text{-}n\gamma$，以及 $2T\text{-}2S = mT\text{-}mt+nT\text{-}n\gamma$ 成立。在方法 1 中，如果 I 表示轨道平面对黄道平面的倾角，K 表示交会点之一的经度，则 $I+nQ$ 为轨道平面对黄道平面的实际倾角，而 $K+mP$ 表示交会点的实际经度。最后，如果在方法 1、2 和 3 中分别以量 R、γ 和 ρ 表示轨道的通径，以 $\frac{1}{L}$、$\frac{1}{I}$、$\frac{1}{Y}$ 三表示轨道的横向直径，则 $R+m\gamma\text{-}mR+np\text{-}nR$ 为实际通径，而 $\dfrac{1}{L+ml\text{-}mL+n\lambda\text{-}nL}$ 为彗星所经过的实际轨道的横向直径，求出了轨道的横向直径也就可以求出彗星的周期。

但彗星的环绕周期，以及其轨道的横向直径只能通过对不同时间出现的彗星加以比较才能足够精确地求出。如果在经过相同的时间间隔后，发现几个彗星经过相同的轨道，我即可以由此推断它们都是同一颗彗星，沿同一条轨道运行，然后由它们的环绕时间即可以求出轨道的横向直径，而由此直径即可以求出椭圆轨道本身。

为达到这一目的，需要计算许多彗星的轨道，并假设这些轨道是抛物线，因为这种轨道始终与现象近似吻合，不仅1680年彗星的抛物线轨道（我比较后发现与观测相吻合），而且与1664年和1665年出现的那颗著名彗星，经海威尔克的观测，并由他本人的观测计算出的经度和纬度，也都吻合，只是精度较低。但由哈雷博士根据相同观测再次算出的彗星位置；以及由这些新位置确定的轨道来看，该彗星的上升交会点在♊21° 13′ 55″，其轨道与黄道平面的交角为21° 18′ 40″；在该彗星轨道上，近日点估计距交会点49° 27′ 30″，其近日点位于♌8° 40′ 30″，日心南纬16° 01′ 25″。彗星在伦敦时间旧历11月24日晚上11时52分，或但泽下午13时8分位于其近日点；如果设太阳到地球的距离为100000份，抛物线的通径为410286。彗星在这一计算轨道上的近似位置与观测的吻合程度，体现在哈雷博士列出的表中。

但泽的视在时间	彗星到恒星的观测距离		观测位置		在轨道上的计算位置
dhm		° ′ ″		° ′ ″	° ′ ″
12 月 3.18.29$\frac{1}{2}$	狮子座中心	46.24.20	经度	♒7.1.0	♒7.1.29
	室女座角宿一	22.52.10	南纬	21.39.0	21.38.50
4.18.1$\frac{1}{2}$	狮子座中心	46.2.45	经度	♒6.15.0	♒6.16.5
	室女座角宿一	23.52.40	南纬	22.24.0	22.24.0
7.17.48	狮子座中心	44.48.0	经度	♒3.6.0	♒3.7.33
	室女座角宿一	27.56.40	南纬	25.22.0	25.21.40
17.14.43	狮子座中心	53.15.15	经度	♌2.56.0	♌2.56.0
	室女座角宿一	45.43.30	南纬	49.25.0	49.25.0

（续表）

但泽的视在时间	彗星到恒星的观测距离		观测位置		在轨道上的计算位置
dhm		o′″		o′″	o′″
19.9.25		35.13.50	经度	Ⅱ28.40.30	Ⅱ28.43.0
		52.56.0	南纬	45.48.0	45.46.0
20.9.53 $\frac{1}{2}$		40.49.0	经度	Ⅱ13.3.0	Ⅱ13.5.0
		40.4.0	南纬	39.54.0	39.53.0
21.9.9 $\frac{1}{2}$	猎户座右肩	26.21.25	经度	Ⅱ2.16.0	Ⅱ2.18.30
		29.28.0	南纬	33.41.0	33.39.40
22.9.0	猎户座右肩	29.47.0	经度	♉24.24.0	♉24.27.0
		20.29.30	南纬	27.45.0	27.46.0
26.7.58	白羊座亮星	23.20.0	经度	♉9.0.0	♉9.2.28
		26.44.0	南纬	12.36.0	12.34.13
27.6.45	白羊座亮星	20.45.0	经度	♉7.5.40	♉7.8.45
		28.10.0	南纬	10.23.00	10.23.13
28.7.39	白羊座亮星	18.29.0	经度	♉5.24.45	♉5.27.52
		29.37.0	南纬	8.22.50	8.23.27
31.6.45	仙女座腰部	30.48.10	经度	♉2.7.40	2.8.20
		32.53.30	南纬	4.13.0	4.16.25
1665.1 月 7.7.37 $\frac{1}{2}$	仙女座腰部	25.11.0	经度	♈28.24.47	♈28.24.0
		37.12.25	北纬	0.54.0	0.53.0
13.7.0	仙女座头部	28.7.10	经度	♈27.6.54	♈27.6.39
		38.55.20	北纬	3.6.50	3.7.40
24.7.29	仙女座腰部	20.32.15	经度	♈26.29.15	♈26.28.50
		40.5.0	北纬	5.25.50	5.26.0
2 月 7.8.37			经度	♈27.4.46	♈27.24.55
			北纬	7.3.29	7.3.15

（续表）

但泽的 视在时间	彗星到恒星的观测距离		观测位置		在轨道上的 计算位置
dhm	°′″			°′″	°′″
22.8.46			经度	♈28.29.46	♈28.29.58
			北纬	8.12.36	8.10.25
3月 1.8.16			经度	♈29.18.15	♈29.18.20
			北纬	8.36.26	8.36.12
7.8.37			经度	♉0.2.48	♉0.2.42
			北纬	8.56.30	8.56.56

　　1665 年 初 的 2 月，白 羊 座 的 第 一 星，以 下 称 之 为 γ 位 于 ♈28° 30′ 15″，北纬 7° 8′ 58″；白羊座第二星位于 ♈29° 17′ 18″，北纬 8° 28′ 16″；另一颗我称为 A 的第七星等的星，位于 ♈28° 24′ 45″，北纬 8° 28′ 33″。旧历 2 月 7 日 7 时 30 分在巴黎（即但泽的 2 月 7 日 8 时 37 分）该彗星与 γ 和 A 星构成三角形，直角顶点在 γ；彗星到 γ 星的距离与 γ 与 A 星的距离相等，即与大圆的 1° 19′ 46″ 相等，因此在平行 γ 星的纬度上它位于 1° 20′ 26″。所以，如果从 γ 星的经度中减去 1° 20′ 26″，则余下彗星的经度为 ♈27° 9′ 49″。M. 奥佐由他的这一观测把彗星定位在 ♈27° 0′ 附近；而根据胡克博士绘制的彗星运动图，它当时位于 ♈26° 59′ 24″；我取这两个值的平均值为 ♈27° 4′ 26″。

　　奥佐根据同一观测认为彗星位于北纬 7° 4′ 或 7° 5′；但他如果取彗星与 γ 星的纬度差与 γ 星与 A 星的纬度差相等，即 7° 3′ 39″，将更好些。

　　2 月 22 日 7 时 30 分在伦敦，即但泽的 2 月 22 日 8 时 46 分，根据胡克博士的观测和绘制的星图，以及 M. 派蒂特依据 M. 奥佐的观测而以相同方式绘制的星图，彗星到 A 星的距离为 A 星到白羊座第一星间距离的 $\frac{1}{5}$，或 15′ 57″；彗星到 A 星与白羊座第一星连线的距离为前文 $\frac{1}{5}$ 距离的

$\frac{1}{4}$，即 4′，因此彗星位于 ♈28° 29′ 46″，北纬 8° 12′ 36″。

3 月 1 日伦敦 7 时，即但泽 3 月 1 日 8 时 16 分，观测到彗星接近白羊座第二星，它们之间的距离，比白羊座第一星与第二星之间的距离（即 1° 33′），根据胡克博士的观测，与 4 比 45 相等，而根据哥第希尼的观测，则与 2 比 23 相等。因此，胡克博士认为彗星到白羊座第二星的距离为 8′ 16″，而哥第希尼认为是 8′ 5″；或者，取二者的平均值，为 8′ 10″。但根据哥第希尼的观测，当时彗星已越出白羊座第二星一天行程的 $\frac{1}{4}$ 或 $\frac{1}{5}$，即约 1′ 35″（他与 M. 奥佐的结论一致），或者，根据胡克博士的观测，距离没有这么大，只有 1′。因此，如果在白羊座第一星的经度上增加 1′，而其纬度上增加 8′ 10″，则得到彗星经度为 ♈29° 18′，纬度为北纬 8° 36′ 26″。

3 月 7 日巴黎 7 时 30 分，即但泽 3 月 7 日 7 时 37 分，M. 奥佐观测到彗星到白羊座第二星的距离与该星到 A 星的距离相等，即 52′ 29″；彗星与白羊座第二星的经度差为 45′ 或 46′ 或者，取平均值 45′ 30″；故而，彗星位于 ♉0° 2′ 48″，在 M. 派蒂特依据 M. 奥佐的观测绘制的星图上，海威尔克测出彗星纬度为 8′ 54′，但这位制图师没能准确把握彗星运动末端的轨道曲率；海维留在 M. 奥佐自己根据观测绘制的星图上校正了这一不规则曲率，这样，彗星纬度为 8° 55′ 30″。在进一步校正这种不规则性后，纬度变为 8° 56′ 或 8° 57′。

3 月 9 日也曾发现过这颗彗星，当时它大约位于 ♉0° 18′，北纬 9° 3$\frac{1}{2}$′。

这颗彗星持续三个月可见。这期间它几乎经过六个星座，有一天几乎掠过 20°。它的轨迹偏离大圆极大，向北弯折，并在运动末期改为直线逆行；尽管它的轨迹如此不同寻常，上表所载表明，理论自始至终与观测相吻合，其精度不小于行星理论与观测值的吻合程度，但我们还应在彗星运动最快时减去约 2′，在上升交会点与近日点的夹角中减去 12′，或使该角与 49° 27′ 48″ 相等。这两颗彗星（这一颗与前一颗）的年视差非常显著，这一视差值证明了地球在地球轨道上的年运动。

　　这一理论同样还由 1683 年的彗星运动得到证明，它出现了逆行，轨道平面与黄道平面几乎成直角，其上升交会点（根据哈雷博士的计算）位于 ♍23° 23′，其轨道平面与黄道交角为 83° 11′，近日点位于 ♊25° 29′ 30″；如果设地球为 100000 份，则其近日点到太阳距离为 56020，它到达近日点时间为 7 月 2 日 3 时 50 分。哈雷博士计算的彗星到轨道上位置与弗拉姆斯蒂德观测值在下表中比较列出。

1683 年赤道时间	太阳位置	彗星计算经度	计算纬度	彗星观经度	观测纬度	经度差	纬度差
dhm	° ′ ″	° ′ ″	° ′ ″	° ′ ″	° ′ ″	′ ″	′ ″
7 月 13.12.55	♌1.02.30	♋13.5.42	29.28.13	♋13.6.24	29.28.20	+1.0	+0.7
15.11.15	2.53.12	11.37.48	29.34.0	11.39.43	29.34.50	+1.55	+0.50
17.10.20	4.45.45	10.7.6	29.33.30	10.8.40	29.34.0	+1.34	+0.30
23.13.40	10.38.21	5.10.27	28.51.42	05.11.30	28.50.28	+1.3	-1.14
25.14.5	12.35.28	3.27.53	24.24.47	3.27.0	28.23.40	-0.53	-1.7
31.9.42	18.9.22	♊27.55.3	26.22.52	♊27.54.24	26.22.25	-0.39	-0.27
31.14.55	18.21.53	27.41.7	26.16.57	27.41.8	26.14.50	+0.1	-2.7
8 月 2.14.56	20.17.16	25.29.32	25.16.19	25.28.46	25.17.28	-0.46	+1.9
4.10.49	22.2.50	23.18.20	24.10.49	23.16.55	24.12.19	-1.25	+1.30
6.10.9	23.56.45	20.42.23	22.47.5	20.40.32	22.49.5	-1.51	+2.0
9.10.26	26.50.52	16.7.57	20.6.37	16.5.55	20.6.10	-2.2	-0.27
15.14.1	♍2.47.13	3.30.48	11.37.33	3.26.18	11.32.1	-4.30	-5.32
16.15.10	3.48.2	0.43.7	9.34.16	0.41.55	9.34.13	-1.12	-0.3
18.15.44	5.45.33	♉24.52.53	5.11.15	♉24.49.5	5.9.11	-3.48	-2.4
			south		south		
22.14.44	9.35.49	11.7.14	5.16.58	11.7.12	5.16.50	-0.2	-0.3
23.15.52	10.36.48	7.2.18	8.17.9	7.1.17	8.16.41	-1.1	-0.28
26.16.2	13.31.10	♈24.45.31	16.38.0	♈24.44.0	16.38.20	-1.31	+0.20

　　这理论还能通过 1682 年彗星的逆行运动的进一步印证。其上升交会点（根据哈雷博士的计算）位于 ♉21° 16′ 30″，轨道平面相对于黄道平面交角为 17° 56′ 00″，近日点为 ♒2° 52′ 50″。如果设地球轨道半径为 100000 份，其近日点到太阳距离为 58328。彗星到达近日点时间为 9 月 4 日 7 时 39 分。弗拉姆斯蒂德先生的观测位置与我们的理论计算值对比列于下表。

1682 年出现时间	太阳位置	彗星计算经度	计算纬度	彗星观经度	观测纬度	经度差	纬度差
dhm	° ′ ″	° ′ ″	° ′ ″	° ′ ″	° ′ ″	′ ″	′ ″
8 月 19.16.38	♍7.0.7	♌18.14.28	25.50.7	♌18.14.40	25.49.55	-0.12	+0.12
20.15.38	7.55.52	24.46.23	26.14.42	24.46.22	26.12.52	+0.1	+1.50
21.8.21	8.36.14	29.37.15	26.20.3	29.38.2	26.17.37	-0.47	+2.26
22.8.8	9.33.55	♌6.29.53	26.8.42	♌6.30.3	26.7.12	-0.10	+1.30
29.8.20	16.22.40	♒12.37.54	18.37.47	♒12.37.49	18.34.5	+0.5	+3.42
30.7.45	17.19.41	15.36.1	17.26.43	15.35.18	17.27.17	+0.43	-0.34
9 月 1.7.33	19.16.9	20.30.53	15.13.0	20.27.4	15.9.49	+3.49	+3.11
4.7.22	22.11.28	25.42.0	12.23.48	25.40.58	12.22.0	+1.2	+1.48
5.7.32	23.10.29	27.0.46	11.33.8	26.59.24	11.33.51	+1.22	-0.43
8.7.16	26.5.58	29.58.44	9.26.46	29.58.45	9.26.43	-0.1	+0.3
9.7.26	27.5.9	♏0.44.10	8.49.10	♏0.44.4	8.48.25	+0.6	+0.45

　　1723 年出现的彗星逆行运动也证明了这一理论。该彗星的上升交会点（根据牛津天文学萨维里讲座教授布拉德雷先生的计算）为 ♈14° 16′，轨道与黄道平面交角 49° 59′，其近日点位于 ♉12° 15′ 20″，如果取地球轨道半径为 1000000 份，其近日点距太阳 998651 份，达到近日点时间为 9 月 16 日 16 时 10 分。布拉德雷先生计算的彗星在轨道上位置，与他本人，他的叔父庞德先生，以及哈雷博士的观测位置并列于下表中。

1723 年出现时间	彗星观测经度	观测北纬	彗星计算经度	计算纬度	经度差	纬度差
dhm	°′″	°′″	°′″	°′″	″	″
10月 9.8.5	≈7.22.15	5.2.0	≈7.21.26	5.2.47	+49	-47
10.6.21	6.41.12	7.44.13	6.41.42	7.43.18	-50	+55
12.7.22	5.39.58	11.55.0	5.40.19	11.54.55	-21	+5
14.8.57	4.59.49	14.43.50	5.0.37	14.44.1	-48	-11
15.6.35	4.47.41	15.40.51	4.47.45	15.40.55	-4	-4
21.6.22	4.2.32	19.41.49	4.2.21	19.42.3	+11	-14
22.6.24	3.59.2	20.8.12	3.59.10	20.8.17	-8	-5
24.8.2	3.55.29	20.55.18	3.55.11	20.55.9	+18	+9
29.8.56	3.56.17	22.20.27	3.56.42	22.20.10	-25	+17
30.6.20	3.58.9	22.32.28	3.58.17	22.32.12	-8	+16
11月 5.5.53	4.16.30	23.38.33	4.16.23	23.38.7	+7	+26
8.7.6	4.29.36	24.4.30	4.29.54	24.4.40	-18	-10
14.6.20	5.2.16	24.48.46	5.2.51	24.48.16	-35	+30
20.7.45	5.42.20	25.24.45	5.43.13	25.25.17	-53	-32
12月 7.6.45	8.4.13	26.54.18	8.3.55	26.53.42	+18	+36

这些例子充分证明，由我们的理论推算出的彗星运动，其精度绝不低于由行星理论推算出的行星运动。因此，运用这一理论，我们可以算出彗星的轨道，并求出彗星在任何轨道上的环绕周期，至少可以求出它们的椭圆轨道横向直径和远日点距离。

1607 年的逆行彗星，其轨道的上升交会点（根据哈雷博士的计算）位于 ♉20° 21′，轨道平面与黄道平面交角为 17° 2′，其近日点位于 ≈52° 16′，如果设地球轨道半径为 100000 份，则其近日点到太阳距离为 58680 份，彗星到达近日点时间为 10 月 16 日 3 时 50 分。这一轨道与

1682 年看到的彗星轨道极为一致。如果它们不是两颗不同的彗星，而是同一颗彗星，则它在 75 年时间内完成一次环绕，其轨道长轴比地球轨道长轴与 $\sqrt[3]{75 \times 75}$ 比 1 相等，或近似与 1778 比 100 相等。该彗星远日点到太阳的距离比地球到太阳的平均距离约为 35 比 1，由这些数据即不难求出该彗星的椭圆轨道。但所有这些的先决条件是假定经过 75 年的间隔后，该彗星将沿同一轨道回到原处，其他彗星似乎上升到更远的深处，所需要的环绕时间也更长。

但是，因为彗星数目很多，远日点到太阳的距离又很大，它们在远日点的运动又很慢，这使得它们相互间的引力对运动造成干扰，轨道的偏心率和环绕周期有时会略为增大，有时会略为减小。因此，我们不能期待同一颗彗星会精确地沿同一轨道以完全相同的周期重现。如果我们发现这些变化不大于由上述原因所引起者，即足以使人心满意足了。

由此又可以对为什么彗星不像行星那样局限在黄道带以内，而是漫无节制地以各种运动散布于天空各处做出解释，即，这样的话，彗星在远日点处运动极慢，相互间距离也很大，他们受相互间引力作用的干扰较小，因此，落入最低处的彗星，在其远日点运动最慢，而且也应上升得最高。

1680 年出现的彗星在其近日点到太阳的距离尚不到太阳直径的 $\frac{1}{6}$，因为它的最大速度发生于这一距太阳最近点，以及太阳大气密度的影响，它肯定在此遇到某种阻力而减速。因此，由于在每次环绕中都被吸引得更接近于太阳，最终将落入太阳球体之上。而且，在其远日点，它运动最慢，有时更会进一步受到其他彗星的阻碍，其结果是落向太阳的速度减慢。这样，有些恒星经过长时间地放出光和蒸汽的消耗后，会因落入它们上面的彗星而得到补充，这些老旧的恒星得到新鲜燃料的补充后即变为新的恒星，并焕发出新的亮度。这样的恒星是突然出现的，开始时光彩夺目，随后即慢慢消失。仙后座出现的正是这样一颗恒星。1572 年 11 月 8 日的时候，考尔耐里斯·杰马还不曾看到它，虽然那天晚上他正在观测这片天空，而天空完全晴朗，但次日夜（11 月 9 日）他看到它比任何其他彗星都明亮得多，不亚于金星的亮度。同月 11 日，第谷·布拉赫也看到它，当时它正处于最大亮度，那以后他发现它慢慢变暗，在 16 个月的时间里即完全消失。在 11 月它首次出现时，其光度等于金星；12 月时亮度减弱了一些，与木星相同。1573 年 1 月，它已小于木星，但仍大于天狼星；2 月底、3 月初时与天狼星相等。在 4 月和 5 月时它的亮度与第二星等相等；6、7、8 月与第三星等相等；9、10 和 11 月与第四星等相等；12 月和 1574 年 1 月与第五星等相等；2 月与第六星等相等；3 月完全消失。开始时其色泽鲜艳明亮，偏向于白光，后来有点发黄；1573 年 3 月变为红色，与火星或毕宿五相同；5 月时变为灰白色，像我们看到的土星，以后一直保持这一颜色，只是越来越暗。巨蛇座右足上的星也是这样，开普勒的学生在旧历 1604 年 9 月 30 日观测到它，当时亮度超过木星，虽然前一天夜里还没见过它，自那时起它的亮度慢慢减弱，经过 15 或 16 个月后完全消失。据说正是一颗这样的异常亮星促使希帕克观测恒星，并绘制了恒星星表。至于另一些恒星，它们交替的出现、隐没，亮度逐渐而缓慢地增加，又很少超过第三星等，似乎属于另一种类，它们绕自己的轴转动，具有亮面与暗面，交替地显现这两个面。太阳、恒星和彗尾所放出的蒸汽，最终将在引力作用下落入行星大气，并在那里凝结成水和潮湿精气；由此再通过缓慢加热，逐渐形成盐、硫黄、颜料、泥浆、土壤、沙子、石头、珊瑚，以及其他地球物质。

总 释

　　涡旋假说面临许多困难。每颗行星通过伸向太阳的半径掠过正比于环绕时间的面积，涡旋各部分的周期与它们到太阳距离的平方成正比，但要使行星周期获得到太阳距离的 $\frac{3}{2}$ 次幂的关系，涡旋各部分的周期应与距离的 $\frac{3}{2}$ 次幂成正比。而要使较小的涡旋关于土星、木星以及其他行星的较小环绕得以维持，并在绕太阳的大涡旋中平稳不受干扰地进行，太阳涡旋各部分的周期则应当相等。但太阳和行星绕其自身的轴的转动，又应当对应于属于它们的涡旋运动，因而与上述这些关系相去甚远。彗星的运动极为规则，是受制于与行星运动相同的规律支配的，但涡旋假说却完全无法解释，因为彗星以极为偏心的运动自由地通过同一天空中的所有部分，绝非涡旋说可以容纳。

　　在我们的空气中抛体只受到空气的阻碍。如果抽去空气，像在波义耳先生所制成的真空里面那样，阻力便消失了，因此在这种真空里一片羽毛与一块黄金的下落速度相等。同样的论证肯定也适用于地球大气以上的天体空间。在这样的空间里，没有空气阻碍运动，所有的物体都畅通无阻地运动着，行星和彗星都依照上述规律沿着形状和位置已定的轨道进行着规则的环绕运动。然而，即便这些星体沿其轨道维持运动可能仅仅是由引力规律的作用，但它们绝不可能从一开始就由这些规律中自行获得其规则的轨道位置。

　　六个行星在围绕太阳的同心圆上转动，运转方向相同，而且几乎在同一个平面上。有十个卫星分别在围绕地球、木星和土星的同心圆上运动，而且运动方向相同，运动平面也大致在这些行星的运动平面上。鉴于彗星的行程沿着极为偏心的轨道跨越整个天空的所有部分，不能设想单纯力学原因就能导致如此多的规则运动，因为它们以这种运动轻易地穿越了各行星的轨道，而且速度极大；在远日点，它们运动最慢，滞留时间最长，相互间距离也最远，因此相互吸引造成的干扰也最小。这个最为动人的太阳、行星和彗星体系，只能来自一个全能全智的上帝的设计和统治。如果恒星都是其他类似体系的中心，那么这些体系也必定完全从属于上帝的统治，因为这些体系的产生只可能出自同一份睿智的设计。尤其是，由于恒星的光与太阳光具有相同的性质，而且来自每个系统的光都可以照耀所有其他的系统。为避免各恒星的系统在引力作用下相互碰撞，他便将这些系统分置在相互很远的距离上。

上帝不是作为宇宙之灵而是作为万物的主宰来支配一切的，他统领一切，因而人们惯常称之为"我主上帝"（παντοκρατωρ）或"宇宙的主宰"。须知"上帝"是一个相对词，与仆人相对应，而且神性也是指上帝对仆人的统治权，绝非有如那些认定上帝是宇宙之灵的人们所想象的那样，是指其自治权。至高无上的上帝作为一种存在物必定是永恒的、无限的、绝对完美的，但一种存在物，无论它多么完美，只要它不具有统治权，则不可称之以"我主上帝"。我们常说我的上帝、你的上帝、以色列人的上帝、诸神之神、诸王之王，但我们不说我的永恒者、你的永恒者、以色列人的永恒者、神的永恒者，我们还不说我的无限者或我的完美者，所有这些称谓都与仆人一词不构成某种对应关系。上帝这个词一般用以指君主，但并不是每个君主都是上帝。只有拥有统治权的精神存在者才能成其为上帝：一个真实的、至上的或想象的统治才意味着一个真实的、至上的或想象的上帝。他有真实的统治意味着真实的上帝是能动的、全能全智的存在物，而他的其他完美性意味着他是至上的、最完美的，他是永恒的、无限的、无所不能和无所不知的，即他的延续从永恒直达永恒，他的显现从无限直达无限，他支配一切事物，而且知道一切已做的和当做的事情。他不是永恒和无限，但却是永恒的和无限的；

他不是延续或空间，但他延续着而且存在着。他永远存在，且无所不在，由此构成了延续和空间。由于空间的每个单元都是永存的、延续的，每个不可分的瞬间都无所不在的，因此，万物的缔造者和君主不能是虚无和不存在。每个有知觉的灵魂，虽然分属于不同的时间和不同的感觉与运动器官，仍是同一个不可分割的人。在延续中有相继的部分，在空间中有共存的部分，但这两者都不存在于人的人性和他的思维要素之中，它们更不存在于上帝的思维实体之中。每一个人，只要他是个有知觉的生物，在其整个一生以及其所有感官中，他都是同一个人。上帝也是同一个上帝，永远如此，处处如此。不论就实效而言，还是就本质而言，上帝都是无所不在的，因为没有本质就没有实效。一切事物都包含在他之中并且在他之中运动，但却不相互影响，物体的运动完全无损于上帝，无处不在的上帝也不阻碍物体的运动。所有的人都同意至高无上的上帝的存在是必要的，所有的人也都同意上帝必然永远存在而且处处存在。因此，他肯定是浑然一体的，他浑身是眼，浑身是耳，浑身是脑，浑身是臂，浑身都有能力感觉、理解和行动，但却是以一种完全不属于人类的方式，一种完全不属于物质的方式，一种我们绝对不可知的方式行事。就像盲人对颜色毫无概念一样，我们对全能的上帝感知和理解一切事物的方式一无所知。他绝对超脱于一切躯体和躯体的形状，因而我们看不到他，听不到他，也摸不到他，我们也不应当向着任何代表他的物质事物礼拜。我们能知道他的属性，但对任何事物的真正本质却一无所知。我们只能看到物体的形状和颜色，只能听到它们的声音，只能摸到它们的外部表面，只能嗅到它们的气味，尝到它们的滋味，但我们无法运用感官或任何思维反映作用获知它们的内在本质，而对上帝的本质更是一无所知。我们只能通过他对事物的最聪明，最卓越的设计，以及终极的原因来认识他；我们既赞颂他的完美，又敬畏并且崇拜他的统治，因为我们像仆人一样地敬畏他。而没有统治，没有庇佑，没有终极原因的上帝，与命运和自然无异。盲目的形而上学的必然性，当然也是永远存在

524

而且处处存在的，但却不能产生出多种多样的事物。而我们随时随地可
以见到的各种自然事物，只能来自一个必然存在着的存在物的观念和意
志。无论如何，用一个比喻，我们可以说，上帝能看见、能说话、能笑、
能爱、能恨、能盼望、能给予、能接受、能欢乐、能愤怒、能战斗、能
设计、能劳作、能营造，因为我们关于上帝的所有见解，都是以人类的
方式得自某种类比的，这虽然不完备，但也具有某种可取之处。我们对
上帝的谈论就到这里，而要做到通过事物的现象了解上帝，实在是非自
然哲学莫属。

迄此为止我们以引力作用解释了天体及海洋的现象，但还没有找出
这种作用的原因。它当然必定产生于一个原因，这个原因穿越太阳与行
星的中心，而且它的力不因此而受丝毫影响，它所发生的作用与它所作
用着的粒子表面的量（像力学原因所惯常的那样）无关，而是取决于它们
所包含的固体物质的量，并可向所有方向传递到极远距离，总是与距离
的平方成反比减弱。指向太阳的引力是由指向构成太阳的所有粒子的引
力所合成的，而且在离开太阳时精确地与距离的平方成反比，直到土星
轨道，这是由行星的远日点的静止而明白无误地证明了的，而且，如果
彗星的远日点也是静止的，这一规律甚至远及最远的彗星远日点。但我
迄今为止还无能为力于从现象中找出引力的这些特性的原因，我也不构
造假说。因为，凡不是来源于现象的，都应称其为假说；而假说，不论
它是形而上学的或物理学的，不论它是关于隐秘的质的或是关于力学性
质的，在实验哲学中都没有地位。在这种哲学中，特定命题是由现象推
导出来的，然后采用归纳方法做出推广。正是由此才发现了物体的不可
穿透性，可运动性和推斥力，以及运动定律和引力定律。对于我们来说，
能知道引力的确实存在着，并按我们所解释的规律起作用，并能有效地
说明天体和海洋的一切运动，即已足够了。

现在我们再补充一些涉及某种最微细的精气的事情，它渗透并隐含
在一切大物体之中。这种精气的力和作用使物体粒子在近距离上相互吸

引，而且在相互接触时即粘连在一起，使带电物体的作用能延及较远距离，既能推斥也能吸引附近的物体，并使光可以被发射、反射、折射、衍射，并对物体加热，而所有感官之受到刺激，动物肢体在意志的驱使下运动，也是由于这种精气的振动，沿着神经的固体纤维相互传递，由外部感觉器官通达大脑，再由大脑进入肌肉。但这些事情不是寥寥数语可以解释得清的，而要精确地得到和证明这些电的和弹性精气作用的规律，我们还缺乏必要而充分的实验。

附
...

牛顿生平年表

1643 年，1 月 4 日，牛顿出生于英国的林肯郡伍尔索普镇，此时父亲已过世 3 个月。

1649 年，进乡村小学念书。

1655 年，进格兰汉姆皇家中学念书，寄宿药剂师克拉克家中。

1661 年，进剑桥大学三一学院念书。

1665 年~1666 年，英国流行大鼠疫，各大学师生被疏散，牛顿回到家乡。这段时间是牛顿一生中最具有创造力的阶段。

1667 年，剑桥大学复课，牛顿当选为三一学院院士。

1668 年，发明并制作出第一台反射望远镜。

1669 年，接替著名的数学家伊萨克·巴罗任鲁卡斯教席数学教授。

1671 年，赠送反射望远镜给英国皇家学会。

1672 年，当选英国皇家学会会员。

1675 年，首次参加皇家学会的会议，观察到牛顿环，提出光的"微粒说"。

1677 年，莱布尼兹宣告发明微积分学，牛顿与莱布尼兹关于微积分的发明权产生争论。

1679 年，胡克对牛顿关于引力的见解提出强烈质疑，促使牛顿全面考察了开普勒定律、伽利略运动学公式与引力之间的关系，证明了引力的平方反比关系与行星椭圆轨道之间的对应关联。牛顿的整个宇宙体系和力学理论的基本框架宣告完成。

1685 年，开始写《自然哲学的数学原理》。

1687 年，哈雷自费出版了《自然哲学的数学原理》，这本书被认为是经典物理学的"圣经"。

1689 年，当选为国会议员。

1696 年，获得造币局监督任命。

1701 年，再次当选国会议员。

1703 年，当选为英国皇家学会会长。

1704 年，出版《光学》。

1705 年，受女王册封成为爵士。

1707 年，出版《数学通论》。

1727 年，病逝，葬于威斯敏斯特教堂。